Python和NLTK 自然语言处理

尼天·哈登尼亚（Nitin Hardeniya）

[印度] 雅各布·帕金斯（Jacob Perkins） 迪蒂·乔普拉（Deepti Chopra） 著

尼什·斯乔希（Nisheeth Joshi） 伊提·摩突罗（Iti Mathur）

林赐 译

人民邮电出版社

北 京

图书在版编目（CIP）数据

Python和NLTK自然语言处理 / （印）尼天·哈登尼亚
(Nitin Hardeniya) 等著 ; 林赐译. -- 北京 ：人民邮
电出版社，2019.4（2019.12重印）
ISBN 978-7-115-50334-3

Ⅰ. ①P… Ⅱ. ①尼… ②林… Ⅲ. ①软件工具—程序
设计 Ⅳ. ①TP311.561

中国版本图书馆CIP数据核字(2018)第277916号

版权声明

- ◆ 著　　　[印度]尼天·哈登尼亚（Nitin Hardeniya）

　　　　　　[印度]雅各布·帕金斯（Jacob Perkins）

　　　　　　[印度]迪蒂·乔普拉（Deepti Chopra）

　　　　　　[印度]尼什·斯乔希（Nisheeth Joshi）

　　　　　　[印度]伊提·摩突罗（Iti Mathur）

　　译　　　林　赐

　　责任编辑　谢晓芳

　　责任印制　焦志炜

- ◆ 人民邮电出版社出版发行　　北京市丰台区成寿寺路 11 号

　邮编　100164　　电子邮件　315@ptpress.com.cn

　网址　http://www.ptpress.com.cn

　固安县铭成印刷有限公司印刷

- ◆ 开本：800×1000　1/16

　印张：40.75

　字数：810 千字　　　　　　　　　2019 年 4 月第 1 版

　印数：2 601—2 900 册　　　　　　2019 年 12 月河北第 3 次印刷

　　　　著作权合同登记号　图字：01-2017-5038 号

定价：138.00 元

读者服务热线：**(010)81055410**　印装质量热线：**(010)81055316**
反盗版热线：**(010)81055315**
广告经营许可证：京东工商广登字 20170147 号

内容提要

本书旨在介绍如何通过 Python 和 NLTK 实现自然语言处理。本书包括三个模块。模块 1 介绍文本挖掘/NLP 任务中所需的所有预处理步骤，包括义本的整理和清洗、词性标注、对文本的结构进行语法分析、文本的分类等。模块 2 讲述如何使用 Python 3 的 NLTK 3 进行文本处理，包括标记文本、替换和校正单词、创建自定义语料库、词性标注、提取组块、文本分类等。模块 3 讨论了如何通过 Python 掌握自然语言处理，包括统计语言模型、词语形态学、词性标注、解析、语义分析、情感分析、信息检索等。

本书适合 NLP 和机器学习领域的爱好者、Python 程序员以及机器学习领域的研究人员阅读。

译者序

不下雪的日子，渥太华一片喧闹。2018 年 4 月的雪刚刚化去，5 月的郁金香节姗姗来迟，举目望去，大片大片的郁金香花把渥太华装点得五彩缤纷，绚烂多姿，生机盎然。在阳光的照射下，各色的郁金香花芬芳吐蕊、娇艳妩媚，令人陶醉和流连忘返。郁金香的芬芳还未散去，渥太华就迎来了"炎天暑月"的夏季，说是夏季，气温却很少超过 30℃，此时，蛰伏了一个冬天的加拿大人，经受不住太阳的诱惑，蜂拥出动，三五成群地在里多运河的沙滩上玩耍嬉戏，好不自在。门户开放日（Doors Open Ottawa）、爵士音乐节、马拉松，各种活动精彩纷呈。正如鲁迅所说，越是民族的，就越是世界的。世界各地的移民带着自己家乡的文化和节日来到了渥太华。例如，中国的龙舟节成了这里的盛典，同时各个民族的人民也各自庆祝自己的节日，如夏至原住居民节等。

加拿大是个移民国家，在这里，既可以看到不同的民族着装，也可以看到迥异的服饰风格。在不同的文化中，对个性的定义也各不相同，因此即使使用同一个词来形容一个人，也具有不同的韵味。作为中国人，我的思想不偏不倚，因此对各种奇装异服也就抱着听之任之的态度。我既欣赏热情奔放，也不排斥含蓄典雅。但是，对于计算机而言，要体察到语言的深层次含义，可谓"蜀道难，难于上青天"。本书介绍了如何编写能够理解人类语言的系统。

在翻译此书时，我想起了"通天塔"（The Tower of Babel）的故事。在《旧约》中，巴比伦人（Babylonian）想建造一座通天塔，但是上帝对此感到不满，因此借由变乱了人类的语言，使他们互相不能交流，破坏了这一工程。长久以来，人们一直在寻找不同语言之间的沟通方法。在 20 世纪三四十年代，凭借计算机的计算能力，人们开始了机器翻译的伟大尝试。这 80 多年来，人们在自然语言处理方面前赴后继，各个国家你追我赶，都想在这一领域拔得头筹，再造一座通天塔。直至最近，人类才第一次看到了梦想的曙光。市面上也出现了各种机器翻译的软件，极大提高了人类译者的工作效率。这些软件具有可用性和市场价值。但是，机器翻译只是自然语言处理领域一个非常小的应用部分。自然语言处理其实包罗万象，让人眼花缭乱。其应用还包括问答系统、情感分析、图片题注、语音识别、词性标注、命名实体识别等。

自然语言处理博大精深，是一门融语言学、计算机科学、数学、统计于一体的科学。"纸上得来终觉浅，绝知此事要躬行。"要想完全掌握现在的自然语言技术，靠阅读几本书、几篇文章，是远远不够的。选择学习自然语言处理，并希望成为机器学习工程师，要经过三个阶段：实践、思考、创新。正如《荀子·儒效》中所说，"不闻不若闻之，闻之不若见之，见之不若知之，知之不若行之。学至于行止矣。"但是，"学而不思则罔，思而不学则殆。"在实践中，我们也要注重思考，寻找技术背后的原理，才能触类旁通，举一反三。作为科研工作者，仅仅成为知识的搬运工是不思进取的表现。"删繁就简三秋树，领异标新二月花。"掌握了知识之后，我们还应该学会创新，唯有这样，才可以成为社会的中流砥柱，引领技术的潮流。

在这里，我要特别感谢人民邮电出版社的领导和编辑，感谢他们对我的信任和理解，把这样一本好书交给我翻译。我也要感谢他们为本书的翻译投入了巨大的热情，可谓呕心沥血。没有他们的耐心和帮助，本书不可能顺利付梓。同时，在翻译过程中，加拿大友人 Jack Liu 和 Connie Wang 多次帮我指点迷津，才能使我为读者提供更贴切的译文。

译者才疏学浅，见闻浅薄，译稿中多有疏漏之处，还望读者谅解并不吝指正。读者如有任何意见和建议，请将反馈信息发送到邮箱 cilin2046@gmail.com。本书全由林赐翻译。

林　赐

前言

NLTK 是自然语言处理（Natural Language Processing，NLP）社区中最受欢迎和广泛使用的库之一。NLTK 的优点在于其简单性，其中大多数复杂的 NLP 任务可以使用几行代码实现。本书主要内容包括：如何将文本标记为各个单词，如何使用 WordNet 语言词典，如何以及何时进行词干提取或者词形还原，如何替换单词和纠正拼写，如何创建自己的自定义文本语料库和语料库（包括 MongoDB 支持的语料库）读取器，如何使用词性标注器和部分词性标注单词，如何使用部分解析创建和转换分块短语树，如何进行文本分类的特征提取和情感分析，如何进行并行和分布式文本处理，以及如何在 Redis 中存储单词分布。

这种一边学习一边动手实践的学习方式会教你更多知识。本书有助于你成为使用NLTK 进行自然语言处理的专家。

本书主要内容

模块 1 讨论文本挖掘/NLP 任务中所需的所有预处理步骤。该模块详细讨论标记化、词干提取、停用词删除和其他文本清理过程，以及如何在 NLTK 中轻松实现这些操作。

模块 2 解释如何使用语料库读取器和创建自定义语料库。它还介绍如何使用 NLTK 附带的一些语料库。它涵盖组块过程（也称为部分分析），组块过程可以识别句子中的短语和命名实体。它还解释如何训练自己的自定义组块器并创建特定的命名实体识别器。

模块 3 讨论如何计算单词频率和实现各种语言建模技术。它还讨论浅层语义分析（即 NER）的概念和应用及使用 Wordnet 的 TSD。

模块 3 有助于你理解和应用信息检索与文本摘要的概念。

学习本书的软硬件配置

在学习模块 1 时，需要满足的软硬件配置如下表所示。

章号	需要的软件	免费/专用	下载软件的网站	硬件规格	需要的操作系统
第 1~5 章	Python/Anaconda 和 NLTK	免费	Python 官网、continuum 官网和 NLTK 官网	通用 UNIX 打印系统	任意
第 6 章	scikit-learn 和 gensim	免费	scikit-learn 官网、radimrehurek 官网	通用 UNIX 打印系统	任意
第 7 章	Scrapy	免费	Scrapy 官网	通用 UNIX 打印系统	任意
第 8 章	NumPy、SciPy、Pandas 和 Matplotlib	免费	Numpy 官网、Scipy 官网、Pandas 官网和 Matplotlib 官网	通用 UNIX 打印系统	任意
第 9 章	Twitter、Python API 和 Facebook API	免费	Twitter 官网和 Facabook 官网	通用 UNIX 打印系统	任意

在学习模块 2 时，需要 Python 3 和列出的 Python 包。在本书中，作者使用了 Python 3.3.5。要安装这些包，可以使用 pip（参见 Python 官网）。以下是学习模块 2 时需要的包列表，以及编写本书时使用的版本号。

- NLTK≥3.0a4

- pyenchant≥1.6.5

- lock file≥0.9.1

- Numpy≥1.8.0

- Scipy≥0.13.0

- scikit-learn≥0.14.1

- execnet≥1.1

- pymongo≥2.6.3

- Redis≥2.8.0

- lxml≥3.2.3

- beautifulsoup4≥4.3.2

- python-dateutil≥2.0

- charade≥1.0.3

你还需要 NLTK-Trainer，可在 GitHub 网站上获得它。

除了 Python 之外，还有使用 MongoDB 和 Redis 两个 NoSQL 的技巧。MongoDB 可以在 MongoDB 官网下载，Redis 可以在 Redis 官网下载。

对于模块 3 的所有章节，使用了 Python 2.7 或 3.2+。NLTK 3.0 必须安装在 32 位计算机或 64 位计算机上。所需的操作系统是 Windows/Mac/UNIX 系统。

本书读者对象

如果你是 NLP 或机器学习爱好者以及想要快速掌握使用 NLTK 进行自然语言处理的中级 Python 程序员，那么本书的章节安排将为你带来很多好处。语言学和语义学分析方面的专业人士也会从本书中收益。

读者反馈

欢迎来自读者的反馈。让我们知道你对这本书的看法——你喜欢或不喜欢的内容。读者反馈对我们很重要，因为它可以帮助我们开发真正有用的选题。

要向我们发送一般反馈，请发送电子邮件至 feedback@packtpub.com，并在你的邮件标题中包含本书的书名。

如果你精通某方面的专业知识，并且有兴趣撰写或参与撰写某本书，请参考 packtpub.com 网站上的作者指南。

客户支持

既然你购买了 Packt 图书，那么还有更多配套资源可以帮助获得更大收益。

下载示例代码

可以从你在 packtpub.com 网站上的账号中下载本书的示例代码文件。如果你从其他地方购买了本书，那么请你访问 packtpub.com 网站并注册，之后客服人员会直接通过电子邮件向你发送示例代码文件。

可以按照以下步骤下载示例代码文件。

（1）使用你的电子邮件地址和密码登录 packtpub.com 网站并注册。

（2）将鼠标指针悬停在顶部的 SUPPORT 选项卡上。

（3）单击 Code Downloads & Errata 按钮。

（4）在 Search 框中输入书名。

（5）选择你要下载示例代码文件的书名。

（6）从你已购买书目的下拉菜单中选择对应的书名。

（7）单击 Code Download 按钮。

还可以通过单击 Packt Publishing 网站上本书页面上的 Code Files 按钮来下载代码文件。可以通过在 Search 框中输入本书的书名来访问此页面。请注意，你需要登录你的 Packt 账户。

下载文件后，请确保使用以下最新版本的解压缩软件解压缩文件夹。

- TinRAR/7-Zip（对于 Windows 系统）

- Zipeg/iZip/UnRarX（对于 Mac 系统）

- 7-Zip/PeaZip（对于 Linux 系统）

本书的代码包也托管在 GitHub 网站上。在 GitHub 网站上的书目、视频和课程目录中还提供了其他的代码包。请访问 GitHub 网站确认一下。

勘误表

虽然我们已经尽力确保本书内容的准确性，但是错误在所难免。如果你在我们的一本书中发现了错误，可能是文字或代码中的错误，如果你能向提交勘误，我们将不胜感激。通过这样做，可以避免其他读者少走弯路，并帮助我们进一步提升本书后续版本的质量。

如果你发现了任何勘误，请访问 packtpub 官网，选择书名，单击 Errata Submission Form 链接，并输入详细的勘误信息进行报告。一旦你的勘误表通过了验证，将会接受你的提交，并且将勘误信息上传到我们的网站或添加到本书勘误部分下现有的勘误表中。

要查看以前提交的勘误表，请访问 packtpub 官网并在 Search 框中输入本书的名称。所需信息将显示在 Errata 部分下。

盗版行为

盗版因特网上受版权保护的内容是所有媒体上层出不穷的问题。在 Packt，我们非常重视保护我们的版权和许可。如果你在因特网发现以任何形式抄袭我们作品的行为，请立即向我们提供网络地址或网站名称，以便我们采取补救措施。

如果你发现了可疑的盗版内容，请过 copyright@packtpub.com 联系我们。

感谢你帮助保护作者的版权，能够为你提供有价值的内容，我们也感到非常欣慰。

问题

如果你对本书的任何方面有疑问，欢迎通过 questions@packtpub.com 联系我们，我们将尽力解决问题。

资源与支持

本书由异步社区出品，社区（https://www.epubit.com/）为您提供相关资源和后续服务。

配套资源

本书配套资源包括书中示例的源代码。

要获得以上配套资源，请在异步社区本书页面中单击 配套资源 ，跳转到下载界面，按提示进行操作即可。注意，为保证购书读者的权益，该操作会给出相关提示，要求输入提取码进行验证。

如果您是教师，希望获得教学配套资源，请在社区本书页面中直接联系本书的责任编辑。

提交勘误

作者和编辑尽最大努力来确保书中内容的准确性，但难免会存在疏漏。欢迎您将发现的问题反馈给我们，帮助我们提升图书的质量。

当您发现错误时，请登录异步社区，按书名搜索，进入本书页面，点击"提交勘误"，输入勘误信息，点击"提交"按钮即可。本书的作者和编辑会对您提交的勘误进行审核，确认并接受后，您将获赠异步社区的 100 积分。积分可用于在异步社区兑换优惠券、样书或奖品。

扫码关注本书

扫描下方二维码，您将会在异步社区微信服务号中看到本书信息及相关的服务提示。

与我们联系

我们的联系邮箱是 contact@epubit.com.cn。

如果您对本书有任何疑问或建议，请您发邮件给我们，并请在邮件标题中注明本书书名，以便我们更高效地做出反馈。

如果您有兴趣出版图书、录制教学视频，或者参与图书翻译、技术审校等工作，可以发邮件给我们；有意出版图书的作者也可以到异步社区在线提交投稿（直接访问 www.epubit.com/selfpublish/submission 即可）。

如果您是学校、培训机构或企业，想批量购买本书或异步社区出版的其他图书，也可以发邮件给我们。

如果您在网上发现有针对异步社区出品图书的各种形式的盗版行为，包括对图书全部或部分内容的非授权传播，请您将怀疑有侵权行为的链接发邮件给我们。您的这一举动是对作者权益的保护，也是我们持续为您提供有价值的内容的动力之源。

关于异步社区和异步图书

"异步社区"是人民邮电出版社旗下 IT 专业图书社区，致力于出版精品 IT 技术图书和相关学习产品，为作译者提供优质出版服务。异步社区创办于 2015 年 8 月，提供大量精品 IT 技术图书和电子书，以及高品质技术文章和视频课程。更多详情请访问异步社区官网 https://www.epubit.com。

"异步图书"是由异步社区编辑团队策划出版的精品 IT 专业图书的品牌，依托于人民邮电出版社近 30 年的计算机图书出版积累和专业编辑团队，相关图书在封面上印有异步图书的 LOGO。异步图书的出版领域包括软件开发、大数据、AI、测试、前端、网络技术等。

异步社区

微信服务号

目录

模块 1　NLTK 基础知识

模块 2 使用 Python 3 的 NLTK 3 进行文本处理

模块 3　使用 Python 掌握自然语言处理

模块 1

NLTK 基础知识

使用 NLTK 和其他 Python 库构建炫酷的 NLP 和机器学习应用

第 1 章
自然语言处理简介

本书将从自然语言处理（NLP）简介开始讲述。语言是我们日常生活的核心部分，处理与语言相关的任何问题都是非常有趣的。我希望此书能够让你一嗅 NLP 的芬芳，激励你去了解更令人惊奇的 NLP 概念，并鼓励你开发一些具有挑战性的 NLP 应用。

研究人类语言的过程称为 NLP。深入研究语言的人称为语言学家，而"计算语言学家"这个专有名词适用于应用计算研究语言处理的人。从本质上讲，计算语言学家是深入了解语言的计算机科学家，计算语言学家可以运用计算技能，对语言的不同方面进行建模。计算语言学家解决的是语言理论方面的问题，NLP 只不过是计算语言学的应用。

NLP 更多探讨的是应用计算机，处理不同语言的细微差别，以及使用 NLP 技术构建现实世界的应用。在实际情景下，NLP 类似于教孩子学语言。一些最常见的任务（如理解单词和句子，形成在语法和结构上正确的句子）对人类而言是很自然。在 NLP 领域，把这样的一些任务转化为标记解析（tokenization）、组块（chunking）、词性标注（part of speech tagging）、解析（parsing）、机器翻译（machine translation）、语音识别（speech recognition），这些任务中的大部分依然是计算机所面临的最严峻的挑战。本书假设读者都有一些 NLP 方面的背景，因此更多探讨的是 NLP 的实践方面。本书期望读者，对编程语言有一些最基本的理解，并对 NLP 和语言感兴趣。

本章主要内容如下。

- NLP 及其相关概念。

- 安装 Python、NLTK 和其他库的方法。

- 编写一些非常基本的 Python 和 NLTK 代码片段的方法。

如果你从来没有听说过 NLP 这个词，那么请花一些时间来阅读这里提到的任何一本书籍，只要阅读最初几章即可。至少要快速阅读一些与 NLP 相关的维基百科网页。

- 由 Daniel Jurafsky 和 James H. Martin 合著的《Speech and Language Processing》。

- 由 Christopher D. Manning 和 Hinrich Schütze 合著的《Statistical Natural Language Processing》。

1.1　为什么要学习 NLP

本节从 Gartner 的技术成熟度曲线开始讨论，从这条曲线上，你可以清楚地看到 NLP 处在技术成熟度曲线的顶部。目前，NLP 是行业所需的稀有技能之一。在大数据到来之后，NLP 面临的主要的挑战是，NLP 需要大量不但精通结构化数据而且擅长于处理半结构化或非结构化数据的技术人员。我们正在生成拍字节量级的网络博客、推特信息、脸书（Facebook）的推送信息、聊天记录、电子邮件和评论。一些公司正在收集所有这些不同种类的数据，以便更好地为客户定位，并从中得到有意义的见解。为了处理这些非结构化数据源，我们需要了解 NLP 的技术人员。

我们身处信息时代；我们甚至不能想象生活中没有谷歌。我们使用 Siri 来处理大多数基本的语音功能。我们使用垃圾邮件过滤器过滤垃圾邮件。在 Word 文档中，我们需要拼写检查器。在我们周围，存在许多 NLP 在现实世界中应用的例子。

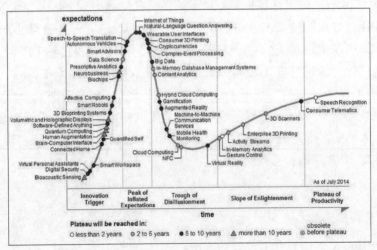

（图片来自 gartner 网站）

下面也提供一些你能够使用但是没有意识它们是建立在 NLP 上的令人赞叹的 NLP 应用的示例。

- 拼写校正（微软的 Word/任何其他编辑器）

- 搜索引擎（谷歌、必应、雅虎和 WolframAlpha）

- 语音引擎（Siri 和谷歌语音）

- 垃圾邮件分类（所有的电子邮件服务）

- 新闻推送（谷歌和雅虎等）

- 机器翻译（谷歌翻译等）

- IBM 的沃森

构建这些应用需要一种非常特殊的技能集，你需要对语言非常了解，并具有可以有效处理语言的工具。因此，让 NLP 成为最具优势的领域之一的原因不是广告宣传，而是可以使用 NLP 创建的这种应用使得 NLP 成为必备的最独特技能之一。

为了实现上述的一些应用，以及其他基本的 NLP 预处理，我们有很多可用的开源工具。在这些工具中，有一些是某些组织为建立自己的 NLP 应用而开发的，而有一些是开源的。这里是一张可用的 NLP 工具列表。

- GATE

- Mallet

- Open NLP

- UIMA

- 斯坦福工具包

- Genism

- 自然语言工具包（NLTK）

大部分工具是用 Java 编写的，具有相似的功能。其中一些工具非常健壮，可以获得 NLP 工具的不同版本。但是，当涉及易于使用和易于解释这两个概念的时候，NLTK 得分最高。由于 Python（NLTK 的编码语言）的学习曲线非常快，因此 NLTK 也是非常易于学习的工具包。NLTK 已经将大部分的 NLP 任务纳入篮中，非常优雅，容易用于工作中。出于所有这些原因，NLTK 已成为 NLP 界最流行的库之一。

本书假设所有读者都了解 Python。如果你还不知道 Python，我劝你学习 Python。在网上，有很多可用的关于 Python 的基本教程。有很多书籍也可以让你快速浏览 Python 语言。本书在探讨一些不同主题的同时，也将探讨 Python 的一些特点。但是现在，即使你只知道 Python 的一些基本知识，如列表、字符串、正则表达式和基本的 I/O，也应该继续阅读此书。

提示：

可以从以下网站下载 Python：

Python 网站、continuum 网站和 enthought 网站。

建议使用 Anaconda 和 Canopy Python 的发行版本。理由是，这些版本绑定了一些库，如 scipy、numpy、scikit 等，你可以使用这些库进行数据分析，开发出与 NLP 有关的应用，以及把这些库应用于相关领域。即使 NLTK 也是这个发行版本的一部分。

提示：

请按照 nltk 网站的说明，安装 NLTK 和 NLTK 数据。

下面测试所有功能。

请在相应的操作系统中，启动终端。然后运行：

```
$ python
```

这应该打开了 Python 解释器。

```
Python 2.6.6 (r266:84292, Oct 15 2013, 07:32:41)
[GCC 4.4.7 20120313 (Red Hat 4.4.7-4)] on linux2
Type "help", "copyright", "credits" or "license" for more information.
>>>
```

我希望你得到的输出与这个类似。你有可能得到一个不同的输出，但是在理想情况下，你获得了 Python 的最新版本（建议的版本是 2.7）信息、编译器 GCC 的信息，以及操作系统的详细信息。Python 的最新版本是 3.0+，但是，与任何其他开源的系统一样，我们应该试图保持相对稳定的版本，而不是跳跃到最新版本。如果你已经使用了 Python 3.0+，那么请从 python 网站了解新版本中又添加了哪些新特征。

基于 UNIX 的系统将 Python 作为默认程序。Windows 用户可以设置路径，让 Python 正常运行。下面检查一下是否已经正确安装了 NLTK。

```
>>>import nltk
>>>print "Python and NLTK installed successfully"
Python and NLTK installed successfully
```

我们准备好了。

1.2　从 Python 的基本知识开始

本节不会深入探讨 Python。然而，我们会让你快速浏览一遍 Python 的基本知识。同样，为了读者的利益，我认为应该来一段 5 分钟的 Python 之旅。接下来的几节将谈论数据结构的基本知识、一些常用的函数，以及 Python 的一般构建方式。

> **提示：**
> 强烈推荐 Google 网站上为期两小时的谷歌 Python 课堂，这应该是一个好的开端。请浏览 Python 网站，查看更多教程和其他资源。

1.2.1　列表

在 Python 中，列表是最常用的数据结构之一。它们几乎相当于其他编程语言中的数组。下面从 Python 列表所提供的一些最重要的函数开始讲述。

在 Python 控制台中，尝试输入以下内容。

```
>>> lst=[1,2,3,4]
>>> # mostly like arrays in typical languages
>>>print lst
[1, 2, 3, 4]
```

可以使用更加灵活的索引来访问 Python 列表。下面是一些例子。

```
>>>print 'First element' +lst[0]
```

你会得到这样的错误消息：

```
TypeError: cannot concatenate 'str' and 'int' objects
```

原因是 Python 是一种解释性语言，我们在声明变量时，不需要初始化变量并声明变量的类型，Python 只有在计算表达式时，才检查变量类型。在列表中，对象是整数类型的，因此它们不能与 print 函数串接。这个函数只接受字符串对象。出于这个原因，我们需要将列表元素转换为字符串。这个过程也称为强制类型转换（type casting）。

```
>>>print 'First element :' +str(lst[0])
>>>print 'last element :' +str(lst[-1])
>>>print 'first three elements :' +str(lst[0:2])
>>>print 'last three elements :'+str(lst[-3:])
First element :1
last element :4
first three elements :[1, 2,3]
last three elements :[2, 3, 4]
```

1.2.2 自助

了解更多不同的数据类型和函数的最佳方法是使用帮助函数，如 help() 和 dir(lst)。

可以使用 dir（Python 对象）命令，列出给定 Python 对象的所有给定的属性。如果传入一个列表对象，那么这个函数会列出所有可以使用列表执行的酷炫的操作。

```
>>>dir(lst)
>>>' , '.join(dir(lst))
'__add__ , __class__ , __contains__ , __delattr__ , __delitem__ , __
delslice__ , __doc__ , __eq__ , __format__ , __ge__ , __getattribute__
, __getitem__ , __getslice__ , __gt__ , __hash__ , __iadd__ , __imul__
, __init__ , __iter__ , __le__ , __len__ , __lt__ , __mul__ , __ne__ ,
__new__ , __reduce__ , __reduce_ex__ , __repr__ , __reversed__ , __rmul__
, __setattr__ , __setitem__ , __setslice__ , __sizeof__ , __str__ , __
subclasshook__ , append , count , extend , index , insert , pop , remove
, reverse , sort'
```

使用 help（Python 对象）命令，我们可以得到给定 Python 对象的详细文档，并且这个命令也给出一些示例，告诉我们如何使用 Python 对象。

```
>>>help(lst.index)
Help on built-in function index:
index(...)
    L.index(value, [start, [stop]]) -> integer -- return first index of value.
This function raises a ValueError if the value is not present.
```

因此，在 Python 的任何数据类型上，都可以使用 help 和 dir，并且这是一种非常不错的方式，可用于了解关于函数和对象的其他详细信息。这也提供了一些基本示例，供你在工作中参考，在大部分情况下，这些示例非常有用。

在 Python 和其他语言中，字符串都非常相似，但是对字符串的操作是 Python 的主要特征之一。在 Python 中，使用字符串非常容易。在 Java/C 中，即使是一些很简单的操作（例如将字符串分割），我们也需要花很大的精力才能做到。然而，在 Python 中，你会发现这是多么容易。

在应用任何 Python 对象和函数时，你都可以从先前的 help 函数中获得帮助。下面使用最常用的数据类型字符串给你提供更多的例子。

- Split：这是基于一些分隔符分割字符串的方法。如果不提供任何参数，这个方法默认以空格作为分隔符。

```
>>> mystring="Monty Python ! And the holy Grail ! \n"
>>> print mystring.split()
['Monty', 'Python', '!', 'and', 'the', 'holy', 'Grail', '!']
```

- Strip：这个方法可以删除字符串的尾随空格，例如'\n'和'\n\R'。

```
>>> print mystring.strip()
>>>Monty Python ! and the holy Grail !
```

你是否发现'\n'字符被移除了？还有其他方法（如 lstrip()和 rstrip()）可以移除字符串左侧和右侧的尾随空格。

- Upper/Lower：使用这些方法，可以改变字符串中字母的大小写。

```
>>> print (mystring.upper()
>>>MONTY PYTHON !AND THE HOLY GRAIL !
```

- Repalce：这个方法可以替换字符串中的子字符串。

```
>>> print mystring.replace('!','''''')
>>> Monty Python and the holy Grail
```

刚才谈到的是一些最常用的字符串函数，函数库中还存在大量的字符串函数。

提示：
要了解更多函数和示例，请浏览 Python 网站。

1.2.3 正则表达式

NLP 发烧友的另外一个重要技能是使用正则表达式工作。正则表达式描述了字符串的有效模式匹配。我们大量使用模式提取从众多杂乱无章的文本数据中获得有意义的信息。以下是读者所需要的正则表达式。在我一生中，我所用的正则表达式都不会超过这个范围。

- （句点）：这个表达式匹配除了换行符\ n 外的任意单个字符。

- \ w：这个表达式匹配[a～z A～Z 0～9]中的某个字符或数字。

- \ W：匹配任何非单词字符。

- \ s：这个表达式匹配单个空白字符——空格、换行符（\n）、回车符（\r）、制表符（\t）、换页符（\f）。

- \ S：这个表达式匹配任何非空白字符。

- \ t：这个表达式执行 tab 操作。

- \ n：这个表达式用于换行符。

- \ r：这个表达式用于回车符。

- \ d：十进制数字[0～9]。

- ^：这个表达式在字符串开始处使用。

- $：这个表达式在字符串末尾处使用。

- \：这个表达式用于抵消特殊字符的特殊性。

例如，要匹配$符号，可以在它前面加上\。

在现行的例子（即 mystring 是相同的字符串对象）中，搜索一些内容，并且试图在此字符串对象上寻找一些模式。子字符串搜索是 re 模块的其中一个通用用例。下面实现这一功能。

```
>>># We have to import re module to use regular expression
>>>import re
>>>if re.search('Python',mystring):
>>>    print "We found python "
>>>else:
>>>    print "NO "
```

一旦执行代码，得到的消息如下。

```
We found python
```

可以使用正则表达式进行更多的模式查找。为了找到字符串中的所有模式，我们使用的其中一个普通的函数是 findall。这个函数搜索字符串中特定的模式，并且会给出一个包含所有匹配对象的列表。

```
>>>import re
>>>print re.findall('!',mystring)
['!', '!']
```

正如我们所见，在 mystring 中，有两个"！"实例，findall 使用一个列表，返回了这两个对象。

1.2.4　词典

词典是另一种最常用的数据结构，在其他编程语言中，这也称为关联数组/关联记忆（associative array/memory）。词典是使用键（key）进行索引的数据结构，这些键可以是任何不可变的类型，如字符串和数字可以用作键。

词典是非常方便的数据结构，广泛应用于各种编程语言中来实现多种算法。在众多的编程语言中，Python 词典是其中一个优雅地实现了散列表的词典。在其他语言中，相同的任务，可能需要花费更多的时间进行更繁重的编码工作，但是使用词典，工作就变得非常容易。最棒的事情是，程序员仅仅使用少量的代码块，就可以建立非常复杂的数据结构。这使得程序员摆脱了数据结构本身，花更多时间专注于算法。

我使用词典中一个很常见的用例，在给定的文本中，获得单词的频率分布。使用以下几行代码，就可以得到单词的频率。你可试着使用任意其他的语言执行相同的任务，马上就会明白 Python 是多么让人赞叹不已。

```
>>># declare a dictionary
>>>word_freq={}
>>>for tok in string.split():
>>>    if tok in word_freq:
>>>        word_freq [tok]+=1
>>>    else:
>>>        word_freq [tok]=1
>>>print word_freq
{'!': 2, 'and': 1, 'holy': 1, 'Python': 1, 'Grail': 1, 'the': 1, 'Monty':
1}
```

1.2.5　编写函数

正如其他编程语言，Python 也有其编写函数的方式。在 Python 中，函数以关键字 def

开始，然后是函数名和圆括号()。这与其他编程语言相似，即任何参数和参数的类型都放在圆括号内。实际的代码以冒号（:）开头。代码的初始行通常是文档字符串（注释），然后才是代码体，函数使用 return 语句结束。例如，在给定的例子中，函数 wordfreq 以 def 关键字开始，这个函数没有参数，并且以 return 语句结束。

```
>>>import sys
>>>def wordfreq (mystring):
>>>     '''
>>>     Function to generated the frequency distribution of the given text
>>>     '''
>>>     print mystring
>>>     word_freq={}
>>>     for tok in mystring.split():
>>>             if tok in word_freq:
>>>                     word_freq [tok]+=1
>>>             else:
>>>                     word_freq [tok]=1
>>>     print word_freq
>>>def main():
>>>     str="This is my fist python program"
>>>     wordfreq(str)
>>>if __name__ == '__main__':
>>>     main()
```

这与上一节中所写的代码是相同的，使用函数的形式进行编写的思想使得代码可重用和可读。虽然在编写 Python 代码时解释器方式也很常见，但是对于大型程序，使用函数/类是一种非常好的做法，这也是一种编程范式。我们也希望用户能够编写和运行第一个 Python 程序。你需要按照下列步骤来实现这一目标。

（1）在首选的文本编辑器中，打开一个空的 Python 文件 mywordfreq.py。

（2）编写或复制以上代码段中的代码到文件中。

（3）在操作系统中，打开命令提示符窗口。

（4）运行以下命令。

```
$ python mywordfreq,py "This is my fist python program !!"
```

（5）输出应该为：

```
{'This': 1, 'is': 1, 'python': 1, 'fist': 1, 'program': 1, 'my': 1}
```

现在，对 Python 提供的一些常见的数据结构，你有了一个非常基本的了解。你可以写一个完整并且能够运行的 Python 程序。我认为这些已经足够了，使用这些 Python 的入门知识，你可以看懂本书前几章。

提示：
请观看维基百科网站中的一些 Python 教程，学习更多的 Python 命令。

1.3 NLTK

无须进一步研究自然语言处理的理论，下面开始介绍 NLTK。我们从一些 NLTK 的基本示例用例开始。你们中的一些人，可能已经做过了类似的事情。首先，本节会给出一些典型 Python 程序员的做法，然后会转到 NLTK，寻找一个更加高效、更加强大和更加清晰的解决方案。

下面从某个示例文本内容的分析开始。对于当前的例子，从 Python 的主页上获得了一些内容如下所示。

```
>>>import urllib2
>>># urllib2 is use to download the html content of the web link
>>>response = urllib2.urlopen('http://python.org/')
>>># You can read the entire content of a file using read() method
>>>html = response.read()
>>>print len(html)
47020
```

由于我们对在这个 URL 中所讨论的主题类型没有任何线索，因此从探索性数据分析（EDA）开始。一般来说，在文本领域，EDA 具有多种含义，但是这里讨论一种简单的情况，即在文档中，何种术语占据了主导地位。主题是什么？它们出现的频率有多大？这一过程将涉及某种层次的预处理步骤。我们首先使用纯 Python 方式，尝试执行这个任务，然后会使用 NLTK 执行这个任务。

让我们从清理 HTML 标签开始。完成这个任务的一种方式是仅仅选择包括了数字和字符的标记（token）。任何能够使用正则表达式工作的人员应该能够将 HTML 字符串转换成标记列表。

```
>>># Regular expression based split the string
>>>tokens = [tok for tok in html.split()]
>>>print "Total no of tokens :"+ str(len(tokens))
```

```
>>># First 100 tokens
>>>print tokens[0:100]
Total no of tokens :2860
['<!doctype', 'html>', '<!--[if', 'lt', 'IE', '7]>', '<html', 'class="nojs',
'ie6', 'lt-ie7', 'lt-ie8', 'lt-ie9">', '<![endif]-->', '<!--[if',
'IE', '7]>', '<html', 'class="no-js', 'ie7', 'lt-ie8', 'lt-ie9">',
'<![endif]-->', ''type="text/css"', 'media="not', 'print,', 'braille,'...]
```

正如你所看到的，使用前面的方法，存在过量的 HTML 标签和其他无关紧要的字符。
执行同一任务的相对清洁的版本，如下所示。

```
>>>import re
>>># using the split function
>>>#https://docs.python.org/2/library/re.html
>>>tokens = re.split('\W+',html)
>>>print len(tokens)
>>>print tokens[0:100]
5787
['', 'doctype', 'html', 'if', 'lt', 'IE', '7', 'html', 'class', 'no',
'js', 'ie6', 'lt', 'ie7', 'lt', 'ie8', 'lt', 'ie9', 'endif', 'if',
'IE', '7', 'html', 'class', 'no', 'js', 'ie7', 'lt', 'ie8', 'lt', 'ie9',
'endif', 'if', 'IE', '8', 'msapplication', 'tooltip', 'content', 'The',
'official', 'home', 'of', 'the', 'Python', 'Programming', 'Language',
'meta', 'name', 'apple' ...]
```

现在，这看起来清爽多了。但是，你可以做更多的事情，使代码变得更加简洁。这里
将这项工作留给你，让你尝试移除尽可能多的噪声。可以清除一些仍然弹出的 HTML 标
签。在这个例子中，字长为 1 的单词（如 7 和 8 这样的元素）仅仅是噪声，你可能希望以
字长作为标准，移除这些单词。现在，与其从头开始编写一些预处理步骤的代码，不如将
目光转移到 NLTK，使用 NTLK 执行相同的任务。有一个函数 clean_html()，这个函数可以
执行所需要的所有清洁工作。

```
>>>import nltk
>>># http://www.nltk.org/api/nltk.html#nltk.util.clean_html
>>>clean = nltk.clean_html(html)
>>># clean will have entire string removing all the html noise
>>>tokens = [tok for tok in clean.split()]
>>>print tokens[:100]
['Welcome', 'to', 'Python.org', 'Skip', 'to', 'content', '&#9660;',
'Close', 'Python', 'PSF', 'Docs', 'PyPI', 'Jobs', 'Community', '&#9650;',
'The', 'Python', 'Network', '&equiv;', 'Menu', 'Arts', 'Business' ...]
```

这很酷炫，对吧？这种方法绝对更加清洁，也更容易执行。

下面尝试获得这些术语的频率分布。首先，我们使用纯 Python 的方式执行这个任务，然后，我将告诉你 NLTK 的秘诀。

```
>>>import operator
>>>freq_dis={}
>>>for tok in tokens:
>>>    if tok in freq_dis:
>>>        freq_dis[tok]+=1
>>>    else:
>>>        freq_dis[tok]=1
>>># We want to sort this dictionary on values ( freq in this case )
>>>sorted_freq_dist= sorted(freq_dis.items(), key=operator.itemgetter(1),
reverse=True)
>>> print sorted_freq_dist[:25]
[('Python', 55), ('>>>', 23), ('and', 21), ('to', 18), (',', 18), ('the',
14), ('of', 13), ('for', 12), ('a', 11), ('Events', 11), ('News', 11),
('is', 10), ('2014-', 10), ('More', 9), ('#', 9), ('3', 9), ('=', 8),
('in', 8), ('with', 8), ('Community', 7), ('The', 7), ('Docs', 6),
('Software', 6), (':', 6), ('3:', 5), ('that', 5), ('sum', 5)]
```

自然而然地，由于这是 Python 主页，因此 Python 和（>>>）解释器符号是最常见的术语，这也展示了网站的第一感觉。

一个更好并且更有效的方法是使用 NLTK 的 FreqDist() 函数。为了进行对比，我们可以观察之前开发的执行相同任务的代码。

```
>>>import nltk
>>>Freq_dist_nltk=nltk.FreqDist(tokens)
>>>print Freq_dist_nltk
>>>for k,v in Freq_dist_nltk.items():
>>>    print str(k)+':'+str(v)
<FreqDist: 'Python': 55, '>>>': 23, 'and': 21, ',': 18, 'to': 18, 'the':
14, 'of': 13, 'for': 12, 'Events': 11, 'News': 11, ...>
Python:55
>>>:23
and:21
,:18
to:18
the:14
of:13
for:12
Events:11
News:11
```

小技巧：

下载示例代码

在 packtpub 网站上，对于所有已购买的 Packt 出版的书籍，
都可以使用自己的账户，从网站上下载示例代码文件。如
果你在其他地方购买了这本书，你可以访问 packtpub 网
站，进行注册，让文件直接通过电子邮件发送给你。

现在，让我们做一些更有趣的事情，画出这些频率分布。

```
>>>Freq_dist_nltk.plot(50, cumulative=False)
>>># below is the plot for the frequency distributions
```

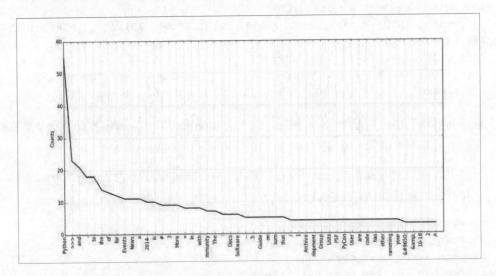

可以看到，累积频率持续增长，整体上，曲线有一条长长的尾巴。一些噪声依然存在，
一些单词（如 the、of、for 和=）是毫无用处的。对于这些单词（如 the、a、an 等），使用
术语停用词（stop word）来称呼它们。由于在大部分文档中不定代词一般都会出现，因此
这些词没有什么判别力，不能传达太多的信息。在大多数的 NLP 和信息检索任务中，人们
通常会删除停用词。让我们再次回到当前的示例中。

```
>>>stopwords=[word.strip().lower() for word in open("PATH/english.stop.
txt")]
>>>clean_tokens=[tok for tok in tokens if len(tok.lower())>1 and (tok.
lower() not in stopwords)]
>>>Freq_dist_nltk=nltk.FreqDist(clean_tokens)
>>>Freq_dist_nltk.plot(50, cumulative=False)
```

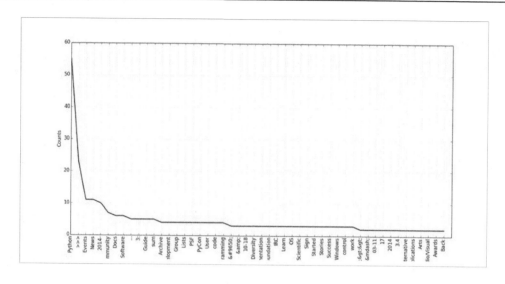

提示：

请访问 Wordle 网站以获得更多词云。

现在，这看起来干净多了！在完成了这么多任务后，可以访问 Wordle，将频率分布转换成 CSV 格式。你应该能够得到以下词云。

1.4 试一试

- 请尝试使用不同的 URL 进行相同的练习。
- 尽量使用词云。

1.5 本章小结

总之，这一章的目的概述自然语言处理。虽然本书确实假定读者有一些 NLP 基础知识和使用 Python 进行编程的背景，但是本章让读者非常快地了解 Python 和 NLP。我们已经安装了所有相关的程序包，这样我们就可以使用 NLTK 进行工作。我们希望能够使用几行简单的代码，给你灌输一些使用 NLTK 的概念。为了在大量非结构化文本中可视化主题，我们提供一种非常棒的并且让人耳目一新的方法——词云。词云在文本分析行业中也相当流行。我认为目标是围绕着 NLTK 建立一切，让 Python 在你的系统上能够顺利工作。你应该能够编写和运行基本的 Python 程序。我希望读者能够感受到 NLTK 库的力量，并建立一个小的运行示例。这个示例涉及词云方面一个基本的应用。如果读者能够生成词云，我就认为我们成功实现了目标。

接下来的几章将从语言的角度详细讨论 Python 及其与处理自然语言相关的特征，并探讨一些基本的 NLP 预处理步骤，以及一些与 NLP 相关的基本概念。

第2章
文本的整理和清洗

前一章介绍了需要提前知道的 Python 和 NTLK 知识。我们学习了如何使用文本语料库，开始进行一些有意义的 EDA。我们以一种非常粗略和简单的方式，进行了所有的预处理工作。本章将更详细地讨论预处理步骤，如标记解析、词干提取、词形还原和停用词删除。针对文本整理，我们将探讨在 NLTK 中的所有工具。我们将讨论在现代 NLP 应用中的所有预处理步骤，探讨以不同方式实现某些任务，以及一般的禁忌事项和必做事项。我们的想法是为读者提供关于这些工具的足够信息，这样读者就可以决定，在自己的应用程序中，需要何种类型的预处理工具。本章主要内容如下。

- 所有与数据整理相关的内容，以及使用 NLTK 执行这些任务的方法。
- 文本清洗的重要性，以及使用 NLTK 可以实现的常见任务。

2.1 文本整理

我们很难定义术语"文本/数据整理"。本书将其定义为，在从原始数据中获得机器可读的格式化文本前，所进行的所有预处理工作以及所有繁重的工作。这一过程涉及数据改写（munging）、文本清洗、特定预处理、标记解析（tokenization）、词干提取或词形还原、和停用词删除。下面从解析 csv 文件的一个基本示例开始讨论。

```
>>>import csv
>>>with open('example.csv','rb') as f:
>>>    reader = csv.reader(f,delimiter=',',quotechar='"')
>>>    for line in reader :
>>>        print line[1] # assuming the second field is the raw sting
```

这里试图解析一个 CSV 文件，使用上面的代码，将会得到 CSV 所有列元素的列表。可以自定义这个任务，基于任意的分隔符和引号字符，开展工作。既然拥有原始字符串，就可以应用上一章所学习到的不同类型的文本清理。此处的关键是，武装你的大脑，让你拥有足够详细的知识，处理日常工作中任何的 CSV 文件。

以下框图清晰地表示了一些最普遍接受的文件类型的处理流程。

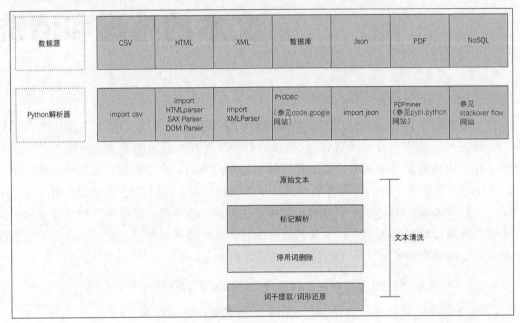

在此图的第一层中，列出了最常用的数据源。在大多数情况下，数据为这些数据格式的其中一种。在接下来的步骤中，根据这些数据格式，列出了其最常用的 Python 包。例如，在 CSV 文件的情况下，Python 的 csv 模块是处理 CSV 文件最可靠且最健壮的方法。这允许你应用不同的拆分器、不同的引号字符等。

另一个最常用的文件是 json。

例如，json 是这样的。

```
{
  "array": [1,2,3,4],
 "boolean": True,
  "object": {
    "a": "b"
  },
  "string": "Hello World"
}
```

比如，要处理字符串。其解析代码如下所示：

```
>>>import json
>>>jsonfile = open('example.json')
>>>data = json.load(jsonfile)
>>>print data['string']
"Hello World"
```

我们只使用 json 模块，加载 json 文件。Python 允许你选择将其处理成原始字符串形式。请仔细观察图，获取所有数据源及其 Python 解析包的更多细节信息。此处只给出了一个指南。可以随时在网上搜索有关这些程序包的更多细节信息。

因此，在你编写自己的解析器，解析这些不同的文档格式之前，请仔细观察第二排，看看是否在 Python 中有可用的解析器。一旦得到了原始字符串，就可以将所有的预处理步骤都作为管道，进行处理，或者可以选择忽略其中一些预处理步骤。下一节将详细讨论标记解析，词干提取器和词形还原器。我们还将讨论有关的变种，以及何时使用何种处理方式，而不是使用另一种处理方式。

> **提示：**
> 既然你学习了文本整理的概念，请尝试使用先前框图
> 中所描述的其中一个 Python 模块，连接其中任何一个
> 数据库。

2.2 文本清洗

一旦从各种数据源中解析出文本，接下来的挑战就是如何让这些原始数据变得有意义。根据数据源、解析的性能、外部噪声等，粗略地应用文本清洗，完成大部分的文本清理工作。从这个意义上来说，在第 1 章中，在使用 html_clean 清洗 html（也就是在进入下一步骤）之前，我们希望删除一些杂七杂八的内容，获得干净的文本，以进行进一步的处理，我们将这个任务称为文本清理。使用如 xml 这样的数据源，我们可能只关注树的一些特定元素。有时候，我们只对数据库中特定的列感兴趣，因此可能要应用拆分器（splitter）进行操作。总之，为了移除文本中的噪声，让文本变得更加清洁而进行的流程称为文本清洗。在数据改写（munging）、文本清洗和数据整理之间，没有泾渭分明的分界线，在类似的上下文中，这些术语可以互相替换使用。接下来几节将讨论一些执行 NLP 任务时最常见的预处理步骤。

2.3 句子拆分器

一些 NLP 应用程序需要将大量的原始文本拆分成若干句子，以获得更多有意义的信息。直观地说，句子是对话中可接受的单元。对于计算机而言，这个任务比看起来要艰巨。一个典型的句子拆分器可以非常简单地根据字符串中的（.）进行拆分，也可以非常复杂地使用预测式分类器识别句子边界。

```
>>>inputstring = ' This is an example sent. The sentence splitter will
split on sent markers. Ohh really !!'
>>>from nltk.tokenize import sent_tokenize
>>>all_sent = sent_tokenize(inputstring)
>>>print all_sent
[' This is an example sent', 'The sentence splitter will split on
markers.','Ohh really !!']
```

我们试图将原始文本字符串拆分成句子列表。先前的函数 sent_tokenize，在内部使用了 NLTK 中预建的句子边界检测算法。如果应用程序需要自定义句子拆分器，那么可以使用一些方式来训练自己的句子拆分器。

```
>>>import nltk.tokenize.punkt
>>>tokenizer = nltk.tokenize.punkt.PunktSentenceTokenizer()
```

先前的句子拆分器在所有的 17 种语言中都是可用的。你只需要指定相应的序列化（pickle）对象。根据我的经验，创建自己的句子拆分器的机会不多，这些句子拆分器已经足够处理各种文本语料库了。

2.4 标记解析

单词（标记）是机器可以理解和处理的最小单元。因此，如果不进行标记解析，任何文本字符串是不能进行下一步处理的。标记解析是将原始字符串拆分为有意义标记的过程。标记解析的复杂性根据 NLP 应用的需要和语言本身的复杂性而有所不同。例如，在英语中，标记解析可以非常简单，只需要通过正则表达式，选择单词和数字就行。但是，对于中文和日文而言，这是一个非常复杂的任务。

```
>>>s = "Hi Everyone ! hola gr8" # simplest tokenizer
>>>print s.split()
```

```
['Hi', 'Everyone', '!', 'hola', 'gr8']
>>>from nltk.tokenize import word_tokenize
>>>word_tokenize(s)
['Hi', 'Everyone', '!', 'hola', 'gr8']
>>>from nltk.tokenize import regexp_tokenize, wordpunct_tokenize,
blankline_tokenize
>>>regexp_tokenize(s, pattern='\w+')
['Hi', 'Everyone', 'hola', 'gr8']
>>>regexp_tokenize(s, pattern='\d+')
['8']
>>>wordpunct_tokenize(s)
['Hi', ',', 'Everyone', '!!', 'hola', 'gr8']
>>>blankline_tokenize(s)
['Hi, Everyone !! hola gr8']
```

在先前的代码中，使用了各种标记器（tokenizer）。从最简单的标记器——Python 字符串的 split()方法开始。这是使用空格作为分隔符的最基本标记器。但是可以配置 split()方法本身，进行相对复杂的标记解析。在先前的例子中，你很难发现 s.split()和 word_tokenize 方法之间有什么区别。

对于任何类型的文本语料库而言，word_tokenize 方法是一种通用和健壮的标记解析方法。在 NLTK 中，预建了 word_tokenize 方法。如果你不能够访问这个方法，那么你可能在安装 NLTK 时犯了一些错误。对于程序的安装，请参考第 1 章。

有两个最常用的标记器。首先是默认的 word_tokenize，这个标记器在大部分情况下都可以正常使用。另一个是 regex_tokenize，这是相对自定义的标记器，可以满足用户的特定需求。大多数其他标记器派生自正则表达式标记器（regex tokenizer）。也可以使用不同的模式，建立特定的标记器。在先前代码的第 8 行中，使用正则表达式标记器拆分出了相同的字符串。使用\w+作为正则表达式，这意味着我们需要字符串中所有的单词和数字，也可以使用其他符号作为拆分符，这与我们在第 10 行所做的相同，在第 10 行中，指定了正则表达式\d+。结果只生成了字符串中的数字。

你可以建立一个只选择小写字母、大写字母、数字或金钱符号的正则表达式标记器吗？

提示：
看看先前查询时所使用的正则表达式，并使用 regex_tokenize 即可。

小技巧：
还可以看看 text-processing 网站上的一些演示。

2.5 词干提取

从字面意义上来讲，词干提取（Stemming）表示将树的分支削减得到主干的过程。使用一些基本规则，可以有效地将任何标记（token）进行削减，得到其主干。词干提取是基于规则、相对原始的处理，通过这个处理，可以将标记（token）的不同变体集合起来。例如，单词吃（eat）具有各种不同的变体，如 eating、eaten、eats 等。在某些应用中，在 eat 和 eaten 之间做出区分，没有意义，因此，就使用词干提取，将两个经过语法变型的单词，归结到单词的根。在大部分时候，词干提取是由于其简单性而得到应用，而对于一些复杂语言或复杂的 NLP 任务，有必要使用词形还原（lemmatization）代替词干提取。词形还原是更健壮、更有条理的方式，它结合语法变体，得到单词的根。

下面的代码片段展示了几个词干提取器。

```
>>>from nltk.stem import PorterStemmer # import Porter stemmer
>>>from nltk.stem.lancaster import LancasterStemmer
>>>from nltk.stem.Snowball import SnowballStemmer
>>>pst = PorterStemmer() # create obj of the PorterStemmer
>>>lst = LancasterStemmer() # create obj of LancasterStemmer
>>>lst.stem("eating")
eat
>>>pst.stem("shopping")
Shop
```

使用基于规则的基本词干提取器，如消除-s/es 或-ing 或-ed，可以达到 70%以上的精度，而波特（Porter）词干提取器使用了更多的规则，获得了更高的正确率。

我们创建了不同的词干提取器，并在字符串上应用了 stem()方法。正如你所看到的，对于简单的示例而言，不同的方法之间区别不大，但是其实存在着各种精度和性能都不同的词干提取算法。可以访问 NLTK 网站来得到更多详细的信息。我相对经常使用波特词干提取器，如果你使用英语进行工作，那么这个词干提取器已经足够了。有一系列的 Snowball 词干提取器，可以适用于荷兰语、英语、法语、德语、意大利语、葡萄牙语、罗马尼亚语、俄语等。在 variancia 网站上，我还遇到过轻量级的印地文词干提取器。

小技巧：

如果有些人希望了解更多关于词干提取器的信息，建议学习一下维基百科网站上所有的词干提取器。

但是，在绝大多数的用。例中，大多数用户使用波特和 Snowball 词干提取器就可以如鱼得水了。在现代 NLP 应用中，有时候，人们甚至忽略了词干提取这个预处理的步骤，因此，是否使用词干提取通常取决于领域和应用。我也想告诉读者一些事实，如果读者希望使用一些 NLP 标注器，如词性标注器（POST）、NER 或依存解析器，由于词干提取将会修改标记（token）而导致得到不同的结果，因此应该避免使用词干提取。当谈到标注器时，我们将深入探讨这个内容。

2.6　词形还原

词形还原是一种相对有条理的方式，转换单词词根的所有语法/折叠形式。词形还原使用上下文和词性，确定单词的折叠形式，根据每个单词的词性，应用不同的标准化规则，得到词根单词（词元）。

```
>>>from nltk.stem import WordNetLemmatizer
>>>wlem = WordNetLemmatizer()
>>>wlem.lemmatize("ate")
eat
```

此处，WordNetLemmatizer 使用 WordNet，这种方法接受一个单词，在语义词典 wordnet 中搜索这个单词。这种方法还使用形态分析，将单词削减到词根，搜索特定词元（单词的变体）。因此，在该示例中，对于给定的单词变体 ate，可以得到 eat，而使用词干提取是永远得不到 eat 的。

- 你能解释词干提取和词形还原之间的区别吗？

- 你能为你的母语构建一个（基于规则的）波特词干提取器吗？

- 对于像中文这样的语言而言，为什么很难实现词干提取器？

2.7　停用词删除

在不同的 NLP 应用中，停用词删除是最常用的预处理步骤之一。简单来说，这个概念就是移除在语料库的所有文档中通常都会出现的一些单词。一般情况下，将不定冠词和代词归为停用词。在一些如信息检索和信息分类这样的 NLP 任务中，这些单词没有多大意义。也就是说，这些单词的判别力不大，删除这些停用词产生的影响非常小。在大多数情况下，给定语言的停用词列表是整个语料库中最常出现的并且人工制作的单词列表。虽然在网上可以找到大多数语言的停用词列表，但是我们也有许多种方式自动生成给定语料库的停用词列表。一种建立停用词列表的简单方式是基于单词的文档频率（出现此单词的文档数目），我们将在整个语料库的文档中都出现的单词视为停用词。我们对一些具体的语料库进行了深入的研究，得到了最佳停用词列表。NTLK 自带了大约 22 种语言的停用词列表。

以下是使用了 NLTK 停用词的代码，实现了停用词删除的处理。也可以与我们在第 1 章中所做的一样，基于查找方法，创建一个字典。

```
>>>from nltk.corpus import stopwords
>>>stoplist = stopwords.words('english') # config the language name
# NLTK supports 22 languages for removing the stop words
>>>text = "This is just a test"
>>>cleanwordlist = [word for word in text.split() if word not in
stoplist]
# apart from just and test others are stopwords
['test']
```

在先前的代码片段中，与在第 1 章中所做的一样，我们有效地利用停用词删除，得到了更干净的版本。先前，我们使用了基于查找的方法。在这种情况下， NLTK 内部也使用了非常类似的方法。由于 NLTK 停用词列表是一个相对标准化的列表，因此推荐使用 NLTK 停用词列表。相对于任意其他的实现方法，这种实现方法更健壮。对于其他语言，我们也有使用类似方法的方式，即可以将语言的名称作为参数传递给停用词构造函数。

- 删除停用词背后的数学思想是什么？
- 在停用词删除后，可以执行其他 NLP 操作吗？

2.8 生僻字删除

这样做的理由非常直观，一些单词，如名称、品牌、产品名称以及一些嘈杂的字符（如在处理 HTML 时剩下的一些遗漏字符），在性质上非常独特，因此根据不同的 NLP 任务，这些单词或字符也要删除。例如，即使名称可以作为有意义的预测器，但是对于文本分类问题而言，使用名称作为预测器是非常糟糕的。接下来的几章将对此进行进一步的讨论。我们绝对不希望所有这些嘈杂符号存在。我们也使用单词的长度作为标准，移除那些非常短或非常长的单词。

```
>>># tokens is a list of all tokens in corpus
>>>freq_dist = nltk.FreqDist(token)
>>>rarewords = freq_dist.keys()[-50:]
>>>after_rare_words = [ word for word in token not in rarewords]
```

使用 FreqDist()函数，获得了语料库中术语的频率分布，选择最生僻的术语并添加到列表中，然后对原始语料库进行过滤。也可以针对单个文件，执行这种处理。

2.9 拼写校正

虽然并不是所有 NLP 应用都有必要使用拼写检查器，但是一些用案要求你进行基本的拼写检查。可以仅使用字典查找创建一个非常基本的拼写检查器。对于模糊字符串匹配，人们已经开发了一些增强的字符串算法。其中最常用的一种算法是编辑距离（edit-distance）。NTLK 同时也为读者提供了具有 edit_distance 的多种度量模块。

```
>>>from nltk.metrics import edit_distance
>>>edit_distance("rain","shine")
3
```

后面章节将更详细地介绍这个模块。也可以得到 Peter Norvig 所编写的一个非常优雅的拼写检查器的代码，这个拼写检查器很容易理解，使用纯 Python 也很容易实现。

小技巧：
对于任何使用自然语言处理的人，如果希望了解关于拼写检查的信息，建议访问 Norvig 网站。

2.10 试一试

此处是开放式问题的答案。

- 尝试使用 pyodbc（参见 Google 网站）连接任何数据库。

- 可以建立一个只选择小写字母、大写字母、数字或金钱符号的正则表达式标记器吗？

[\w +]选择所有单词和数字[a-z A-Z 0-9]，[\ $]将匹配货币符号。

- 你能解释词干提取和词形还原之间的区别吗？

词干提取更多地使用基于规则的方法，获得单词语法形式的词根。但是词形还原同时考虑了给定单词的上下文和词性，然后应用语法变体的特定规则。词干提取器更容易实现，其处理速度也比词形还原器更快。

- 你能为你的母语创建一个波特词干提取器（基于规则）吗？

> **提示：**
> 参见 tartarus 网站。

- 在停用词删除后，可以执行其他 NLP 操作吗？

这是绝对不可以的。所有典型的 NLP 应用（如词性标注、组块化等）都需要上下文生成给定文本的标签。一旦删除了停用词，就失去了上下文。

- 对于像中文或印地文这样的语言，为什么很难实现词干提取器？

印地文形态丰富，而中文很难进行标记解析。另外，将这些标记标准化也极具挑战性，因此，对于这些语言而言，相对较难实现词干提取器。后面的章节讨论这些挑战。

2.11 本章小结

本章不仅讨论了在文本上下文中的所有数据整理（wrangling）/改写（munging），还简单讨论了一些最常见的数据源，以及如何使用 Python 包解析这些数据源。从非常基本的字符串方法到自定义的基于正则表达式的标记器，本章深入讨论了标记解析。

本章不仅探讨了词干提取和词形还原，各种可用的词干提取器及其优缺点，还讨论了停用词删除处理，停用词删除非常重要的原因，何时删除停用词，何时不需要删除停用词。此外，本章也简单介绍了删除生僻词以及其在文本清洗中非常重要的原因。停用词删除和生僻词删除基本上就是基于单词的频率分布，移除具有极端频率值的单词。本章也提到了拼写校正。对于文本整理和文本清洗而言，你要做的事情是没有限制的。每个文本语料库都有新的挑战，都有新类型的噪声需要删除。随着时间的推移，你将逐渐了解何种预处理最适合你的语料库，何种预处理可以忽略。

下一章将讨论一些与 NLP 相关的预处理，如词性标注、组块化和 NER。对于提出的一些开放式问题，本章给出了一些答案或提示。

第 3 章
词性标注

为了可以使用任意的文本语料库进行工作，先前章节探讨了所需的预处理步骤。现在，你应该可以非常自由地解析和清理任何类型的文本。你应该能够执行所有的文本预处理，对任何文本进行标记解析、词干提取和停用词删除。你可以自定义所有的预处理工具以满足你的需要。到目前为止，本书主要讨论了文本文档需要进行的一般预处理。现在开始讨论更加繁重的 NLP 预处理步骤。

本章将讨论什么是词性标注，以及在 NLP 应用的上下文中词性标注的意义是什么。我们还将学习如何使用 NLTK 以及用于 NLP 密集型应用程序的标签和各种标注器，提取有意义的信息。最后，我们将学习如何使用 NLTK 来标记命名实体。我们将详细讨论各种 NLP 标注器，同时也给出一小片段代码，帮助你理解。我们也会观察一下最佳做法，以及在何处使用何种标注器。本章主要内容如下。

- 在自然语言处理的上下文中，词性（Part of Speech，POS）标注的定义以及词性标注的重要性。

- 使用 NLTK，进行 POS 标注的不同方式。

- 使用 NLTK，建立自定义 POS 标注器的方法。

3.1 什么是词性标注

在你的童年，你可能已经听说过词性（POS）这个术语。你真的需要投入大量的时间，才可以自信地说出什么是形容词，什么是副词，它们之间的具体区别是什么。请思考一下，我们希望建立一个系统，将所有这方面的知识编码到这个系统中。这可能看起来很容易，而几十年来，将这种知识编码到机器学习模型中成为一个非常困难的 NLP 问题。我认为，当前最先进的 POS 标注算法可以以较高的精准率（大约为 97%），预测给定单词的词性。然而，人们仍然在 POS 标注领域进行了大量的研究。

在新闻和其他领域中，像英语这样的语言具有许多标注的语料库可供使用，这使得人们得到了许多先进的算法。一些标注器非常通用，可以使用在不同的领域和不同的文本中。但是，在特定的用例中，POS 可能无法表现得与预期一样。在这些用例中，我们可能需要从头开始建立一个 POS 标注器。为了理解 POS 标注器的内部细节，我们需要对一些机器学习技术有一个基本的了解。第 6 章将探讨其中的一些内容，但是为了构建适合我们需要的自定义 POS 标注器，必须讨论一些基本知识。

首先，我们将学习一些相关且可用的 POS 标注器，顺便学习一套标记（token）。可以得到作为元组（tuple）的单个单词的 POS。然后，本章将探讨其中一些标注器的内部工作机制，同时也将探讨从头开始构建一个自定义的标注器。

当谈论 POS 时，最常用的 POS 通知（POS notification）是宾州树库（Penn Tree Bank，PTB）标记集，如下所示。

标签	描述
NNP	专有名词，单数
NNPS	专有名词，复数
PDT	前位限定词
POS	所有格结尾
PRP	人称代词
PRP $	物主代词
RB	副词
RBR	副词，比较级
RBS	副词，最高级
RP	小品词
SYM	符号（数学或科学）
TO	至
UH	感叹词
VB	动词，基本形式
VBD	动词，过去式

续表

标签	描述
VBG	动词，动名词/现在分词
VBN	动词，过去
WP	wh 开头的代词
WP $	以 wh 开头的物主代词
WRB	以 Wh 开头的副词
#	英镑符号
$	美元符号
.	句末标点
,	逗号
:	冒号，分号
(	左括号字符
)	右括号字符
"	直双引号
'	左单引号
"	左双引号
'	右单引号
"	右双引号

这看起来很像我们在小学英语课堂上所学的吧？现在，既然我们已经了解了这些标签的意思，让我们进行一个实验。

```
>>>import nltk
>>>from nltk import word_tokenize
>>>s = "I was watching TV"
>>>print nltk.pos_tag(word_tokenize(s))
[('I', 'PRP'), ('was', 'VBD'), ('watching', 'VBG'), ('TV', 'NN')]
```

如果你只是想在新闻或类似新闻的语料库上使用 POS，你只需要知道前三行代码。在这段代码中，标记解析了一段文本，使用 NLTK 中的 pos_tag 方法来获取（word，pos-tag）元组。这是 NLTK 自带的其中一个预训练的 POS 标注器。

> **提示：**
> 这种标注器在内部采用了 maxent 分类器（后面章节将讨论这些分类器）训练模型，预测一个具体的单词属于哪类标签。
> 为了获得更多详细信息，可以访问 GitHub 网站。

NLTK 高效地使用了 Python 的强大数据结构，因此，在使用 NLTK 输出结果方面，我们拥有了更多的灵活性。

你一定想知道，在实际应用中，典型的 POS 应用是什么。在一个典型的预处理中，我们可能想寻找所有的名词。现在，这个代码片段可以给出给定句子中的所有名词。

```
>>>tagged = nltk.pos_tag(word_tokenize(s))
>>>allnoun = [word for word,pos in tagged if pos in ['NN','NNP'] ]
```

请尝试回答以下问题。

- 在 POS 标注之前，可以删除停用词吗？

- 如何才能获得句子中的所有动词？

3.1.1　斯坦福标注器

NLTK 另一个非常突出的特点是，它封装了许多预先训练的标注器，如斯坦福工具等。一个常见的 POS 标注器示例，如下所示。

```
>>>from nltk.tag.stanford import POSTagger
>>>import nltk
>>>stan_tagger = POSTagger('models/english-bidirectional-distdim.
tagger','standford-postagger.jar')
>>>tokens = nltk.word_tokenize(s)
>>>stan_tagger.tag(tokens)
```

> **小技巧：**
> 为了使用以上代码，需要从 Stanford 网站下载斯坦福标注器。将 jar 和模型提取到一个文件夹中，在 POSTagger 的参数中，给出一个绝对路径。

综上所述，主要以两种方式使用 NLTK，实现标注任务。

（1）在测试数据上应用 NLTK 或其他库中预先训练的标注器。这两种标注器足以应付任何非特定领域的语料库，纯英文文本的 POS 标注任务。

（2）构建或训练在测试数据使用的标注器。这用于处理非常具体的用例，开发自定义的标注器。

下面深入挖掘在一个典型的 POS 标注器内部所发生的事情。

3.1.2 深入了解标注器

一个典型的标注器采用了大量训练数据，并且句子的每个单词上都附上了 POS 标签进行标注。标注基本上是手工劳动，如下所示：

```
Well/UH what/WP do/VBP you/PRP think/VB about/IN the/DT idea/NN of/IN ,/,
uh/UH ,/, kids/NNS having/VBG to/TO do/VB public/JJ service/NN work/NN
for/IN a/DT year/NN ?/.Do/VBP you/PRP think/VBP it/PRP 's/BES a/DT ,/,
```

前一样例来自宾州树库（Penn Treebank）交换面板（Switchboard）语料库。人们已经完成了许多手工标注的大型语料库。人们创建了语言数据协会（LDC），投入了大量的时间，使用不同类型的标签（如 POS、依存解析和话语），对不同语言、不同类型的文本进行标注（此后会谈到这些内容）。

> **提示：**
> 关于这些内容，可以从 upenn 网站获得更多信息。（虽然 LDC 免费提供了一小部分数据，但是也可以购买整个标注语料库。NLTK 将近有 10% 的 PTB 数据。）

如果我们也希望训练自己的 POS 标注器，那么我们必须进行具体领域的标注练习。这种类型的标注需要领域专家的帮助。

通常情况下，我们将此类词性标注问题视为序列标注问题或分类问题。在序列标注问题或分类问题中，对于给定单词，人们试图使用通用的判别模型来预测正确的标签。

我们不直接进入相对复杂的示例，而是使用一些简单的方法进行标注。

下面的代码片段给出了布朗语料库中 POS 标签的频率分布。

```
>>>from nltk.corpus import brown
>>>import nltk
>>>tags = [tag for (word, tag) in brown.tagged_words(categories='news')]
>>>print nltk.FreqDist(tags)
<FreqDist: 'NN': 13162, 'IN': 10616, 'AT': 8893, 'NP': 6866, ',': 5133,
'NNS': 5066, '.': 4452, 'JJ': 4392 >
```

我们可以看到 NN 是最频繁的标签，因此下面开始构建一个非常朴素的 POS 标注器，将 NN 作为标签分配给所有测试单词。可以使用 NLTK 的 DefaultTagger 函数完成这个任务。DefaultTagger 函数是序列标注器（Sequence tagger）的一部分，在下面的内容中将对其进行讨论。有一个 evaluate()函数，它给出了预测单词 POS 的准确性。以这个函数作为基准，来检测布朗语料库标注器。在 default_tagger 的情况下，得到的正确预测率约为 13%。在未来，我们对所有标注器使用相同的基准。

```
>>>brown_tagged_sents = brown.tagged_sents(categories='news')
>>>default_tagger = nltk.DefaultTagger('NN')
>>>print default_tagger.evaluate(brown_tagged_sents)
0.130894842572
```

3.1.3   序列标注器

不足为奇，上述标注器表现不佳。DefaultTagger 是基类 SequentialBackoffTagger 的一部分，它基于序列（Sequence）进行标注。标注器试图基于上下文对标签建立模型，如果它不能够正确预测标签，那么它会咨询 BackoffTagger。一般来说，DefaultTagger 参数可以作为一个 BackoffTagger。

让我们看看相对复杂的序列标注器。

1. N 元标注器

N 元标注器是 SequentialTagger 的子类，在这种情况下，标注器接受了上下文中的前 n 个单词，预测给定标记的 POS 标签。这种标注器有不同的变型，人们已经尝试使用了 UnigramsTagger、BigramsTagger 和 TrigramTagger。

```
>>>from nltk.tag import UnigramTagger
>>>from nltk.tag import DefaultTagger
>>>from nltk.tag import BigramTagger
>>>from nltk.tag import TrigramTagger
# we are dividing the data into a test and train to evaluate our taggers.
>>>train_data = brown_tagged_sents[:int(len(brown_tagged_sents) * 0.9)]
>>>test_data = brown_tagged_sents[int(len(brown_tagged_sents) * 0.9):]
>>>unigram_tagger = UnigramTagger(train_data,backoff=default_tagger)
>>>print unigram_tagger.evaluate(test_data)
0.826195866853
>>>bigram_tagger = BigramTagger(train_data, backoff=unigram_tagger)
>>>print bigram_tagger.evaluate(test_data)
0.835300351655
```

```
>>>trigram_tagger = TrigramTagger(train_data,backoff=bigram_tagger)
>>>print trigram_tagger.evaluate(test_data)
0.83327713281
```

Unigram 只考虑标签的条件频率，预测每个给定标记的最常见标签。bigram_tagger 参数考虑给定单词及其前一个单词的标签，以元组标签形式，给出测试单词的给定标签。TrigramTagger 参数使用类似过程，但是查找的是前两个单词。

显而易见，TrigramTagger 参数的覆盖率相对较低，实例的准确率会比较高。另一方面，UnigramTagger 的覆盖率较高。为了处理精准率（Presion）/召回率（Recall）之间的这种权衡，在先前的代码片段中，组合了这三种标注器。首先，对于给定的单词序列，程序会先询问 trigram 以预测标签。如果没找到给定单词序列的标签，那么程序会通过 Backoff 回退到 BigramTagger 参数，然后通过 Backoff 回退到 UnigramTagger 参数，最后通过 Backoff 回退到 NN 标签。

2．正则表达式标注器

还有一类序列标注器，也就是基于正则表达式的标注器。此处，无须寻找确切的单词，只需要定义正则表达式，同时，对于给定的表达式，定义了对应的标签。例如，在下列的代码中，提供了一些最常见的正则表达式模式，来获得不同的词性。我们知道与每个 POS 类别相关的模式，例如，在英语中，有冠词（the、a 和 an），以 ness 结尾的一般是形容词。我们写出了一堆正则表达式和纯 Python 代码，NLTK 的 RegexpTagger 参数将提供一种优雅的方式，以构建基于模式的 POS。这也可用于归纳领域相关的 POS 模式。

```
>>>from nltk.tag.sequential import RegexpTagger
>>>regexp_tagger = RegexpTagger(
        [( r'^-?[0-9]+(.[0-9]+)?$', 'CD'),    # cardinal numbers
        ( r'(The|the|A|a|An|an)$', 'AT'),     # articles
        ( r'.*able$', 'JJ'),                  # adjectives
        ( r'.*ness$', 'NN'),                  # nouns formed from adj
        ( r'.*ly$', 'RB'),                    # adverbs
        ( r'.*s$', 'NNS'),                    # plural nouns
        ( r'.*ing$', 'VBG'),                  # gerunds
        (r'.*ed$', 'VBD'),                    # past tense verbs
        (r'.*', 'NN')                         # nouns (default)
        ])
>>>print regexp_tagger.evaluate(test_data)
0.303627342358
```

我们可以看到，仅仅通过使用一些明显模式来确定 POS，我们就能够达到大约 30%的准确率。如果将若干个正则表达式标注器（如 BackoffTagger）进行结合，我们可能可以提高性能。在预处理步骤中，也可以使用正则表达式标注器，例如，我们不使用原始的 Python 函数 string.sub()，而使用这个标注器标注日期模式、货币模式、位置模式等。

- 在本节，你可以修改混合标注器的代码，使其可以使用正则表达式标注器工作吗？这有助于改进性能吗？
- 你可以编写标注日期和货币表达式的标注器吗？

3.1.4　布里尔标注器

布里尔标注器是基于变换的标注器，此处的思想是，从猜测给定标签开始，在接下来的迭代中，基于标注器学习到的下一组规则，返回并修改错误。这也是监督的标注方式，但是这不同于 N 元标记。在 N 元标记中，统计在训练数据中的 N 元模式，此处，我们寻找的是变换规则。

如果标注器从准确率一般（人们可以接受的准确率）的 Unigram/Bigram 标注器开始，然后使用布里尔标注器，无须寻找三元组，而是基于标签、位置和单词本身，寻找规则。

示例规则可以是：

当前一个单词是 TO 时，使用 VB 替代 NN。

在基于 UnigramTagger 得到了一些标签后，就可以仅仅使用一个简单的规则，对标签进行细化。这是一个互动的过程。使用一些迭代和一些相对优化的规则，布里尔标注器的性能可以超过一些 N 元标注器。在此给出的唯一建议是，在使用训练集时，勿使标注器产生过拟合。

提示：
还可以仔细阅读 lingfil 网站上的描述，得到更多示例规则。

- 基于观察，你可以尝试写出更多规则吗？
- 尝试将布里尔标注器与 UnigramTagger 结合。

3.1.5　基于标注器的机器学习

到现在为止，我们仅仅使用了一些来自 NLTK 或斯坦福的预先训练的标注器。虽然在上一节的示例中使用了这些标注器，但是标注器的内部对我们而言，依然是一个黑盒子。例如，pos_tag 在内部使用最大熵分类器（Maximum Entropy Classifier，MEC），StanfordTagger 也采用了改进版本的最大熵，这些是判别模型的标注器。我们也拥有基于隐马尔可夫模型（Hidden Markov Model，HMM）和条件随机场（Conditional Random Field，CRF）的许多标注器，但是这些都属于生成模型（generative model）。

探讨所有的这些话题已经超出了本书的范围。如果读者要深入了解这些概念，我极力推荐读者学习 NLP 课程。虽然第 6 章将介绍一些分类技术，但是这是 NLP 中的高级课题，需要更多的精力。

简而言之，POS 标注问题可以归类为序列标注问题或分类问题[①]，在这种类型的问题中，给出了单词及其特征（如先前单词、上下文、形态变化等）。虽然我们将给定单词归类到某个 POS 类别，但是也有人使用相似的特征，尝试将其建模为生成模型。以下是供读者参考的信息，读者可以使用提示中的网站，来了解其中一些主题。

提示：
NLP 课程参见 coursera 网站。
HMM 参见 Cambridge Machine Learning Group 网站。
MEC 参见 Stanford 网站。

3.2   命名实体识别

除了 POS 以外，其中一个最常见的标记问题是在文本中查找实体。一般来说，NER 由名称、位置和组织构成。有一些 NER 体系所标注的实体不仅仅这三种实体。我们可以将此问题视为一个序列，使用上下文和其他特征，标记这些命名的实体。在 NLP 领域，人们进行了大量的研究，试图标注生物实体、零售中的产品实体等。同样，使用 NLTK，也有两种标注 NER 的方式。一种是通过使用预先训练的并且仅对测试数据进行评分的 NER 模型，另一种是构建基于机器学习的模型。NLTK 命名实体识别（Named Entity Recognition，NER）提供了 ne_chunk() 方法和封装了斯坦福 NER 标注器的包装器。

NER 标注器

NLTK 为命名实体提取（Named Entity Extraction）提供了一种方法：ne_chunk。我们已经展示了一小片代码段，演示了如何使用它来标注任意一句话。这种方法要求你预处理文本，按照相同的次序，将文本标记解析为句子、标记和 POS 标签，使得文本可以进行命名实体的标注。

---

① 怀疑作者漏写了 or 的部分，此处翻译出了。——译者注

NLTK 使用 ne_chunking，此处组块化就是将多个标记标注成一个有意义的实体。

宽松地讲，NE 组块化（NE chunking）和命名实体（Named entity）的使用方式是一样的。

```
>>>import nltk
>>>from nltk import ne_chunk
>>>Sent = "Mark is studying at Stanford University in California"
>>>print(ne_chunk(nltk.pos_tag(word_tokenize(sent)), binary=False))
(S
  (PERSON Mark/NNP)
  is/VBZ
  studying/VBG
  at/IN
  (ORGANIZATION Stanford/NNP University/NNP)
  in/IN
  NY(GPE California/NNP)))
```

ne_chunking 方法可以识别人（姓名，name）、地点（位置，location）和组织。如果将 binary 设置为 True，那么它将为整棵句子树提供输出，标注一切信息。如果将 binary 设置为 False，那么它将提供详细的个人、地点和组织信息，与先前使用斯坦福 NER 标注器的示例一样。

与 POS 标注器类似，NLTK 还拥有封装了斯坦福 NER 的包装器。这种 NER 标注器具有更高的准确率。以下代码片段可以让你使用这个标注器。你可以发现在给定的示例中仅使用三行代码来标注所有实体。

```
>>>from nltk.tag.stanford import NERTagger
>>>st = NERTagger('<PATH>/stanford-ner/classifiers/all.3class.distsim.
crf.ser.gz',...                 '<PATH>/stanford-ner/stanford-ner.jar')

>>>st.tag('Rami Eid is studying at Stony Brook University in NY'.split())
[('Rami', 'PERSON'), ('Eid', 'PERSON'), ('is', 'O'), ('studying', 'O'),
('at', 'O'), ('Stony', 'ORGANIZATION'), ('Brook', 'ORGANIZATION'),
('University', 'ORGANIZATION'), ('in', 'O'), ('NY', 'LOCATION')]
```

如果你仔细观察，即使使用非常短的测试语句，也可以认为斯坦福标注器在性能上超过了 NLTK 的 ne_chunk 标注器。

现在，这些类型的 NER 标注器对于通用类型的实体标注而言是一种很好的解决方案，但是，当我们要标注领域特定的实体（如生物医学名称和产品名称）时，我们必须训练自己的标注器，构建自己的 NER 系统。我也推荐 NER Calais，这种标注器具有许多标注方法，不仅可以标注一般的 NER，还可以标注更多的一些实体。这种标注器的性能也是非常优秀的。

3.3 试一试

这里是上一节所提出问题的答案。

- 在 POS 标注之前，可以删除停用词吗？

不能。如果删除了停用词，就失去了上下文，一些 POS 标注器（预训练的模型）使用单词上下文作为特征，赋予给定单词 POS。

- 如何才能得到句子中的所有动词？

可以使用 pos_tag，获得句子中的所有动词。

```
>>>tagged = nltk.pos_tag(word_tokenize(s))

>>>allverbs = [word for word,pos in tagged if pos in
['VB','VBD','VBG'] ]
```

- 在 3.1.3 节，可以修改混合标注器的代码，使它使用正则表达式标注器吗？这有助于改进性能吗？

可以。可以修改 3.1.3 节中的混合标注器代码，使它使用正则表达式标注器。

```
>>>print unigram_tagger.evaluate(test_data,backoff= regexp_tagger)
>>>bigram_tagger = BigramTagger(train_data, backoff=unigram_
tagger)
>>>print bigram_tagger.evaluate(test_data)
>>>trigram_tagger=TrigramTagger(train_data,backoff=bigram_tagger)
>>>print trigram_tagger.evaluate(test_data)
0.857122212053
0.866708415627
0.863914446746
```

在添加一些基于模式的基本规则（而不是预测最常见的标签）的情况下，性能得到了改善。

- 可以编写标注日期和货币表达式的标注器吗？

可以编写标注日期和货币表达式的标注器。以下就是标注器的代码。

```
>>>date_regex = RegexpTagger([(r'(\d{2})[/.-](\d{2})[/.-](\d{4})$'
,'DATE'),(r'\$','MONEY')])
>>>test_tokens = "I will be flying on sat 10-02-2014 with around
10M $ ".split()
>>>print date_regex.tag(test_tokens)
```

提示：
最后两个问题还没未解答。
基于读者的观察，这可以有许多规则，因此此处并没有
正确/错误的答案。

现在，仅仅针对名词和动词，你可以尝试在第 1 章所使用的类似词云吗？

建议参考以下网站。

- GitHub 网站

- 维基百科网站

- 爱丁堡大学信息学院网站

- NLTK 网站

3.4 本章小结

本章旨在展示一些最有用的 NLP 预处理标注步骤。本章总体上探讨了词性问题，包括在 NLP 上下文中词性的意义。本章还讨论了在 NLTK 中使用预训练的 POS 标注器的不同方式，其使用方法如何简单，以及如何创建精彩的应用。然后，讨论了所有可用的 POS 标注选项，如 N 元标注、基于正则表达式的标注等。我们还为特定领域的语料库，构建和开发了混合标注器。本章简要探讨了如何构建一个典型的预训练标注器，讨论了解决标注问题的可能方法，还讲述了 NER 标注器、NER 标注器如何与 NLTK 一同工作。在本章的结束之前，如果读者总体上理解了在 NLP 上下文中 POS 和 NER 的重要性，以及如何运行使用 NTLK 的代码片段，那么我认为本章已成功达到了目的。但是，旅程并没有到此结束。现在，我们仅仅知道了在主要使用 POS 和 NER 的大部分实际应用中，一些浅显的 NLP 预处理步骤。在相对复杂的 NLP 应用（如 Q/A 系统、摘要和语音）中，我们需要更深入的 NLP 技术，如组块化、解析和语义。下一章将谈论这些内容。

第 4 章
对文本的结构进行语法分析

本章探讨的是如何对文本深层结构有更透彻的理解，同时讨论了如何对文本进行深度语法分析，并在各种不同的 NLP 应用中使用语法分析。目前，我们已经了解了各种 NLP 预处理步骤。让我们转到文本的一些深层次的方面。语言的结构非常复杂，我们需要通过处理各种层次结构，才能描述它。本章将谈一谈文本的所有这些结构和它们之间的区别，并为你提供了其中一个结构的详细信息。我们将会谈论上下文无关文法（Context-Free Grammar，CFG）以及如何使用 NTLK 实现它。我们也会看看不同的语法分析器，讨论如何使用在 NLTK 中一些现有的语法分析方法。我们将使用 NLTK 编写一个简陋的语法分析器，并在组块化（chunking）的上下文中，再次谈论 NER。我们也将提供 NLTK 中现存一些选项的详细信息，进行深层结构的分析。我们也将尽力为你提供信息抽取（information extraction）的一些真实用例，并探讨如何使用读者在本章中学习的主题来实现信息抽取。我们希望读者，在本章结束前，对这些主题有一定的理解。

本章内容如下。

- 语法分析（parsing），以及 NLP 语法分析的相关性。
- 不同的语法分析器，以及如何使用 NLTK 进行语法分析。
- 使用语法分析进行信息抽取的方法。

4.1 浅层语法分析与深层语法分析

一般来说，在深层语法分析或完全语法分析中，使用如 CFG 和概率上下文无关文法（Probabilistic Context-Free Grammar，PCFG）此类的语法概念和搜索策略，给出句子的完整语法结构。浅层语法分析的任务是，对给定文本进行语法分析，得到一部分有限的语法信息。在一些相对复杂的 NLP 应用（如对话系统和文本摘要）中，所要求的是深层语法分析，而对于信息抽取和文本挖掘等各种应用，浅层语法分析更适用。接下来的几节将会更详细地探讨这些内容，谈谈它们的优缺点，以及如何在 NLP 应用中使用它们。

4.2 语法分析的两种方法

在进行语法分析时，主要有两种观点/方法，如下所示。

基于规则的方法	概率方法
这种方法基于规则/语法	在这种方法中，通过使用概率模型，可以学习到规则/语法
在这种方法中，使用 CFG 等语言，对现有的语法规则进行编码	它使用语言特征的观测概率
这是一个自上而下的方法	这是一个自下而上的方法
这个方法包括基于 CFG 和基于正则表达式的语法分析器	这种方法包括 PCFG 和斯坦福语法分析器

4.3 为什么需要语法分析

我想带读者再次回到学校，在学校里，我们可以学习语法。现在，告诉我，你为什么要学习语法？你真的需要学习语法吗？答案当然是肯定的！在我们成长的过程中，我们学习了母语。现在，一般情况下，在我们学习语言的过程中，我们先学习一小部分词汇，然后学习如何组合单词为短语块，再将短语块组合成短句子。通过学习各种例句，我们学习到了语言的结构。当你说出一个不正确的句子时，你的母亲可能会多次纠正你。我们应用了类似的过程来尝试理解句子，这个过程司空见惯，以至于我们从来没有真正关注并详细地思考过这个过程。也许下次你在纠正别人的语法时，你就会明白这一点。

当谈到编写语法分析器时，我们试图重复同样的过程。我们拿出一套规则，使用这套规则作为模板，按照正确的顺序，写出句子。同时，我们也需要若干属于不同类别的单词。我们已经在 POS 标注中讨论过了此种处理过程。读者应该记得，在 POS 标注中，我们得到了给定单词的类别。

现在，如果你理解了这一点，那么你就已经学会了游戏规则，知道何种动作是有效的，并且可以在具体步骤中采用这个动作。我们基本上根据人脑中所发生的自然现象,尝试模仿这种自然行为。CFG 是其中一种最简单的入门级语法概念,在 CFG 中,你只需要一套规则和一套终端标记。

让我们使用有限的词汇和通用规则,写下我们的第一个语法。

```
# toy CFG
>>>from nltk import CFG
>>>toy_grammar =
nltk.CFG.fromstring(
"""
  S -> NP VP             # S indicate the entire sentence
  VP -> V NP             # VP is verb phrase the
  V -> "eats" | "drinks" # V is verb
  NP -> Det N # NP is noun phrase (chunk that has noun in it)
  Det -> "a" | "an" | "the" # Det is determiner used in the sentences
  N -> "president" |"Obama" |"apple"| "coke" # N some example nouns
  """)
>>>toy_grammar.productions()
```

现在,这个语法概念可以生成有限数量的句子。想象一下这种情况,你所知的动词和名词是前一代码中所用的动词和名词,你仅仅知道如何将这些名词与动词进行结合。我们可以使用这些信息构成若干示例句子。

- President eats apple.(总统吃苹果。)

- Obama drinks coke.(奥巴马喝可乐。)

现在,你明白这里发生了什么事情了。我们的头脑基于先前的规则,并使用所拥有的任何词汇进行替换,创造出了等待进行语法分析的语法概念。如果我们能够正确进行语法分析,那么我们就会理解这些句子的含义。

因此,我们在学校里学到的语法由大量有用的英语规则构成。我们仍然使用这些规则,并且不断增强这些规则,我们也使用这些相同的规则理解所有的英语句子。但是,今天的规则并不适用于威廉·莎士比亚的著作。

在另一方面,以同样的语法可以构造出以下毫无意义的句子。

- Apple eats coke.(苹果吃可乐。)

- President drinks Obama.(总统喝奥巴马。)

当涉及语法分析器时,我们可以会形成语法上合理但实际上毫无意义的句子。为了了解语义，我们需要对句子的语义结构有更深入的理解。如果你对语言的这些方面感兴趣，建议你学习语义分析器。

4.4 不同类型的语法分析器

语法分析器通过使用一组语法规则，处理输入字符串，形成构建语法概念的一个或多个规则。语法是一种声明句子结构的完整的规范。语法分析器对语法进行了程序性解释。语法分析器通过搜索各种树空间，找到给定句子的最优树。为了让你形成一种意识，同时也出于实际用途的需要，我们将浏览一些可用的语法分析器，并简单讨论这些语法分析器的工作细节。

4.4.1 递归下降的语法分析器

递归下降的语法分析是一种最简单的语法分析形式。这是一种自上而下的方法，在这种方法中，当语法分析器从左至右读取字符串时，它试图验证输入流的语法是正确的。所需的基本操作涉及从输入流中读取字符，并将它们与语法中（描述输入句法）的终端符号进行匹配。当递归下降语法分析器获得正确的匹配时，会向前看一个字符，并将输入流的读取指针向前移动。

4.4.2 移位归约语法分析器

移位归约语法分析器是一种简单的自下而上的语法分析器。与所有普通的自下向上的语法分析器一样，移位归约语法分析器试图找到对应于文法产生式右侧的一系列单词和短语，并使用产生式左侧的内容取代它们，直到整个句子得到归约。

4.4.3 图表语法分析器

我们将在语法分析问题上应用动态规划的算法设计技术。动态规划保存了中间结果，并在适当的时候，重新使用这些中间结果，显著提高了效率。这种技术可以应用于语法分析。这使得我们能够存储语法分析任务的部分解决方案，然后在有必要时，允许我们查看这些中间结果，以便我们高效地得到完整的解决方案。这种语法分析方法称为图表语法分析。

提示：
为了更好地理解语法分析器，可以浏览 NLTK 网站上的一个例子。

4.4.4 正则表达式语法分析器

正则表达式语法分析器使用了以语法形式定义的正则表达式，在标注了 POS 的字符串上工作。语法分析器使用这些正则表达式，分析给定的句子，生成相应的语法分析树。正则表达式语法分析器的工作示例，如下所示。

```
# Regex parser
>>>chunk_rules=ChunkRule("<.*>+","chunk everything")
>>>import nltk
>>>from nltk.chunk.regexp import *
>>>reg_parser = RegexpParser('''
        NP: {<DT>? <JJ>* <NN>*}        # NP
         P: {<IN>}                     # Preposition
         V: {<V.*>}                    # Verb
        PP: {<P> <NP>}                 # PP -> P NP
        VP: {<V> <NP|PP>*}             # VP -> V (NP|PP)*
''')
>>>test_sent="Mr. Obama played a big role in the Health insurance bill"
>>>test_sent_pos=nltk.pos_tag(nltk.word_tokenize(test_sent))
>>>paresed_out=reg_parser.parse(test_sent_pos)
>>> print paresed_out
Tree('S', [('Mr.', 'NNP'), ('Obama', 'NNP'), Tree('VP', [Tree('V',
[('played', 'VBD')]), Tree('NP', [('a', 'DT'), ('big', 'JJ'), ('role',
'NN')])]), Tree('P', [('in', 'IN')]), ('Health', 'NNP'), Tree('NP',
[('insurance', 'NN'), ('bill', 'NN')])])
```

以下是上述代码中树的图形表示。

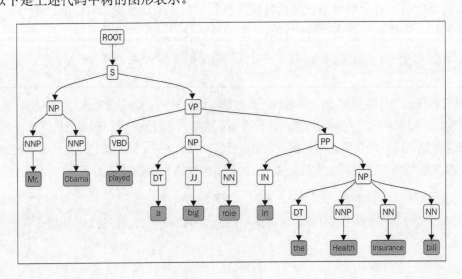

在当前的示例中，定义了自认为可以构造短语的此类模式（POS 的正则表达式），例如，{<DT>? <JJ> * <NN> *}，使用限定词开头，然后跟着一个形容词，再接着是一个名词的模式，这类形式基本上就是一个名词短语。现在，这更多的是一个定义的用于获得基于规则的语法分析树的语言规则。

4.5　依存分析

依存分析（Dependency Parsing，DP）是一种现代的语法分析机制。依存分析的主要概念是每个语言单位（单词）使用有向链路彼此连接。在语言学上，这些链路称为依存（dependency）。在此领域，当前的语法分析界开展了大量的工作。虽然短语结构语法分析仍然广泛用于自由词序的语言（捷克语和土耳其语），但是实践证明，依存分析是相对高效的方法。

对于给定的示例，如在句子"The big dog chased the cat"（大狗追猫）中，我们仔细观察由短语结构语法和依存语法所生成的语法分析树，可以发现其中有很明显的区别。先前句子的语法分析树如下图所示。

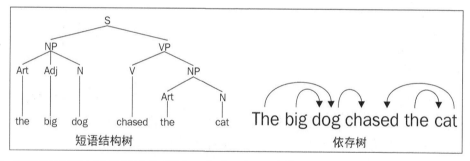

如果我们观察这两棵语法分析树，会发现短语结构语法生成的分析树试图捕捉单词和短语之间的关系，并试图最终捕捉到短语之间的关系。然而，依存树只关注单词之间的依存性，例如，big（大）完全依存于 dog（狗）。

NLTK 提供了若干方法进行依存分析。其中一种方法是使用概率投影性依存语法分析器（probabilistic, projective dependency parser），但是这种分析器具有一种限制，那就是只能使用有限的训练数据集进行训练。其中一种先进的依存语法分析器是斯坦福语法分析器（Stanford parser）。幸运的是，NLTK 提供了封装了斯坦福语法分析器的包装器。下面的例子将讨论如何通过 NLTK 使用斯坦福语法分析器。

```
# Stanford Parser [Very useful]
>>>from nltk.parse.stanford import StanfordParser
>>>english_parser = StanfordParser('stanford-parser.jar', 'stanfordparser-
```

```
3.4-models.jar')
>>>english_parser.raw_parse_sents(("this is the english parser test")
Parse
(ROOT
  (S
    (NP (DT this))
    (VP (VBZ is)
      (NP (DT the) (JJ english) (NN parser) (NN test)))))
Universal dependencies
nsubj(test-6, this-1)
cop(test-6, is-2)
det(test-6, the-3)
amod(test-6, english-4)
compound(test-6, parser-5)
root(ROOT-0, test-6)
Universal dependencies, enhanced
nsubj(test-6, this-1)
cop(test-6, is-2)
det(test-6, the-3)
amod(test-6, english-4)
compound(test-6, parser-5)
root(ROOT-0, test-6)
```

　　输出看起来非常复杂，实际上，并不复杂。输出是三个主要结果的列表。其中，第一个就是给定句子的 POS 标签和语法分析树。在下图中以更优雅的方式显示相同的信息。第二个是给定单词的依存关系和位置。第三个是依存关系的增强版本。

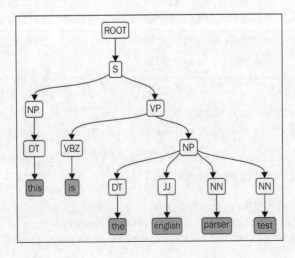

提示:
为了更好地理解如何使用斯坦福语法分析器,请参阅
bpodgursky 网站和 Stanford 网站。

4.6 组块化

组块化是浅层次的语法分析,在组块化过程中,我们不试图触及句子的深层结构,而是试图联合句子中具有意义的一些组块。

可以将组块(chunk)定义为可处理的最小单元。例如,句子"the President speaks about the health care reforms"(总统谈到了医疗改革)可以分为两个组块。一块是"the President(总统)",这个组块主要是名词,因此,称为名词短语(NP)。句子的剩余部分是由动词支配的,因此称为动词短语(VP)。正如你所看到的,在"speaks about the health care reforms"(谈到医疗改革)这一部分中,还有一个子组块(sub-chunk)。在这个组块中,还存在一个名词短语(NP),这个部分可以再次分解为"speaks about"(谈到)和"health care reforms"(医疗改革),如下图所示。

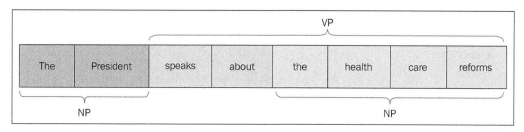

这是将句子分解成部分的方法,这称为组块化。从形式上来说,可以将组块化描述为识别无限制文本中的非重叠意群的处理接口。

现在,我们了解了浅层语法分析和深层语法分析之间的区别。在 CFG 的帮助下,我们得到并理解了这些句子的语法结构。一方面,对于一些用例,需要进行语义分析,以理解句子的含义。另一方面,也存在一些无须进行如此深入分析的用例。比如,在大部分的非结构化文本中,我们只想抽取关键短语、命名实体或实体的具体模式。由于深层语法分析涉及了根据所有语法规则,处理句子,同时涉及了各种语法树的生成,直到语法分析器使用回溯和迭代,生成最佳树为止。整个过程费时费力,又非常麻烦,甚至在进行所有的处理后,你可能依然无法获得正确的语法分析树。因此,在这种情况下,只须进行浅层语法分析,而无须进行深层语法分析。浅层语法分析相对较快,并且保证了

使用组块表示的浅层语法分析结构。

让我们写一些代码片段，进行一些基本的组块化操作：

```
# Chunking
>>>from nltk.chunk.regexp import *
>>>test_sent="The prime minister announced he had asked the chief
government whip, Philip Ruddock, to call a special party room meeting for
9am on Monday to consider the spill motion."
>>>test_sent_pos=nltk.pos_tag(nltk.word_tokenize(test_sent))
>>>rule_vp = ChunkRule(r'(<VB.*>)?(<VB.*>)+(<PRP>)?', 'Chunk VPs')
>>>parser_vp = RegexpChunkParser([rule_vp],chunk_label='VP')
>>>print parser_vp.parse(test_sent_pos)
>>>rule_np = ChunkRule(r'(<DT>?<RB>?)?<JJ|CD>*(<JJ|CD><,>)*(<NN.*>)+',
'Chunk NPs')
>>>parser_np = RegexpChunkParser([rule_np],chunk_label="NP")
>>>print parser_np.parse(test_sent_pos)
(S
  The/DT
  prime/JJ
  minister/NN
  (VP announced/VBD he/PRP)
  (VP had/VBD asked/VBN)
  the/DT
  chief/NN

  government/NN
  whip/NN
….
….
….
  (VP consider/VB)
  the/DT
  spill/NN
  motion/NN
  ./.)

(S
  (NP The/DT prime/JJ minister/NN)         # 1st noun phrase
  announced/VBD
  he/PRP
  had/VBD
  asked/VBN
```

```
    (NP the/DT chief/NN government/NN whip/NN)        # 2nd noun
phrase
    ,/,
    (NP Philip/NNP Ruddock/NNP)
    ,/,
    to/TO
    call/VB
    (NP a/DT special/JJ party/NN room/NN meeting/NN)  # 3rd noun
phrase
    for/IN
    9am/CD
    on/IN
    (NP Monday/NNP)                                   # 4th noun phrase
    to/TO
    consider/VB
    (NP the/DT spill/NN motion/NN)                    # 5th noun phrase
    ./.)
```

上面的代码已经足够进行一些动词和名词短语的基本组块化操作。在组块化过程中的常规管道对 POS 标签和输入字符串进行标记解析，然后将其送入组块器。此处，由于规则 NP/VP 定义了称为动词/名词短语的不同词性模式，因此使用了正则组块器。例如，NP 规则定义了以限定词开头，然后跟着任意副词、形容词或基数的组合的任意短语，它可以组块化为名词短语。基于正则表达式的组块器依赖于手工定义的对字符串进行组块的组块规则。因此，如果我们能够编写将大部分名词短语模式包含在内的通用规则，那么我们就能够使用正则组块器。遗憾的是，我们很难得到这种类型的通用规则。另一种方法是使用机器学习方法，进行组块化。我们曾经短暂接触了 ne_chunk() 和斯坦福大学 NER 标注器，这两种方法都使用预训练模型来标注名词短语。

4.7 信息抽取

我们曾经学习了标注器和语法分析器，可以用它们来构建基本的信息抽取引擎。下面直接讨论非常基本的 IE 引擎，以及如何使用 NLTK 开发一个典型的 IE 引擎。

只要给定输入流经历了下列的 NLP 步骤，就可以得到任何有意义的信息。我们对句子的标记解析、单词的标记解析和 POS 标注有了足够的了解。现在讨论 NER 和关系抽取。

下图所示是一个典型的信息抽取管道。

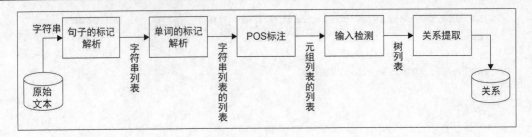

提示:
在一般情况下,我们会忽略一些不会给 IE 引擎增添任何价值的预处理步骤,如停用词移除和词干提取。

4.7.1 命名实体识别

上一章简要讨论了 NER(Named Entity Recognition,命名实体识别)。从本质上讲,NER 是抽取一些最常见的实体(如姓名、组织和位置)的方式。但是,可以使用一些改进的 NER 来抽取实体,如产品名称、生物医学实体、作者名称、品牌名称等。

从一个通用的示例开始,在这个示例中,给定文本文件内容,我们需要从中抽取出一些最具内涵的命名实体。

```
# NP chunking (NER)
>>>f=open(# absolute path for the file of text for which we want NER)
>>>text=f.read()
>>>sentences = nltk.sent_tokenize(text)
>>>tokenized_sentences = [nltk.word_tokenize(sentence) for sentence in
sentences]
>>>tagged_sentences = [nltk.pos_tag(sentence) for sentence in tokenized_
sentences]
>>>for sent in tagged_sentences:
>>>print nltk.ne_chunk(sent)
```

在上面的代码中,我们只是沿着前图中所提供的管道,采用了所有的预处理步骤,如句子的标记解析、单词的标记解析、POS 标注和 NLTK。可以使用 NER 预训练模型抽取所有的 NER。

4.7.2 关系抽取

关系抽取是另一种常用的信息抽取操作。顾名思义,关系抽取是抽取不同实体之间不同关系的过程。在实体之间存在各种各样的关系。我们看到过继承/同义词/类比之类的关系。关系的定义依赖于信息需求。例如，我们希望从非结构化的文本数据中得到书籍的作者，从而得到作者名和书名之间的关系，即作者身份（authorship）。NLTK 的思想是使用之前的 IE 管道，逐步进行处理，直到 NER 处理，然后基于 NER 标签，使用关系模式进行扩展。

因此，在下面的代码中，使用内置的 ieer 语料库，在这个语料库，对句子进行标注，直到 NER 操作，唯一需要指定的内容是，我们所要的关系模式，以及我们希望关系定义的 NER 类型。在下面的代码中，定义了组织和位置之间的关系，我们希望抽取出所有这些模式的组合。我们以各种方式应用关系抽取，例如，在大型非结构化文本的语料库中，我们能够确定我们所感兴趣的一些组织及其对应的位置。

```
>>>import re
>>>IN = re.compile(r'.*\bin\b(?!\b.+ing)')
>>>for doc in nltk.corpus.ieer.parsed_docs('NYT_19980315'):
>>> for rel in nltk.sem.extract_rels('ORG', 'LOC', doc, corpus='ieer',
pattern = IN):
>>>print(nltk.sem.rtuple(rel))
[ORG: u'WHYY'] u'in' [LOC: u'Philadelphia']
[ORG: u'McGlashan &AMP; Sarrail'] u'firm in' [LOC: u'San Mateo']
[ORG: u'Freedom Forum'] u'in' [LOC: u'Arlington']
[ORG: u'Brookings Institution'] u', the research group in' [LOC:
u'Washington']
[ORG: u'Idealab'] u', a self-described business incubator based in' [LOC:
u'Los Angeles']
..
```

4.8　本章小结

本章探讨的内容超出了基本预处理步骤。本章更加深入地探讨了语法分析和信息抽取的 NLP 技术。本章详细讨论了语法分析、何种语法分析器可用，以及如何使用 NLTK 进行 NLP 语法分析。读者应该理解了 CFG 和 PCFG 的概念、如何从树库中学习以及如何构建语法分析器。本章探讨了浅层语法分析和深层语法分析以及它们之间的不同点。

本章还探讨了实体抽取和关系抽取此类信息抽取的一些要领，以及典型的信息抽取引擎管道。我们曾经看到了一个小而简单的 IE 引擎，构建这个引擎所需的代码不到 100 行。这种类型的系统运行在整个维基百科转储上，或相关组织的整个网页内容上。这相当酷炫，是不是？

我们将使用本章学习到的一些主题，在未来章节中构建一些有用的 NLP 应用程序。

第 5 章
NLP 应用

本章讨论了 NLP 应用。在本章中，我们将前面章节中所学习到的技术，付诸实践，并且了解使用我们所学到的概念可以开发何种类型的应用。这是完全动手实践的一章。在前面几个章节中，我们学习了任意 NLP 应用所需要的大部分预处理步骤。我们知道了如何使用标记解析器、词性标签和 NER 以及如何进行语法分析。本章针对如何利用所学到的概念，开发一些复杂的 NLP 应用，给读者提供一个思路。

在现实世界中，有许多 NLP 应用。你可以观察到的最令人兴奋并且最常见的例子是谷歌搜索、Siri、机器翻译、谷歌新闻、危机边缘（Jeopardy）和拼写检查。科研人员花了多年的时间才使得一些应用达到现有水平，有了当前的地位。NLP 也相当复杂。在前面的章节中，我们已经看到了大部分的处理步骤，如 POS 和 NER，这些处理依然是研究的热点。但是，随着 NLTK 的使用，我们在取得合理的准确率的前提下，解决了许多此类问题。本书不会谈到机器翻译和语音识别这样相对复杂的应用。但是，此时此刻，你应该拥有足够的背景知识，了解这些应用程序的一些基本组件块。作为 NLP 爱好者，我们应该对这些 NLP 应用有一个基本的了解。建议你尝试在网上寻找一些这样的 NLP 应用，并试图理解它们。

本章主要内容如下。

- 一些常见的 NLP 应用。

- 使用迄今为止所学到的技术开发 NLP 应用（新闻摘要器）的方法。

- 不同 NLP 应用的重要性，以及每种应用的重要细节。

5.1 构建第一个 NLP 应用

下面从一个非常复杂的 NLP 应用（也就是摘要）开始。摘要的概念十分简单。我们提供文章/段落/故事，你可以自动生成这些内容的摘要。由于我们不仅需要理解句子的结构，还需要理解整个文本的结构，因此摘要实际上要求深入了解 NLP 的知识。我们还需要了解文本体裁和内容主题。

对我们而言，这一切看起来都非常复杂，让我们尝试一种非常直观的方法。假设摘要其实就是基于句子对读者的重要性和意义，对句子进行排序。我们基于理解和到目前为止我们已经知道的预处理工具，创建一些规则，尝试得到人们可接受的新闻文章摘要。

在下列的示例中，我从《纽约时报》上搜刮了一篇文章，存放在文本文件 nyt.txt 中。此处的想法是让程序为我们总结这一新闻文章。让我们建立供个人使用的谷歌新闻版本。

在开始之前，我们需要牢牢记住，在通常情况下，有相对较多实体和名词的句子比其他句子更重要。在计算重要性分值时，尝试使用下列的代码，标准化相同的逻辑。为了获得前 n 个重要的句子，可以选择重要性分数的阈值。

阅读新闻文章的内容。可以选择任一篇新闻文章，仅将其内容转储到文本文件中。内容如下所示。

```
>>>import sys
>>>f=open('nyt.txt','r')
>>>news_content=f.read()
""" President Obama on Monday will ban the federal provision of some
types of military-style equipment to local police departments and sharply
restrict the availability of others, administration officials said.

The ban is part of Mr. Obama's push to ease tensions between law
enforcement and minority communities in reaction to the crises in
Baltimore; Ferguson, Mo.; and other cities.
- - -
blic." It contains dozens of recommendations for agencies throughout the
country."""
```

我们对新闻内容进行了语法分析，将整个新闻文章拆成句子列表。我们将回到旧的句子标记解析器，将整个新闻片段分解成句子。我们也提供了某种形式的句子编号，这样我们就能够识别并排序句子。一旦拥有句子，就可以将句子传递给单词标记解析器，并最终传递给 NER 标注器和 POS 标注器。

```
>>>import nltk
>>>results=[]
>>>for sent_no,sentence in enumerate(nltk.sent_tokenize(news_content)):
>>>    no_of_tokens=len(nltk.word_tokenize(sentence))
```

```
>>>    #print no_of_toekns
>>>    # Let's do POS tagging
>>>    tagged=nltk.pos_tag(nltk.word_tokenize(sentence))
>>>    # Count the no of Nouns in the sentence
>>>    no_of_nouns=len([word for word,pos in tagged if pos in
["NN","NNP"] ])
>>>    #Use NER to tag the named entities.
>>>    ners=nltk.ne_chunk(nltk.pos_tag(nltk.word_tokenize(sentence)),
binary=False)
>>>    no_of_ners= len([chunk for chunk in ners if hasattr(chunk,
'node')])
>>>    score=(no_of_ners+no_of_nouns)/float(no_of_toekns)
>>>
>>>    results.append((sent_no,no_of_tokens,no_of_ners,\
no_of_nouns,score,sentence))
```

在上面的代码中，对句子列表进行迭代，基于公式，计算出分值，这个分值其实就是实体标记与普通标记的百分比。将所有的这些分值组合并创建成元组，作为结果。

现在，结果是具有名词的数目、实体的数目等分值的元组。基于分数，可以按照降序排序，如下面的例子所示。

```
>>>for sent in sorted(results,key=lambda x: x[4],reverse=True):
>>>    print sent[5]
```

现在，得到的结果根据句子排名的降序排列。对于使用这篇新闻文章所得到的结果，你会感到惊讶。

一旦有了 no_of_nouns 和 no_of_ners 分数的列表，就可以利用这些分数，创建更复杂的规则。例如，一个典型的新闻报道将从相关话题的重要细节开始，最后一句话是整个故事的总结。

可以通过改进代码片段，将这个逻辑包含在内吗？

这种摘要的另一个理论是重要的句子通常包含重要的单词，在整个语料库中，大部分判别性的单词都非常重要。包含了判别性强的单词的句子也非常重要。一个非常简单的测量方法是计算各个单词的 TF-IDF（词频-逆文件频率）的分数，然后寻找由重要单词归一化得到的平均分数。可以将此平均分数作为标准，选择摘要句子。

出于解释概念的需要，我们仅仅选取了文章的前三个句子，而不是整篇文章，作为示例。下面看看如何使用短短的几行代码，实现如此复杂的技术。

```
>>>import nltk
>>>from sklearn.feature_extraction.text import TfidfVectorizer
>>>results=[]
>>>news_content="Mr. Obama planned to promote the effort on Monday during
a visit to Camden, N.J. The ban is part of Mr. Obama's push to ease
tensions between law enforcement and minority \communities in reaction to
the crises in Baltimore; Ferguson, Mo. We are, without a doubt, sitting
at a defining moment in American policing, Ronald L. Davis, the director
of the Office of Community Oriented Policing Services at the Department
of Justice, told reporters in a conference call organized by the White
House"

>>>sentences=nltk.sent_tokenize(news_content)

>>>vectorizer = TfidfVectorizer(norm='l2',min_df=0, use_idf=True, smooth_
idf=False, sublinear_tf=True)

>>>sklearn_binary=vectorizer.fit_transform(sentences)
>>>print countvectorizer.get_feature_names()
>>>print sklearn_binary.toarray()
>>>for i in sklearn_binary.toarray():
>>>    results.append(i.sum()/float(len(i.nonzero()[0])))
```

上面的代码使用了一些未知的方法，如 TfidfVectorizer。这就是一个计分法，在给定的句子列表中，它为每个句子计算 TF-IDF 评分的向量。别担心，我们会更详细地谈论这一点。在本章中，请将其视为黑盒函数。对于给定的句子/文档列表，这个函数将对给对应的句子评分。它也提供了构建术语-文档（term-doc）矩阵的能力，这个术语-文档矩阵看起来与这里的输出一样。

我们得到了一个字典，这个字典包含了所有句子中出现的所有单词，然后我们就有了一个列表。在这个列表中，每个元素赋予了每个单词其单个的 TF-IDF 得分。如果你正确实现了这个方法，那么你就可以观察到一些停用词的得分将近于 0，而一些判别性强的单词，（如 ban（禁令）和 Obama（奥巴马）），将会得到很高的分数。现在，一旦在代码中有了这些信息，就可以使用非零 TF-IDF 的单词，得到平均的 TF-IDF 分数。因此，我们将会得到在第一种方法所得到的类似分数。

你将会惊讶于，使用如此简单的算法，就可以得到这种结果。现在，我想各位都应该摩拳擦掌，使用前两个算法，编写自己的新闻摘要器，总结任何给定的新闻报道，得到看起来还不错的摘要。虽然使用这种方法可以得到一个不错的摘要，但是实际上，当你将其与当前的摘要研究相比，这种方法也是黔驴技穷。建议读者寻找一些与摘要相关的文献，尝试将两种方式进行结合，提取摘要。

5.2　其他的 NLP 应用

其他一些 NLP 应用有文本分类、机器翻译、语音识别、信息检索、信息抽取、主题划分和话语分析。其中一些问题实际上是非常困难的 NLP 任务，在这些领域中，人们仍在进行大量研究。下一章将深入讨论其中一些应用，但是作为学习 NLP 的学生，对于所有这些应用，我们也应该有一个基本的了解。

5.2.1　机器翻译

了解机器翻译的最简单方法是了解我们如何将一种语言翻译成其他语言。我们的大脑对句子结构进行语法分析，尝试理解句子。一旦我们理解了这句话，我们将尝试使用目标语言的单词代替源语言的单词。在替代过程中，我们使用目标语言的语法规则，最终获得正确的翻译。

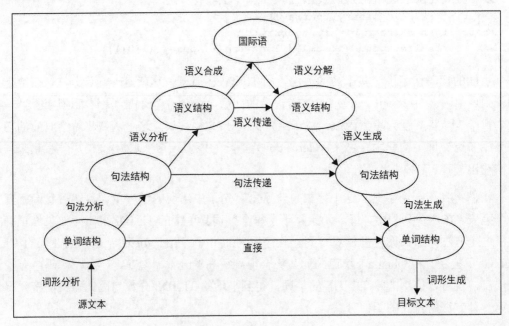

宽松得说，这个过程可以转换为类似于上图的金字塔。如果从源语言文本开始，就需要标记解析句子，然后对树进行语法分析（得到用简单单词表示的语法结构），以确定句子的构成正确。语义结构保留了句子的意义，在下一层次，我们到达了独立于任何语言的抽象状态，即国际语（Interlingua）状态。人们已经开发出了多种翻译方法。在你向金字塔顶端前进的过程中，越接近顶端，你就越需要 NLP。因此，基于这些转换的层次，也有各种各样可用的方法。此处列出了其中两种。

- **直接翻译**：这更多的是基于字典的机器翻译，同时你拥有大型的源语言和目标语言语料库。如果拥有可用的大型语料库，那么这种类型的转换可用于实际应用。由于其简单性，这种方法非常受欢迎。

- **句型转换**：在句型转换中，你尝试构建源语言的语法分析器。人们有多种方式来处理语法分析的问题。实际上，一些深层的语法分析器也关注到了语义的某些部分。一旦拥有了语法分析器，就可以进行目标单词替换，目标语法分析器可以生成使用目标语言表达的最终句子。

5.2.2 统计机器翻译

统计机器翻译（Statistical Machine Translation，SMT）是新近的机器翻译方法之一，在这种新方法中，人们想出了各种方式，将统计方法应用到几乎所有的机器翻译方面。这种算法背后的思想是，我们拥有大量的语料库、平行文本和语言模型，它们有助于将语言翻译成目标语言。谷歌翻译（Google Translate）是 SMT 的一个范例，它向包含了不同语言对的语料库中进行学习，并以这些语料库为中心，构建 SMT。

5.2.3 信息检索

信息检索（IR）也是最流行并且最广泛使用的应用之一。IR 的最佳示例是谷歌搜索，在谷歌搜索中，给定用户的输入查询，信息检索算法将会尝试检索与用户查询相关的信息。

简单来说，IR 是获得用户所需要的最相关信息的过程。虽然使用多种不同的方式将信息需求告诉给系统，但是最终系统都会检索到最相关的信息。

典型信息检索系统的工作方式是，系统生成一个称为倒排索引（inverted index）的索引机制。这非常类似于书籍的索引方案，在这种方案中，书籍的最后几页列出了全书中单词的索引。类似地，IR 系统会生成倒排索引的倒排表（poslist）。典型的倒排表如下所示。

```
< Term , DocFreq, [DocId1,DocId2] >
{"the",2 --->[1,2] }
```

```
{"US",1 --->[2] }
{"president",2 --->[1,2] }
```

因此，如果有任何单词同时出现在文件 1 和文件 2 中，那么倒排表将会有一个指向术语的文件列表。一旦你有了这种数据结构，就可以引进不同的检索模型。不同的检索模型可以工作在不同类型的数据上。下一节会列出一些不同的模型。

1．布尔检索

在布尔模型中，只需要在倒排表上运行布尔运算。例如，如果执行"美国总统"之类的搜索查询，系统将会寻找"美国"与"总统"的倒排表交集。

```
{US}{president}=> [2]
```

此处，结果表明第二份文件是相关文档。

2．向量空间模型

向量空间模型（Vector Space Model，VSM）的概念来自几何学。在高维的词汇空间中，可视化文档的方法是将它表示为一个向量。这样，每个文件都可以表示为这个空间中的向量。虽然可以使用多种方式表示向量，但是其中最有用且最有效的方法是使用 TF-IDF。

给定术语和语料库，可以使用下列公式，计算词频（Term Frequency，TF）和逆文档频率（Inverse Document Frequency，IDF）。

$$\text{tf}(t,d) = 0.5 + \frac{0.5 f(t,d)}{\max\{f(w,d) : w \in d\}}$$

TF 就是在文档中词的频率。而 IDF 是逆文档频率，也就是在出现词的语料库中文档的数目。

$$\text{idf}(t,D) = \log \frac{N}{|\{d \in D : t \in d\}|}$$

虽然存在不同的标准化变体，但是可以结合这两个数字，创建出更健壮的评分机制，获得文档中每个术语的得分。为了获得 TF-IDF 分数，需要将这两个分数相乘，如下所示。

$$\text{tfidf}(t,d,D) = \text{tf}(t,d)\text{idf}(t,D)$$

使用 TF-IDF，可以对术语出现在当前文档中的次数，以及它在整个语料库中传播的程度，进行评分。一些术语在整个语料库中并不常见，但以非常高的频率出现在某些地方，这种方法使得我们对此类术语有了一种想法。因此，这些术语成为判别单词，用于检索这些文件。上一节在描述摘要器时，也使用 TF-IDF。可以使用相同的评分，将文档表示为向量。一旦具有了用向量形式表示的所有文档，就可以构建向量空间模型。

在 VSM 中，我们认为用户的搜索查询也是文档，并且可以表示为向量。直观上说，可以使用两个向量的点积，获得文档和用户查询之间的余弦相似度。

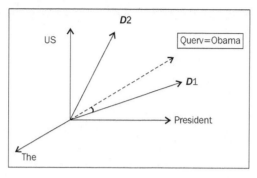

在上图中，我们看到，使用每个术语作为轴，可以表示相同的文档，比起 **D**2，查询词 Obama（奥巴马）与 **D**1 更相关。相关文件的查询分值可以用公式表示为：

$$\text{sim}(\boldsymbol{d}_j, \boldsymbol{q}) = \frac{\boldsymbol{d}_j \cdot \boldsymbol{q}}{\left\|\boldsymbol{d}_j\right\|\left\|\boldsymbol{q}\right\|} + \frac{\sum_{i=1}^{N} w_{i,j} w_{i,q}}{\sqrt{\sum_{i=1}^{N} w_{i,j}^2} \sqrt{\sum_{i=1}^{N} w_{i,q}^2}}$$

3．概率模型

概率模型尝试估计用户对文档需求的概率。这个模型假设相关性概率取决于用户查询和文档表示。其主要思想是，在相关集（relevant set）中的文档不会出现在非相关集中。将文档表示为 $\boldsymbol{d}_j$，将用户查询表示为 $\boldsymbol{q}$；$\boldsymbol{R}$ 表示相关文档集，而 P 表示非相关文档集。那么，所得到的评分如下所示。

$$\text{sim}(\boldsymbol{d}_j, \boldsymbol{q}) = \frac{P(\boldsymbol{R} \mid \boldsymbol{d}_j)}{P(\overline{\boldsymbol{R}} \mid \boldsymbol{d}_j)}$$

提示：
有关信息检索的更多话题，推荐阅读 stanford 网站上的相关信息。

5.2.4 语音识别

语音识别是一个非常古老的 NLP 问题。自从第一次世界大战以来，人们一直在试图解决这个问题，现在，在计算领域中，它仍然是最热门的话题之一。这里的思想相当直观。给定人类发出的语音，我们能否将其转换为文本？语音问题是，我们生成一串称为音素的声音，声音难以处理，因此语音分割本身也是个大问题。一旦语音可处理，下一步就是使用可获得的训练数据所构建的一些约束（模型），对语音进行处理。这涉及重型机器学习。如果你看过将模型表示为一个应用约束的盒子的图片，那么这个盒子实际上是整个系统中最复杂的组件之一。声学建模涉及基于音素构建模式，词汇模型将尝试对句子中较小的片段进行建模，将每个片段关联上意义。我们分别基于单词的单元组和双元组，建立了独立的语言模型。

一旦建立了这些模型，就将句子的声音传递给处理进程。一旦经过初始预处理，就会将句子传递给声学模型、词汇模型，以及语言模型，生成标记作为输出。

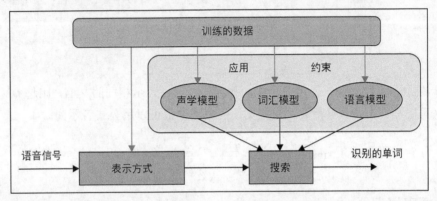

5.2.5 文本分类

文本分类是一个非常有趣但非常普通的 NLP 应用。在日常工作中，你与众多的文本分类器交互。我们使用了垃圾邮件过滤器、优先级收件箱、新闻聚合器等。事实上，所有的这些应用都是使用文本分类构建的。

文本分类是一个定义明确并且已经得到部分解决的问题。它已经在众多领域得到了应用。一般来说，任何文本分类都是利用单词和单词组合，对文本文件进行分类的过程。虽然这基本上是一个机器学习问题，但是在文本分类中所使用的许多预处理步骤来自 NLP。

文本分类的抽象图，如下所示。

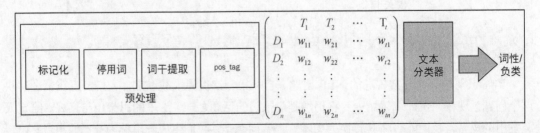

此处拥有一堆文件，要对它们进行归类。为了简单起见，将使用二进制 1/0 作为类别。现在，

假设这是垃圾邮件检测问题，其中 1 代表垃圾邮件，0 代表普通文本，即不会被视为垃圾邮件。

这一过程涉及了前面的章节中讨论的一些预处理步骤。虽然一些预处理步骤是必不可少的，但是这也取决于我们尝试解决的文本分类问题的类型。在少数情况下，这更像是特征工程的事例，因此，我们会放弃一些预处理步骤。特征工程的最终目标是生成一个术语文档矩阵（Term Doc Matrix，TDM），这个矩阵保存了整个语料库的词汇：行和列为文档，而矩阵表示了评分机制，以展示词袋（Bag Of Word，BOW）表示方式。加权方案不同于 TF、TF-IDF、伯努利和其他词频变体。

我们也有方法来归纳特征，如给定特征的 POS、语境 POS 等，使得特征空间更具有 NLP 的气息。一旦生成了 TDM，文本分类问题就成为一种典型的监督/非监督分类问题。其中，给定一组样本，我们需要预测哪个样本属于哪个类别。下一章通篇都在探讨这个主题。这绝对是 NLP/ML 的精彩应用，并经常用于商业目的。

在日常场景中，一些最常见的用例是情感分析、垃圾邮件归类、邮件分类、新闻分类、专利归类等。下一章将更详细地讨论文本分类。

5.2.6　信息提取

信息提取（Information Extration，IE）是从是非结构化文本中提取有意义信息的过程。信息提取是另一种广为流行且非常重要的应用。一般来说，信息提取引擎掌握了数量巨大的非结构化文档，生成某种结构化/半结构化的知识库（Knowledge Base，KB），可以以这些知识库为中心，进行部署，构建应用。一个简单的示例是，使用大型的非结构化文本文档集，生成一个非常好的本体。在这方面，有一个类似的项目是 Dbpedia，在这个项目中，使用所有的维基百科文章，生成相互关联或具有其他一些关系的工件本体。

提取信息的方法主要有以下两种。

- **基于规则的提取方法**：在这种方法中，人们使用模板填充机制。其思想是寻找某种预定义的用例填写预期结果，尝试挖掘非结构化文本来填写某种特定的模板。例如，构建足球知识库将涉及获取所有球员及其个人资料、统计信息、私人信息等。使用基于模式的规则或 POS 标签、NER 和关系抽取来确切定义和提取这些信息。

- **基于机器学习的方法**：另一种方法涉及更深层次的且基于 NLP 的方法，如针对知识库需求，构建特定语法分析器。一些知识库需要挖掘实体，而这些实体不能使用预训练的 NER 进行提取，因此要构建定制的 NER。我们可能希望针对我们试图构建的特定知识库，开发出关系抽取算法。这是更具有 NLP 思想的方法，在这个方法中，开发了基于 NLP 的语法分析器或标注器，以进行重型机器学习。

5.2.7　问答系统

问答（Question Answering，QA）系统是基于知识库能够回答任何问题的智能系统。其中一个主要的问答系统例子是 IBM 的沃森（Watson），沃森曾经参加了智力问答节目《危机边缘》（Jeopardy），打败了所有人类对手。我们可以将 QA 系统分解成构建组件，有用于查询知识库的语音识别，同时知识库的生成需要应用信息检索和信息提取。

一旦你向系统提问，一个很大的问题就是使用不同的方式分类/归类问题。另一方面是高效的搜索知识库，检索最精确的文档。即使在此之后，我们还必须使用一些其他应用，如摘要和语法分析，以一种自然的方式生成答案。

5.2.8　对话系统

人们认为对话系统是梦想级别的应用。在这种应用中，使用源语言给出语音，系统会进行语音识别并转录成文本。然后，文本将进入一个机器翻译系统，被翻译成目标语言。接下来，使用文本语音转换系统将结果转换成目标语言语音。这是我们最希望得到的 NLP 应用之一。在这种应用中，我们可以使用任何语言与计算机对话，然后计算机将使用相同的语言进行回答。这种应用其实已经打破了存在于世界上的语言壁垒。

在能够理解人类信息需求、尝试使用一组动作或信息满足这个需求并以类似人类的方式回应的智能对话系统方面，苹果的 Siri 和谷歌语音（Google Voice）是若干商业应用的示例。

5.2.9　词义消歧

在经过多年的研究之后，词义消歧（Word Sense Disambiguation，WSD）还未得到完美解决。这是相对困难的挑战之一，也是许多应用（如问答、摘要、搜索等）产生问题的重要原因之一。理解这个概念，其实也很简单，因为在不同的上下文中，许多单词有不同的意思。例如以下句子中的 "cold"（冷）。

- The ice-cream is really cold.（这个冰淇淋真的很冷。）
- That was cold blooded!（这真冷血！）

此处，"cold"（冷）有两种不同的意义，对于计算机来说，很难理解这个概念。人们使用一些其他 NLP 处理选项，如 POS 标注和 NER，来解决其中一些问题。

5.2.10　主题建模

在大量非结构化文本内容的情况下，主题建模是一个了不起的应用。这个应用的主要任务是识别在语料库中出现的主题，然后根据主题，对在语料库中的这些文档进行归类。下一章将简单地讨论这个问题。

主题建模使用句子标记解析、词语标记解析、词干提取等 NLP 预处理步骤。这个算法的美妙之处在于，无须监督，计算机可以自动对文档分类。同时，在进入这个处理流程前，无须明确提及任何信息，就可以生成主题。推荐你更加详细地理解主题建模。读者可以试着阅读隐式狄利克雷分布（Latent Dirichlet Allocation，LDA）和隐式语义索引（Latent Semantics Indexing，LSI），以获得更多详细信息。

5.2.11　语言检测

给定一段文字，语言检测也是一个问题。对于一些其他的 NLP 应用，如搜索、机器翻译、语音等，语言检测的应用也是非常重要的。语言检测的主要概念是，从文本中学习，发现其特征，得知其使用什么语言。在此过程中，特征工程使用了不同的机器学习和 NLP 技术。

5.2.12　光学字符识别

光学字符识别（Optical Character Recognition，OCR）是 NLP 和计算机视觉的应用。其中，给定手写文档/非数字文档，系统可以识别该文本，并抽取其文本，将其变成数字格式。多年来，在机器学习领域，OCR 得到了广泛的研究。一些大型的 OCR 项目是谷歌图书（Google Books）。在这个项目中，他们使用光学字符识别将非数字图书转换成中心图书馆。

5.3　本章小结

总之，在日常例程中，我们身边有许多与之交互的 NLP 应用。NLP 非常复杂，其中一些问题仍然没有得到解决，或者还没有完善的解决方案。因此，任何探索并解决 NLP 问题的人士，都会试图寻找某些 NLP 问题的文献。这是 NLP 研究员的好时机。在大数据时代，NLP 应用非常受欢迎。目前，许多研究实验室和机构工作在 NLP 应用的第一线，如语音识别、搜索和文本分类。

我相信，截至本章，我们已经学习到了很多内容。接下来的几章将会深入探讨本章描述的一些应用。我们已经到了一个关键点，我们已经知道了足够多与 NLP 相关的预处理工具，对一些最流行的 NLP 应用也有一个基本的了解。我希望读者可以利用此次学习，构建一个 NLP 应用的版本。

下一章将从一些重要的 NLP 应用开始，如文本分类、文本聚类和主题建模。我们将稍微偏移单纯的 NTLK 应用，探讨 NTLK 如何与其他库一同使用。

第 6 章
文本分类

上一章谈论了一些最常见的 NLP 工具和预处理步骤。在本章中，我们将使用前面章节中学到的大部分知识，构建一个最成熟的 NLP 应用。我们将提供一个文本分类的通用方法，告诉读者如何使用寥寥几行代码，从头开始构建一个文本分类器。在文本分类的背景下，我们将提供一张包含了所有分类算法的备忘单。

本章会讨论一些最常见的文本分类算法，但是只简单介绍这些算法。如果读者希望了解其背后详细的数学思想，有众多可用的在线资源和书籍可供读者参考。我们将尽力提供读者所需知道的知识，让读者可以从一些工作代码片段开始。虽然文本分类是一个非常好的 NLP 用例，但是在本章中，我们不使用 NLTK，而是使用拥有更广泛的分类算法的 scikit-learn，它的代码库对于文本挖掘而言，更高效地使用了内存。

本章主要内容如下。

- 所有文本分类算法。

- 使用端到端管道构建文本分类器的方法，以及使用 scikit-learn 和 NLTK 实现文本分类器的方法。

以下是 sciki-learn 机器学习的备忘单。

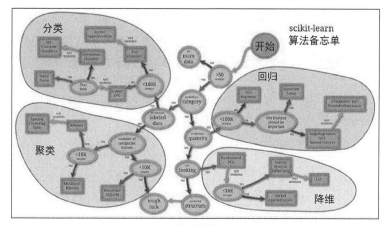

credit : scikit-learn

现在，当你沿着备忘单中所显示的流程前进时，我们明确指出了何种问题要求使用何种算法，以及根据标注样本的大小，我们应该何时从一个分类器移动到另一个分类器。遵循这张备忘单构建实际应用是一个良好的开端。在大部分情况下，这是行得通的。虽然scikit-learn 也适用于其他类型的数据，但是我们主要集中在文本数据。本章将使用示例，探讨文本分类、文本聚类和文本（降维）的主题检测，构建一些比较酷炫的 NLP 应用。由于网络为你提供了大量的资源，因此本章会更加详细地探讨机器学习、分类和聚类的概念。在文本语料库的上下文中，我们将为读者提供所有这些概念的更多详细信息。当然，下面复习一些概念。

6.1 机器学习

有两种类型的机器学习技术——监督学习和无监督学习。

- **监督学习**：基于一些历史的预标记样品，机器学习基于以下几个类别如何预测未来的测试样品。

  - **分类**：当需要预测测试样品是否属于某一类时，使用分类技术。如果只有两个类别，那么这是一个二元分类问题；否则，这是一个多元分类问题。

  - **回归**：当需要预测一个连续变量（如房子价格和股票指数）时，使用回归技术。

- **无监督学习**：当没有任何标记的数据但仍然需要预测类别标签时，这种学习称为无监督学习。当需要根据条目之间的相似性对条目进行分组时，这就是所谓的聚类问题。如果我们需要使用较低维度的数据代表高维数据时，这更多的是一个降维问题。

- **半监督学习**：这是使用未标记的数据进行训练的监督学习任务和技术的类别。顾名思义，它更像是监督学习和无监督学习的中间地带，在这种学习中，我们使用少量标记数据和大量未标记数据，构建预测式的机器学习模型。

- **强化学习**：在这种机器学习形式中，可以通过奖惩来对智能体进行编程，而无须指定如何完成任务。

如果你理解了不同的机器学习算法，我希望你能够分析以下问题是何种机器学习问题。

- 你需要预测下个月的天气

- 在数以百万计的交易中检测欺诈

- 谷歌的智能收件箱

- 亚马逊的商品建议

- 谷歌新闻

- 自动驾驶汽车

6.2　文本分类

文本分类最简单的定义是基于该文本的内容对文本进行分类。在一般情况下，我们编写所有的机器学习方法和算法获得数值特征/变量。使用文本语料库的一个最重要问题是如何将文本表示为数值特征。在文献中，提到了不同的转换方法。下面从最简单且最广泛使用的转换方法开始。

现在，为了理解文本分类的过程，让我们使用现实世界的垃圾邮件做个例子。在 WhatsApp 和 SMS 的世界里，你会收到很多的垃圾邮件。在文本分类的帮助下，我们从解决现实中的垃圾邮件检测问题入手。本章将持续使用这个示例。

以下是请求别人手动标注的一些 SMS 的实际示例。

```
SMS001 ['spam', 'Had your mobile 11 months or more? U R entitled to
Update to the latest colour mobiles with camera for Free! Call The Mobile
Update Co FREE on 08002986030']
SMS002 ['ham', "I'm gonna be home soon and i don't want to talk about
this stuff anymore tonight, k? I've cried enough today."]
```

> **提示：**
>
> 类似的标注数据集可以从 uci 网站下载。请确保你创
> 建一个与在示例中展示的那一种文件一样的 CSV 文
> 件。下面代码中的 "SMSSpamCollection" 对应了这
> 个文件。

读者要做的第一件事就是使用前几章中所学的数据清洗、标记解析和词干提取，从 SMS 中获得更清洁的文本。我编写了一个基本函数来清洁文本。浏览一下下面的代码。

```
>>>import nltk
>>>from nltk.corpus import stopwords
>>>from nltk.stem import WordNetLemmatizer
>>>import csv
>>>def preprocessing(text):
>>>    text = text.decode("utf8")
>>>    # tokenize into words
>>>    tokens = [word for sent in nltk.sent_tokenize(text) for word in
>>>      nltk.word_tokenize(sent)]

>>>    # remove stopwords
>>>    stop = stopwords.words('english')
>>>    tokens = [token for token in tokens if token not in stop]

>>>    # remove words less than three letters
>>>    tokens = [word for word in tokens if len(word) >= 3]
>>>    # lower capitalization
>>>    tokens = [word.lower() for word in tokens]
>>>    # lemmatize
>>>    lmtzr = WordNetLemmatizer()
>>>    tokens = [lmtzr.lemmatize(word) for word in tokens]
>>>    preprocessed_text= ' '.join(tokens)
>>>    return preprocessed_text
```

第 3 章已经谈到了标记解析、词形还原和停用词。在下面的代码中，只对 SMS 文件进行语法分析，清洗其内容，获得更清洁的 SMS 文本。在接下来的几行中，创建了两个列表，获得了清洁过的所有 SMS 的内容和类别标签。使用机器学习的术语来讲就是所有的 X 和 Y。

```
>>>smsdata = open('SMSSpamCollection') # check the structure of this
file!
>>>smsdata_data = []
```

```
>>>sms_labels = []
>>>csv_reader = csv.reader(sms,delimiter='\t')
>>>for line in csv_reader:
>>>     # adding the sms_id
>>>    sms_labels.append( line[0])
>>>    # adding the cleaned text We are calling preprocessing method
>>>    sms_data.append(preprocessing(line[1]))
>>>sms.close()
```

在继续前进之前，需要确保在系统上已经安装了 scikit-learn。

```
>>>import sklearn
```

> **提示：**
> 如果在安装 scikit 时出现了一些错误，请访问 scikit-learn
> 网站，根据指导安装 scikit。

6.3 采样

　　一旦我们拥有了以列表的形式表示的全部语料库，就需要进行某种形式的采样。一般来说，使用开发训练集、开发-测试集和测试集的方式，对整个语料库进行采样，类似于下图中所显示的采样方式。

　　整个练习背后的思想是避免过度拟合。如果将所有的数据点馈送到模型，那么算法将会从整个语料库中学习，但是对这些算法的真正考验是在未见过的数据上执行。简单来说，在模型学习过程中，如果使用了全部的数据，那么由于我们必须调整模型，使模型在给定的数据上表现出最好的水平，因此分类器在这些数据上的表现将非常优异，但是模型并没有学会如何处理未知数据，这种优异的表现并不能说明模型是健壮的。

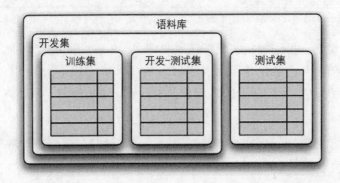

为了解决这种问题，最好的办法是将整个语料库分成两大集合。在建模过程中，不使用开发集和测试集。只使用开发集来构建和调整模型。一旦完成了整个建模过程，将基于在此之前备用的测试集，预计结果。如果在测试集上模型表现良好，那么我们确定模型对任何新数据采样都是准确和健壮的。

在机器学习领域，采样本身就是大量研究的一个非常复杂的分支。对于许多数据偏态和过度拟合问题，采样是一种补救措施。为简单起见，我们将使用基本采样，在基本采样中，将语料库按 70：30 的比例分成训练集和测试集。

```
>>>trainset_size = int(round(len(sms_data)*0.70))
>>># i chose this threshold for 70:30 train and test split.
>>>print 'The training set size for this classifier is ' + str(trainset_
size) + '\n'
>>>x_train = np.array([''.join(el) for el in sms_data[0:trainset_size]])
>>>y_train = np.array([el for el in sms_labels[0:trainset_size]])
>>>x_test = np.array([''.join(el) for el in sms_data[trainset_
size+1:len(sms_data)]])
>>>y_test = np.array([el for el in sms_labels[trainset_size+1:len(sms_
labels)]])or el in sms_labels[trainset_size+1:len(sms_labels)]])
>>>print x_train
>>>print y_train
```

- 如果使用全部的数据作为训练数据，你认为会发生什么情况？
- 当有一个非常不平衡的样本时，会发生什么情况？

提示：
要了解更多可用的采样技术，请参阅 scikit-learn 网站。

下面讨论最重要的事情，即将整个文本转换成向量形式。我们将这种向量形式称为术语-文档矩阵（term-document matrix）。如果对于给定的示例必须创建术语文档矩阵，那么这个矩阵的形式如下所示。

TDM	anymore	call	camera	color	cried	enough	entitled	free	gon	had	latest	mobile
SMS1	0	1	1	1	0	0	1	2	0	1	0	3
SMS2	1	0	0	0	1	1	0	0	1	0	0	0

此处文本文档的表示也称为词袋（Bag Of Word，BOW）表示。这是在文本挖掘和其他应用中最常用的表示方法之一。从本质上讲，为了生成这种类型的表示，不考虑单词之间的任何上下文。

使用 Python 的 scikit 矢量器，来生成类似的术语文档矩阵：

```
>>>from sklearn.feature_extraction.text import CountVectorizer
>>>sms_exp=[ ]
>>>for line in sms_list:
>>>    sms_exp.append(preprocessing(line[1]))
>>>vectorizer = CountVectorizer(min_df=1)
>>>X_exp = vectorizer.fit_transform(sms_exp)
>>>print "||".join(vectorizer.get_feature_names())
>>>print X_exp.toarray()
array([[    1,    0,    1,    1,    1,    0,    0,    1,    2,    0,
    1,    0,    1,    3,    1,    0,    0,    0,    1,    0,    0,    2,
    0,    0], [    0,    1,    0,    0,    0,    1,    1,    0,    0,    1,
    0,    1,    0,    0,    0,    1,    1,    0,    1,    1,    0,
    1,    1,      ]])
```

虽然使用计数矢量器是一个良好的开端，但是在使用它时你将面对一个问题：使两篇文档谈论相同的话题，但是比起较短的文档，较长文档的平均计数值会更高。

小技巧：
为了避免这些潜在的不一致性，读者只要将文档中每个单词出现的次数除以总单词数，就可以解决这个问题了。这个新特征称为词频（Term Frequency，TF）。

基于 TF 的另一个改进是按比例缩小了在语料库众多文档中都出现的单词的权重，这样这些单词的信息量就比起那些在语料库中出现在较少文档中的单词的信息量小。

这种按比例缩小的技术称为词频-逆文件频率（Term Frequency–Inverse Document Frequency，TF-IDF）。幸运的是，Scikit 也提供了一种方法来实现这个目标，如下所示。

```
>>>from sklearn.feature_extraction.text import TfidfVectorizer
>>>vectorizer = TfidfVectorizer(min_df=2, ngram_range=(1, 2), stop_
words='english', strip_accents='unicode', norm='l2')
>>>X_train = vectorizer.fit_transform(x_train)
>>>X_test = vectorizer.transform(x_test)
```

现在，我们拥有了以矩阵形式表示的文本，这与我们在任意的机器学习练习中所使用的文本表示形式一样。现在，可以使用任意的机器学习算法以及 X_train 和 X_test 进行分类。下面讨论在文本分类的上下文中一些最常用的机器学习算法。

6.3.1 朴素贝叶斯

构建第一个文本分类器。首先，介绍朴素贝叶斯分类器。朴素贝叶斯依赖于贝叶斯算法，从本质上来讲，朴素贝叶斯是基于由特征/属性给出的条件概率，分配类别标签给样本的模型。此处，使用频率/伯努利（bernoulli）来估计先验概率和后验概率。

$$后验概率 = \frac{先验概率 \times 似然度}{证据}$$

此处，有一个朴素的假设，那就是所有的特征都是相互独立的。对于文本而言，这看起来违反了直觉。但是，出人意料的是，在现实世界的大多数用例中，朴素贝叶斯的表现非常不错。

朴素贝叶斯的另一个优势是，这个技术非常简单，容易实现和评分。需要存储频率，计算概率。在训练和测试（评分）的情况下，朴素贝叶斯分类器运行速度相当快。由于所有这些原因，在大部分文本分类的情况下，我们将以朴素贝叶斯作为基准。

编写一些代码，实现这一分类器。

```
>>>from sklearn.naive_bayes import MultinomialNB
>>>clf = MultinomialNB().fit(X_train, y_train)
>>>y_nb_predicted = clf.predict(X_test)
>>>print y_nb_predicted
>>>print ' \n confusion_matrix \n '
>>>cm = confusion_matrix(y_test, y_pred)
>>>print cm
>>>print '\n Here is the classification report:'
>>>print classification_report(y_test, y_nb_predicted)
confusion_matrix [[1205 5]
                  [26 156]]
```

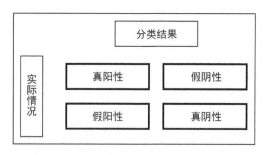

阅读此混乱矩阵的方式是，在测试集所有的 1392 个样本中，存在 1205 个真阳性案例和

156 真阴性案例。然而，我们也预测出了 5 个假阴性案例和 26 个假阳性案例。我们有不同的方法来测量典型的二元分类。

我们已经得到了在分类测量时所使用的一些最常用的度量指标定义。

$$准确率 = \frac{tp + tn}{tp + tn + fp + fn}$$

$$精准率 = \frac{tp}{tp + fp}$$

$$召回率 = \frac{tp}{tp + fn}$$

$$F = 2 \frac{精准率 \times 召回率}{精准率 + 召回率}$$

以下是分类报告。

	Precision	recall	f1-score	support
ham	0.97	1.00	0.98	1210
spam	1.00	0.77	0.87	182
avg / total	0.97	0.97	0.97	1392

根据前面的定义，我们现在可以清楚地理解结果。前面的所有指标看起来都不错，这意味着，分类器准确而稳健地执行。强烈建议你看看指标模块，使用更多选项，分析分类结果。由于 $F1$（其实就是精确率和召回率的调和平均值）能够较好地指示分类算法的覆盖率和质量，因此它是最重要且最平衡的度量指标，并得到了广泛使用。直观来说，准确率指出了在所有样本中有多少真样本。精确率和召回率也都具有重要意义，精准率探讨了真阳性（tp）案例的数目占真阳性（tp）案例和假阳性（fp）案例数目之和的比例召回率详细地说明了在真阳性和假阴性（fn）案例集中，准确率有多少。

提示：
有关各种 scikit 类的更多信息，请访问 scikit-learn 网站。

为了理解模型，我们遵循的其他相对重要的流程是，通过观察对阳性类和阴性类实际上有贡献的特征，深入思考模型。我仅仅写出了一小片段代码，生成前 n 个特征，并输出它们。下面看看这些特征。

```
>>>feature_names = vectorizer.get_feature_names()
>>>coefs = clf.coef_
```

```
>>>intercept = clf.intercept_
>>>coefs_with_fns = sorted(zip(clf.coef_[0], feature_names))
>>>n = 10
>>>top = zip(coefs_with_fns[:n], coefs_with_fns[:-(n + 1):-1])
>>>for (coef_1, fn_1), (coef_2, fn_2) in top:
>>>    print('\t%.4f\t%-15s\t\t%.4f\t%-15s' % (coef_1, fn_1, coef_2,
fn_2))
-9.1602      10 den           -6.0396     free
-9.1602      15               -6.3487     txt
-9.1602      1hr              -6.5067     text
-9.1602      1st ur           -6.5393     claim
-9.1602      2go              -6.5681     reply
-9.1602      2marrow          -6.5808     mobile
-9.1602      2morrow          -6.5858     stop
-9.1602      2mrw             -6.6124     ur
 9.1602      2nd innings      -6.6245     prize
-9.1602      2nd ur           -6.7856     www
```

上面的代码只从向量器中，读取了所有特征名称，获得了与给定特征相关的系数，然后输出了前 10 个特征。如果你希望得到更多特征，请修改 n 的值。如果仔细观察这些特征，就可以得到了有关模型的较多信息，也可以得到关于特征选择和其他参数的较多建议，如预处理、一元组/二元组、词干提取、标记解析等。例如，如果你看看非垃圾邮件（ham）的前几个特征词语，你可以看到 2morrow、2nd innings，以及一些非常有意义的数字。我们可以看看阳性类别垃圾邮件（spam）的特征词语 "free"（免费），这是一个非常有意义的词语，非常直观地体现了许多垃圾邮件都与一些 free（免费）的优惠券和交易有关。一些值得注意的词语是 prize、www 和 claim。

提示：
要了解更多详情，请参阅 scikit-learn 网站。

6.3.2 决策树

决策树是最古老的预测建模技术之一，在决策树中，对于给定的特征和目标，算法试图建立逻辑树。对于决策树，存在多种算法，其中最有名最广泛使用的算法是 CART。

CART 使用这些特征，构建了二叉树，并构建了从每个节点获得了大量信息的阈值。编写代码，实现 CART 分类器：

```
>>>from sklearn import tree
>>>clf = tree.DecisionTreeClassifier().fit(X_train.toarray(), y_train)
>>>y_tree_predicted = clf.predict(X_test.toarray())
>>>print y_tree_predicted
>>>print ' \n Here is the classification report:'
>>>print classification_report(y_test, y_tree_predicted)
```

唯一的区别在于训练集的输入格式。由于 scikit 树模块只接受 NumPy 数组，因此需要将稀疏矩阵格式改为 NumPy 数组。

一般来说，当特征的数量较少时，使用树是不错的。虽然此处的结果看起来不错，但是在文本分类中人们几乎不使用树。另一方面，树也拥有一些非常正面的优点。CART 依然是一个最直观的算法，比较容易解释和实现。有多种基于树算法的实现，如 ID3、C4.5、和 C5。scikit-learn 使用了 CART 算法的优化版本。

6.3.3　随机梯度下降

随机梯度下降（Stochastic Gradient Descent，SGD）是一个简单且有效的方法，适用于线性模型。当采样数目（特征数量）非常大时，随机梯度下降特别有用。如果你沿着备忘单上的路径，你会发现对于许多文本分类问题，SGD 是一站式解决方案。由于 SGD 也需要关注正则化（regularization），并提供不同的损失函数[1]，实践证明，在使用线性模型进行实验时，这是一种非常不错的选择。

SGD 也称为最大熵（MaxEnt），它提供了拟合线性模型的功能，使用不同（凸）损失函数和惩罚项，进行分类和回归。例如，使用 loss = log，拟合逻辑回归模型，使用 loss = hinge，拟合线性支持向量机（SVM）。

SGD 的示例如下所示。

```
>>>from sklearn.linear_model import SGDClassifier
>>>from sklearn.metrics import confusion_matrix
>>>clf = SGDClassifier(alpha=.0001, n_iter=50).fit(X_train, y_train)
>>>y_pred = clf.predict(X_test)
>>>print '\n Here is the classification report:'
>>>print classification_report(y_test, y_pred)
>>>print ' \n confusion_matrix \n '
>>>cm = confusion_matrix(y_test, y_pred)
>>>print cm
```

---

[1] 也称代价函数。——译者注

下面是分类报告。

	precision	recall	f1-score	support
ham	0.99	1.00	0.99	1210
spam	0.96	0.91	0.93	182
avg / total	0.98	0.98	0.98	1392

下面是信息量最大的特征单词。

-1.0002	sir		2.3815	ringtoneking
-0.5239	bed		2.0481	filthy
-0.4763	said		1.8576	service
-0.4763	happy		1.7623	story
-0.4763	might		1.6671	txt
-0.4287	added		1.5242	new
-0.4287	list		1.4765	ringtone
-0.4287	morning		1.3813	reply
-0.4287	always		1.3337	message
-0.4287	and		1.2860	call
-0.4287	plz		1.2384	chat
-0.3810	people		1.1908	text
-0.3810	actually		1.1908	real
-0.3810	urgnt		1.1431	video

6.3.4　逻辑回归

逻辑回归是用于分类的线性模型。在文献中，它也称为对数回归（logit regression），最大熵分类（MaxEnt）或对数线性分类器。在这个模型中，针对描述单个试验可能出现的结果的概率，人们使用对数函数此概率进行了建模。

作为优化问题，L2 二元类惩罚逻辑回归（L2 binary class' penalized logistic regression）最小化以下代价函数。

$$\min_{w,c} \frac{1}{2} w^\mathrm{T} w + C \sum_{i=1}^{n} \log(\exp(-y_i(X_i^\mathrm{T} w + c)) + 1)$$

同样，L1 二元类正则逻辑回归（L1 binary class' regularized logistic regression）解决了以下优化问题。

$$\min_{w,c} \frac{1}{2} \|w\|_1 + C \sum_{i=1}^{n} \log(\exp(-y_i(X_i^\mathrm{T} w + c)) + 1)$$

6.3.5　支持向量机

在机器学习领域，支持向量机（SVM）是当前最先进的算法。

SVM 是一种非概率分类器。在无限维空间中，SVM 构建了一组超平面，用于分类、回归或其他的任务。由于在一般情况下，间隔越大，分类器的尺寸越小，因此直观上讲，到任何类（所谓的函数间隔）的最近训练数据点的距离最大的超平面可以用来实现良好的分离。

使用 scikit，构建一个最复杂的监督学习算法。

```
>>>from sklearn.svm import LinearSVC
>>>svm_classifier = LinearSVC().fit(X_train, y_train)
>>>y_svm_predicted = svm_classifier.predict(X_test)
>>>print '\n Here is the classification report:'
>>>print classification_report(y_test, y_svm_predicted)
>>>cm = confusion_matrix(y_test, y_pred)
>>>print cm
```

下面是相同示例的分类报告。

```
              precision    recall  f1-score   support
        ham       0.99      1.00      0.99      1210
       spam       0.97      0.90      0.93       182
avg / total       0.98      0.98      0.98      1392

confusion_matrix [[1204    6] [  17  165]]
```

下面是信息量最大的特征单词。

```
    -0.9657    road                 2.3724    txt
    -0.7493    mail                 2.0720    claim
    -0.6701    morning              2.0451    service
    -0.6691    home                 2.0008    uk
    -0.6191    executive            1.7909    150p
    -0.5984    said                 1.7374    www
    -0.5978    lol                  1.6997    mobile
    -0.5876    kate                 1.6736    50
    -0.5754    got                  1.5882    ringtone
    -0.5642    darlin               1.5629    video
    -0.5613    fullonsms            1.4816    tone
    -0.5613    fullonsms com        1.4237    prize
```

这绝对是迄今为止在我们所有尝试过的监督算法中，所得到的最好结果。现在，有了这个算法，我们就可以暂停监督分类器的讨论。这个领域存在着上万本书籍与不同的机器学习算法相关。即使对于单个算法而言，也有许多书籍供读者使用。强烈建议读者在将之前学习的任何算法用于实际的应用程序之前，深入理解这些算法。

6.4　随机森林算法

随机森林算法是基于不同的决策树的组合，进行估计的集成分类器。在数据集的不同子样本上，它有效拟合了大量决策树分类器。此外，在森林中每棵树都建立在最佳随机特征子集上。最终，在所有随机的特征子集中，启用这些树为我们提供了最佳的特征子集。对于许多分类问题，随机森林是目前表现最好的算法之一。

随机森林的一个示例如下所示。

```
>>>from sklearn.ensemble import RandomForestClassifier
>>>RF_clf = RandomForestClassifier(n_estimators=10)
>>>predicted = RF_clf.predict(X_test)
>>>print '\n Here is the classification report:'
>>>print classification_report(y_test, predicted)
>>>cm = confusion_matrix(y_test, y_pred)
>>>print cm
```

提示：
如果读者依然希望使用 NLTK，进行文本分类。请浏览
NLTK 网站。

6.5　文本聚类

另一系列的问题也随文本而来，那就是监督分类。你可能听到的最常见的一种问题陈述是："我有数以百万计的文档（非结构化数据），是否有办法将它们分组并归类到有意义的类别中？"现在，一旦你有这些标注数据的样本，就可以构建所谈论的监督算法，但是，此处，你需要使用无监督的方式，对文本文档分组。

文本聚类（简称聚类）是无监督分组最常用的方法之一。我们有各种使用文本聚类的算法。在大多数情况下，我采用 k 均值算法或分层聚类算法。我将使用文本语料库，探讨这两种算法，并告诉读者如何使用它们。

K 均值算法

顾名思义，非常直观地，我们尝试围绕数据点的均值，找到 k 组数据。因此，算法随机选择一些数据点，作为所有数据点的中心。然后，算法将所有数据点分配到它最近的中心。一旦这个迭代完成，算法将开始重新计算中心，继续迭代，直到到达中心不会发生改变（算法饱和）的一个状态。

这个算法有一个变种，那就是使用小型批次，缩短计算时间，同时仍然试图优化相同的目标函数。

小技巧：

小型批次就是在每次训练迭代中的随机采样输入数据的子集。如果数据集非常巨大，而你希望使用较短的训练时间，那么可以尝试这些选项。

K 均值算法的一个示例如下所示。

```
>>>from sklearn.cluster import KMeans, MiniBatchKMeans
>>>true_k=5
>>>km = KMeans(n_clusters=true_k, init='k-means++', max_iter=100, n_
init=1)
>>>kmini = MiniBatchKMeans(n_clusters=true_k, init='k-means++', n_init=1,
init_size=1000, batch_size=1000, verbose=opts.verbose)
>>># we are using the same test,train data in TFIDF form as we did in
text classification
>>>km_model=km.fit(X_train)
>>>kmini_model=kmini.fit(X_train)
>>>print "For K-mean clustering "
>>>clustering = collections.defaultdict(list)
>>>for idx, label in enumerate(km_model.labels_):
>>>        clustering[label].append(idx)
>>>print "For K-mean Mini batch clustering "
>>>clustering = collections.defaultdict(list)
>>>for idx, label in enumerate(kmini_model.labels_):
>>>        clustering[label].append(idx)
```

在上面的代码中，仅仅导入了 scikit-learn 的 KMeans/MiniBatchKMeans，拟合在本章实例中使用的相同的训练数据。也可以使用最后三行代码，输出每个样本的聚类。

6.6 文本的主题建模

在文本语料库的上下文中，另一个著名的问题是找到给定文档的主题。我们从很多种方式处理主题建模的概念。一般来说，使用 LDA（Latent Dirichlet Allocation，隐式狄利克雷分布）和 LSI（Latent Semantic Index，隐式语义索引），对文本文档应用主题建模。

通常，在大多数的行业中，我们拥有数量巨大的未标记的文本文档。在未标记语料库的情况下，由于主题建模不仅仅给出了主题的相关性，还可以将整个语料库的文本文档归类到提供给算法的众多主题中，因此为了初步理解语料库，主题模型是一个很好的选择。

我们使用 Python 新库"gensim"，实现这些算法。下面在同样的 SMS 数据集上实现 LDA 和 LSI。现在，这个问题唯一的变化是，在 SMS 数据上，我们希望对不同的主题建模，并且也希望知道哪个文档属于哪个主题。一个相对较好且相对现实的用例可以是在整个维基百科转储上，运行主题建模，找到在维基百科上讨论的各种主题，或在来自客户的数十亿评论/投诉中，运行主题建模，深入理解人们讨论的主题。

安装 gensim

安装 gensim 最简单的一种方法是使用软件包管理器。

>>>easy_install -U genism

或者，也可以使用以下命令安装它。

>>>pip install genism

一旦完成了安装，请运行以下命令。

>>>import genism

> 提示：
> 如果出现任何错误，请访问 radimrehurek 网站。

现在，看看下面的代码。

>>>from gensim import corpora, models, similarities
>>>from itertools import chain

```
>>>import nltk
>>>from nltk.corpus import stopwords
>>>from operator import itemgetter
>>>import re
>>>documents = [document for document in sms_data]
>>>stoplist = stopwords.words('english')
>>>texts = [[word for word in document.lower().split() if word not in
stoplist] \ for document in documents]
```

我们只是读取短信数据中的文件，删除停用词。可以用前几章中所使用的相同方法，
来做到这一点。此处，使用特定库的方式来做到这一点。

> 提示：
> Gensim 具有所有典型的 NLP 特征，同时，还提供了某
> 些非常好的方式，以创建不同的语料库格式，如 TFIDF、
> LIBSVM、市场矩阵（market matrix）。它也提供了从一
> 种格式转换到另一种格式的方法。

下面的代码将一系列的文档转换为 BOW 模型，然后转换为典型的 TF-IDF 语料库：

```
>>>dictionary = corpora.Dictionary(texts)
>>>corpus = [dictionary.doc2bow(text) for text in texts]
>>>tfidf = models.TfidfModel(corpus)
>>>corpus_tfidf = tfidf[corpus]
```

一旦拥有了所需格式的语料库，就有了以下两种方法。在这两种方法中，给定一定数
量的主题，模型试图接受语料库中所有的文档，以构建 LDA/LSI 模型。

```
>>>si = models.LsiModel(corpus_tfidf, id2word=dictionary, num_topics=100)
>>>#lsi.print_topics(20)
>>>n_topics = 5
>>>lda = models.LdaModel(corpus_tfidf, id2word=dictionary, num_topics=n_
topics)
```

一旦建立了模型，我们就需要理解不同的主题，何种单词表示了该主题，并且需要输
出与此主题相关的一些最常出现的单词。

```
>>>for i in range(0, n_topics):
>>>       temp = lda.show_topic(i, 10)
>>>       terms = []
>>>       for term in temp:
```

```
>>>              terms.append(term[1])
>>>              print "Top 10 terms for topic #" + str(i) + ": "+ ",
".join(terms)
Top 10 terms for topic #0: week, coming, get, great, call, good, day,
txt, like, wish
Top 10 terms for topic #1: call, ..., later, sorry, 'll, lor, home, min,
free, meeting
Top 10 terms for topic #2: ..., n't, time, got, come, want, get, wat,
need, anything
Top 10 terms for topic #3: get, tomorrow, way, call, pls, 're, send,
pick, ..., text
Top 10 terms for topic #4: ..., good, going, day, know, love, call, yup,
get, make
```

现在，如果你仔细观察输出，那么你会发现有 5 种不同的主题，每种主题都有明显不同的意图。如果在维基百科或大型网页语料库上进行相同的练习，那么读者会获得一些内涵丰富、代表了语料库的主题。

6.7 参考资料

- scikit-learn 网站。

- radimrehurek 网站。

- 维基百科网站。

6.8 本章小结

本章背后的思想是介绍文本挖掘。对文本分类和聚类的一些最普通可用的算法，做一些基本的介绍。我们知道这里的一些概念可以帮助你建立真正宏大的 NLP 应用，如垃圾邮件过滤器、以领域为中心的新闻推送、网页分类等。虽然在代码段中未使用 NLTK 分类模块，但是使用 NLTK 完成了所有预处理步骤。强烈建议你使用 NLTK 的 scikit-learn，解决任何分类问题。本章从机器学习及其可以解决的问题类型开始。在文本的上下文中，讨论了一些 ML 中的特定问题，也讨论了在文本分类、聚类、主题建模中使用的一些最常见的分类算法。这里也展示了大量的实现细节，以进行这项工作。我仍然认为，读者需要反复阅读关于每一个单独算法的知识，这样读者就可以理解理论并深入了解这些算法。

这里也提供了整个的流程管道,对于任何文本挖掘问题,你需要遵循这些流程管道。我们谈到了有关机器学习的大部分实际操作,如采样、预处理、建立模型和模型评估。

虽然下一章也不会直接涉及 NLTK/NLP,但是 NLTK/NLP 是数据科学家/NLP 爱好者的一个优秀工具。在大多数的 NLP 问题中,我们要处理非结构化的文本数据,而 Web 是获得非结构化文本数据的一种最丰富、最庞大的数据来源。后面会讨论如何从 Web 中收集数据、如何有效地使用数据,以构建一些令人叹为观止的 NLP 应用。

第 7 章
网络爬取

非结构化文本的最大资源库是 Web。如果你知道如何抓取 Web 数据，那么你就拥有的随时可用于实验的数据。因此，对 NTLK 感兴趣的人值得学习网络爬取技术。本章探讨的就是从网络中收集数据的知识。

在本章中，我们将使用称为 Scrapy 的 Python 库来编写网络爬虫程序。我们将提供根据要求配置不同设置所有的详细信息。我们将编写一些最常见的网络蜘蛛策略和多个用例。如果读者需要使用 Scrapy，那么读者也需要了解 Xpath、爬取（crawling）、刮取（scraping），以及与 Web 相关的一些常见概念。在读者实现这些技术之前，我们将会探讨这些主题，确保读者理解了这些技术的实际应用方面。在本章结束之前，读者将对网络爬虫有一个更加深入的理解。

- 可以使用 Scrapy 来编写网络爬虫。
- 了解关于 Scrapy 的所有主要功能。

7.1 网络爬虫

最大的网络爬虫是谷歌，谷歌爬取了整个万维网（WWW）。谷歌遍历了网络上现存的所有网页，刮取/爬取了全部内容。

网络爬虫是计算机程序，它系统性地、一页又一页地浏览网页，同时刮取/爬取网页中的内容。网络爬虫也可以从所爬取的内容中，解析出待访问的下一组 URL。因此，如果这些进程无限期地在整个 Web 上运行，那么我们可以爬取所有网页。网络爬虫也可以称为蜘蛛、机器人和抓取器（scraper）。这些称呼的意思都是相同的。

在编写第一个网络爬虫之前，我们还要思考几个要点。在每一次网络爬虫遍历网页的时候，我们必须确定我们希望选择和忽略的内容。对于搜索引擎这样的应用程序，我们应该忽略所有的图片、JS 文件、CSS 文件和其他文件，只集中在可以索引并显示为搜索结果的 HTML 内容。在一些信息提取引擎中，我们选择了特定标签或特定的网页部分。如果要递归地进行爬取，那么还需要提取网址。这就涉及了爬取策略这个主题。此处，需要确定是以深度优先的方式，还是以广度优先的方式，递归地进行爬取。可以沿着下一个网页中的某个 URL，以深度优先的方式前进，直到我们得到了所需的 URL，或者可以以广度优先的方式，访问下一个网页中的所有 URL，递归地这样操作。

也需要确保我们不会进入无限循环的状态，因为在大部分情况下我们本质上是在遍历一幅图。需要确保有明确的回访策略。谈到爬取策略，其中最常谈到的是聚焦爬取（focused crawling）。在聚焦爬取中，我们知道所寻找的领域/主题类型，所需要爬取的网页。后面将更详细地讨论其中的一些问题。

提示：
看看 You Tube 网站上关于 Udacity 的视频。

7.2 编写第一个爬虫程序

从非常基本的爬虫程序开始，这个程序将会爬取网页的全部内容。我们将使用 Scrapy 编写爬虫程序。使用 Python 语言的 Scrapy 库是最佳的爬取解决方案。本章将探讨 Scrapy 所有不同的特性。首先，需要安装 Scrapy 进行这个练习。

为了安装 Scrapy，键入以下命令。

```
$ pip install scrapy
```

使用软件包管理器是安装 Scrapy 的最简单的方法。现在，测试一下一切是否已经安装妥当。（理想情况下，现在 Scrapy 应该是 sys.path 的一部分）。

```
>>>import scrapy
```

小技巧：
如果有任何错误，请浏览 Scrapy 网站。

现在，我们已经命令 Scrapy 为你工作了。使用 Scrapy，从编写示例网络蜘蛛程序开始。

```
$ scrapy startproject tutorial
```

一旦输入了前面的命令，目录结构应如下所示。

```
tutorial/
    scrapy.cfg      #the project configuration file
    tutorial/       #the project's python module, you'll later import
your code from here.
        __init__.py
        items.py     #the project's items file.
        pipelines.py #the project's pipelines file.
        settings.py  # the project's settings file.
        spiders/     #a directory where you'll later put your spiders.
            __init__.py
```

在当前情况下，将本示例的名称赋给第一个文件夹，即 tutorial。然后是项目配置文件（scrapy.cfg），这个文件定义了这个项目中所使用的设置文件，也为项目提供了 URL。

tutorial 中另一个重要的文件是 sctting.py，在这个文件中，可以决定使用何种类型的项管道（item pipeline）和蜘蛛（spider）。item.py 和 pipline.py 这两个文件定义了我们需要对语法解析项使用何种预处理，以及一些数据。spider 文件夹包含了为特定 URL 所编写的不同的网络蜘蛛。

对于第一个蜘蛛测试，将转储新闻内容到本地文件中。需要创建名为 NewsSpider.py 的文件，然后将其放在/tutorial/spiders 的路径中。编写第一只网络蜘蛛。

```
>>>from scrapy.spider import BaseSpider
>>>class NewsSpider(BaseSpider):
>>>     name = "news"
>>>     allowed_domains = ["nytimes.com"]
>>>     start_URLss = [
>>>         'http://www.nytimes.com/'
>>>     ]
>>>def parse(self, response):
>>>         filename = response.URLs.split("/")[-2]
>>>         open(filename, 'wb').write(response.body)
```

一旦蜘蛛准备就绪了，就可以使用以下命令开始爬取。

```
$ scrapy crawl news
```

在输入了上述命令后，你应该会看到一些日志，如下所示。

```
[scrapy] INFO: Scrapy 0.24.5 started (bot: tutorial)
[scrapy] INFO: Optional features available: ssl, http11, boto
[scrapy] INFO: Overridden settings: {'NEWSPIDER_MODULE': 'tutorial.
spiders', 'SPIDER_MODULES': ['tutorial.spiders'], 'BOT_NAME': 'tutorial'}
```

```
[scrapy] INFO: Enabled extensions: LogStats, TelnetConsole, CloseSpider,
WebService, CoreStats, SpiderState
```

如果你没有看到如前面的片段所示的日志，那么你遗失了一些东西。检查蜘蛛的位置和其他相关的 Scrapy 设置，如与爬取命令匹配的蜘蛛名称，是否为相同的蜘蛛和项管道配置了 setting.py。

如果你成功了，那么应该在本地文件夹中有一个命名为 nytimes 的文件（文件后缀名是 .com），在这个文件中，有 nytimes 网站上的页面内容。

下面详细讨论在蜘蛛代码中所使用的一些名称（term）。

- name：这是作为标识符的蜘蛛名字，目的是让 Scrapy 找到 spider 类。因此，爬取命令的参数应该始终与这个名字匹配。同时，还要确保这个名字是唯一的、区分大小写的。

- start_urls：这是蜘蛛最先爬取的网址列表。爬虫从种子网址开始，并使用 parse() 方法进行分析，寻找下一个要爬取的 URL。也可以提供网址列表让爬虫开始爬取，而不是提供单个种子 URL。

- parse()：调用这个方法，从起始 URL 中解析数据。为某项的特定属性选择何种元素，这个逻辑可能非常与转储整个 HTML 内容一样简单，也可能如在解析中调用众多解析方法或为单个项属性确定不同的选择器一样复杂。

这段代码没做什么，仅仅从给定的 URL（在本例子中是 nytimes 网址）开始，爬取整个网页的内容。通常情况下，爬虫相对复杂，会做的远不止这些。现在，让我们退后一步，了解一下幕后都发生了什么。为此，请仔细观察下图。

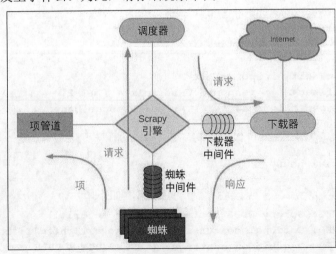

（图片来源：Scrapy）

7.3 Scrapy 中的数据流

执行引擎控制了 Scrapy 中的数据流，过程如下所示。

（1）进程开始于定位所选择的蜘蛛，从 start_urls 列表中打开第一个 URL。

（2）按照调度器的请求，调度第一个 URL。这更多的是 Scrapy 的内部流程。

（3）Scrapy 引擎查找下一组待爬取的 URL。

（4）调度器发送下一个网址给引擎，接下来，引擎使用下载的中间件，将这个网址转发给下载器。这些中间件是放置不同代理（proxy）和用户代理（user-agent）设置的地方。

（5）下载器下载了来自网页的应答，并将它传递给蜘蛛，在蜘蛛程序中 parse 方法选择了特定的响应元素。

（6）蜘蛛将已处理的项发送给引擎。

（7）引擎发送已处理的响应给项管道，在项管道中，可以添加某种后处理程序。

（8）对于每个 URL，继续同样的流程，直到没有剩余的请求。

7.3.1 Scrapy 命令行界面

了解 Scrapy 的最好办法是通过命令行界面（shell）使用 Scrapy，让你亲手实践一些由 Scrapy 提供的初始命令和工具。这允许你实验和开发 Xpath 表达式，并把这些表达式放在蜘蛛的代码中。

小技巧：

为了使用 Scrapy 命令行界面进行实验，建议你将其中一个开发工具作为插件，安装在 Chrome 浏览器或 Firebug（Mozilla Firefox 浏览器）上。这个工具可以帮助我们从网页中挖掘到我们想要的特定部分。

现在，从一个非常有趣的用例开始，在这个用例中，我们希望获得谷歌新闻中的热门话题。

此处所需遵循的步骤，如下所示。

（1）使用你喜欢的浏览器打开谷歌新闻网站。

（2）进入谷歌新闻的热门话题部分。然后，右击第一个主题，选中 Inspect Element，如下面的截图所示。

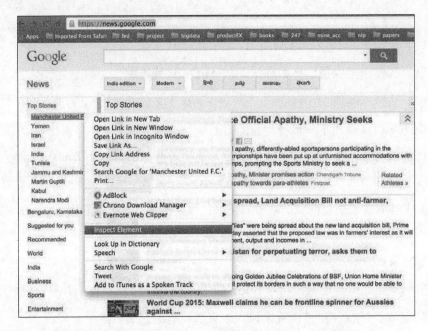

（3）在你打开这个的时候，会弹出一个边窗，你会得到一个视图。

（4）搜索和选择 div 标签。在这个示例中，我们感兴趣的是<div class="topic">。

（5）一旦完成了上述操作，你会知道，实际上，我们已经解析了网页的特定部分，如下面的截图所示。

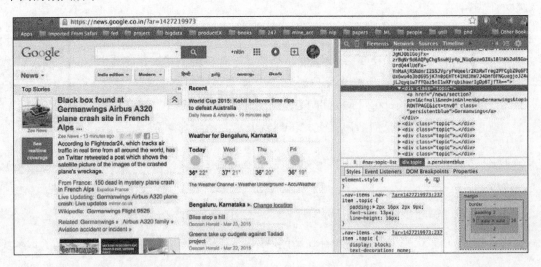

实际上，我们在前面的步骤中手动操作的内容可以使用自动的方式完成。Scrapy 使用
称为 Xpath 的 XML 路径语言。可以使用 XPath 实现这种功能。那么，让我们看看如何利
用 Scrapy，实现相同的操作。

为了使用 Scrapy 进行这个示例，将下列命令输入到 cmd 中。

```
$scrapy shell https://news.google.com/
```

在你按下 Enter 键的那一刻，把谷歌新闻页面的响应加载到 Scrapy 命令行界面中。现
在，让我们转到 Scrapy 的最重要方面，即了解如何寻找网页中特定的 HTML 元素。启动和
运行从先前图片所示的谷歌新闻中获得主题的示例。

```
In [1]: sel.xpath('//div[@class="topic"]').extract()
```

这段代码的输出如下所示。

```
Out[1]:
[<Selector xpath='//div[@class="topic"]' data=u'<div class="topic"><a
href="/news/sectio'>,
<Selector xpath='//div[@class="topic"]' data=u'<div class="topic"><a
href="/news/sectio'>,
<Selector xpath='//div[@class="topic"]' data=u'<div class="topic"><a
href="/news/sectio'>]
```

现在，我们需要了解 Scrapy 和 XPath 提供的一些函数，使用这些函数和命令行界面进
行实验。接下来，需要更新蜘蛛程序，进行更复杂的任务。在 lxml 库的帮助下，建立
了 Scrapy 选择器，这意味着它们在速度和解析准确率方面非常类似。

下面讨论选择器提供的一些最常用的方法。

- xpath()：这个方法返回了选择器列表，其中每个选择器表示的是由作为参数给出的
  XPath 表达式所选中的节点。

- css()：这个方法返回了选择器列表。其中每个选择器表示的是由作为参数给出的
  CSS 表达式所选中的节点。

- extract()：这个方法对于选中的数据以字符串形式返回对应内容。

- re()：这个方法使用作为参数给出的正则表达式，提取 Unicode 字符串，返回 Unicode
  字符串的列表。

这里给出了前 10 个选择器模式的备忘单，这些模式可以涵盖你所做的大部分工作。如
果你在网上搜索，也可以找到简单的解决方案，让你使用相对复杂的选择器。从提取网页

标题开始，对所有网页而言，这都是非常通用的。

```
In [2] :sel.xpath('//title/text()')
Out[2]: [<Selector xpath='//title/text()' data=u' Google News'>]
```

一旦选中了任何元素，你也希望提取信息以进行更多的处理。提取所选中内容。这是你使用任意选择器进行工作的通用方法。

```
In [3]: sel.xpath('//title/text()').extract()
Out[3]: [u' Google News']
```

另一个非常普遍的要求是在给定页面中，寻找所有元素。使用这个选择器，来完成这个任务。

```
In [4]: sel.xpath('//ul/li')
Out [4] : list of elements (divs and all)
```

使用这个选择器，可以提取页面中的所有标题。

```
In [5]: sel.xpath('//ul/li/a/text()').extract()
Out [5]: [ u'India',
u'World',
u'Business',
u'Technology',
u'Entertainment',
u'More Top Stories']
```

使用这个选择器，可以提取网页中的所有超链接。

```
In [6]:sel.xpath('//ul/li/a/@href').extract()
Out [6] : List of urls
```

选择所有的<td>和 div 元素。

```
In [7]:sel.xpath('td'')
In [8]:divs=sel.xpath("//div")
```

这将选择所有的 div 元素，然后，可以进行循环，输出每个元素。

```
In [9]: for d in divs:
    printd.extract()
```

这将输出整个页面中每一个 div 的全部内容。因此，万一你不能得到确切的 div 名称，你也可以看看基于正则表达式的搜索。

现在，选择所有包含了属性 class ="topic"的 div 元素。

```
In [10]:sel.xpath('/div[@class="topic"]').extract()
In [11]: sel.xpath("//h1").extract()              # this includes the h1 tag
```

这将选择页面中所有的<p>元素，并获得这些元素的 class。

```
In [12 ] for node in sel.xpath("//p"):
print node.xpath("@class").extract()
Out[12] print all the <p>
In [13]: sel.xpath("//li[contains(@class, 'topic')]")
Out[13]:
[<Selector xpath="//li[contains(@class, 'topic')]" data=u'<li class="navitem
nv-FRONTPAGE selecte'>,
<Selector xpath="//li[contains(@class, 'topic')]" data=u'<li class="navitem
nv-FRONTPAGE selecte'>]
```

编写一些选择器代码块，从 css 文件中获取数据。如果只想从 css 文件中提取标题，在通常情况下，除了需要修改语法外，其他都是一样的。

```
In [14] :sel.css('title::text').extract()
Out[14]: [u'Google News']
```

使用以下命令，列出页面中所使用的全部图像的名称。

```
In[15]: sel.xpath('//a[contains(@href, "image")]/img/@src').extract()
Out [15] : Will list all the images if the web developer has put the
images in /img/src
```

让我们来看看基于正则表达式的选择器。

```
In [16 ]sel.xpath('//title').re('(\w+)')
Out[16]: [u'title', u'Google', u'News', u'title']
```

在某些情况下，删除命名空间可以帮助我们获得正确的模式。选择器有一个内置的 remove_namespaces()函数，以确保扫描整个文档，删除所有命名空间。在使用这个函数前，请确认我们是否希望一些命名空间成为模式的一部分。以下是 remove_namespaces()函数的使用示例。

```
In [17] sel.remove_namespaces()
sel.xpath("//link")
```

既然我们对选择器有了更多的了解，接下来就修改先前构建的新闻蜘蛛。

```
>>>from scrapy.spider import BaseSpider
>>>class NewsSpider(BaseSpider):
>>>    name = "news"
>>>    allowed_domains = ["nytimes.com"]
>>>    start_URLss = [
>>>        'http://www.nytimes.com/'
>>>    ]
>>>def parse(self, response):
>>>    sel = Selector(response)
>>>        sites = sel.xpath('//ul/li')
>>>        for site in sites:
>>>            title = site.xpath('a/text()').extract()
>>>            link = site.xpath('a/@href').extract()
>>>            desc = site.xpath('text()').extract()
>>>            print title, link, desc
```

此处，主要修改了解析方法，这是蜘蛛的核心内容之一。现在，这只蜘蛛可以爬取整个页面，但我们对标题、描述和网址进行了更有条理的解析。

现在，让我们竭尽 Scrapy 所能，编写更健壮的爬虫。

7.3.2 项

到现在为止，我们只是使用 stdout 输出所抓取的内容，或将内容转储到文件中。执行这个任务的一种更好的方法是当每次编写爬虫时，定义 items.py。这样做的优点是，可以在自己的 parse 方法中使用这些项，也可以得到任意数据格式（如 XML、JSON 或 CSV）的输出。这样，如果你回到旧的爬虫，那么项（Item）类可能具有如下函数。

```
>>>fromscrapy.item import Item, Field
>>>class NewsItem(scrapy.Item):
>>>    # define the fields for your item here like:
>>>    # name = scrapy.Field()
>>>    pass
```

现在，添加不同的域（field），如下所示。

```
>>>from scrapy.item import Item, Field
>>>class NewsItem(Item):
>>>    title = Field()
>>>    link = Field()
>>>    desc = Field()
```

　　此处，将 field()赋给 title、link 和 desc。一旦让 field 准备就绪，就可以将蜘蛛的解析（parse）方法改为 parse_news_item，在这个方法中，我们无须将所解析的域转储到文件中，现在项对象使用它们。

　　在抓取完当前的 URL 后，Rule 方法指定了需要抓取何种类型的 URL。Rule 方法提供了 SgmlLinkExtractor，这定义了需要从所抓取的网页中抽取出来的 URL 模式。Rule 方法还提供了回调方法，一般来说，这是一个指针，指示蜘蛛寻找解析方法，在这个例子中，这个解析方法就是 parse_news_item。如果有不同的解析方式，就有了多种规则（rule）和解析（parse）方法。Rule 方法也需要遵循一个布尔参数，这个参数指定了是否应该使用由规划抽取的每个响应跟进（follow）链接。如果回调为 None，那么 follow 选项默认为 TRUE；否则，follow 选项默认为 False。

　　需要注意的重要一点是，Rule 方法不使用解析。这是由于默认的回调方法名是 parse()，如果使用解析，那么事实上重写了这个解析方法，这样就可能停止了抓取蜘蛛的功能。现在，看看下列代码，理解上述方法和参数。

```
>>>from scrapy.contrib.spiders import CrawlSpider, Rule
>>>from scrapy.contrib.linkextractors.sgml import SgmlLinkExtractor
>>>from scrapy.selector import Selector
>>>from scrapy.item import NewsItem
>>>class NewsSpider(CrawlSpider):
>>>    name = 'news'
>>>    allowed_domains = ['news.google.com']
>>>    start_urls = ['https://news.google.com']
>>>    rules = (
>>>        # Extract links matching cnn.com
>>>        Rule(SgmlLinkExtractor(allow=('cnn.com', ), deny=(http://
edition.cnn.com/', ))),
>>>        # Extract links matching 'news.google.com'
>>>        Rule(SgmlLinkExtractor(allow=('news.google.com', )),
callback='parse_news_item'),
>>>    )
>>>    def parse_news_item(self, response):
>>>        sel = Selector(response)
>>>        item = NewsItem()
>>>        item['title'] = sel.xpath('//title/text()').extract()
>>>        item[topic] = sel.xpath('/div[@class="topic"]').extract()
>>>        item['desc'] = sel.xpath('//td//text()').extract()
>>>        return item
```

7.4 站点地图蜘蛛

如果网站提供了 sitemap.xml，那么爬取网站更好的方式是使用 SiteMapSpider。

此处，蜘蛛解析由网站本身提供的 URL（由 sitemap.xml 给出）。这是相对文明的爬取方式，也是一种非常好的做法。

```
>>>from scrapy.contrib.spiders import SitemapSpider
>>>class MySpider(SitemapSpider):
>>>    sitemap_URLss = ['http://www.example.com/sitemap.xml']
>>>    sitemap_rules = [('/electronics/', 'parse_electronics'), ('/
           apparel/', 'parse_apparel'),]
>>>    def 'parse_electronics'(self, response):
>>>        # you need to create an item for electronics,
>>>        return
>>>    def 'parse_apparel'(self, response):
>>>        #you need to create an item for apparel
>>>        return
```

在前面的代码中，为每个产品类别编写了一个 parse 方法。如果你想建立一个价格聚合器/比较器，这是一个很好的用例。你可能希望分析不同产品的不同属性，例如，对于电子产品而言，可能希望刮取技术规范、配件和价格；而对服装而言，你相对关心物件的大小和颜色。你可以尝试使用某个零售商网站，一试身手，使用命令行界面获得模式，刮取不同物件的大小、颜色和价格。如果你能做到这一点，那么你的能力不错，应该可以编写你的第一个行业级的蜘蛛。

在某些情况下，你所希望抓取的网站需要登录才可以进入网站的某些部分。现在，Scrapy 也有了一个替代方法。它们实现了 FormRequest，这更像是提交给 HTTP 服务器 POST，获得响应。让我们更深入地了解下面的蜘蛛代码。

```
>>>class LoginSpider(BaseSpider):
>>>    name = 'example.com'
>>>    start_URLss = ['http://www.example.com/users/login.php']
>>>    def parse(self, response):
>>>        return [FormRequest.from_response(response,
           formdata={'username':'john','password': 'secret'},callback=self.after_
           login)]
>>>    def after_login(self, response):
>>>        # check login succeed before going on
```

```
>>>          if "authentication failed" in response.body:
>>>               self.log("Login failed", level=log.ERROR)
>>>            return
```

对于一个只需要用户名和密码而不需要任何验证码的网站，在前一段代码中添加特定的登录细节，也应该是可以工作的。由于在大多数情况下，你需要在第一页登录，因此这只是 parse 方法的一部分。一旦你登录了，你可以编写自己的 after_login 回调方法，在方法中加上项和其他详细信息。

7.5 项管道

下面再谈谈一些项的后期处理。Scrapy 也提供了一种方法来定义项管道，使用这种方法，可以定义项必须经历的后期处理。这是一种非常有条理和良好的程序设计。

如果我们想对刮取的项进行后期处理，如去除噪声和大小写转换，又或是在其他情况下，如果我们希望从对象中获得一些值，如使用 DOB 计算年龄，或根据原来价格计算折扣价格，那么我们需要建立自己的项管道。最后，我们可能要单独将项转储到文件中。

实现这一目标的方式，如下所示。

（1）需要在 setting.py 中定义项管道。

```
ITEM_PIPELINES = {
    'myproject.pipeline.CleanPipeline': 300,
    'myproject.pipeline.AgePipeline': 500,
    'myproject.pipeline.DuplicatesPipeline: 700,
    'myproject.pipeline.JsonWriterPipeline': 800,
}
```

（2）编写一个类，清理项。

```
>>>from scrapy.exceptions import Item
>>>import datetime
>>>import datetime
>>>class AgePipeline(object):
>>>    def process_item(self, item, spider):
>>>        if item['DOB']:
>>>            item['Age'] = (datetime.datetime.
strptime(item['DOB'], '%d-%m-%y').date()-datetime.datetime.
strptime('currentdate, '%d-%m-%y').date()).days/365
>>>            return item
```

（3）需要从 DOB 中得到年龄。用 Python 的日期函数来实现这一目标。

```
>>>from scrapy import signals
>>>from scrapy.exceptions import Item
>>>class DuplicatesPipeline(object):
>>>    def __init__(self):
>>>        self.ids_seen = set()
>>>    def process_item(self, item, spider):
>>>        if item['id'] in self.ids_seen:
>>>            raise DropItem("Duplicate item found: %s" % item)
>>>        else:
>>>            self.ids_seen.add(item['id'])
>>>            return item
```

（4）也需要删除重复的内容。Python 具有只包含唯一值的 set()数据结构。可以使用 Scrapy，创建管道 DuplicatesPipeline.py，如下所示。

```
>>>from scrapy import signals
>>>from scrapy.exceptions import Item
>>>class DuplicatesPipeline(object):
>>>    def __init__(self):
>>>        self.ids_seen = set()
>>>    def process_item(self, item, spider):
>>>        if item['id'] in self.ids_seen:
>>>            raise DropItem("Duplicate item found: %s" % item)
>>>        else:
>>>            self.ids_seen.add(item['id'])
>>>            return item
```

（5）最后，使用 JsonWriterPipeline.py 管道，在 JSON 文件中写入项。

```
>>>import json
>>>class JsonWriterPipeline(object):
>>>    def __init__(self):
>>>        self.file = open('items.txt', 'wb')
>>>    def process_item(self, item, spider):
>>>        line = json.dumps(dict(item)) + "\n"
>>>        self.file.write(line)
>>>        return item
```

7.6 外部参考

鼓励读者理解一些简单的蜘蛛，尝试使用这些蜘蛛构建一些非常酷炫的应用。可以参考 scrapy 网站。

7.7 本章小结

在本章中，你学习到了另一个不错的 Python 库，现在，对于你自己的数据需求，你无须寻求别人的帮助了。你学会了如何编写复杂的爬取系统，知道如何编写聚焦网络蜘蛛。本章展示了如何从系统中抽象出项逻辑，对于常见的用例，如何编写一些特定的蜘蛛。我们知道需要关注一些最常用的设置，来实现自己的蜘蛛。我们编写了一些可以重用的、复杂的解析方法。我们深入理解了选择器，并且知道了一种现成的方式，来确定我们需要何种元素来获得特定的项属性，我们也浏览了 Firebug，增强了对选择器的理解。最后，非常重要的是，确保你遵守所爬取网站的安全准则。

下一章将探讨一些基本的 Python 库，可以使用这个库进行自然语言处理和机器学习。

第 8 章
与其他 Python 库一同使用 NLTK

本章将探讨一些用于机器学习和自然语言处理的 Python 骨干库。到现在为止，我们已经使用了 NLTK、Scikit 和 genism，这些函数库包含了非常抽象的函数，专门执行当前的任务。大多数统计 NLP 主要基于向量空间模型，而向量空间模型又依赖于 NumPy 所涵盖的基本线性代数。同时，也有许多 NLP 任务（如 POS 或 NER 标注）披着分类器的外衣。在所有这些任务中，大量用到这里将要讨论的一些库。

本章背后的思想是让你快速浏览一些最基本的 Python 库。前面的章节讨论了这些非常有用的库（NLTK 和 Scikit）背后的数据结构、设计和数学，而本章有助于我们了解在这些内容之外的一些知识。

我们将着眼于以下 4 个库。本章会尽量简洁地介绍这些库，但是如果你想让 Python 成为大部分数据科学所需要的一站式解决方案，强烈建议你更加详细地阅读这些库。

- NumPy（数字 Python）
- SciPy（科学 Python）
- Pandas（数据操作）
- Matplotlib（可视化）

8. 1　NumPy

NumPy 是用于处理数字运算的一个 Python 库，这个库的速度非常快。NumPy 提供了一些高度优化的数据结构，如 ndarrays。NumPy 专门设计并优化了许多函数，用于执行一些最常见的数字运算。这就是 NLTK、scikit-learn、Pandas 以及其他库使用 NumPy 作为基础，实现一些算法的原因。本节将运行一些 NumPy 的示例，简要概述 NumPy。这不仅有助于我们理解 NLTK 和其他库背后的基础数据结构，同时还提供了一些功能，让我们根据需要，自定义一些函数。

从 NumPy 中的 ndarrays 开始，探讨如何将 ndarrays 用作矩阵及其如何轻松、高效地处理矩阵。

8.1.1 ndarray

ndarray 是数组对象，它表示固定大小的多维齐次数组。

从使用普通的 Python 列表构建 ndarray 开始：

```
>>>x=[1,2,5,7,3,11,14,25]
>>>import numpy as np
>>>np_arr=np.array(x)
>>>np_arr
```

正如你所看到的，这是个一维线性数组。NumPy 强大的功能是通过二维数组展现出来的。下面讨论二维数组。使用 Python 列表的列表，创建一个二维数组。

```
>>>arr=[[1,2],[13,4],[33,78]]
>>>np_2darr= np.array(arr)
>>>type(np_2darr)
numpy.ndarray
```

索引操作

ndarray 的索引方式与 Python 容器类似。NumPy 提供了一种切片方法，以获得 ndarray 的不同视图。

```
>>>np_2darr.tolist()
[[1, 2], [13, 4], [33, 78]]
>>>np_2darr[:]
array([[1, 2], [13, 4], [33, 78]])
>>>np_2darr[:2]
array([[1, 2], [13, 4]])
>>>np_2darr[:1]
array([[1, 2]])
>>>np_2darr[2]
array([33, 78])
>>>    np_2darr[2][0]
>>>33
>>>    np_2darr[:-1]
array([[1, 2], [13, 4]])
```

8.1.2 基本操作

NumPy 也有一些其他的操作，可以在各种数字处理中使用。在这个例子中，我们希望得到一个值介于 0 到 10 且步长为 0.1 的数组。在任意的优化例程中，都需要用到这种方式。一些最常见的库（如 Scikit 和 NLTK）实际上使用的是这些 NumPy 函数。

```
>>>import numpy as np
>>>np.arange(0.0, 1.0, 0.1)
array([ 0. , 0.1, 0.2, 0.3, 0.4, 0.5, 0.6, 0.7, 0.8, 0.9, 1]
```

可以这样操作，生成全为 1 和全为 0 的数组：

```
>>>np.ones([2, 4])
array([[1., 1., 1., 1.], [1., 1., 1., 1.]])
>>>np.zeros([3,4])
array([[0., 0., 0., 0.], [0., 0., 0., 0.], [0., 0., 0., 0.]])
```

如果你已经学完了高等数学，那么你知道需要所有这些矩阵来执行海量的代数运算。实际上，大部分的 Python 机器学习库也能做到这一点。

```
>>>np.linspace(0, 2, 10)
array([ 0.,    0.22222222,    0.44444444,    0.66666667,
0.88888889,    1.11111111,    1.33333333,    1.55555556,    1.77777778,
2,    ])
```

linespace 函数在一个区间内从开始值到结束值逐步计算，并返回等距的数字样本。在给定的示例中，我们试图在区间 0~2 得到 10 个样本。

类似地，可以在 log 的尺度下，做到这一点。这里的函数如下。

```
>>>np.logspace(0,1)
array([ 1.,    1.04811313,    1.09854114,    1.1513954,    7.90604321,
8.28642773,    8.68511374,    9.10298178,    9.54095476,    10.,    ])
```

你仍然可以执行 Python 的 help 函数，以获取有关参数和返回值的更多详细信息。

```
>>>help(np.logspace)
Help on function logspace in module NumPy.core.function_base:

logspace(start, stop, num=50, endpoint=True, base=10.0)
    Return numbers spaced evenly on a log scale.

    In linear space, the sequence starts at "base ** start"
```

```
('base' to the power of 'start') and ends with "base ** stop"
(see 'endpoint' below).
Parameters
----------
start : float
```

我们必须提供开始值和结束值，以及在该尺度上所需的样本数。在这种情况下，还必须提供一个底数。

8.1.3 从数组中提取数据

可以在 ndarrays 上进行各种操作和过滤。从一个新的 ndarray A 上开始。

```
>>>A = array([[0, 0, 0], [0, 1, 2], [0, 2, 4], [0, 3, 6]])

>>>B = np.array([n for n in range n for n in range(4)])
>>>B
array([0, 1, 2, 3])
```

可以非常优雅地进行这种类型的条件操作。在下面的例子中，我们可以看到这一点。

```
>>>less_than_3 = B<3 # we are filtering the items that are less than 3.
>>>less_than_3
array([ True, True, True, False], dtype=bool)
>>>B[less_than_3]
array([0, 1, 2])
```

也可以将单个数字赋给一系列的项，如下所示。

```
>>>B[less_than_3] = 0
>>>: B
array([0, 0, 0, 3])
```

可以使用一种方式，获得矩阵的对角元素。获得矩阵 A 的对角元素。

```
>>>np.diag(A)
array([0, 1, 4])
```

8.1.4 复杂的矩阵运算

一种常见的矩阵运算是按元素相乘，在此运算中，将矩阵中的元素与另一个矩阵中的元素相乘。所得到矩阵的形状与输入矩阵相同，例如：

```
>>>A = np.array([[1,2],[3,4]])
>>>A * A
array([[ 1, 4], [ 9, 16]])
```

> **提示：**
>
> 然而，不能执行以下操作，以下代码在执行时会抛出一个错误。
>
> ```
> >>>A * B
> -------------------------------------------------------
> ValueError Traceback (most recent call last)
> <ipython-input-53-e2f71f566704> in <module>()
> ----> 1 A*B
> ```
>
> ValueError：形状为（2,2）和（4）的操作数无法匹配。简单地说，第一个操作数的列数必须匹配第二个操作数的行数，这样矩阵乘法才能进行。

进行点积运算，这是许多优化和代数运算的基本操作。我依然觉得在传统的环境中进行点乘运算不是非常高效。在 NumPy 中进行点乘运算非常容易，从内存方面而言，也非常高效。

```
>>>np.dot(A, A)
array([[ 7, 10], [15, 22]])
```

可以进行如加、减、转置这样的运算，如下例所示。

```
>>>A - A
array([[0, 0], [0, 0]])
>>>A + A
array([[2, 4], [6, 8]])
>>>np.transpose(A)
array([[1, 3], [2, 4]])
>>>>A
array([[1, 2], [2, 3]])
```

转置运算可以使用可替代运算进行，如下所示。

```
>>>A.T
array([[1, 3], [2, 4]])
```

也可以将 ndarrays 转换为矩阵，执行矩阵运算，如以下示例所示。

```
>>>M = np.matrix(A)
>>>M
matrix([[1, 2], [3, 4]])
>>> np.conjugate(M)
matrix([[1, 2], [3, 4]])
```

```
>>> np.invert(M)
matrix([[-2, -3], [-4, -5]])
```

使用 NumPy，可以执行各种复杂的矩阵运算，这些矩阵运算也非常简单。请阅读文档，了解有关 NumPy 的更多信息。

下面切换回一些常见的数学运算，如给定数组元素，求出最小值、最大值、平均值和标准方差。我们已经生成了正态分布的随机数。下面看看如何应用这些运算。

```
>>>N = np.random.randn(1,10)
>>>N
array([[  0.59238571,   -0.22224549,   0.6753678,   0.48092087,
-0.37402105,   -0.54067842,   0.11445297,   -0.02483442,
-0.83847935,   0.03480181,   ]])
>>>N.mean()
-0.010232957191371551
>>>N.std()
0.47295594072935421
```

这个示例演示了 NumPy 如何执行简单的数学和代数运算，以求出一组数字的平均值和标准方差。

1. 重塑与堆叠

对于一些数值和代数运算，我们确实需要基于输入矩阵，改变结果矩阵的形状。无论你希望做什么，NumPy 都有一些重塑和堆叠矩阵的非常简单的方法。

```
>>>A
array([[1, 2], [3, 4]])
```

如果希望得到扁平矩阵，只需要使用与 NumPy 的 reshape()函数，来重塑此矩阵。

```
>>>>(r, c) = A.shape # r is rows and c is columns
>>>>r,c
(2L, 2L)
>>>>A.reshape((1, r * c))
array([[1, 2, 3, 4]])
```

在许多代数运算中，都需要这种重塑。为了压扁 ndarray，可以使用 flatten()函数。

```
>>>A.flatten()
array([1, 2, 3, 4])
```

还有函数可用于重复给定数组中的元素。只需要指定元素重复的次数。为了重复 ndarray，可以使用 repeat()函数。

```
>>>np.repeat(A, 2)
array([1, 1, 2, 2, 3, 3, 4, 4])
>>>>A
array([[1, 2],[3, 4]])
```

在前面的示例中，每个元素按顺序重复两次。一个类似的函数 tile()可用于重复矩阵，如下所示。

```
>>>np.tile(A, 4)
array([[1, 2, 1, 2, 1, 2, 1, 2], [3, 4, 3, 4, 3, 4, 3, 4]])
```

还有一些在矩阵中添加行或列的方法。如果要添加行，可以使用 concatenate()函数，如下所示。

```
>>>B = np.array([[5, 6]])
>>>np.concatenate((A, B), axis=0)
array([[1, 2], [3, 4], [5, 6]])
```

这也可以使用 vstack()函数来实现，如下所示。

```
>>>np.vstack((A, B))
array([[1, 2], [3, 4], [5, 6]])
```

另外，如果要添加列，可以以下面的方式使用 concatenate()函数。

```
>>>np.concatenate((A, B.T), axis=1)
array([[1, 2, 5], [3, 4, 6]])
```

 小技巧：
还可以使用 hstack()函数，来添加列。这个函数的用法，
与上述示例中的 vstack()函数非常类似。

2．随机数

在涉及 NLP 和机器学习的许多任务中，也大量地生成随机数。生成随机数是一件非常容易的事。

```
>>>from numpy import random
>>>#uniform random number from [0,1]
>>>random.rand(2, 5)
array([[ 0.82787406, 0.21619509, 0.24551583, 0.91357419, 0.39644969], [
0.91684427, 0.34859763, 0.87096617, 0.31916835, 0.09999382]])
```

还有一个函数，称为 random.randn()，它可以生成给定范围内正态分布的随机数。在下面的例子中，我们希望生成 2 行 5 列的随机数。

```
>>>>random.randn(2, 5)
array([[-0.59998393, -0.98022613, -0.52050449, 0.73075943, -0.62518516],
[ 1.00288355, -0.89613323, 0.59240039, -0.89803825, 0.11106479]])
```

这可以使用函数 random.randn(2,5)来实现。

8.2 SciPy

我们在 NumPy 和 ndarray 的基础之上构建了框架 Scientific Python 或 SciPy，本质上，这是我们为进行高级科学运算（如优化、整合、代数运算和傅里叶变换）而开发的。

这个概念是高效地使用 ndarrays，使它以内存高效的方式，提供一些通用的科学算法。在 NumPy 和 SciPy 的帮助下，我们就可以集中精力编写库，如 scikit-learn 和 NLTK，重点关注领域特定的问题，让 NumPy/SciPy 自动完成繁重的工作。本节将会简要介绍由 SciPy 提供的数据结构和常用运算。我们可以得到一些黑箱（black-box）库的细节，如 scikit-learn，并理解其背后的运行机制。

```
>>>import scipy as sp
```

这是导入 SciPy 的方式，这里使用 sp 作为别名将它导入，其实可以指定任何别名。

从一些比较熟悉的内容开始。此处，让我们看看如何使用 quad()函数进行积分。

```
>>>from scipy.integrate import quad, dblquad, tplquad
>>>def f(x):
>>>     return x
>>>x_lower == 0 # the lower limit of x
>>>x_upper == 1 # the upper limit of x
>>>val, abserr = = quad(f, x_lower, x_upper)
>>>print val,abserr
>>> 0.5 , 5.55111512313e-15
```

如果对 x 进行积分，将得到 $x^2/2$，代入上限 1 和下限 0，可得到 0.5。这里还有其他的科学函数，如下所示。

- 插值（scipy.interpolate）

- 傅里叶变换（scipy.fftpack）

- 信号处理（scipy.signal）

但是，由于线性代数和优化的内容与机器学习和自然语言处理比较相关，因此我们只关注线性代数和优化。

8.2.1　线性代数

线性代数模块包含了大量与矩阵相关的函数。SciPy 的最佳贡献也许是提供了稀疏矩阵（CSR 矩阵），在其他包中，也大量应用了这个矩阵，进行矩阵操作。

SciPy 提供了存储稀疏矩阵以及在稀疏矩阵上进行数据操作的一种最佳方式。它还提供了一些常见的操作，如线性方程组求解。它也提供了非常优异的方式，求解特征向量、矩阵函数（例如，矩阵幂），以及一些相对复杂的操作，如奇异值分解（Singular Value Decomposition，SVD）。其中一些操作是机器学习例程的幕后优化。例如，在第 6 章中使用的 LDA（主题建模）的最简单形式即为 SVD。

以下是展示了如何使用线性代数模块的一个示例。

```
>>>A = = sp.rand(2, 2)
>>>B = = sp.rand(2, 2)
>>>import Scipy
>>>X = = solve(A, B)
>>>from Scipy import linalg as LA
>>>X = = LA.solve(A, B)
>>>LA.dot(A, B)
```

提示：
详细的文档可在 SciPy 网站上找到。

8.2.2　特征值和特征向量

在一些 NLP 和机器学习应用中，将文档表示为术语文档矩阵（term document matrice）。通常来说，要为许多不同的数学公式，计算特征值和特征向量。比如，有一个矩阵 A，那么存在一个向量 v，使得 $Av=\lambda v$。

在这种情况下，λ 是特征值，v 是特征向量。其中最常用的操作之一是 SVD，它需要一些演算功能。在 SciPy 中，要做到这一点是非常简单的。

```
>>>evals = LA.eigvals(A)
>>>evals
array([-0.32153198+0.j, 1.40510412+0.j])
```

特征向量如下所示。

```
>>>evals, evect = LA.eig(A)
```

可以进行其他矩阵运算，如求逆、转置和行列式。

```
>>>LA.inv(A)
array([[-1.24454719, 1.97474827], [ 1.84807676, -1.15387236]])
>>>LA.det(A)
-0.4517859060209965
```

8.2.3   稀疏矩阵

在现实世界的场景中，当使用一个典型的矩阵时，矩阵的大部分元素都为零。对于任意的矩阵操作，非常低效地扫描所有这些非零项。此类问题的解决方案是，引进稀疏矩阵格式，其背后的思想非常简单，就是仅仅存储非零项。

大部分元素都非零的矩阵，称为稠密矩阵；大部分元素为零的矩阵，称之为稀疏矩阵。

一般来说，矩阵就是具有行列索引的二维数组，根据行列索引提供各个元素的值。现在，使用不同的方式来存储稀疏矩阵。

- **DOK**（**键词典**）：此处，按照（row, col）的格式存储携带了键的词典，所存储的值为词典值。

- **LOL**（**列表的列表**）：此处，每行提供一个列表，列表中只有非零元素的索引。

- **COL**（**坐标列表**）：此处，将 list（row, col, value）另存为列表。

- **CRS/CSR**（**压缩行存储**）：CSR 矩阵首先按照列读取值；为每个值存储行索引，按照(val, row_ind, col_ptr)的格式存储列指针。此处，val 是矩阵中的非零值数组，row_ind 表示了对应于值的行索引，col_ptr 是 val 索引（这是各个列开始的索引）的列表。这个命名基于的事实是，相对于 COO 格式，列索引信息得到了压缩。这种格式有助于快速进行算术运算、列切片和求矩阵向量的乘积。

提示：
访问 SciPy 网站可获得更多信息。

- **CSC**（**稀疏列**）：除了首先通过列读取值之外，其他类似于 CSR；存储每个值的行索引和列指针。换句话说，CSC 是（val, row_ind, col_ptr）。

提示：
阅读 SciPy 网站上相关的文档。

让我们亲自动手进行 CSR 的矩阵操作。假设拥有稀疏矩阵 *A*。

```
>>>from scipy import sparse as s
>>>A = array([[1,0,0],[0,2,0],[0,0,3]])
>>>A
array([[1, 0, 0], [0, 2, 0], [0, 0, 3]])
>>>from scipy import sparse as sp
>>>C = = sp.csr_matrix(A);
>>>C
<3x3 sparse matrix of type '<type 'NumPy.int32'>'
    with 3 stored elements in Compressed Sparse Row format>
```

如果仔细阅读，你会发现 CSR 矩阵仅仅存储了 3 个元素。查看它存储的内容。

```
>>>C.toarray()
array([[1, 0, 0], [0, 2, 0], [0, 0, 3]])
>>>C * C.todense()
matrix([[1, 0, 0], [0, 4, 0], [0, 0, 9]])
```

这正是我们所寻找的。使用 CSR 矩阵，无须扫描所有的零，依然得到了相同的结果。

```
>>>dot(C, C).todense()
```

8.2.4 优化

我希望你理解，每次在后台建立分类器或标注器，所有这些都是一些优化例程。下面讨论 SciPy 所提供的函数。我们从获得给定多项式的最小值开始。跳到由 SciPy 提供的其中一个优化例程示例代码片段。

```
>>>def f(x):
>>>    returnx          return x**2-4
>>>optimize.fmin_bfgs(f,0)
Optimization terminated successfully.
        Current function value: -4.000000
        Iterations: 0
        Function evaluations: 3
        Gradient evaluations: 1
array([0])
```

此处，第一个参数是你希望得到其最小值的函数，第二个参数是最小值的初始猜测值。在这个示例中，我们已经知道了 0 是最小值。为了获得更多的详细信息，请使用函数 help()，如下所示。

```
>>>help(optimize.fmin_bfgs)
Help on function fmin_bfgs in module Scipy.optimize.optimize:

fmin_bfgs(f, x0, fprime=None, args=(), gtol=1e-05, norm=inf,
epsilon=1.4901161193847656e-08, maxiter=None, full_output=0, disp=1,
retall=0, callback=None)
    Minimize a function using the BFGS algorithm.

    Parameters
    ----------
    f : callable f(x,*args)
        Objective function to be minimized.
    x0 : ndarray
        Initial guess.
>>>from scipy import optimize
            optimize.fsolve(f, 0.2)
array([ 0.46943096])

>>>def f1 def f1(x,y):
>>>    return x ** 2+ y ** 2 - 4
>>>optimize.fsolve(f1, 0, 0)
array([ 0.])
```

总之，我们熟悉了 SciPy 最基本的数据结构，以及一些最常见的优化技术。本章的目的不仅仅是激励你运行黑盒子似的机器学习或自然语言处理，而是要触类旁通，获得你所使用机器学习算法的数学上下文，看看源代码，并尽力了解这些代码。

实现了上述目标，不仅有助于你理解算法，还允许你优化/自定义自己的实现方式。

8.3　Pandas

让我们来谈谈最令人激动的其中一个 Python 库：Pandas，特别对那些喜欢 R 并希望以更向量化的方式进行数据处理的读者而言，这更让他们激动。本节专门介绍 Pandas。在 Pandas 的框架中，我们将介绍一些基本的数据操作和处理。

8.3.1 读取数据

在任何数据分析中，其中一个最重要的任务是从 CSV/其他文件中解析数据，我们从这里开始。

小技巧：

这里使用 uci 网站上的 iris.names。

你也可以使用任何其他的 CSV 文件。

首先，请从上面的网站中下载数据到本地存储，并将其加载到 Pandas 的数据帧中，如下所示。

```
>>>import Pandas as pd
>>># Please provide the absolute path of the input file
>>>data = pd.read_csv("PATH\\iris.data.txt",header=0)
>>>data.head()
```

	4.9	3.0	1.4	0.2	Iris-setosa
0	4.7	3.2	1.3	0.2	Iris-setosa
1	4.6	3.1	1.5	0.2	Iris-setosa
2	5.0	3.6	1.4	0.2	Iris-setosa

这可以读取 CSV 文件，并将其存储在 DataFrame 中。现在，在读取 CSV 文件时，你有很多选项。其中一个问题是，在此数据帧中，读取在 DataFrame 中的第一行数据，作为帧头。为了使用实际的帧头，需要设置选项 header 为 None，将名称列表作为列名。如果在 CSV 中有了完整形式的帧头，就不需要担心标头，这是因为 Pandas 在默认情况下，假设第一行为帧头。在前面的代码中，header 为 0，这个 0 实际上是行号，这行将被视为帧头。

因此，使用相同的数据，并添加帧头到框架中。

```
>>>data = pd.read_csv("PATH\\iris.data.txt", names=["sepal length",
"sepal width", "petal length", "petal width", "Cat"], header=None)
>>>data.head()
```

	sepal length	sepal width	petal length	petal width	Cat
0	4.9	3.0	1.4	0.2	Iris-setosa
1	4.7	3.2	1.3	0.2	Iris-setosa
2	4.6	3.1	1.5	0.2	Iris-setosa

这已经为框架创建了临时列名，这样，万一在文件中你的帧头是第一行，你无须使用帧头选择，Pandas 将作为帧头检测文件的第一行。其他常见的选项是 Sep/Delimiter，此处，要指定分隔符以分隔列。至少有 20 个可用的不同选项，它们可用于优化读取和清洗数据的方式，例如，移除不可用数据，移除空格行，基于特定的列进行索引。请看看不同类型的文件。

- read_csv：读取 CSV 文件。

- read_excel：读取 XLS 文件。

- read_hdf：读取 HDFS 文件。

- read_sql：读取 SQL 文件。

- read_json：读取 JSON 文件。

这些选项可以替代第 2 章讨论的不同的解析方法。这些选项也可以用于写入文件。

现在，讨论 Pandas 帧的功能。如果你是 R 程序员，那么你会很喜欢看到在 R 中我们所拥有的摘要和帧头选项。

```
>>>data.describe()
```

describe()函数提供了每列的简短摘要和唯一值。

```
>>>sepal_len_cnt=data['sepal length'].value_counts()
>>>sepal_len_cnt

5.0     10
6.3      9
6.7      8
5.7      8
5.1      8
dtype: int64
>>>data['Iris-setosa'].value_counts()
Iris-versicolor     50
Iris-virginica      50
Iris-setosa         48
dtype: int64
```

这同样是为了 R 的爱好者而准备的。我们现在正在处理向量，这样我们可以使用以下代码，查找列的每一个值。

```
>>>data['Iris-setosa'] == 'Iris-setosa'
0       True
1       True

147     False
148     False
Name: Iris-setosa, Length: 149, dtype: bool
```

现在，可以过滤已经到位的 DataFrame。此处，setosa 将只有与 Iris-setosa 相关的条目。

```
>>>sntsosa=data[data['Cat'] == 'Iris-setosa']
>>>sntsosa[:5]
```

这是典型的按函数分组的 SQL。我们也拥有各种聚合函数。

提示：
可以通过 uci 网站浏览一下道琼斯数据。

8.3.2 时序数据

Pandas 也有一种按照日期进行索引的巧妙方法，然后使用时间帧，进行各种时间序列的分析。这种方式的最好应用是，一旦按日期索引数据，就可以使用一个命令完成一些关于日期的最头疼的操作。让我们来看看时序数据，例如，几只股票的股票价格数据，股票的开盘价和收盘价每周如何变化。

```
>>>import Pandas as pd
>>>stockdata = pd.read_csv("dow_jones_index.data",parse_dates=['date'],
index_col=['date'], nrows=100)
>>>>stockdata.head()
```

date	quarter	stock	open	high	low	close	volume	percent_ change_ price
01/07/2011	1	AA	$15.82	$16.72	$15.78	$16.42	239 655 616	3.79 267
01/14/2011	1	AA	$16.71	$16.71	$15.64	$15.97	242 963 398	−4.42 849
01/21/2011	1	AA	$16.19	$16.38	$15.60	$15.79	138 428 495	−2.47 066

```
>>>max(stockdata['volume'])
    1453438639
```

```
>>>max(stockdata['percent_change_price'])
   7.6217399999999991
>>>stockdata.index
<class 'Pandas.tseries.index.DatetimeIndex'>
[2011-01-07, ..., 2011-01-28]
Length: 100, Freq: None, Timezone: None
```

前面的命令给出了每个日期是周几。

```
>>>stockdata.index.day
array([ 7, 14, 21, 28, 4, 11, 18, 25, 4, 11, 18, 25, 7, 14, 21, 28, 4,11,
18, 25, 4, 11, 18, 25, 7, 14, 21, 28, 4])
```

下面的命令按月份列出了不同的值。

```
>>>stockdata.index.month
```

下面的命令按年列出了不同的值。

```
>>>stockdata.index.year
```

可以使用重采样，获得你想要的聚合数据，如总和（sum）、平均值（mean）、中值（median）、最小值（min）或最大值（max）。

```
>>>import numpy as np
>>>stockdata.resample('M', how=np.sum)
```

8.3.3 列转换

比如，要筛选出一列或添加一列。可以提供列的列表，使用参数 axis=1，来实现这个任务。可以从数据框中删除该列，如下所示。

```
>>>stockdata.drop(["percent_change_volume_over_last_wk"],axis=1)
```

下面过滤掉一些不必要的列，并使用有限的列工作。可以创建新的 DataFrame，如下所示。

```
>>>stockdata_new = pd.DataFrame(stockdata, columns=["stock","open","high"
,"low","close","volume"])
>>>stockdata_new.head()
```

还可以对列进行类似 R 的操作。比如，要重命名列，可以这样做。

```
>>>stockdata["previous_weeks_volume"] = 0
```

这将列中的所有值变为 0。可以有条件地这样做，在适当的地方创建派生变量。

8.3.4 噪声数据

在数据科学家的生活中，其典型的一天是从数据清理开始的。去除噪声，清理不需要的文件，确保日期格式正确，忽略噪声记录，处理缺失值。通常情况下，在数据清理上（而不是任何其他活动上）花费的时间最多。

在大多数情况下，现实世界的场景中的数据是非常乱的，我们必须处理缺失值、空值、不适用值和其他格式问题。因此，任何数据库的主要功能之一是处理所有这些问题，并以有效的方式解决这些问题。Pandas 提供了一些令人叹为观止的特征来处理一些问题。

```
>>>stockdata.head()
>>>stockdata.dropna().head(2)
```

使用上述命令，可以将所有不适用的值从数据中除去。

date	quarter	stock	open	high	low	close	volume	percent_ change_ price
01/14/2011	1	AA	$16.71	$16.71	$15.64	$15.97	242 963 398	−4.42 849
01/21/2011	1	AA	$16.19	$16.38	$15.60	$15.79	138 428 495	−2.47 066
01/28/2011	1	AA	$15.87	$16.63	$15.82	$16.13	151 379 173	1.63 831

你也注意到，值前面的$符号使得数值操作有点困难。移除这个符号，否则这将产生噪声数据（例如，$ 43.86 在这里不是最大值）。

```
>>>import numpy
>>>stockdata_new.open.describe()
count          100
unique          99
top         $43.86
freq             2
Name: open, dtype: object
```

可以在这两列上执行一些操作，从中获得新的变量。

```
>>>stockdata_new.open = stockdata_new.open.str.replace('$', '').convert_
objects(convert_numeric=True)
>>>stockdata_new.close = stockdata_new.close.str.replace('$', '').
convert_objects(convert_numeric=True)
>>>(stockdata_new.close - stockdata_new.open).convert_objects(convert_
numeric=True)
>>>stockdata_new.open.describe()
count    100.000000
mean      51.286800
std       32.154889
min       13.710000
25%       17.705000
50%       46.040000
75%       72.527500
max      106.900000
Name: open, dtype: float64
```

也可以执行一些算术运算，从中创建新的变量。

```
>>>stockdata_new['newopen'] = stockdata_new.open.apply(lambda x: 0.8 * x)
>>>stockdata_new.newopen.head(5)
```

使用这种方式，也可以根据列的值，筛选出数据。例如，在所有那些拥有其股值的公司中，筛选出其中一个公司的数据集。

```
>>>stockAA = stockdata_new.query('stock=="AA"')
>>>stockAA.head()
```

总之，在这一节中，我们已经看到了一些有用的函数，这些函数与数据读取、清洗、操作和聚合相关。在下一节中，我们将尝试使用其中一些数据框，从这些数据中生成可视化图。

8.4 Matplotlib

Matplotlib 是使用 Python 编写的一个非常流行的可视化库。本节将介绍一些最常用的可视化操作。从导入库开始。

```
>>>import matplotlib
>>>import matplotlib.pyplot as plt
>>>import numpy
```

现在，我们将使用来自道琼斯指数的相同数据，进行一些可视化操作。我们已经拥有了公司 "AA" 的股票数据。为新公司 CSCO 多制作一个框，并画出一些图。

```
>>>stockCSCO = stockdata_new.query('stock=="CSCO"')
>>>stockCSCO.head()
>>>from matplotlib import figure
>>>plt.figure()
>>>plt.scatter(stockdata_new.index.date,stockdata_new.volume)
>>>plt.xlabel('day') # added the name of the x axis
>>>plt.ylabel('stock close value') # add label to y-axis
>>>plt.title('title') # add the title to your graph
>>>plt.savefig("matplot1.jpg") # savefig in local
```

还可以使用 savefig()函数，将图另存为 JPEG / PNG 文件，如下所示。

```
>>>plt.savefig("matplot1.jpg")
```

8.4.1 subplot

subplot 是对图进行布局的最佳方式。其工作原理是，在一块画布上，可以添加多幅图，而不是一幅图。在这个例子中，我们尝试放上 4 幅图，每幅图都有参数 numrow 和 numcol，这两个参数定义了画布，下一个参数定义了图编号（plot number）。

```
>>>plt.subplot(2, 2, 1)
>>>plt.plot(stockAA.index.weekofyear, stockAA.open, 'r--')
>>>plt.subplot(2, 2, 2)
>>>plt.plot(stockCSCO.index.weekofyear, stockCSCO.open, 'g-*')
>>>plt.subplot(2, 2, 3)
>>>plt.plot(stockAA.index.weekofyear, stockAA.open, 'g--')
>>>plt.subplot(2, 2, 4)
>>>plt.plot(stockCSCO.index.weekofyear, stockCSCO.open, 'r-*')
>>>plt.subplot(2, 2, 3)
>>>plt.plot(x, y, 'g--')
>>>plt.subplot(2, 2, 4)
>>>plt.plot(x, y, 'r-*')
>>>fig.savefig("matplot2.png")
```

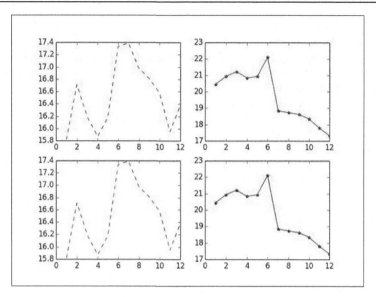

还可以更优雅地一次画多幅图。

```
>>>fig, axes = plt.subplots(nrows=1, ncols=2)
>>>for ax in axes:
>>>        ax.plot(x, y, 'r')
>>>        ax.set_xlabel('x')
>>>        ax.set_ylabel('y')
>>>        ax.set_title('title');
```

正如你所看到的，可以使用更像典型 Python 的方式进行编码，处理你所希望得到的绘图的多个不同方面。

8.4.2 添加轴

可以使用 addaxis()添加轴到图中。通过添加轴到图中，可以定义自己的绘图区域。addaxis()采用了以下参数。

```
*rect* [*left*, *bottom*, *width*, *height*]
>>>fig = plt.figure()
>>>axes = fig.add_axes([0.1, 0.1, 0.8, 0.8]) # left, bottom, width,
height (range 0 to 1)
>>>axes.plot(x, y, 'r')
```

绘制一些最常用类型的图。最好的事情是，大部分的参数（如标题和标签）仍然以相同的方式工作。只有图的类型发生变化。

如果你想在轴上添加 x 标签、y 标签和标题，命令如下所示。

```
>>>fig = plt.figure()
>>>ax = fig.add_axes([0.1, 0.1, 0.8, 0.8])
>>>ax.plot(stockAA.index.weekofyear,stockAA.open,label="AA")
>>>ax.plot(stockAA.index.weekofyear,stockCSCO.open,label="CSCO")
>>>ax.set_xlabel('weekofyear')
>>>ax.set_ylabel('stock value')
>>>ax.set_title('Weekly change in stock price')
>>>ax.legend(loc=2); # upper left corner
>>>plt.savefig("matplot3.jpg")
```

试着编写前面的代码，并观察输出。

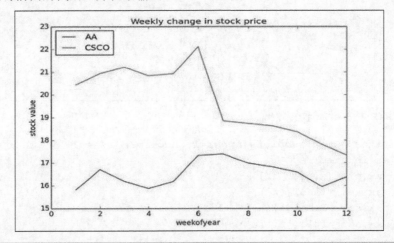

8.4.3 散点图

一种简单的绘图形式是，在 x 轴的不同值上，绘制 y 轴的点。在下面的例子中，尝试在散点图中，捕捉每周股价的变化。

```
>>>import matplotlib.pyplot as plt
>>>plt.scatter(stockAA.index.weekofyear,stockAA.open)
>>>plt.savefig("matplot4.jpg")
>>>plt.close()
```

8.4.4 柱状图

直观上讲，在下面的柱状图中，在 x 轴上展示 y 轴的分布。在下面的例子中，已经使用了一个柱状图，在图上显示数据。

```
>>>n = 12
>>>X = np.arange(n)
>>>Y1 = np.random.uniform(0.5, 1.0, n)
>>>Y2 = np.random.uniform(0.5, 1.0, n)
```

```
>>>plt.bar(X, +Y1, facecolor='#9999ff', edgecolor='white')
>>>plt.bar(X, -Y2, facecolor='#ff9999', edgecolor='white')
```

8.4.5 3D 图

使用 Matplotlib，还可以构建一些壮观的 3D 可视化图。下面的示例显示了如何使用
Matplotlib，创建一幅 3D 图。

```
>>>from mpl_toolkits.mplot3d import Axes3D
>>>fig = plt.figure()
>>>ax = Axes3D(fig)
>>>X = np.arange(-4, 4, 0.25)
>>>Y = np.arange(-4, 4, 0.25)
>>>X, Y = np.meshgrid(X, Y)
>>>R = np.sqrt(X**2+ + Y**2)
>>>Z = np.sin(R)
>>>ax.plot_surface(X, Y, Z, rstride=1, cstride=1, cmap='hot')
```

8.5 外部参考

鼓励读者浏览下列网站，获得关于这些库的更多详细信息，得到更多资源。

- NumPy 网站

- SciPy 网站

- Pandas 网站

- Matplotlib 网站

8.6 本章小结

本章简要介绍了一些最基本的 Python 库，当处理文本和其他数据时，这些 Python 库为我
们做了很多繁重的工作。NumPy 库帮助我们处理数字运算，以及一些数字运算所需的数据
结构。SciPy 库拥有各种科学运算，不同的 Python 库中都使用了这些科学运算。我们学习
了如何使用这些函数和数据结构。

我们还谈到了 Pandas 库。Pandas 库是非常高效的数据处理库，并在最近的一段时间内，
获得了长足的进步。最后，我们快速浏览了 Python 最常用的可视化库 Matplotlib。

下一章将重点介绍社交媒体。我们将探讨如何从一些常见的社交网络中采集数据，并
且以社交媒体为中心，获得有意义的见解。

第 9 章
使用 Python 进行社交媒体挖掘

这一章探讨的是社交媒体。虽然社交媒体与 NLTK/NLP 不是直接相关的，但是社交数据也是非结构化文本数据的丰富来源。因此，作为 NLP 爱好者，我们应该掌握技巧，处理社交数据。本章试图探索从一些最流行的社交媒体平台收集有关资料的方法。本章将讨论如何使用 Python 的 API 从 Twitter、Facebook 等社交媒体平台收集数据。在社交媒体挖掘的上下文中，本章将探讨一些最常见的用例，如热门话题、情感分析等。

在前几章中，读者已经学习了在自然语言处理和机器学习概念下的众多课题。在本章中，我们将尝试围绕社交数据，建立一些应用程序。我们也为读者提供一些最佳做法，来处理社交数据，并从图形可视化的上下文中，观察社交数据。

在社交媒体底层有一幅图。大多数基于图的问题都可以确切地阐述为信息流问题和找到图中最繁忙的节点。一些问题（如热门话题、影响者检测和情感分析）就是此类的一些示例。使用其中的一些用例，以这些社交网络为中心，构建一些非常酷炫的应用程序。

在本章结束之前，读者能够实现以下目标。

- 使用 API，从任何社交媒体中收集数据。
- 学会如何使用结构化格式明确阐述数据，以及如何构建一些惊为天人的应用程序。
- 可视化社交媒体数据，并获得有意义的见解。

9.1　数据收集

本章最重要的目标是在一些最常见的社交网络中收集数据。我们将主要看看 Twitter 和

Facebook，并试图为读者提供相关的 API 以及如何有效使用 API 来获得相关数据的详细信息。我们还将讨论刮取数据的数据字典，以及如何使用我们迄今为止学到的一些知识，建立一些很酷的应用程序。

推特

我们从一个最流行、最开放并且完全公开的社交媒体开始。这意味着，你实际上可以收集所有的 Twitter 媒体流，但是需要付费。不过，可以免费获得 1%的媒体流。在商业的上下文中，Twitter 拥有非常丰富的如公共民意和公共新起主题此类的信息资源。

为了获得与你的用例相关的推特（Twitter）信息，要直接面临主要挑战。

提示：
Twitter 网站上有推特的许多资源库。虽然 Twitter 没有证实这些库，但是这些库运行在 Twitter 的 API 上。

这里有超过 10 个的 Python 库。请挑选一个你喜欢的库。我一般使用 Tweepy，我们将使用这个库运行本书中的示例。大部分的库都有 Twitter API 的包装器，因此所有这些库的参数和签名大致相同。

安装 Tweepy 最简单的方法是使用 pip。

```
$ pip install tweepy
```

提示：
比较困难的办法是从源构建 Tweepy。从 GitHub 网站可以找到 Tweepy 的代码。

为了让 Tweepy 工作，必须使用 Twitter 创建开发者账户，获得应用程序的访问令牌。一旦完成这项工作，就可以得到凭据和秘钥（Key）。访问 apps.twitter 网站，进行注册，获得访问令牌。以下是访问令牌的快照：

OAuth settings

Your application's OAuth settings. Keep the "Consumer secret" a secret. This key should never be human-readable in your application.

Access level	Read, write, and direct messages About the application permission model
Consumer key	PHG9tkvUpVdCLHuIuiQFAA
Consumer secret	dqpNZnLTwteX1YGnQ0VQ3Pv2up6ensEFeaS8MnQDE
Request token URL	https://api.twitter.com/oauth/request_token
Authorize URL	https://api.twitter.com/oauth/authorize
Access token URL	https://api.twitter.com/oauth/access_token
Callback URL	None

Your access token

Use the access token string as your "oauth_token" and the access token secret as your "oauth_token_secret" to sign requests with your own Twitter account. Do not share your oauth_token_secret with anyone.

Access token	38744894-0TBtSZlcuDE5Sm1Vl6VqZXGVYH9Yjn63e9ZM8v7ei
Access token secret	g6ElhezlPulcrPzM1jDyqqjXMH25EDaJncHaxvQeu0
Access level	Read, write, and direct messages

Recreate my access token

我们从使用 Twitter 数据流 API 收集数据这一简单的示例开始。我们使用 Tweepy，采集 Twitter 的数据流，收集相关关键字的所有 tweet。

```
tweetdump.py
>>>from tweepy.streaming import StreamListener
>>>from tweepy import OAuthHandler
>>>from tweepy import Stream
>>>import sys
>>>consumer_key = 'ABCD012XXXXXXXXx'
>>>consumer_secret = 'xyz123xxxxxxxxxxxx'
>>>access_token = '000000-ABCDXXXXXXXXXXX'
>>>access_token_secret ='XXXXXXXXXgaw2KYz0VcqCO0F3U4'
>>>class StdOutListener(StreamListener):
>>>    def on_data(self, data):
>>>        with open(sys.argv[1],'a') as tf:
>>>            tf.write(data)
>>>        return
>>>    def on_error(self, status):
>>>        print(status)
>>>if __name__ == '__main__':
>>>    l = StdOutListener()
>>>    auth = OAuthHandler(consumer_key, consumer_secret)
```

```
>>>    auth.set_access_token(access_token, access_token_secret)
>>>    stream = Stream(auth, l)
>>>    stream.filter(track=['Apple watch'])
```

在上面的代码中，使用了在 Tweepy 示例中给出的相同代码，但是做了少许修改。在这个示例中，使用 Twitter 的数据流 API，追踪 Apple Watch。Twitter 的数据流 API 提供了在实际的 Twitter 流上执行搜索的工具，使用这个 API，你最多可以使用这个数据流的 1%。

在上面的代码中，你需要理解的主要部分是第一行和最后四行。在第一行中，指定了访问令牌和上一节中生成的其他密钥。在最后四行中，创建了监听器，以使用数据流。在最后一行中，使用 stream.filter 过滤 Twitter，寻找放在 track 中的关键字。在 track 中，可以指定多个关键字。于是，在当前示例中，得到了包含了术语 Apple Watch 的所有 tweet。

在下面的示例中，我们将加载已经收集到的 tweet，观察 tweet 的结构，以及如何从 tweet 中提取有用的信息。典型 tweet 的 JSON 结构如下。

```
{
"created_at":"Wed May 13 04:51:24 +0000 2015",
"id":598349803924369408,
"id_str":"598349803924369408",
"text":"Google launches its first Apple Watch app with News & Weather
http:\/\/t.co\/o1XMBmhnH2",
"source":"\u003ca href=\"http:\/\/ifttt.com\" rel=\"nofollow\"\
u003eIFTTT\u003c\/a\u003e",
"truncated":false,
"in_reply_to_status_id":null,
"user":{
"id":1461337266,
"id_str":"1461337266",
"name":"vestihitech \u0430\u0432\u0442\u043e\u043c\u0430\u0442",
"screen_name":"vestihitecha",
"location":"",
"followers_count":20,
"friends_count":1,
"listed_count":4,
""statuses_count":7442,
"created_at":"Mon May 27 05:51:27 +0000 2013",
"utc_offset":14400,
},
,
```

```
"geo":{ "latitude" : 51.4514285, "longitude"=-0.99
}
"place":"Reading, UK",
"contributors":null,
"retweet_count":0,
"favorite_count":0,
"entities":{
"hashtags":["apple watch", "google"
],
"trends":[
],
"urls":[
{
"url":"http:\/\/t.co\/o1XMBmhnH2",
"expanded_url":"http:\/\/ift.tt\/1HfqhCe",
"display_url":"ift.tt\/1HfqhCe",
"indices":[
66,
88
]
}
],
"user_mentions":[
],
"symbols":[
]
},
"favorited":false,
"retweeted":false,
"possibly_sensitive":false,
"filter_level":"low",
"lang":"en",
"timestamp_ms":"1431492684714"
}
]
```

9.2 数据提取

在数据提取中，人们所感兴趣的一些最常使用的字段如下所示。

- text：这是用户提供的 tweet 的内容。

- user：这些是与用户相关的主要属性，如用户名、位置和照片。

- Place：这是 tweet 发布的地方，也是地理坐标。

- Entities：实际上，这些都是用户附加到其 tweet 的井号标签和主题。

对于一些在实践中完成的社交媒体挖掘练习而言，上图中的每个属性都可以是一个很好的用例。下面讨论如何获得这些属性，并将它们转换相对可读的形式，或如何处理其中一些属性。

源代码：tweetinfo.py

```
>>>import json
>>>import sys
>>>tweets = json.loads(open(sys.argv[1]).read())

>>>tweet_texts = [ tweet['text']\
                                for tweet in tweets ]
>>>tweet_source = [tweet ['source'] for tweet in tweets]
>>>tweet_geo = [tweet['geo'] for tweet in tweets]
>>>tweet_locations = [tweet['place'] for tweet in tweets]
>>>hashtags = [ hashtag['text'] for tweet in tweets for hashtag in
tweet['entities']['hashtags'] ]
>>>print tweet_texts
>>>print tweet_locations
>>>print tweet_geo
>>>print hashtags
```

如预期，上述代码的输出将提供所有 tweet 的内容都在 tweet_texts 中的 4 个列表，以及 tweet 的位置和标签。

> **小技巧：**
> 在代码中，仅仅使用 json.loads() 加载了所生成的 JSON 输出。建议使用如 JSON 解析器之类的在线工具体会一下 JSON 的结构，及其属性（键（key）和值（value））是什么。

接下来，如果你仔细观察 JSON，可以发现 JSON 有不同的层次，其中一些属性（如 text）有直接值，而其中一些属性具有多个嵌套信息。这就是在我们观察井号标签时应该多迭代一个层次的原因，而在观察 text 的情况下，仅仅获得值即可。由于文件是 tweet 列表，因此必须对列表进行迭代以获得所有 tweet，其中每个 tweet 对象的结构与示例中 tweet 的结构一样。

热门话题

现在，在这种的设置中，寻找热门话题。寻找热门话题的其中一个最简单的方法是在整个 tweet 中寻找词的频率分布。我们已经有一个包含了 tweet 内容的 tweet_text 列表。

```
>>>import nltk
>>>from nltk import word_tokenize,sent_tokenize
>>>from nltk import FreqDist
>>>tweets_tokens = []

>>>for tweet in tweet_text:
>>>    tweets_tokens.append(word_tokenize(tweet))
>>>Topic_distribution = nltk.FreqDist(tweets_tokens)
>>>Freq_dist_nltk.plot(50, cumulative=False)
```

另一个寻找热门话题的更复杂的方法是使用第 3 章中所学习的词性标注器。此理论认为，在大部分情况下，话题是名词或实体，因此，可以像这样完成相同的练习。在上面的代码中，读取了每个 tweet，并对其进行词语标记，然后使用 POS 作为过滤器，只选取若干名词作为话题。

```
>>>import nltk
>>>Topics = []
>>>for tweet in tweet_text:
>>>    tagged = nltk.pos_tag(word_tokenize(tweet))
>>>    Topics_token = [word for word,pos in ] in tagged if pos in
['NN','NNP']
>>>    print Topics_token
```

如果我们想看到一个更酷的示例，那么可以收集整个时间内的 tweet，然后生成图形。这将使得我们非常清晰地知道热门话题是什么。例如，我们正在寻找的数据是 "Apple Watch"。这个词应该在 Apple 推出 Apple Watch 那天以及在 Apple Watch 开始销售那天达到峰值。但是，除此之外，看看其他类型的话题如何随着时间的推移而改变，也是非常有趣的。

9.3　地理可视化

社交媒体另外一个常见的应用基于地理位置的可视化。在 tweet 结构中，我们看到了一些属性，如地理位置（geo）、经度（longitude）和纬度（latitude）。一旦可以访问这些值，就可以很容易地使用一些常见的可视化库（如 D3）获得类似下图的一些图。

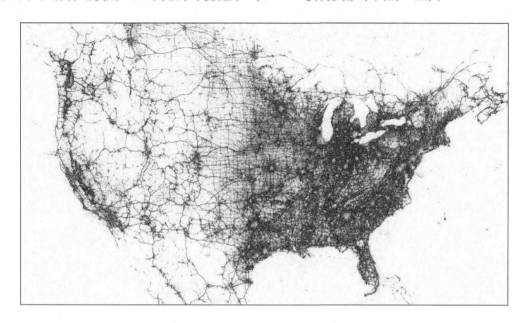

这只是我们使用这些可视化类型所获得图的一个示例。这是美国 tweet 的直观化。我们可以清楚地看到，在东部地区（如纽约），强度较大。现在，公司对客户做的类似分析可以清晰地表明我们的客户群最喜欢的一些地方。可以对这些 tweet 进行文本挖掘，获得公共情感，然后，针对在哪些州客户对公司不满意等，可以推断出相关的见解。

9.3.1 影响者检测

在社交图的上下文中，检测社交图中的重要节点是另一个重要的问题。因此，如果我们拥有与公司有关的几百万条 tweet 流，那么一个重要的用例是，在社交媒体中收集众多最有影响力的客户，然后针对他们，进行品牌推广、营销或增加客户互动。

对于 Twitter，这可以追溯到图理论和 PageRank 的概念。在 PageRank 中，如果给定的节点的出度与入度的比例很高，那么这个节点就是影响者。这是非常直观的，一般来说，追随者人数比所追随的人数多就是影响者。有一个公司，KLOUT（klout 网站），就一直关注类似的问题。编写一个非常基本和直观的算法，来计算 Klout 得分。

```
>>>klout_scores = [ (tweet['user']['followers_count']/ tweet['user']
['friends_count'],tweet['user']) for tweet in tweets ]
```

我们在 Twitter 上进行工作的其中一些示例对一些内容字段进行了相同的修改。可以使用 Facebook 帖子，构建热门话题示例。对于 Facebook 用户和帖子，也可以可视化其地理分布和影响者。事实上，在下一节，我们将看到在 Facebook 上下文中一些这样的变体。

9.3.2　Facebook

Facebook 人性化多一点，算得上是私人社交网络。出于安全和隐私方面的原因，Facebook 不允许你收集用户的推送（feed）/帖子（post）。因此，Facebook 的图 API 只以有限的方式访问给定网页的推送。建议访问 Facebook 网站获得更好的理解。

接下来的问题是，如何使用 Python 访问 Graph API，如何使用这个 API 开始工作。有许多 Facebook API 的包装器，我们将使用其中一个最常见的 Facebook SDK。

```
$ pip install facebook-sdk
```

小技巧：
也可以从 GitHub 网站下载 facebook-sdk 并安装它。

Facebook 将每个 API 调用视为应用程序，因此下一步是获得应用程序的访问令牌。即使对于数据收集步骤，也要假装这是一个应用程序。

提示：
为了获得令牌，请访问 Facebook 网站。

现在，我们已经准备就绪。我们从其中一个最广泛使用的 Facebook　Graph API 开始。在这个 API 中，Facebook 针对网页、用户、事件、地点等，提供了基于图的搜索。因此，获得帖子的过程变成了一个两阶段的过程，在这个两阶段的过程中，我们必须寻找与我们所感兴趣话题相关的特定 pageid/userid，然后，才能够访问这个页面的推送。与这种类型的练习相同的一个简单用例是，使用公司的官方网页，查找客户投诉。其实现方式如下所示。

```
>>>import facebook
>>>import json

>>>fo = open("fdump.txt",'w')
```

```
>>>ACCESS_TOKEN = 'XXXXXXXXXXX' # https://developers.facebook.com/tools/
   explorer
>>>fb = facebook.GraphAPI(ACCESS_TOKEN)
>>>company_page = "326249424068240"
>>>content = fb.get_object(company_page)
>>>fo.write(json.dumps(content))
```

此代码将令牌连接到 Facebook 的 Graph API，然后我们对 Facebook 进行了一个 REST
调用。这里的问题是，必须事先拥有给定页面的 ID。连接令牌的代码如下所示。

```
"website":"www.dimennachildrenshistorymuseum.org",
"can_post":true,
"category_list":[
{
"id":"244600818962350",
"name":"History Museum"
},
{
"id":"187751327923426",
"name":"Educational Organization"
}
],
"likes":1793,
},
"id":"326249424068240",
"category":"Museum/art gallery",
"has_added_app":false,
"talking_about_count":8,
"location":{
"city":"New York",
"zip":"10024",
"country":"United States",
"longitude":-73.974413,
"state":"NY",
"street":"170 Central Park W",
"latitude":40.779236
},
"is_community_page":false,
"username":"nyhistorykids",
"description":"The first-ever museum bringing American history to life
```

```
through the eyes of children, where kids plus history equals serious
fun! Kids of all ages can practice their History Detective skills at
the DiMenna Children's History Museum and:\n\n\u2022 discover the past
through six historic figure pavilions\n\n\u2022!",
"hours":{
""thu_1_close":"18:00"
},
"phone":"(212) 873-3400",
"link":"https://www.facebook.com/nyhistorykids",
"price_range":"$ (0-10)",
"checkins":1011,
"about":"The DiMenna Children' History Museum is the first-ever museum
bringing American history to life through the eyes of children. Visit it
inside the New-York Historical Society!",
"name":"New-York Historical Society DiMenna Children's History Museum",
"cover":{
"source":"https://scontent.xx.fbcdn.net/hphotos-xpf1/t31.0-8/s720x720/104
9166_672951706064675_339973295_o.jpg",
"cover_id":"672951706064675",
"offset_x":0,
"offset_y":54,
"id":"672951706064675"
},
"were_here_count":1011,
"is_published":true
},
```

此处，显示了我们对 Facebook 数据应用了与 Twitter 所使用模式相似的模式。现在，我们可以看到对于这里的用例，哪一种类型的信息是必需的。在大部分情况下，用户的帖子、类别、名称、个人资料和赞（like）是其中一些重要的字段。这个示例展示了博物馆的网页，但是在业务驱动相对较多的用例中，公司的页面具有一长串帖子列表和其他有用的信息，它们可以给出与此相关的一些见解。

比如，关于我的组织 xyz，有一个 Facebook 页面。我希望知道在页面上投诉我的用户。对于如投诉分类这样的用例而言，这种方式不错。现在，实现应用的方式非常简单。在 fdump.txt 中，你需要寻找一组关键字，这与在第 6 章中所学习的使用文本分类算法进行评分一样复杂。

其他的用例可以是寻找所感兴趣的话题，查找开放的帖子和评论的结果页面。这与在

Facebook 主页上使用图形搜索栏进行搜索是一模一样的。但是，以编程方式进行搜索的优点在于我们可以进行此类搜索，然后对于用户评论递归地解析每个页面。搜索用户数据的代码如下所示。

```
>>>fb.request("search", {'q' : 'nitin', 'type' : 'user'})
Place based on the nearest location.
>>>fb.request("search", {'q' : 'starbucks', 'type' : 'place'})
Look for open pages.
>>>fb.request("search", {'q' : 'Stanford university', 'type' : page})
Look for event matching to the key word.
>>>fb.request("search", {'q' : 'beach party', 'type' : 'event'})
```

在探讨 NLP 和机器学习话题时，我们学习到了一些概念，一旦将所有相关的数据转储成结构化的格式，我们就可以应用其中的一些概念。选择相同的用例，在 Fackbook 页面上，找到大致是投诉的帖子。

假设现在我们拥有下列格式的数据。

Userid	Fackbook 帖子
XXXX0001	这个产品真差劲，我试图联系你们的客服，但是没有人回应。（The product was pathetic and I tried reaching out to your customer care，but nobody responded）
XXXX002	伟大的工作者（Great work guys）
XXXX003	我在哪里可以打电话，激活账号???非常糟糕的服务（Where can I call to get my account activated ??? Really bad service）

回顾第 6 章中相同的示例，其中构建了文本分类器以检测 SMS（短信）是否为垃圾短信。类似地，可以使用这种类型的数据创建训练数据，在此过程中，给定一组帖子，我们要求人工标注者对投诉的帖子和非投诉的帖子进行标注。一旦拥有了大量的训练数据，就可以构建相同的文本分类器。

```
fb_classification.py
>>>from sklearn.feature_extraction.text import TfidfVectorizer
>>>vectorizer = TfidfVectorizer(min_df=2, ngram_range=(1, 2), stop_
words='english', strip_accents='unicode', norm='l2')
>>>X_train = vectorizer.fit_transform(x_train)
>>>X_test = vectorizer.transform(x_test)

>>>from sklearn.linear_model import SGDClassifier
>>>clf = SGDClassifier(alpha=.0001, n_iter=50).fit(X_train, y_train)
>>>y_pred = clf.predict(X_test)
```

假设这三个帖子是仅有的样本。可以将第 1 个帖子和第 3 个帖子标记为投诉帖，而将第 2 个帖子标记为非投诉帖。虽然以同样的方式构建 unigram 和 bigram 的向量器，但是实际上也可以使用相同的流程构建分类器。此处省略了一些预处理步骤，读者可以使用第 6 章讨论的相同流程，进行预处理。在有些情况下，需要花费高昂的代价，才能获得此类训练数据。在有些情况下，或者应用非监督算法（如文本聚类）或者应用主题建模。另一种方法是使用一些公开可用的不同数据集，针对这些数据集进行建模并在此处应用它。例如，在一些相同的用例中，可以爬取一些在网上可用的客户投诉，将这些数据作为模型的训练数据。对标记的数据，这是一个很好的代理。

9.3.3 影响者的朋友

社交媒体的另一个用例是可以在社交图中找出最具影响力的人。就目前的情况而言，找到具有大量入链接和出链接的清晰节点，这就是图中的影响者。

在商业上下文中，相同的问题就是找到最有影响力的客户，并针对他们推广产品。

关于影响者朋友的代码如下所示。

```
>>>friends = fb.get_connections("me", "friends")["data"]
>>>print friends
>>>for frd in friends:
>>>    print fb.get_connections(frd["id"],"friends")
```

一旦你拥有了所有朋友和共同朋友的列表，就可以创建一个这样的数据结构。

源节点	目标节点	存在链接数
朋友 1	朋友 2	1
朋友 1	朋友 3	1
朋友 2	朋友 3	0
朋友 1	朋友 4	1

这是一种可以用来生成网络的数据结构，是一种可视化社交图非常好的方式。此处使用 D3，但是 Python 也有一个名为 NetworkX（参见 GitHub 网站）的库，它可以用于生成图形，如下图所示。为了生成图形，需要基于上面关于谁是谁的朋友的信息，创建一个邻接矩阵。

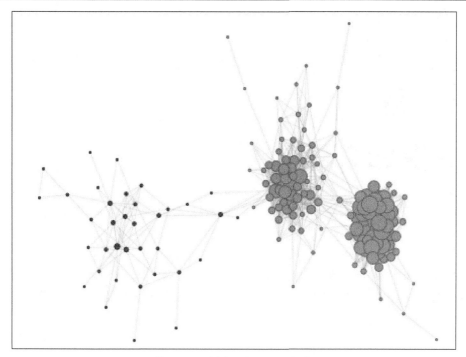

使用 D3 对样本网络进行可视化

9.4　本章小结

　　本章探讨了一些最流行的社交网络。你学到了如何使用 Python 来获取数据。你理解了数据具有的结构和属性类型。本章还探讨了 API 所提供的不同选项。

　　在社交媒体挖掘的上下文中，本章探讨了一些最常见的用例。另外，本章还谈到了关于热门话题、影响者检测、信息流等的用例。我们可视化了其中一些用例。我们也应用了从前面章节中所学到的一些知识，使用 NLTK 提取了一些话题和实体，同时，使用 scikit-learn 对一些投诉进行了分类。

　　最后，我建议你在其他一些社交网络的上下文中，寻找一些相同的用例，并尝试探索它们。社交网络中很重要的一部分是，它们都有一个数据 API，大多数社交网络都非常开放，可以执行一些有趣的分析。如果你要应用本章中所学习的知识，那么你需要理解 API，理解如何获得数据，以及如何应用前一章中所学到的一些概念。我希望，在学习了这一切之后，你可以想到更多的用例，对社交媒体进行一些有趣的分析。

第 10 章
大规模的文本挖掘

本章将用到前面章节中所学到的一些库，但是在本章中，我们希望学习在大数据的环境下这些库如何进行纵向扩展。假设你拥有关于大数据、Hadoop 和 Hive 的一些知识。我们将探讨一些 Python 库（如 NLTK、Scikit-learn 和 Pandas）如何使用在具有大量非结构化数据的 Hadoop 集群上。

在 NLP 和文本挖掘的上下文中，本章将谈论一些最常见的用例，也会提供有助于读者完成工作的代码片段。本章将着眼于可以代表绝大多数文本挖掘问题的三大示例。本章将提示如何大规模地运行 NLTK，以执行我们在前几章中完成的一些 NLP 任务。本章将给出一些在大数据上进行文本分类的示例。

大规模的机器学习和自然语言处理的另一方面是要了解问题是否可并行。本章将简要讨论前一章中所提到的一些问题，并探讨这些问题是否属于大数据的问题。在一些情况下，甚至可能使用大数据解决这些问题。

由于我们目前学习的大多数库是用 Python 编写的，因此下面会处理其中一个主要问题，即如何在大数据（Hadoop）上使用 Python。

在本章结束之前，我们希望读者能够：

- 很好地理解大数据相关的技术（如 Hadoop、Hive）以及如何使用 Python 实现这个技术；
- 由浅入深地在大数据上使用 NLTK、Scikit&PySpark。

10.1 在 Hadoop 上使用 Python 的不同方法

在 Hadoop 上运行 Python 进程，有很多种方法。本节将会谈论一些在 Hadoop 运行 Python

的主流方式，如流 MapReduce 作业，在 Hive 中的 Python UDF，以及 Python Hadoop 包装器。

10.1.1 Python 的流

通常，以 map 函数和 reduce 函数的形式，编写 Hadoop 作业。对于给定的任务，用户必须写出 map 和 reduce 函数的实现。通常，这些 mapper 和 reducer 是使用 Java 实现的。同时，Hadoop 提供了流，在任何其他的语言中，用户可以使用类似于 Java 语言的方式，编写 Python 的 mapper 和 reducer。假设读者已经使用 Python 运行了单词计数的示例。在本章稍后部分，我们也将使用 NLTK，运行相同的示例。

提示：

如果你还没有了解这些内容，访问 michael-noll 网站了解更多以 Python 编写的 MapReduce 的内容。

10.1.2 Hive/Pig UDF

使用 Python 的其他方法是在 Hive 或 Pig 中编写 UDF（User Defined Function，用户定义函数）。此处的思想是，在 NTLK 中执行的大部分操作是高度并行化的。例如，POS 标签、词语标记、词形还原、停止字删除和 NER 是高度可分布的。原因是各行的内容是互相独立的，在进行这些操作时，不需要任何上下文。

因此，如果在群集的每个节点上有 NTLK 和其他 Python 库，那么可以使用 Python 语言的 NLTK 和 scikit 库，编写 UDF。这是使用 NLTK（特别是大规模使用 scikit）时最简单的方法之一。本章将讨论这两个库。

10.1.3 流包装器

不同的组织实现了各种各样的包装器使 Python 运行在集群上。实际上，其中一些包装器是非常容易使用的，但是所有的这些包装器有性能差异。其中一些包装器如下所示，如果你想进一步了解它们，请浏览项目页面。

- Hadoopy
- Pydoop
- Dumbo
- mrjob

> **提示：**
> 为了了解在 Hadoop 上使用 Python 可用选项的详尽列
> 表，请浏览 cloudera 网站。

10.2 在 Hadoop 上运行 NLTK

前面已经谈了很多关于 NTLK 库的内容，以及它所提供的一些经常使用的函数。现在，NLTK 可以解决许多 NLP 问题，其中许多问题是高度并行的。这就是我们试图在 Hadoop 上运行 NLTK 的原因。

在 Hadoop 上运行 NLTK 最好的办法是将它安装在集群中的所有节点上。实现这一点并不是很困难。有多种方式可以做到这一点，如将资源文件作为流参数进行发送。但是，这里宁可选择第一个选项。

10.2.1 UDF

可以使用各种各样的方法，使 NLTK 运行在 Hadoop 上。通过进行词语标记，同时并行使用 Hive UDF，探讨一个使用 NLTK 的示例。

对于这种用例，必须遵循以下步骤。

（1）我们已经选择了一个小数据集，在这个数据集中只有两列。必须使用 Hive 创建相同的模式（Schema）。

ID	内容
UA0001	"我试着打电话给你。这项服务没有达到标准"
UA0002	"您能更新我的手机号吗？"
UA0003	"非常糟糕的经历"
UA0004	"我在找 iPhone"

（2）使用 Hive 创建相同的模式。以下的 Hive 脚本会自动这一点。

```
CREATE TABLE $InputTableName (
ID String,
Content String
)
ROW FORMAT DELIMITED
FIELDS TERMINATED BY '\t';
```

（3）一旦有了模式，基本上，我们就希望得到在各列中的一些内容，如标记。因此，我们希望得到在$ outTable 中具有相同模式的另一列和添加的标记列。对应的 Hive 脚本如下。

```
CREATE TABLE $OutTableName (
ID String,
Content String,
Tokens String
)
```

（4）现在，我们已经有了模式。我们必须使用 Python 语言编写 UDF，以逐行读取表格，然后应用 tokenize 方法。这与我们在第 3 章中所做的非常类似。这个函数与在第 3 章中的所有示例类似。现在，如果你希望得到 POS 标签、词形还原结果和 HTML，你只需要修改这个 UDF。下面看看 UDF 如何寻找标记器。

```
>>>import sys
>>>import datetime
>>>import pickle
>>>import nltk
>>>nltk.download('punkt')
>>>for line in sys.stdin:
>>>    line = line.strip()
>>>    print>>sys.stderr, line
>>>    id, content= line.split('\t')
>>>    print>>sys.stderr,tok.tokenize(content)
>>>    tokens =nltk.word_tokenize(concat_all_text)
>>>    print '\t'.join([id,content,tokens])
```

（5）将这个 UDF 命名为：nltk_scoring.py。

（6）现在，我们必须使用 TRANSFORM 函数，插入 hive 查询，从而能够在给定的内容中应用 UDF，进行词语标记，并将标记转储到新一列中。对应的 Hive 脚本如下。

```
add FILE nltk_scoring.py;
add FILE english.pickle; #Adding file to DistributedCache
INSERT OVERWRITE TABLE $OutTableName
SELECT
        TRANSFORM (id, content)
    USING 'PYTHONPATH nltk_scoring.py'
    AS (id string, content string, tokens string )
FROM $InputTablename;
```

（7）如果你得到了这样的错误消息，那么这表示你未正确安装 NLTK 和加载 NLTK 数据：

```
raiseLookupError(resource_not_found)
LookupError:
*****************************************************************
****
  Resource u'tokenizers/punkt/english.pickle' not found. Please
  use the NLTK Downloader to obtain the resource: >>>
  nltk.download()
  Searched in:
    - '/home/nltk_data'
    - '/usr/share/nltk_data'
    - '/usr/local/share/nltk_data'
    - '/usr/lib/nltk_data'
    - '/usr/local/lib/nltk_data'
```

（8）如果你能够成功运行这个 Hive 作业，那么你可以获得名为 OutTableName 的表格，这个表格如下所示。

ID	Content	
UA0001	"I tried calling you, The service was not up to the mark"	[" I", " tried", "calling", "you", "The", "service" "was", "not", "up", "to", "the", "mark"]
UA0002	"Can you please update my phone no"	["Can", "you", "please" "update", " my", "phone" "no"]
UA0003	"Really bad experience"	["Really"," bad" "experience"]
UA0004	"I am looking for an iphone"	["I", "am", "looking", "for", "an", "iPhone"]

10.2.2 Python 流

让我们试试 Python 流的第二个选项。我们拥有了 Hadoop 流，在 Hadoop 流中，可以编写自己的 mapper 和 reducer，然后使用 Python 流和 mapper.py，这看起来与 Hive UDF 非常类似。此处，我们使用 map-reduce Python 流的相同示例，这给我提供了一个选项，用于选择 Hive 表格，或者直接使用 HDFS 文件。我们将浏览文件的内容，对它进行标记。此处不执行任何 reduce 操作，但是出于学习的目的，这里包括了一个仅仅转储内容的 reducer。因此，现在，可以完全从执行命令中忽略 reducer。

以下是 Mapper.py 代码。

```
>>>import sys
>>>import pickle
>>>import nltk
>>>for line in sys.stdin:
```

```
>>>     line = line.strip()
>>>     id, content = line.split('\t')
>>>     tokens =nltk.word_tokenize(concat_all_text)
>>>     print '\t'.join([id,content,topics])
```

以下是 Reducer.py 代码。

```
>>>import sys
>>>import pickle
>>>import nltk
>>>for line in sys.stdin:
>>>     line = line.strip()
>>>     id, content,tokens = line.split('\t')
>>>     print '\t'.join([id,content,tokens])
```

以下是执行 Python 流的 Hadoop 命令。

```
hadoop jar <path>/hadoop-streaming.jar \
-D mapred.reduce.tasks=1 -file <path>/mapper.py \
-mapper <path>/mapper.py \
-file <path>/reducer.py \
-reducer <path>/reducer.py \
-input /hdfspath/infile \
-output outfile
```

10.3 在 Hadoop 上运行 scikit-learn

大数据的另一个重要用例是机器学习。特别是在使用 Hadoop 时，scikit-learn 更为重要，这是由于 scikit-learn 是我们所拥有的一个最佳选择，在大数据上它可以对机器学习模型进行评分。大规模机器学习是目前最热门的话题之一，在大数据环境（如 Hadoop）下，大规模机器学习更为关键。现在，机器学习模型的两个方面是在大数据上建立模型并对大量数据进行评分。

为了深入理解，我们采用 10.2.1 节的表中使用的相同示例数据，该表展示了一些客户评论。现在，假设可以使用显著训练样本建立文本分类模式，并且使用第 6 章中所学习到的一些知识，基于数据，建立朴素贝叶斯、SVM 和逻辑回归模型。我们也许需要对大量的数据（例如客户评论）进行评分。另一方面，基于大数据，使用 scikit-learn 构建模型本身是不可能的，我们需要如 spark/Mahot 这样的工具来做到这一点。与我们使用 NLTK 所做的一样，我们采用通过预训练模型进行逐步评分的方法。同时，下一节将谈到基于大数据构建模式。当我们面对此类文本挖掘问题时，我们会专门使用预训练模型进行评分。我们需要将两个主要对象（向量器和模型分类器）另存为序列化的 pickle 对象。

> **提示：**
> 此处，pickle 是用于实现序列化的 Python 模块，通过序列化，对象将以二进制的状态保存在磁盘上，可以通过加载再次使用。
> 更多信息参见 Python 官网。

在本地计算机上，使用 scikit，构建离线模式，确保你序列化了（pickle）对象。例如，如果使用第 6 章中的朴素贝叶斯示例，就需要将 vectorizer 和 clf 作为 pickle 对象存储。

```
>>>vectorizer = TfidfVectorizer(sublinear_tf=True, min_df=in_min_df,
stop_words='english', ngram_range=(1,2), max_df=in_max_df)
>>>joblib.dump(vectorizer, "vectorizer.pkl", compress=3)
>>>clf = GaussianNB().fit(X_train,y_train)
>>>joblib.dump(clf, "classifier.pkl")
```

以下是创建输出表的步骤，这个输出表拥有整个历史时期的所有客户评论。

（1）与我们在前面示例中所做的一样，使用 Hive 创建相同的模式。以下 Hive 脚本将自动做到这一点。在此处的案例中，这个表非常大，假设这个表包含了该公司过去的所有客户评论。

```
CREATE TABLE $InputTableName (
ID String,
Content String
)
ROW FORMAT DELIMITED
FIELDS TERMINATED BY '\t';
```

（2）通过以下 Hive 脚本构建具有输出列（如预测列和概率评分列）的输出表。

```
CREATE TABLE $OutTableName (
ID String,
Content String,
predict String,
predict_score double
)
```

（3）现在，使用 Hive 的 addFILE 命令，将 pickle 对象加载到分布式缓存中。

```
add FILE vectorizer.pkl;
add FILE classifier.pkl;
```

（4）编写 Hive UDF，在 Hive UDF 中，加载了这些 pickle 对象。现在，它们开始表现得像在本地一样。一旦拥有了分类器和向量器对象，就可以使用测试样本（即字符串），然后从这个测试样本中生成 TFIDF 向量。现在，可以使用这个向量器对象，预测类别以及类别的概率。对应的 Classification.py 如下。

```
>>>import sys
>>>import pickle
>>>import sklearn
>>>from sklearn.externals import joblib

>>>clf = joblib.load('classifier.pkl')
>>>vectorizer = joblib.load('vectorizer.pkl')

>>>for line in sys.stdin:
>>>    line = line.strip()
>>>    id, content= line.split('\t')
>>>    X_test = vectorizer.transform([str(content)])

>>>    prob = clf.predict_proba(X_test)
>>>    pred = clf.predict(X test)
>>>    prob_score =prob[:,1]
>>>    print '\t'.join([id, content,pred,prob_score])
```

（5）一旦编写了 classification.py UDF，就必须将这个 UDF 添加到分布式缓存中，然后将这个 UDF 作为 TRANSFORM 函数在表格的每一行上执行。实现这个任务的 Hive 脚本如下所示。

```
add FILE classification.py;

INSERT OVERWRITE TABLE $OutTableName
SELECT
    TRANSFORM (id, content)
    USING 'python2.7 classification.py'
    AS (id string, scorestringscore string )
FROM $Tablename;
```

（6）如果一切顺利，那么将得到具有输出模式的输出表。

ID	内容	预测	评分可信度
UA0001	"I tried calling you, The service was not up to the mark"	投诉	0.98
UA0002	"Can you please update my phone no "	非投诉	0.23
UA0003	"Really bad experience"	投诉	0.97
UA0004	"I am looking for an iPhone "	非投诉	0.01

因此，该输出表将拥有整个历史时期的客户评论，他们是否投诉的评分，以及置信度

评分。虽然已经选择了 Hive UDF 作为示例，但是可以使用 Pig 和 Python 流，以类似我们使用 NLTK 的方式，完成类似的过程。

这个示例是为了让你亲身体验一下，如何对使用 Hive 对机器学习模型进行评分。下面的示例将会谈到如何基于大数据，构建机器学习/NLP 模型。

10.4 PySpark

回到先前的讨论，即在 Hadoop 和其他系统中，构建机器学习/NLP 模型，以及对在 Hadoop 上的机器学习模型进行评分。上一节深入讨论了第二个选项。在此处，不采样和评分较小的数据集，而是使用一个较大的数据集，一步一步地使用 PySpark 构建大规模的机器学习模型。再次使用具有相同模式和相同的运行数据。

ID	评论	类别
UA0001	I tried calling you, The service was not up to the mark	1
UA0002	Can you please update my phone no	0
UA0003	Really bad experience	1
UA0004	I am looking for an iPhone	0
UA0005	Can somebody help me with my password	1
UA0006	Thanks for considering my request for	0

考虑过去 10 年中，对组织有价值的评论。现在，不使用小样本构建分类模型，不使用预训练模型对所有评论进行评分。这个示例会逐步介绍如何使用 PySpark 构建文本分类模型。

需要做的第一件事是导入一些模块。从 SparkContext 开始，这更大程度上算是一种配置，可以为此提供更多的参数，如应用程序的名称以及其他内容。

```
>>>from pyspark import SparkContext
>>>sc = SparkContext(appName="comment_classifcation")
```

提示：
欲了解更多信息，请浏览 Spark 官网上的文章。

接下来的事情就是，读取使用制表符分隔的文本文件。应该在 HDFS 上读取文件。文件可能很大（以 TB/PB 为单位）。

```
>>>lines = sc.textFile("testcomments.txt")
```

现在，lines 是语料库中所有行的列表。

```
>>>parts = lines.map(lambda l: l.split("\t"))
>>>corpus = parts.map(lambda row: Row(id=row[0], comment=row[1],
class=row[2]))
```

part 是字段列表，lines 中的每个字段使用"\t"分隔。

将具有[ID，comment，class（0,1）]形式的语料库分解为不同的 RDD 对象。

```
>>>comment = corpus.map(lambda row: " " + row.comment)
>>>class_var = corpus.map(lambda row:row.class)
```

一旦拥有了评论，就需要执行一个非常类似于第 6 章中所进行的流程。在第 6 章中，使用 scikit 进行词性标记，构建散列向量器，并使用向量器计算 TF、IDF 和 tf-idf。

以下是如何创建词性标记、词频和逆文档频率的代码片段。

```
>>>from pyspark.mllib.feature import HashingTF
>>>from pyspark.mllib.feature import IDF
# https://spark.apache.org/docs/1.2.0/mllib-feature-extraction.html

>>>comment_tokenized = comment.map(lambda line: line.strip().split(" "))
>>>hashingTF = HashingTF(1000) # to select only 1000 features
>>>comment_tf = hashingTF.transform(comment_tokenized)
>>>comment_idf = IDF().fit(comment_tf)
>>>comment_tfidf = comment_idf.transform(comment_tf)
```

将类别与 tfidf RDD 进行合并，如下所示。

```
>>>finaldata = class_var.zip(comment_tfidf)
```

下面将进行一个典型测试，以训练取样。

```
>>>train, test = finaldata.randomSplit([0.8, 0.2], seed=0)
```

执行主要的分类命令，这与 scikit 非常相似。这里采用广泛使用的分类器：逻辑回归。pyspark.mllib 提供了多种算法。

提示：
有关 pyspark.mllib 的更多信息，请访问 Spark 官网。

以下是朴素贝叶斯分类器的一个示例。

```
>>>from pyspark.mllib.regression import LabeledPoint
>>>from pyspark.mllib.classification import NaiveBayes
>>>train_rdd = train.map(lambda t: LabeledPoint(t[0], t[1]))
>>>test_rdd = test.map(lambda t: LabeledPoint(t[0], t[1]))
>>>nb = NaiveBayes.train(train_rdd,lambda = 1.0)
>>>nb_output = test_rdd.map(lambda point: (NB.predict(point.features),
point.label))
>>>print nb_output
```

nb_output 命令包含了对测试样本的最终预测。一件值得知道的事情是，我们编写了一段不到 50 行的代码，进行行业级别的文本分类，训练样本的大小甚至达到了拍字节。

10.5　本章小结

本章的目标是在大数据的上下文中应用到目前为止所学习到的概念。本章介绍了如何使用一些 Python 库，如在 Hadoop 上使用的 NLTK 和 scikit，还探讨了对机器学习模型进行评分，以及对基于 NLP 的操作进行评分。

本章还演示了最常见用例的三大示例。在理解这些示例的基础上，你可以应用大部分的 NLTK、scikit 和 PySpark 函数。

本章对基于大数据的 NLP 和文本挖掘进行了一个快速而简单的介绍。这是最热门的话题之一，这里所谈论的示例代码片段中的每一个术语和工具本身都可以写成一本书。本章尽量为读者提供一个黑客的方法[①]（Hacker's approach），介绍大规模的文本挖掘和大数据。鼓励读者深入阅读关于大数据的一些技术，如 Hadoop、Hive、Pig 和 Spark，并尽量理解本章提供的一些示例。

---

① 即无须纠缠细节，使用合适的工具，在短时间内开发出实用的软件。——译者注

模块 2

使用 Python 3 的 NLTK 3 进行文本处理

采用了 Python 的 NTLK 3.0 实现自然语言处理的 80 多个实用技巧

第 1 章
标记文本和 WordNet 的基础

本章将介绍以下内容。

- 将文本标记成句子。

- 将句子标记成单词。

- 使用正则表达式标记语句。

- 训练语句标记生成器。

- 在已标记的语句中过滤停用词。

- 查找 WordNet 中单词的 Synset。

- 在 WordNet 中查找词元和同义词。

- 计算 WordNet 和 Synset 的相似度。

- 发现单词搭配。

1.1 引言

自然语言工具包（**Natural Language ToolKit，NLTK**）是进行自然语言处理和文本分析的综合 Python 库。最初，人们设计 NLTK 用于教学，现在由于 NLTK 的实用性和覆盖广度，它在工业研究和开发中得到了广泛应用。NLTK 通常用于快速制作出文字处理程序的原型，甚至可以在生产应用中使用。关于选择 NLTK 功能和可直接用于生产的 API 的演示，参见 text-processing 网站。

本章将介绍标记文本和使用 WordNet 的基本知识。标记化是将一段文本切分成许多片段（如句子和单词）的一种方法。在此后的几章中，这基本上是许多方法的第一步。WordNet 是专为自然语言处理系统进行编程访问所设计的字典。这包括以下用例。

- 寻找单词的定义。

- 找到同义词和反义词。

- 探索单词之间的关系和相似度。

- 对具有多种用法和定义的单词进行词义消歧。

NLTK 包括了 WordNet 语料库读取器，我们将使用这个读取器访问和探索 WordNet。语料库就是一堆文本，我们设计语料库读取器使得访问语料库比直接访问文件要容易得多。在后面的章节中，我们将再次使用 WordNet，因此，读者自己首先要熟悉基本知识是很重要的。

1.2 将文本标记成句子

标记化是将字符串分割成一串标记或片段的过程。标记就是找到整体中的一个部分，因此单词就是语句中的标记。语句是段落的标记。我们将从句子标记化开始，或从将段落拆分成一串语句开始。

1.2.1 准备工作

关于 NLTK 的安装说明，请访问 NLTK 网站，在写本书的时候，NLTK 的最新版本是 3.0b1。虽然 NLTK 的这个版本是为 Python 3.0 或更高版本而开发的，但是这个版本也向后兼容 Python 2.6 或比 2.6 更高的版本。本书将使用 Python 3.3.2。如果你使用了 NLTK 的早期版本（如 2.0 版），请注意，版本 3 改变了某些 API，这些 API 不能向后兼容。

一旦安装了 NLTK，还需要遵循指示，安装数据。由于将要使用许多语料库和已序列化的对象，因此建议安装所有的内容。数据要安装在数据目录中，在 Mac 和 Linux/UNIX 上，这通常是/usr/share/nltk_data，在 Windows 中，这通常是 C:\nltk_data。确定 tokenizers/punkt.zip 在数据目录中，并且已经解压，这样你就有一个文件在 tokenizers/punkt/PY3/english.pickle 中。

最后，为了运行代码示例，需要启动一个 Python 控制台。至于如何完成这个任务，请访问 NLTK 网站。对于 Mac 和 Linux/UNIX 用户而言，可以打开一个终端，输入 python。

1.2.2 工作方式

一旦安装了 NLTK，并且有了一个运行中的 Python 控制台，就可以从创建文本段落开始。

```
>>> para = "Hello World. It's good to see you. Thanks for buying this
book."
```

> **小技巧：**
> **下载示例代码**
> 在 packtpub 网站中，可以下载你使用账户购买的所有
> Packt 书籍的示例代码。如果你在其他地方购买了这本书，
> 请访问 packtpub 网站，并进行注册，文件将直接通过电
> 子邮件将发送给你。

现在，要将段落划分成语句。首先，需要导入语句标记函数，然后就可以使用段落作为参数调用这个函数。

```
>>> from nltk.tokenize import sent_tokenize
>>> sent_tokenize(para)
['Hello World.', "It's good to see you.", 'Thanks for buying this
book.']
```

因此，现在，我们拥有了可以用于进一步加工的语句列表。

1.2.3 工作原理

sent_tokenize 函数使用 nltk.tokenize.punkt 模块的 PunktSentenceTokenizer 实例。这个实例已经得到了训练并非常适合用于许多欧洲语言。因此，这个实例知道什么标点和字符标记着句子的结束，或者新句子的开头。

1.2.4 更多信息

在 sent_tokenize()中使用的实例实际上可以根据要求从 pickle 文件中随时加载。因此，如果要对大量的句子进行标记，那么更有效率的做法是，加载 PunktSentenceTokenizer 类一次，调用它的 tokenize()方法：

```
>>> import nltk.data
>>> tokenizer = nltk.data.load('tokenizers/punkt/PY3/english.pickle')
>>> tokenizer.tokenize(para)
['Hello World.', "It's good to see you.", 'Thanks for buying this
book.']
```

在其他语言中标记语句

如果你想标记非英文的句子，那么你可以加载在 tokenizers/punkt/PY3 中的其他 pickle 文件，并且可以与使用英文语句标记器一样，使用这个文件。这是西班牙语的一个示例。

```
>>> spanish_tokenizer = nltk.data.load('tokenizers/punkt/PY3/spanish.
pickle')
>>> spanish_tokenizer.tokenize('Hola amigo. Estoy bien.')
['Hola amigo.', 'Estoy bien.']
```

在/usr/share/nltk_data/ tokenizers/punkt/PY3（或 C:\nltk_data\tokenizers\punkt\PY3）中，可以看到所有可用的语言标记器。

1.2.5   请参阅

在该模块中，1.3 节将讨论如何将语句分割成单个单词。1.4 节将介绍如何使用正则表达式来标记文本。1.5 节将介绍如何训练语句标记器。

1.3   将句子标记成单词

在本节中，我们将语句划分成单个单词。从字符串创建单词列表这个简单的任务是所有文本处理的基本部分。

1.3.1   工作方式

基本的单词标记化是非常简单的。它使用 word_tokenize()函数。

```
>>> from nltk.tokenize import word_tokenize
>>> word_tokenize('Hello World.')
['Hello', 'World', '.']
```

1.3.2　工作原理

word_tokenize()函数是使用TreebankWordTokenizer类的实例调用tokenize()的包装器函数。具体代码如下所示。

```
>>> from nltk.tokenize import TreebankWordTokenizer
>>> tokenizer = TreebankWordTokenizer()
>>> tokenizer.tokenize('Hello World.')
['Hello', 'World', '.']
```

根据空格和标点符号拆分单词是这个函数的工作属性。正如你所看到的，这个函数没有丢弃标点符号，允许你决定如何处理它。

1.3.3　更多信息

如果显然要忽略命名为 WhitespaceTokenizer 和 SpaceTokenizer 的单词标记器，还有另外两个单词标记器值得一看：PunktWordTokenizer 和 WordPunctTokenizer。它们在如何处理标点符号和缩写方面不同于 TreebankWordTokenizer，但是它们继承了 TokenizerI。继承树如下图所示。

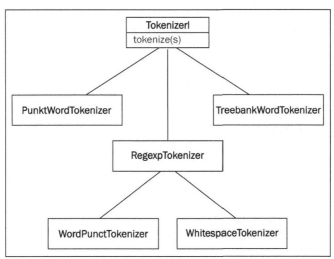

1．分离缩写

TreebankWordTokenizer 类使用宾州树库语料库的约定。这是自然语言处理中最经常使用的一个语料库，是在 20 世纪 80 年代通过注释《华尔街日报》的文章而创建的。本书该模块的第 4 章和第 5 章将会用到这个语料库。

标记器中最有意义的约定之一是分离缩写。例如，考虑下面的代码：

```
>>> word_tokenize("can't")
['ca', "n't"]
```

如果你不能接受这个约定，那么请继续阅读，寻找替代约定，参考下一节的内容，使用正则表达式进行标记。

2．PunktWordTokenizer

另一个单词标记生成器是 PunktWordTokenizer。它根据标点符号进行分割，将标点符号与单词放在一起，而不是创建单独的标记，如下列代码所示。

```
>>> from nltk.tokenize import PunktWordTokenizer
>>> tokenizer = PunktWordTokenizer()
>>> tokenizer.tokenize("Can't is a contraction.")
['Can', "'t", 'is', 'a', 'contraction.']
```

3．WordPunctTokenizer

另一种替代的单词标记生成器是 WordPunctTokenizer。它将所有的标点分割成单独的标记。

```
>>> from nltk.tokenize import WordPunctTokenizer
>>> tokenizer = WordPunctTokenizer()
>>> tokenizer.tokenize("Can't is a contraction.")
['Can', "'", 't', 'is', 'a', 'contraction', '.']
```

1.3.4   请参阅

如果你希望更自如地控制单词标记，请阅读下一节，学习如何使用正则表达式和 RegexpTokenizer 进行标记化。关于宾州树库语料库更多的知识，请访问 upenn 网站。

1.4   使用正则表达式标记语句

如果你希望完全控制如何标记文本，那么可以使用正则表达式。如果你不能接受上一节所谈论的单词标记生成器，建议使用正则表达式，但是正则表达式很容易就变得非常复杂。

1.4.1　准备工作

首先，你需要决定使用何种方式标记一段文本，这决定了你如何构建正则表达式。选项包括以下几个。

- 根据标记进行匹配。

- 根据分隔符或空白进行匹配。

我们将从第一个示例"匹配字母数字标记加单引号"开始，这样我们就无须将缩写分开。

1.4.2　工作方式

我们将提供用来匹配标记的正则表达式字符串，创建 RegexpTokenizer 实例。

```
>>> from nltk.tokenize import RegexpTokenizer
>>> tokenizer = RegexpTokenizer("[\w']+")
>>> tokenizer.tokenize("Can't is a contraction.")
["Can't", 'is', 'a', 'contraction']
```

如果你不想实例化类，还可以使用一个简单 helper 函数，如以下代码所示。

```
>>> from nltk.tokenize import regexp_tokenize
>>> regexp_tokenize("Can't is a contraction.", "[\w']+")
["Can't", 'is', 'a', 'contraction']
```

现在，我们终于有方法将缩写视为整个单词，而不是将其分割成标记。

1.4.3　工作原理

RegexpTokenizer 类的工作机制是编译模式，然后针对文本，调用 re.findall()。虽然可以完全使用 re 模块自己实现，但是同上一节中的所有单词标记器一样，RegexpTokenizer 也实现了 TokenizerI 接口。这意味着，NLTK 包中的其他部分（如语料库读取器）都可以使用它，本书模块 2 的第 3 章会详细介绍语料库读取器。许多语料库读取器需要某种方式来标记它们所读取的文本，并采用可选关键字参数指定了 TokenizerI 子类的实例。因此，如果默认的标记生成器不合适，那么你也有能力提供自己的标记生成器实例。

1.4.4　更多信息

RegexpTokenizer 也可以不通过匹配标记，而是通过匹配空隙（gap）进行工作。RegexpTokenizer 类不使用 re.findall()，而是使用 re.split()。这是在 nltk.tokenize 中实现

BlanklineTokenizer 类的方式。

简单的空格标记生成器

下面是使用 RegexpTokenizer 根据空格进行标记的简单示例。

```
>>> tokenizer = RegexpTokenizer('\s+', gaps=True)
>>> tokenizer.tokenize("Can't is a contraction.")
["Can't", 'is', 'a', 'contraction.']
```

注意，标点依然保留在标记中。gap=True 这个参数表示通过使用模式识别空隙，根据空隙进行标记。如果使用 gap= false，那么这表示使用模式来识别标记。

1.4.5   请参阅

对于比较简单的单词标记化，请参阅该模块 1.3 节。

1.5   训练语句标记生成器

NLTK 的默认语句标记生成器是通用的，在一般情况下都可以工作。但是，默认的语句标记生成器有时不是对读者的文本进行标记的最佳选择。读者的文本也许使用的是非标准标点符号，或以独特的方式格式化。在这种情况下，训练自己的语句标记生成器可以更准确地进行语句标记。

1.5.1   准备工作

在这个例子中，将使用 webtext 语料库，具体地说，就是 overheard.txt 文件，因此，请确定你已经下载了这个语料库。此文件中的文本被格式化为对话，如下所示。

```
White guy: So, do you have any plans for this evening?
Asian girl: Yeah, being angry!
White guy: Oh, that sounds good.
```

正如你所看到的，这不是格式化语句的标准段落，因此，这成为训练语句标记生成器的完美语料库。

1.5.2   工作方式

NLTK 提供了 PunktSentenceTokenizer 类，因此可以使用原始文本训练 PunktSentenceTokenizer

类，以生成自定义的语句标记生成器。可以通过读取文件，或使用 raw() 方法从 NLTK 语料库中获得原始文本。这是使用来自 webtext 语料库的 overheard.txt 和对话文本训练语句标记生成器的示例。

```
>>> from nltk.tokenize import PunktSentenceTokenizer
>>> from nltk.corpus import webtext
>>> text = webtext.raw('overheard.txt')
>>> sent_tokenizer = PunktSentenceTokenizer(text)
```

将使用此标记生成器得到的结果与使用默认的语句标记生成器所得到的结果相比较，如下所示。

```
>>> sents1 = sent_tokenizer.tokenize(text)
>>> sents1[0]
'White guy: So, do you have any plans for this evening?'

>>> from nltk.tokenize import sent_tokenize
>>> sents2 = sent_tokenize(text)
>>> sents2[0]
'White guy: So, do you have any plans for this evening?'
>>> sents1[678]
'Girl: But you already have a Big Mac...'
>>> sents2[678]
'Girl: But you already have a Big Mac...\\nHobo: Oh, this is all
theatrical.'
```

虽然第一句是一样的，但是读者可以看到，这两种语句标记生成器在如何标记句子 679 时产生了分歧（这是这两种语句标记生成器产生分歧的第一个句子）。默认的语句标记生成器包括了对话的下一行，而自定义的语句标记生成器做出了正确的标记，将下一行标记为一个独立的句子。这种差别为读者提供了一个良好的示范，即训练自定义的语句标记生成器，大有裨益，特别是在文本不是典型的段落句子结构的情况下。

1.5.3 工作原理

PunktSentenceTokenizer 类使用无监督学习算法，学习什么构成句子断句。由于读者提供的训练数据没有任何标记，只是原始文本，因此称为无监督学习。在网页中，可以详细了解此类型的算法。在此例子中，所使用的特定技术称为句子边界检测，它的工作原理是，计数通常作为结束句子的标点符号和标记，如句号或换行，然后根据所得到的频率，确定句子边界的模式。

这是一个简化的算法描述，如果你想了解更多的详细信息，请参阅 NLTK 网站，仔细阅读 nltk.tokenize.punkt. PunktTrainer 类的源代码。

1.5.4　更多信息

PunktSentenceTokenizer 类从任意的字符串中学习，这意味着你可以打开一个文本文件，读取它的内容。在此示例中，没有使用 raw() 的语料库方法读取 overheard.txt，而是直接读取。假设 webtext 语料库位于/usr/share/nltk_data/corpora 的标准目录中。由于文件不是 ASCII 格式，因此也必须传递一个特定的编码到 open() 函数，如下所示。

```
>>> with open('/usr/share/nltk_data/corpora/webtext/overheard.txt',
encoding='ISO-8859-2') as f:
...    text = f.read()
>>> sent_tokenizer = PunktSentenceTokenizer(text)
>>> sents = sent_tokenizer.tokenize(text)
>>> sents[0]
'White guy: So, do you have any plans for this evening?'
>>> sents[678]
'Girl: But you already have a Big Mac...'
```

一旦你拥有了自定义的语句标记生成器，就可以在自己的语料库中使用它。许多语料库读取器接受 sent_tokenizer 参数，这让你可以重写默认的语句标记生成器，生成自己的语句标记生成器。该模块第 3 章会更详细地介绍语料库读取器。

1.5.5　请参阅

在大多数情况下，默认的语句标记生成器就够用了。该模块 1.2 节就介绍了这一点。

1.6　在已标记的语句中过滤停用词

停用词是常用词（如 the 和 a），一般来说，这些单词对句子的意义没有贡献，至少就信息检索和自然语言处理而言，是这样的。大多数搜索引擎会在搜索查询和文档中过滤掉这些词，从而节省索引空间。

1.6.1　准备工作

NLTK 自带了 stopwords 语料库，这个语料库包含了许多语言的单词列表。请确定解压缩了数据文件，这样 NLTK 就可以在 nltk_data/ corpora/stopwords/中找到单词列表。

1.6.2 工作方式

首先要创建一个包含了所有英语停用词的集合，然后使用这个停用词集合和下列代码，过滤掉句子的停用词。

```
>>> from nltk.corpus import stopwords
>>> english_stops = set(stopwords.words('english'))
>>> words = ["Can't", 'is', 'a', 'contraction']
>>> [word for word in words if word not in english_stops]
["Can't", 'contraction']
```

1.6.3 工作原理

stopwords 语料库是 nltk.corpus.reader.WordListCorpusReader 的实例。因此，它拥有 words()方法，这个方法可以接受单个参数，得到文件的 ID，在当前的情况下，这个参数为 "English"，指的是包含了英语停用词列表的文件。也可以调用不带任何参数的 stopwords.words()，获得每种可用语言的完整停用词列表。

1.6.4 更多信息

使用 stopwords.words（'English'），或查看在 nltk_data/corpora/stopwords/english 处的单词列表文件，可以看到完整的英语停用词列表。许多其他的语言也有停用词列表。使用 fileids()方法，可以看到所有语言的停用词列表，如下所示。

```
>>> stopwords.fileids()
['danish', 'dutch', 'english', 'finnish', 'french', 'german',
'hungarian', 'italian', 'norwegian', 'portuguese', 'russian',
'spanish', 'swedish', 'turkish']
```

在这些 fileids 中，任意一个都可以作为 words()方法的参数，用于获得该语言的停用词列表。例如：

```
>>> stopwords.words('dutch')
['de', 'en', 'van', 'ik', 'te', 'dat', 'die', 'in', 'een', 'hij',
'het', 'niet', 'zijn', 'is', 'was', 'op', 'aan', 'met', 'als', 'voor',
'had', 'er', 'maar', 'om', 'hem', 'dan', 'zou', 'of', 'wat', 'mijn',
'men', 'dit', 'zo', 'door', 'over', 'ze', 'zich', 'bij', 'ook', 'tot',
```

```
'je', 'mij', 'uit', 'der', 'daar', 'haar', 'naar', 'heb', 'hoe',
'heeft', 'hebben', 'deze', 'u', 'want', 'nog', 'zal', 'me', 'zij',
'nu', 'ge', 'geen', 'omdat', 'iets', 'worden', 'toch', 'al', 'waren',
'veel', 'meer', 'doen', 'toen', 'moet', 'ben', 'zonder', 'kan',
'hun', 'dus', 'alles', 'onder', 'ja', 'eens', 'hier', 'wie', 'werd',
'altijd', 'doch', 'wordt', 'wezen', 'kunnen', 'ons', 'zelf', 'tegen',
'na', 'reeds', 'wil', 'kon', 'niets', 'uw', 'iemand', 'geweest',
'andere']
```

1.6.5   请参阅

如果你想创建自己的停用词语料库，请参阅该模块中的 3.3 节，学习如何使用 WordListCorpusReader。1.10 节将使用停用词。

1.7   查找 WordNet 中单词的 Synset

WordNet 是英语的词汇数据库。换句话说，它是专门针对自然语言处理而设计的一本词典。

NLTK 自带了一个简单的界面，可以用于在 WordNet 中查找单词。你所得到的是 Synset 实例列表，这个列表其实就是表达同一概念的同义词组。许多单词只有一个 Synset，但是也有一些单词有几个 Synset。本节将探讨单个 Synset，下一节将相对详细讨论几个 Synset。

1.7.1   准备工作

请确保你在 nltk_data/corpora/wordnet 中解压了 wordNet 语料库。这样 WordNetCorpusReader 就可以访问它了。

1.7.2   工作方式

现在，使用以下代码，查找 cookbook 的 Synset，并探讨 Synset 的一些方法和属性。

```
>>> from nltk.corpus import wordnet
>>> syn = wordnet.synsets('cookbook')[0]
>>> syn.name()
'cookbook.n.01'
>>> syn.definition()
'a book of recipes and cooking directions'
```

1.7.3 工作原理

可以使用 wordnet.synsets(word)方法在 WordNet 中查找任何单词，获得 Synset 列表。如果没有找到单词，这个列表就为空。由于一些单词可能具有许多含义，从而具有许多 Synset，因此这个列表也可能具有若干个元素。

1.7.4 更多信息

在列表中的每个 Synset 都具有许多方法，可以使用这些方法，来了解关于 Sysset 的更多信息。name()方法可以提供 Synset 的唯一名称，可以使用这个名称直接获得 Synset。

```
>>> wordnet.synset('cookbook.n.01')
Synset('cookbook.n.01')
```

definition()方法不言自明。一些 Synset 也有 examples()方法，这个方法生成了在上下文中由此单词构成的短语所组成的列表。

```
>>> wordnet.synsets('cooking')[0].examples()
['cooking can be a great art', 'people are needed who have experience
in cookery', 'he left the preparation of meals to his wife']
```

1. 使用上位词

Synset 的结构组织类似于继承树。比较抽象的术语称为上位词（hypernym），比较具体的术语称为下位词（hyponym）。可以沿着这棵树向上追溯，直到根上位词。

上位词为基于单词之间的相似度进行分类和分组提供了一种方式。该模块 1.9 节会详细介绍这个函数，这个函数基于上位词树中两个单词之间的距离计算相似度。

```
>>> syn.hypernyms()
[Synset('reference_book.n.01')]
>>> syn.hypernyms()[0].hyponyms()
[Synset('annual.n.02'), Synset('atlas.n.02'), Synset('cookbook.n.01'),
Synset('directory.n.01'), Synset('encyclopedia.n.01'),
Synset('handbook.n.01'), Synset('instruction_book.n.01'),
Synset('source_book.n.01'), Synset('wordbook.n.01')]
>>> syn.root_hypernyms()
[Synset('entity.n.01')]
```

正如你所看到的，reference_book 是 cookbook 的上位词，但是 cookbook 是 reference_book

的众多下位词之一。所有这些类型的 book 都有相同的根上位词，这个根上位词是一个实体，是英语中最抽象的词汇之一。使用 hypernym_paths()方法，可以向下追踪从实体到 cookbook 的整个路径，如下所示。

```
>>> syn.hypernym_paths()
[[Synset('entity.n.01'), Synset('physical_entity.n.01'),
Synset('object.n.01'), Synset('whole.n.02'), Synset('artifact.n.01'),
Synset('creation.n.02'), Synset('product.n.02'), Synset('work.n.02'),
Synset('publication.n.01'), Synset('book.n.01'), Synset('reference_
book.n.01'), Synset('cookbook.n.01')]]
```

hypernym_paths()方法返回了列表的列表，其中，每个列表从根上位词开始，结束于最初的 Synset。大多数时候，你只得到一个嵌套的 Synset 列表。

2．词性

还可以查看简化的词性（POS）标签，如下所示。

```
>>> syn.pos()
'n'
```

在 WordNet 中有 4 种常见的词性标签（或 POS 标签），如下表所示。

POS	标签
Noun	n
Adjective	a
Adverb	r
Verb	v

可以使用这些 POS 标签，查找某个单词特定的 Synset。例如，单词"great"可以作为名词或形容词。在 WordNet 中，"great"具有 1 个名词 Synset 和 6 个形容词 Synset，如以下代码所示。

```
>>> len(wordnet.synsets('great'))
7
>>> len(wordnet.synsets('great', pos='n'))
1
>>> len(wordnet.synsets('great', pos='a'))
6
```

在该模块 4.11 节中，这些 POS 标签将得到更多的引用。

1.7.5　请参阅

接下来两节将探讨词元，探讨如何计算 Synset 的相似度。该模块第 2 章将使用 WordNet
进行词形还原、同义词替换，然后再探讨反义词的运用。

1.8　在 WordNet 中查找词元和同义词

在先前程序的基础上，我们也可以在 WordNet 中查找词元（lemma），找到单词的同义
词（synonym）。词元（在语言学中）是单词的规范形式或构词形式。

1.8.1　工作方式

在下面的代码中，我们发现，使用 lemmas()方法可以找到 cookbook Synset 的两个词元。

```
>>> from nltk.corpus import wordnet
>>> syn = wordnet.synsets('cookbook')[0]
>>> lemmas = syn.lemmas()
>>> len(lemmas)
2
>>> lemmas[0].name()
'cookbook'
>>> lemmas[1].name()
'cookery_book'
>>> lemmas[0].synset() == lemmas[1].synset()
True
```

1.8.2　工作原理

正如你所看到的，在同一 Synset 中，cookery_book 和 cookbook 是两个不同的词元。
事实上，一个词元只能属于单一 Synset。从这个方面来看，Synset 代表了具有相同意思的
一组词元，而词元代表了不同的词形。

1.8.3　更多信息

由于在 Synset 中所有词元都具有相同的含义，因此它们可以被视为同义词。如果你想
获得 Synset 中所有的同义词，那么可以使用如下代码。

```
>>> [lemma.name() for lemma in syn.lemmas()]
['cookbook', 'cookery_book']
```

1．所有可能的同义词

正如前面提到的，由于根据上下文单词可以具有不同的含义，因此许多单词具有多个 Synset。但是，如果你不关心上下文，希望得到某个单词所有可能的同义词，可以使用以下代码。

```
>>> synonyms = []
>>> for syn in wordnet.synsets('book'):
...     for lemma in syn.lemmas():
...         synonyms.append(lemma.name())
>>> len(synonyms)
38
```

正如你所看到的，对于单词 book 而言，有 38 个可能的同义词。但是，事实上，一些同义词是动词形式，许多同义词只是 book 的不同用法。如果采用的是同义词集（set），那么可能的单词数就比较少，如下面的代码所示。

```
>>> len(set(synonyms))
25
```

2．反义词

一些词元也有反义词。例如，单词 good 具有 27 个 Synset，其中 5 个具有反义词词元，如以下代码所示。

```
>>> gn2 = wordnet.synset('good.n.02')
>>> gn2.definition()
'moral excellence or admirableness'
>>> evil = gn2.lemmas()[0].antonyms()[0]
>>> evil.name
'evil'
>>> evil.synset().definition()
'the quality of being morally wrong in principle or practice'
>>> ga1 = wordnet.synset('good.a.01')
>>> ga1.definition()
'having desirable or positive qualities especially those suitable for
a thing specified'
>>> bad = ga1.lemmas()[0].antonyms()[0]
>>> bad.name()
```

```
'bad'
>>> bad.synset().definition()
'having undesirable or negative qualities'
```

antonyms()方法返回词元列表。正如我们在前面的代码中所看到的，在第一种情况下，good 的第二个 Synset 是名词，定义为 moral excellence（美德），它的第一个反义词是 evil（邪恶），定义为 morally wrong（不道德）。在第二种情况下，good 用作形容词，以描述正面品质，它的第一个反义词是 bad（坏），用来描述负面品质。

1.8.4 请参阅

下一节将介绍如何计算 Synset 相似度。然后该模块第 2 章将再一次回顾词元，进行词形还原、同义词替换和反义词替换。

1.9 计算 WordNet 和 Synset 的相似度

我们将 Synset 构建成上位词树。使用这棵树，在其所包含的 Synset 之间，进行相似度推理。在这棵树中，两个 Synset 越近，它们就越相似。

1.9.1 工作方式

如果你看一下 reference_book（这是 cookbook 的上位词）的所有下位词，你会看到，它们中有一个是 instruction_book。从直觉上来看，这与 cookbook 非常类似，因此，在下面的代码的帮助，看看它们在 WordNet 中的相似度指标。

```
>>> from nltk.corpus import wordnet
>>> cb = wordnet.synset('cookbook.n.01')
>>> ib = wordnet.synset('instruction_book.n.01')
>>> cb.wup_similarity(ib)
0.9166666666666666
```

它们的相似度超过了 91%。

1.9.2 工作原理

wup_similarity()方法是 Wu-Palmer Similarity 的简称。这个方法是基于单词意思的相似度和 Synset 在上位词树中的相对位置，进行评分的一种方法。用来计算相似度的其中一个核心度量是两个 Synset 及其共同上位词之间最短路径的距离。

```
>>> ref = cb.hypernyms()[0]
>>> cb.shortest_path_distance(ref)
1
>>> ib.shortest_path_distance(ref)
1
>>> cb.shortest_path_distance(ib)
2
```

cookbook 和 instruction_book 肯定非常相似，由于 cookbook 和 instruction_book 与共同的 reference_book 上位词之间只有一步之遥，因此这两个词之间只有两步的距离。

1.9.3 更多信息

让我们来看看两个不相似的单词能够得到什么样的评分。将两个看起来非常不同的单词 dog 与 cookbook 进行比较。

```
>>> dog = wordnet.synsets('dog')[0]
>>> dog.wup_similarity(cb)
0.38095238095238093
```

由于 dog 和 cookbook 共享了树更上方的上位词，因此 dog 和 cookbook 具有 38%的相似度。

```
>>> sorted(dog.common_hypernyms(cb))
[Synset('entity.n.01'), Synset('object.n.01'), Synset('physical_
entity.n.01'), Synset('whole.n.02')]
```

1. 比较动词

先前比较的都是名词，其实，也可以使用动词进行相同的比较。

```
>>> cook = wordnet.synset('cook.v.01')
>>> bake = wordnet.0('bake.v.02')
>>> cook.wup_similarity(bake)
00.6666666666666666
```

很明显，先前的 Synset 都是经过精心挑选以作为示范用的。理由是，动词的上位词树相对较宽，同时比较浅。大多数名词可以追溯得到上位词 Object，从而提供了计算相似度的基础，而许多动词不共享共同的上位词，这使得 WordNet 无法计算出动词的相似度。例如，在前面的代码中，如果使用 bake.v.01 的 Synset，而不是 bake.v.02 的 Synset，则返回值为 None。这是因为这两个 Synset 的根上位词不同，没有重叠的路径。因此，你也不能计算具有不同词性的单词之间的相似度。

2. 路径相似度和 LCH 相似度

另外两个相似度比较是路径相似度和 LCH（Leacock Chordorow）相似度，如以下代码所示。

```
>>> cb.path_similarity(ib)
0.3333333333333333
>>> cb.path_similarity(dog)
0.07142857142857142
>>> cb.lch_similarity(ib)
2.538973871058276
>>> cb.lch_similarity(dog)
0.9985288301111273
```

正如你所看到的，对于这些评分方法，数值范围非常不同，这就是我更喜欢 wup_similarity 方法的原因。

1.9.4 请参阅

该模块 1.7 节具有关于上位词和上位词树更详细的信息。

1.10 发现单词搭配

搭配指的是两个或多个单词经常倾向于一起出现，如 United States（美国）。当然，还有很多其他单词跟在 United 后面，如 United Kingdom（英国）和 United Airlines（美国联合航空）。就自然语言处理的许多方面而言，上下文非常重要。而对于搭配而言，上下文决定了一切。

在搭配的情况下，上下文就是以单词列表形式表示的文档。在单词列表中，发现搭配意味着我们要找到整个文本中经常出现的常用短语。为了更加有趣，我们从 *Monty Python and the Holy Grail*（巨蟒与圣杯）的剧本开始。

1.10.1 准备工作

在 webtext 语料库中找到 *Monty Python and the Holy Grail* 的剧本，确定这个剧本已经解压到了 nltk_data/corpora/webtext/中。

1.10.2 工作方式

要创建文本中所有小写单词的列表，然后生成可以用来发现二元组（bigram，即单词对）

的 BigramCollocationFinder。使用在 nltk.metrics 包中的相关测量函数，找到这些二元组，如下所示。

```
>>> from nltk.corpus import webtext
>>> from nltk.collocations import BigramCollocationFinder
>>> from nltk.metrics import BigramAssocMeasures
>>> words = [w.lower() for w in webtext.words('grail.txt')]
>>> bcf = BigramCollocationFinder.from_words(words)
>>> bcf.nbest(BigramAssocMeasures.likelihood_ratio, 4)
[("'", 's'), ('arthur', ':'), ('#', '1'), ("'", 't')]
```

这不是非常管用。添加单词过滤器，移除标点和停用词，将它完善一点。

```
>>> from nltk.corpus import stopwords
>>> stopset = set(stopwords.words('english'))
>>> filter_stops = lambda w: len(w) < 3 or w in stopset
>>> bcf.apply_word_filter(filter_stops)
>>> bcf.nbest(BigramAssocMeasures.likelihood_ratio, 4)
[('black', 'knight'), ('clop', 'clop'), ('head', 'knight'), ('mumble',
'mumble')]
```

这就好多了，可以清楚地看到 *Monty Python and the Holy Grail* 中 4 个最常见的二元组。如果你想看到多于 4 个的二元组，就将数字增加到你所想要的大小，搭配寻找器将会尽力而为。

1.10.3 工作原理

BigramCollocationFinder 构建了两个频率分布：一个用于单个单词，另一个用于二元组。频率分布（或者 NLTK 中的 FreqDist）基本上就是增强的 Python 字典，在这个字典中，键是所计数的内容，值是计数值。所应用的任何过滤函数消除了无法通过过滤器的任意单词，减小了这两个 FreqDists。使用过滤函数消除只有一个或两个字符的单词以及所有的英语停用词，就可以得到相对清洁的结果。过滤后，搭配寻找器就可以接受通用的评分函数来寻找搭配。

1.10.4 更多信息

除了 BigramCollocationFinder 之外，还有 TrigramCollocationFinder，TrigramCollocationFinder 是用来发现三元组，而不是双元组。这一次，我们在以下代码的帮助下，寻找澳大利亚单身广告中的三元组。

```
>>> from nltk.collocations import TrigramCollocationFinder
>>> from nltk.metrics import TrigramAssocMeasures
>>> words = [w.lower() for w in webtext.words('singles.txt')]
>>> tcf = TrigramCollocationFinder.from_words(words)
>>> tcf.apply_word_filter(filter_stops)
>>> tcf.apply_freq_filter(3)
>>> tcf.nbest(TrigramAssocMeasures.likelihood_ratio, 4)
[('long', 'term', 'relationship')]
```

现在，我们不知道人们是否在寻找一种长期的关系，但是，很明显，这是一个重要的话题。除应用了停用词过滤器之外，也应用了频率过滤器，这些过滤器移除了出现次数少于三次的三元组。这就是为什么要求返回 4 个结果时，却只返回一个结果，这是因为只有一个结果出现了 3 次及 3 次以上。

1．评分函数

除了 likelihood_ratio()之外，还有很多可用的评分函数。但是，不同于 raw_freq()，你可能还需要一点统计的背景，才可以理解它们如何工作。请访问 nltk.metrics 包中的 NgramAssocMeasures，阅读 NLTK API 文档，看看所有可能的评分函数。

2．评分 n 元组

除了 nbest()方法之外，还有其他两种方法可用于从搭配寻找器中获得 n 元组（用于描述双元组和三元组的统称）。

- above_score(score_fn，min_score)：这可以用来获得所有不低于最低分数（min_score）的 n 元组。你选择的 min_score 值在很大程度上取决于你使用的 score_fn。
- score_ngrams(score_fn)：这将返回元组对(ngram, score)的列表。这些信息有助于你选择 min_score。

1.10.5　请参阅

在该模块 7.7 节和 7.8 节中，将再次使用 nltk.metrics 模块。

第 2 章
替换和校正单词

本章将介绍以下内容。

- 词干提取。

- 使用 WordNet 进行词形还原。

- 基于匹配的正则表达式替换单词。

- 移除重复字符。

- 使用 Enchant 进行拼写校正。

- 替换同义词。

- 使用反义词替换否定形式。

2.1 引言

本章将讲述不同的单词替换和校正技术。这些技巧涉及语言的压缩、拼写校正以及文本标准化等。所有的这些方法都可用于搜索索引、文档分类和文本分析前的预处理。

2.2 词干提取

词干提取是一种删除单词词缀从而得到词干的技术。例如，cooking 的词干是 cook，好的词干提取算法知道要移除 ing。词干提取最常见应用在搜索引擎上，以得到索引词。搜索引擎不存储单词的所有形式，而是仅仅存储词干，这极大地减小了索引占用的空间，同时提高了检索的准确度。

　　其中一种最常见的词干提取算法是由马丁·波特（Martin Porter）设计的波特词干提取算法（Porter stemming algorithm）。马丁·波特设计了这种算法，用于移除和更换众所周知的英语单词词缀，下一节将探讨它在 NLTK 中的用法。

提示：
所得到的词干并不都是完整的单词。例如，cookery 的词干是 cookeri，这是一个特征，而不是一个错误。

2.2.1　工作方式

　　NLTK 自带波特词干提取算法的实现，该算法非常容易使用。简单地实例化 PorterStemmer 类，将要进行词干提取的单词作为参数调用 stem()方法。

```
>>> from nltk.stem import PorterStemmer
>>> stemmer = PorterStemmer()
>>> stemmer.stem('cooking')
'cook'
>>> stemmer.stem('cookery')
'cookeri'
```

2.2.2　工作原理

　　PorterStemmer 类知道一些常用的单词形式和后缀，并根据这方面的知识，通过一系列步骤，将输入的单词转化为最终的词干。所得到的词干通常是较短的单词，或至少是具有相同根含义的常见单词形式。

2.2.3　更多信息

　　除了波特词干提取算法之外，还有其他的词干提取算法，如兰开斯特大学（Lancaster University）开发的兰开斯特词干提取算法（Lancaster stemming algorithm）。NLTK 包括了这个算法，将其作为 LancasterStemmer 类。在写这本书的时候，没有权威研究表明某个算法比其他算法的优越。但是，波特词干提取算法通常是默认选择。

　　下面所谈到的所有词干提取器都继承了 StemmerI 接口，该接口定义了 stem()方法。以下是说明这个内容的继承图。

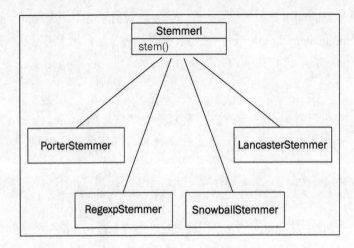

1．LancasterStemmer 类

虽然 LancasterStemmer 类的函数与 PorterStemmer 类的函数类似，但是产生的结果稍有不同。众所周知，它比 PorterStemmer 函数功能更强大。

```
>>> from nltk.stem import LancasterStemmer
>>> stemmer = LancasterStemmer()
>>> stemmer.stem('cooking')
'cook'
>>> stemmer.stem('cookery')
'cookery'
```

2．RegexpStemmer 类

也可以使用 RegexpStemmer 类构建自己的词干提取器。词干提取器接受正则表达式（无论是已编译的，还是作为字符串），删除与表达式相匹配的任何前缀或后缀。

```
>>> from nltk.stem import RegexpStemmer
>>> stemmer = RegexpStemmer('ing')
>>> stemmer.stem('cooking')
'cook'
>>> stemmer.stem('cookery')
'cookery'
>>> stemmer.stem('ingleside')
'leside'
```

RegexpStemmer 类不是一种通用的算法，只处理非常特定的模式，因此它只用在 PorterStemmer 类或 LancasterStemmer 类不包含的非常特殊的情况下。

3. SnowballStemmer 类

SnowballStemmer 类支持 13 种非英语语言。它还提供了两种英语词干提取器：最初的波特词干提取算法以及新的英语词干提取算法。为了使用 SnowballStemmer 类，要创建一个以你所使用语言命名的实例，然后调用 stem()方法。此处是所有支持的语言列表，以及使用西班牙语 SnowballStemmer 类的示例。

```
>>> from nltk.stem import SnowballStemmer
>>> SnowballStemmer.languages('danish', 'dutch', 'english', 'finnish',
'french', 'german', 'hungarian', 'italian', 'norwegian', 'porter',
'portuguese', 'romanian', 'russian', 'spanish', 'swedish')
>>> spanish_stemmer = SnowballStemmer('spanish')
>>> spanish_stemmer.stem('hola')
u'hol'
```

2.2.4 请参阅

下一节将介绍词形还原。这非常相似于词干提取，但是有些细微的不同。

2.3 使用 WordNet 进行词形还原

虽然词形还原非常类似于词干提取，但是它与同义词替换更像。不同于根词干，词元是根单词。因此，与词干提取不同，词形还原总是留下表示同样意义的完整单词。然而，你所得到的单词可能完全不同。这里使用几个示例来解释这一点。

2.3.1 准备工作

请确保你已经解压了 wordnet 语料库到 nltk_data/corpora/wordnet 中。这将允许 WordNet Lemmatizer 类访问 WordNet。你还应该熟悉该模块 1.7 节谈到的词性标记。

2.3.2 工作方式

下面将使用 WordNetLemmatizer 类找到词元。

```
>>> from nltk.stem import WordNetLemmatizer
>>> lemmatizer = WordNetLemmatizer()
>>> lemmatizer.lemmatize('cooking')
'cooking'
```

```
>>> lemmatizer.lemmatize('cooking', pos='v')
'cook'
>>> lemmatizer.lemmatize('cookbooks')
'cookbook'
```

2.3.3 工作原理

WordNetLemmatizer 类是包装了 wordnet 语料库的轻型包装器，使用 WordNetCorpus Reader 类的 morphy()函数来找到词元。如果没有找到词元或单词本身就是词元，就返回单词本身。与词干提取不同，此时知道单词的词性很重要。正如前面所演示的，cooking 不会返回不同的词元，除非指定 POS 为动词。这是因为默认的 POS 是名词，作为名词，cooking 是其自身的词元。另一方面，cookbooks 是名词，其单数形式 cookbook 是其词元。

2.3.4 更多信息

下面是说明词干提取和词形还原之间一个主要区别的示例。

```
>>> from nltk.stem import PorterStemmer
>>> stemmer = PorterStemmer()
>>> stemmer.stem('believes')
'believ'
>>> lemmatizer.lemmatize('believes')
'belief'
```

与 PorterStemmer 类仅仅去掉 es 不同，WordNetLemmatizer 类找到了完整的根单词。词干提取器仅仅关注单词的形式，而词形还原器（lemmatizer）关注单词的意思。通过返回词元，总是可以得到一个完整的单词。

将词干提取与词形还原结合

可以组合词干提取和词形还原来压缩单词，这比用单个方法来压缩单词效果更好。虽然这些情况比较少见，但是它们确实存在。

```
>>> stemmer.stem('buses')
'buse'
>>> lemmatizer.lemmatize('buses')
'bus'
>>> stemmer.stem('bus')
'bu'
```

在这个示例中，词干提取减少了一个字符，词形还原减少了两个字符。对词元进行词干提取从 5 个字符中总共减少了 3 个字符，这是将近 60%的压缩率。对上千个单词进行这种水平的单词压缩，虽然不能总是得到这样高的收益，但是得到的结果还是存在巨大的差异。

2.3.5　请参阅

该模块 1.7 节和 1.8 节介绍了词干提取和 WordNet 的基础知识。展望未来，4.11 节将讨论如何使用 WordNet 进行标记。

2.4　基于匹配的正则表达式替换单词

现在，我们要进入替换单词的流程。如果词干提取和词形还原是一种语言压缩，那么可以认为单词替换是校正错误或文本标准化。

本节将基于正则表达式替换单词，并聚焦于扩展缩写。还记得当该模块第 1 章讨论标记单词的时候，很显然，大多数标记生成器对缩写都很头疼吗？本节旨在通过使用扩展形式代替缩写，来修复这个问题，例如，将"can't"替换为"cannot"，或将"would've"替换为"would have"。

2.4.1　准备工作

理解这个工作原理需要正则表达式和 re 模块的基本知识。所要知道的关键内容是匹配模式和 re.sub()函数。

2.4.2　工作方式

首先，需要定义了一些替换模式。这些模式应该是元组对列表。在元组对中，第一个元素是待匹配的模式，第二个元素是替换元素。

然后，创建可以编译模式的 RegexpReplacer 类，并提供 replace()方法以使用替代单词代替所有发现的模式。

下面的代码可以在本书的代码包的 replacers.py 模块中找到，在控制台中导入（而不是录入）以下代码。

```
import re

replacement_patterns = [
  (r'won\'t', 'will not'),
  (r'can\'t', 'cannot'),
  (r'i\'m', 'i am'),
  (r'ain\'t', 'is not'),
  (r'(\w+)\'ll', '\g<1> will'),
  (r'(\w+)n\'t', '\g<1> not'),
  (r'(\w+)\'ve', '\g<1> have'),
  (r'(\w+)\'s', '\g<1> is'),
  (r'(\w+)\'re', '\g<1> are'),
  (r'(\w+)\'d', '\g<1> would')
]
class RegexpReplacer(object):
  def __init__(self, patterns=replacement_patterns):
    self.patterns = [(re.compile(regex), repl) for (regex, repl) in
      patterns]


def replace(self, text):
  s = text
  for (pattern, repl) in self.patterns:
    s = re.sub(pattern, repl, s)
  return s
```

2.4.3　工作原理

下面是一个简单的示例。

```
>>> from replacers import RegexpReplacer
>>> replacer = RegexpReplacer()
>>> replacer.replace("can't is a contraction")
'cannot is a contraction'
>>> replacer.replace("I should've done that thing I didn't do")
'I should have done that thing I did not do'
```

RegexpReplacer.replace()函数的工作原理是使用对应的替代模式（substitution pattern）替代每一个替换模式（replacement pattern）实例。在替换模式中，定义了元组，如 r'(\w+)\'ve' 和'\g<1> have'。第一个元素匹配一组 ASCII 字符，其后跟着've。将圆括号中've 前的字符组织成组，然后使用\g<1>引用，找到和使用替代模式中的匹配组。因此，可以保留在've 前的所有内容，然后使用单词 have 代替've。这是 should've 被 should have 代替的方式。

2.4.4 更多信息

这种替换技术可以与任何类型的正则表达式一起工作，而不仅仅是缩写。因此，可以使用 and 替代任何出现的&，或使用空字符串替换任何出现的-。RegexpReplacer 类可以接受用于任何目的的任意替换模式列表。

在标记化之前的替换

我们尝试使用 RegexpReplacer 类作为标记化之前的预备步骤：

```
>>> from nltk.tokenize import word_tokenize
>>> from replacers import RegexpReplacer
>>> replacer = RegexpReplacer()
>>> word_tokenize("can't is a contraction")
['ca', "n't", 'is', 'a', 'contraction']
>>> word_tokenize(replacer.replace("can't is a contraction"))
['can', 'not', 'is', 'a', 'contraction']
```

通过先消除缩写，标记生成器将生成相对清洁的结果。在自然语言处理之前，清理文本是通用模式。

2.4.5 请参阅

有关标记化的更多信息，请参阅该模块第 1 章的前三节。有关替换的更多技术，请继续阅读本章的其余部分。

2.5 移除重复字符

在日常语言中，人们往往不会遵循严格的语法，会写出 loooooooove 这样的词语，来强调 love（爱）。但是，除非人们告诉计算机 "loooooooove" 是 "love" 的变体，否则计算机不会知道这一点。本节介绍了一种方法，来移除这些恼人的重复字符，获得正确的英文单词。

2.5.1 准备工作

与前一节一样，我们将利用 re 模块，更具体地说，利用反向引用（back reference）。反向引用是引用先前正则表达式匹配的组一种方法。这使得我们可以匹配并删除重复的字符。

2.5.2   工作方式

我们将创建一个与前一节中的 RegexpReplacer 类具有相同形式的类。这个类具有一个 replace()方法，这个方法接受一个单词，移除单词中可疑的重复字符，并返回该单词相对正确的版本。在本书代码包中的 replacers.py 中，可以找到这段代码，并且按照规则这段代码需要导入。

```python
import re

class RepeatReplacer(object):
  def __init__(self):
    self.repeat_regexp = re.compile(r'(\w*)(\w)\2(\w*)')
    self.repl = r'\1\2\3'

  def replace(self, word):
    repl_word = self.repeat_regexp.sub(self.repl, word)

    if repl_word != word:
      return self.replace(repl_word)
    else:
      return repl_word
```

此处是一些示例用例。

```python
>>> from replacers import RepeatReplacer
>>> replacer = RepeatReplacer()
>>> replacer.replace('looooove')
'love'
>>> replacer.replace('oooooh')
'oh'
>>> replacer.replace('goose')
'gose'
```

2.5.3   工作原理

RepeatReplacer 类首先编译正则表达式，以使用反向引用，匹配和定义替换字符串。repeat_regexp 模式匹配以下字符。

- 零个或多个起始字符（\w*）。

- 单个字符（\w）后跟着该字符的另一个实例（\2）。

- 零或多个结束字符（\w*）。

接下来，使用替换字符串，来保留所有的匹配组，而丢弃第二组的反向引用。这样，单词 looooove 会分割成（looo）（o）（ve），丢弃最后一个 o，重新组合成 loooove。如此继续，直到只有一个 o 剩下，当 repeat_regexp 不再匹配字符串时，就不会移除更多的字符。

2.5.4　更多信息

在上面的示例中，你可以发现 RepeatReplacer 类有点太过贪婪，结果使得 goose 变成了 gose。为了解决此问题，可以使用 WordNet 查询，来增强 replace()函数。如果 WordNet 识别出了此单词，那么可以停止替换字符。此处是 WordNet 的增强版本。

```
import re
from nltk.corpus import wordnet

class RepeatReplacer(object):
  def __init__(self):
    self.repeat_regexp = re.compile(r'(\w*)(\w)\2(\w*)')
    self.repl = r'\1\2\3'
  def replace(self, word):
    if wordnet.synsets(word):
      return word
    repl_word = self.repeat_regexp.sub(self.repl, word)

    if repl_word != word:
      return self.replace(repl_word)
    else:
      return repl_word
```

现在，在 WordNet 中可以找到 goose，因此不会发生字符替换。此外，oooooh 就会变成 ooh，而不是 oh，这是因为，ooh 实际上是 WordNet 中的一个单词，定义为钦佩或快乐的表情。

2.5.5　请参阅

请阅读下一节，了解如何纠正拼写错误。有关 WordNet 的更多信息，请参阅该模块第 1 章。在本章后面几节中，也会使用 WordNet 进行反义词替换。

2.6 使用 Enchant 进行拼写校正

替换重复字符实际上是拼写校正的极端形式。在本节中，我们将采取不那么极端的做法，使用 Enchant（拼写校正 API），校正轻微的拼写问题。

2.6.1 准备工作

需要安装 Enchant 和供它使用的一本字典。Enchant 是开源字处理器 AbiWord 的一个分支，关于 Enchant 的更多信息，请访问 abisource 网站。

关于字典，Aspell 是一个非常好的开源拼写检查器和字典，你可以在 aspell 网站找到它。

最后，需要 PyEnchant 库，这可以在 pythonhosted 网站中找到。

你应该能够使用 Python setuptools 自带的 easy_install 命令来安装它，例如，在 Linux 或 UNIX 系统上，输入 sudo easy_install pyenchant。PyEnchant 可能难以安装在 Mac 计算机上。如果有困难安装，请访问 pythonhosted 网站。

2.6.2 工作方式

在 replacers.py 中，创建称为 SpellingReplacer 的新类，此时，replace()方法将会检查 Enchant，确定单词是否有效。如果单词无效，那么我们将会查找替代单词，使用 nltk.metrics.edit_distance()返回最佳匹配。

```
import enchant
from nltk.metrics import edit_distance

class SpellingReplacer(object):
  def __init__(self, dict_name='en', max_dist=2):
    self.spell_dict = enchant.Dict(dict_name)
    self.max_dist = max_dist

  def replace(self, word):
    if self.spell_dict.check(word):
      return word
    suggestions = self.spell_dict.suggest(word)

    if suggestions and edit_distance(word, suggestions[0]) <=
```

```
      self.max_dist:
      return suggestions[0]
else:
      return word
```

前面的类可以用来纠正英语拼写，如下所示。

```
>>> from replacers import SpellingReplacer
>>> replacer = SpellingReplacer()
>>> replacer.replace('cookbok')
'cookbook'
```

2.6.3　工作原理

SpellingReplacer 类从创建 Enchant 字典的引用开始。然后，在 replace()方法中，它首先检查给定的单词是否在字典中出现。如果出现，就没有必要进行拼写校正，返回单词。如果不出现，它就会查询建议单词列表，只要建议单词的编辑距离小于或等于 max_dist，就返回第一个建议单词。编辑距离是将给定单词转变为建议单词，所要改变的字符数目。max_dist 值是关于 Enchant suggest 函数的约束，用于保证不返回不可能用于替换的单词。这里有一个示例，显示了对 languege（这是拼写错误的 language）的所有建议单词。

```
>>> import enchant
>>> d = enchant.Dict('en')
>>> d.suggest('languege')
['language', 'languages', 'languor', "language's"]
```

除了正确的建议单词 language 之外，所有其他单词的编辑距离大于等于 3。可以使用以下代码，自己动手尝试一下。

```
>>> from nltk.metrics import edit_distance
>>> edit_distance('language', 'languege')
1
>>> edit_distance('language', 'languo')
3
```

2.6.4　更多信息

可以使用 en 以外的其他语言词典，比如 en_GB（假设你已经安装这本字典）。为了检查哪一种其他语言可用，请使用 enchant.list_languages()。

```
>>> enchant.list_languages()
['en', 'en_CA', 'en_GB', 'en_US']
```

小技巧：
如果你尝试使用不存在的字典，就会得到 enchant.
DictNotFoundError。首先，可以使用 enchant. dict_
exists()，检查字典是否存在，如果所指定的字典存在，
这会返回 True；否则，返回 False。

1. EN_GB 词典

无论你要对何种语言进行拼写校正，请始终确保你使用正确的字典。en_US 字典给出的结果可能不同于 en_GB 给出的结果，如对单词 theater 而言，单词 theater 是美式英语拼写，在英式拼写中，这个单词为 theatre。

```
>>> import enchant
>>> dUS = enchant.Dict('en_US')
>>> dUS.check('theater')
True
>>> dGB = enchant.Dict('en_GB')
>>> dGB.check('theater')
False
>>> from replacers import SpellingReplacer
>>> us_replacer = SpellingReplacer('en_US')
>>> us_replacer.replace('theater')
'theater'
>>> gb_replacer = SpellingReplacer('en_GB')
>>> gb_replacer.replace('theater')
'theatre'
```

2. 个人词汇表

Enchant 也支持个人词汇表。个人词汇表可以与现有的字典相结合，允许你使用自己的单词，充实字典。假如你有一个命名为 mywords.txt 的文件，这个文件中 nltk 占了一行。然后，可以创建使用个人词汇表充实的字典，如下所示。

```
>>> d = enchant.Dict('en_US')
>>> d.check('nltk')
False
>>> d = enchant.DictWithPWL('en_US', 'mywords.txt')
>>> d.check('nltk')
True
```

要使用增强的字典和 SpellingReplacer 类，可以在 replacers.py 中创建接受现有拼写字典的子类。

```
class CustomSpellingReplacer(SpellingReplacer):
  def __init__(self, spell_dict, max_dist=2):
    self.spell_dict = spell_dict
    self.max_dist = max_dist
```

这个 CustomSpellingReplacer 类不会替换已存在于 mywords.txt 中的任何单词。

```
>>> from replacers import CustomSpellingReplacer
>>> d = enchant.DictWithPWL('en_US', 'mywords.txt')
>>> replacer = CustomSpellingReplacer(d)
>>> replacer.replace('nltk')
'nltk'
```

2.6.5 请参阅

前一节谈到了通过替换重复字符进行拼写校正的极端形式。还可以通过简单单词替换，来进行拼写校正，这将在下一节中讨论。

2.7 替换同义词

使用共同的同义词替换单词，可以有效地减少文本的词汇量。在诸如频率分析和文本索引的情况下，可以压缩词汇而不失意义，从而节省了内存。关于这些主题的更多详细信息，请访问维基百科网站。词汇量的减少也能增加有意义的搭配，该模块 1.10 节谈到过这个话题。

2.7.1 准备工作

需要定义单词到其同义词的映射，也就是一个简单的受控词表。我们从硬编码同义词作为 Python 字典开始，然后探讨存储同义词映射的其他选项。

2.7.2 工作方式

首先，在 replacers.py 中创建接受单词替换映射的 WordReplacer 类。

```
class WordReplacer(object):
  def __init__(self, word_map):
    self.word_map = word_map
```

```
def replace(self, word):
    return self.word_map.get(word, word)
```

然后，可以使用简单的单词替换，演示一下它的用法：

```
>>> from replacers import WordReplacer
>>> replacer = WordReplacer({'bday': 'birthday'})
>>> replacer.replace('bday')
'birthday'
>>> replacer.replace('happy')
'happy'
```

2.7.3 工作原理

简单来说，WordReplacer 类是 Python 字典类包装器。replace()方法在其 word_map 字典中，查找给定的单词。如果单词存在，返回替换的同义词；否则，返回给定的单词。

如果你只使用 word_map 字典，那么不需要 WordReplacer 类，可以直接调用 word_map.get()。但是，WordReplacer 可以作为从各种文件格式中构建 word_map 字典的其他类的基类。请继续阅读，获得更多信息。

2.7.4 更多信息

在 Python 字典中，硬编码同义词不是一个好的长效解决方案。两种更好的选择是，在 CSV 文件中或在 YAML 文件中存储同义词。读者可以选择对维护同义词词汇的人而言最容易的那种格式。下一节的两个类从 WordReplacer 中继承 replace()方法。

1．CSV 同义词替换

为了从 CSV 文件中构建 word_map 字典，CsvWordReplacer 类继承了 replacers.py 中的 WordReplacer。

```
import csv

class CsvWordReplacer(WordReplacer):
  def __init__(self, fname):
    word_map = {}
    for line in csv.reader(open(fname)):
      word, syn = line
      word_map[word] = syn
    super(CsvWordReplacer, self).__init__(word_map)
```

　　CSV 文件应该包括两列，其中第一列是单词，第二列是要替换该单词的同义词。如果这个文件名为 synonyms.csv，第一行为 bday、birthday，那么可以执行以下任务。

```
>>> from replacers import CsvWordReplacer
>>> replacer = CsvWordReplacer('synonyms.csv')
>>> replacer.replace('bday')
'birthday'
>>> replacer.replace('happy')
'happy'
```

2．YAML 同义词替换

　　如果已经安装了 PyYAML，那么可以在 replacers.py 中创建 YamlWordReplacer，如下所示。

```
import yaml

class YamlWordReplacer(WordReplacer):
  def __init__(self, fname):
    word_map = yaml.load(open(fname))
    super(YamlWordReplacer, self).__init__(word_map)
```

> **提示：**
> PyYAML 的下载和安装说明参见 pyyaml 网站。也可以在命令提示符下输入 pip install pyyaml。

　　YAML 文件应该是"单词（word）：同义词（synonym）"简单的映射，如 bday：birthday。请注意，YAML 语法非常特别，冒号后的空格是必需的。如果文件命名为 synonyms.yaml，那么可以执行以下代码。

```
>>> from replacers import YamlWordReplacer
>>> replacer = YamlWordReplacer('synonyms.yaml')
>>> replacer.replace('bday')
'birthday'
>>> replacer.replace('happy')
'happy'
```

2.7.5　请参阅

　　可以使用 WordReplacer 类来执行任何类型的单词替换，对那些不能自动校正的、相对复杂的单词而言，甚至可以执行拼写校正，正如我们在前一节中所做的一样。下一节将介绍反义词替换。

2.8 使用反义词替换否定形式

同义词替换的反面是反义词替换。反义词是与一个单词意思相反的另一个单词。这一次，不自定义单词映射，而使用 WordNet 替换有明确反义词的单词。关于反义词查询的更多详细信息，请参阅该模块 1.7 节。

2.8.1 工作方式

假如你有一个句子，如：let's not uglify our code（让我们不要丑化代码）。使用反义词替换，可以将 not uglify（不要丑化），替换为 beautify（美化），得到句子 let's beautify our code（让我们美化代码）。为了做到这一点，可以在 replacers.py 中创建 AntonymReplacer 类，如下所示。

```
from nltk.corpus import wordnet

class AntonymReplacer(object):
  def replace(self, word, pos=None):
    antonyms = set()
    for syn in wordnet.synsets(word, pos=pos):
      for lemma in syn.lemmas():
        for antonym in lemma.antonyms():
          antonyms.add(antonym.name())
    if len(antonyms) == 1:
      return antonyms.pop()
    else:
      return None

  def replace_negations(self, sent):
    i, l = 0, len(sent)
    words = []
    while i < l:
      word = sent[i]
      if word == 'not' and i+1 < l:
        ant = self.replace(sent[i+1])
        if ant:
          words.append(ant)
          i += 2
          continue
      words.append(word)
      i += 1
    return words
```

现在，可以标记原来的句子为["let's", 'not', 'uglify', 'our', 'code']，将其传递给 replace_negations()函数。这里有一些示例：

```
>>> from replacers import AntonymReplacer
>>> replacer = AntonymReplacer()
>>> replacer.replace('good')
>>> replacer.replace('uglify')
'beautify'
>>> sent = ["let's", 'not', 'uglify', 'our', 'code']
>>> replacer.replace_negations(sent)
["let's", 'beautify', 'our', 'code']
```

2.8.2　工作原理

AntonymReplacer 类有两个方法：replace()和 replace_negations()。replace()方法接受单个单词和一个可选的词性标记，然后在 WordNet 中寻找这个单词的 Synset。这个方法浏览所有的 Synset 以及 Synset 的每个词元，创建找到的所有反义词的词集。如果只找到一个反义词，那么这就是一个明确的替换单词。如果有多个反义词（这是非常常见的情况），那么我们不能确切地知道哪个反义词是正确的。在多反义词（或无反义词）的情况下，由于 replace()不能做出决定，因此它返回 None。

在 replace_negations()中，我们浏览标记化的句子，寻找单词 not。如果找到 not，那么我们尝试使用 replace()，找到下一个单词的反义词。如果找到反义词，那么这个反义词就可以添加到单词列表中，替换 not 和原有的单词。所有其他单词按照原样添加，这样就得到了一个标记化的句子，在这个句子中，明确的否定形式由其反义词替换。

2.8.3　更多信息

由于在 WordNet 中明确的反义词不是很常见，因此读者可能希望使用与处理同义词相同的方式，依葫芦画瓢，创建自定义反义词映射。这个 AntonymWordReplacer 可以通过继承 WordReplacer 和 AntonymReplacer 进行构建。

```
class AntonymWordReplacer(WordReplacer, AntonymReplacer):
  pass
```

由于要初始化，并将 WordReplacer 的 replace 函数与 AntonymReplacer 的 replace_negations 函数相结合，因此继承的顺序非常重要的。所要的结果是能够执行以下任务的 replacer 函数。

```
>>> from replacers import AntonymWordReplacer
>>> replacer = AntonymWordReplacer({'evil': 'good'})
>>> replacer.replace_negations(['good', 'is', 'not', 'evil'])
['good', 'is', 'good']
```

当然，如果要从文件中加载反义词单词映射，也可以继承 CsvWordReplacer 或 YamlWordReplacer，而不是继承 WordReplacer。

2.8.4 请参阅

前一节从同义词替换的角度介绍了 WordReplacer。该模块 1.7 节和 1.8 节详细说明了 WordNet 的用法。

第 3 章
创建语料库

本章将介绍以下内容。

- 建立自定义语料库。

- 创建词汇表语料库。

- 创建已标记词性单词的语料库。

- 创建已组块短语的语料库。

- 创建已分类文本的语料库。

- 创建已分类组块语料库的读取器。

- 懒惰语料库加载。

- 创建自定义语料库视图。

- 创建基于 MongoDB 的语料库读取器。

- 使用文件加锁的语料库编辑。

3.1 引言

本章将介绍如何使用语料库读取器，以及如何创建自定义语料库。如果你希望训练自己的模型，如词性标记器或文本分类器，那么你需要创建自定义语料库来进行训练。后续章节将介绍模型训练。

现在，你将学习如何使用 NLTK 自带的现有语料库数据。在后面章节中，当获取训练数据时，如果需要访问语料库，这至关重要。你已经访问过该模块第 1 章中的 WordNet 语料库。本章将介绍更多的语料库。

本章还将讨论如何创建自定义的语料库读取器，当 NLTK 不能识别语料库的文件格式时，或如果语料库不以文件的形式存储，而是在存储在诸如 MongoDB 之类的数据库中，可以使用语料库读取器。熟悉该模块第 1 章所介绍的标记化是至关重要的。

3.2 建立自定义语料库

语料库（corpus）是文本文档的集合，corpora 是 corpus 的复数形式。这是拉丁词，意思是 body（身体），在此情况下，指的是文本主体（body of text）。因此，自定义语料库实际上就是目录中的一堆文本文件，并且这个目录还常常伴随着许多其他文本文件的目录。

3.2.1 准备工作

你应该遵循 NLTK 网站上的说明，安装了 NLTK 数据包。假设数据安装到了 Windows 系统上的 C:\nltk_data 中，或者 Linux 系统、UNIX 系统和 Mac OS X 上的/usr/share/ nltk_data 中。

3.2.2 工作方式

NLTK 在 nltk.data.path 中定义了数据目录或路径的列表。自定义语料库必须存在于其中一个路径，这样它才可以被 NLTK 找到。为了避免与官方数据包冲突，这里将在主目录中创建自定义的 nltk_data 目录。以下 Python 代码创建此目录并验证这个目录在 nltk.data.path 指定的已知路径列表中。

```
>>> import os, os.path
>>> path = os.path.expanduser('~/nltk_data')
>>> if not os.path.exists(path):
...      os.mkdir(path)
>>> os.path.exists(path)
True
>>> import nltk.data
>>> path in nltk.data.path
True
```

如果最后一行代码 path in nltk.data.path 为 True，那么现在在主目录中应该有 nltk_data 目录。这个路径在 Windows 系统上应该为%UserProfile%\nltk_data，在 Unix 系统、Linux 系统和 Mac OS X 上应该为～/nltk_data。为了简单起见，把此目录称为～/nltk_data。

提示：

如果最后一行代码没有返回 true，那么请尝试手动在主目录中创建 nltk_data 目录，然后，验证绝对路径在 nltk.data.path 中。在继续操作之前，确保此目录存在于 nltk.data.path 中至关重要。通过运行 python -c "import nltk.data; print（nltk.data.path）"命令，可以看到目录列表。一旦得到了 nltk_data 目录，按照约定，这个语料库应该驻留在 corpora 子目录中。在 nltk_data 目录中创建这个 corpora 目录，这样路径就成为～/nltk_ data/ corpora。最后，将在 corpora 中创建子目录来保存自定义语料库。将自定义语料库命名为 cookbook，这样其完整的路径为～/nltk_data/corpora/ cookbook。在 UNIX 系统、Linux 系统和 Mac OS X 上，可以运行下列命令来创建目录:

```
mkdir -p ~/nltk_data/corpora/cookbook
```

现在，可以创建简单的词汇表文件，并确保加载了它。在该模块的 2.6 节中，创建了名为 mywords.txt 的词汇表文件，并将这个文件放到～/nltk_data/corpora/cookbook/中。现在，可以使用 nltk.data.load()加载文件，如下列代码所示。

```
>>> import nltk.data
>>> nltk.data.load('corpora/cookbook/mywords.txt', format='raw')
b'nltk\n'
```

提示：
因为 nltk.data.load()不知道如何解释.txt 文件，所以需要指定 format='raw'。我们也即将发现，它知道如何解释一些其他的文件格式。

3.2.3 工作原理

nltk.data.load()函数识别多种格式，如'raw' 'pickle'和'yaml'。如果格式未指定，那么它会基于文件的扩展名，尝试猜测格式。在先前的情况下，有.txt 文件，这不是一个可识别的扩展名，因此必须指定 "raw" 格式。但是，如果使用的文件的扩展名是.yaml，那么不需要指定格式。

传递给 nltk.data.load()的文件名可以是绝对路径，也可以是相对路径。相对路径必须相对于 nltk.data.path 中指定的其中一条路径。使用 nltk.data.find(path)，结合相对路径，搜索所有已知的路径，找到文件。绝对路径不需要搜索，按原样使用。在使用相对路径时，请选择使用非二义性的文件名称，使其不与任何现有的 NLTK 数据发生冲突。

3.2.4　更多信息

大多数语料库的访问可以由以下几节所介绍的 CorpusReader 类处理，因此实际上，不需要使用 nltk.data.load。但是，为了加载 pickle 文件和.yaml 文件，需要熟悉这个函数，同时，这个函数也介绍了一种将所有的数据放到 NLTK 已知路径上的概念。

加载 YAML 文件

如果将在该模块 2.7 节中的 synonyms.yaml 文件放到~/nltk_data/corpora/cookbook（mywords.txt 旁边）中，无须指定格式即可使用 nltk.data.load()来加载它。

```
>>> import nltk.data
>>> nltk.data.load('corpora/cookbook/synonyms.yaml')
{'bday': 'birthday'}
```

假定读者安装了 PyYAML。如果没有安装 PyYAML，可以在 PyYAML 网站中找到下载和安装说明。

3.2.5　请参阅

接下来的几节将讨论各种语料库读取器，然后在 3.8 节中将使用 LazyCorpusLoader 类，这个类预计语料库中的数据存于 nltk.data.path 指定的其中一条路径的 corpora 子目录中。

3.3　创建词汇表语料库

WordListCorpusReader 类是最简单的一个 CorpusReader 类。它可以访问包含词汇表的文件，在此文件中，每行一个单词。事实上，在该模块 1.6 节和 1.10 节中，在使用停用词语料库时，就已经使用过这个类了。

3.3.1　准备工作

从创建词汇表文件开始。这可以是单列的 CSV 文件，也可以是每行一个单词的普通文本文件。创建命名为 wordlist 的文件，如下所示。

```
nltk
corpus
corpora
wordnet
```

3.3.2　工作方式

现在，可以实例化 WordListCorpusReader 类，从文件中读取数据，生成单词列表。这有两个参数：文件的目录路径和文件名列表。如果打开的 Python 控制台与文件在相同的目录中，那么可以使用 "." 作为目录路径。否则，必须使用如 nltk_data/corpora/cookbook 这样的目录路径。

```
>>> from nltk.corpus.reader import WordListCorpusReader
>>> reader = WordListCorpusReader('.', ['wordlist'])
>>> reader.words()
['nltk', 'corpus', 'corpora', 'wordnet']
>>> reader.fileids()
['wordlist']
```

3.3.3　工作原理

WordListCorpusReader 类继承了 CorpusReader 后者是所有语料库读取器的通用基类。CorpusReader 类负责识别读取哪个文件的工作，WordListCorpusReader 读取文件，标记每一行，生成单词列表。以下是继承图。

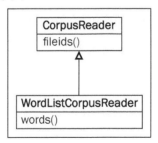

当调用 words()函数的时候，words()函数调用了 nltk.tokenize.line_tokenize()标记原始文件数据，其中可以使用 raw()函数访问原始文件数据，如下所示。

```
>>> reader.raw()
'nltk\ncorpus\ncorpora\nwordnet\n'
>>> from nltk.tokenize import line_tokenize
>>> line_tokenize(reader.raw())
['nltk', 'corpus', 'corpora', 'wordnet']
```

3.3.4   更多信息

停用词语料库是多文件 WordListCorpusReader 的一个范例。在该模块的 1.6 节中，我们看到每种语言有一个单词表文件，可以通过调用 stopwords.words（fileid）访问该语言对应的单词。如果希望创建自己的多文件单词表语料库，这是可以效仿的一个范例。

1．名字词汇表语料库

NLTK 另外自带的词汇表语料库是 names 语料库，如以下代码所示。它包含两个文件：female.txt 和 male.txt，这两个文件按性别组织，每个文件包含了具有几千个普通名字的列表，如下所示。

```
>>> from nltk.corpus import names
>>> names.fileids()
['female.txt', 'male.txt']
>>> len(names.words('female.txt'))
5001
>>> len(names.words('male.txt'))
2943
```

2．英语单词语料库

NLTK 还自带了庞大的英语单词列表。其中，一个文件包含 850 个基本词汇，另一张列表具有超过 20 万已知的英语单词，正如下面的代码所示。

```
>>> from nltk.corpus import words
>>> words.fileids()
['en', 'en-basic']
>>> len(words.words('en-basic'))
850
>>> len(words.words('en'))
234936
```

3.3.5   请参阅

该模块 1.6 节具有关于使用停用词语料库的更多详细信息。下面几节将介绍更先进的语料库文件格式和语料库读取器类。

3.4 创建已标记词性单词的语料库

词性标记（Part-of-speech tagging）是识别单词词性标签的过程。大多数时候，首先必须使用训练语料库对标注器进行训练。该模块第 4 章详细介绍了如何训练和使用标注器，不过，我们首先必须理解如何创建和使用包含了已标注词性的单词的训练语料库。

3.4.1 准备工作

标注语料库的最简单形式是单词/标签（word/tag）的形式。以下是来自 brown 语料库的摘录：

The/at-tl expense/nn and/cc time/nn involved/vbn are/ber astronomical/jj ./.

每个单词都有一个表示其词性的标签。例如，nn 指的是名词，而以 vb 开头的标签是动词。

> **提示：**
>
> 不同的语料库可以使用不同的标签来表示同样的信息。例如，即使 treebank 语料库和 brown 语料库都是英文文本，它们也使用了不同的标签。这两套标签都可以转换为通用标签集，本节结尾将对通用标签集进行说明。

3.4.2 工作方式

如果把前面的摘录放入一个称为 brown.pos 的文件中，那么能够使用下面的代码创建 **TaggedCorpusReader** 类。

```
>>> from nltk.corpus.reader import TaggedCorpusReader
>>> reader = TaggedCorpusReader('.', r'.*\.pos')
>>> reader.words()
['The', 'expense', 'and', 'time', 'involved', 'are', ...]
>>> reader.tagged_words()
[('The', 'AT-TL'), ('expense', 'NN'), ('and', 'CC'), ...]
>>> reader.sents()
[['The', 'expense', 'and', 'time', 'involved', 'are', 'astronomical',
'.']]
>>> reader.tagged_sents()
[[('The', 'AT-TL'), ('expense', 'NN'), ('and', 'CC'), ('time', 'NN'),
('involved', 'VBN'), ('are', 'BER'), ('astronomical', 'JJ'), ('.',
'.')]]
>>> reader.paras()
```

```
[[['The', 'expense', 'and', 'time', 'involved', 'are', 'astronomical',
'.']]]
>>> reader.tagged_paras()
[[[('The', 'AT-TL'), ('expense', 'NN'), ('and', 'CC'), ('time', 'NN'),
('involved', 'VBN'), ('are', 'BER'), ('astronomical', 'JJ'), ('.',
'.')]]]
```

3.4.3 工作原理

这一次，不显式命名文件，而是使用正则表达式 r'.*\.pos'来匹配文件名以.pos 结尾的所有文件。与先前对 WordListCorpusReader 类所做的操作一样，将['brown.pos']作为第二个参数传递给函数，但是，这次你可以看到如何无须显式命名的每一个文件而包括在语料库中的多个文件。

TaggedCorpusReader 类提供了多种方法来从语料库中提取文本。首先，可以得到所有的单词列表或已标注标记的列表。简单来说，已标注标记是一个元组（word，tag）。接下来，可以得到每个句子的列表，也可以得到每个已标注语句的列表，在已标注语句的列表中，每个语句就是单词或已标注标记的列表。最后，可以得到段落列表，其中每段都是句子列表，每个句子是单词或已标注标记的列表。下面的继承图列出了所有的主要方法。

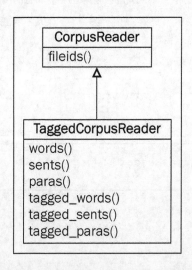

3.4.4 更多信息

刚刚展示的所有函数都使用标记生成器，划分文本。虽然 TaggedCorpusReader 类尝试设置适用的默认值，但是可以通过在初始化时传入自己的标记生成器，自定义它们。

1. 自定义单词标记生成器

默认的单词标记生成器是 nltk.tokenize.WhitespaceTokenizer 的实例。如果要使用不同的标记生成器，那么可以将自己的标记生成器作为 word_tokenizer 传递给 TaggedCorpusReader 实例，如下面的代码所示。

```
>>> from nltk.tokenize import SpaceTokenizer
>>> reader = TaggedCorpusReader('.', r'.*\.pos', word_
tokenizer=SpaceTokenizer())
>>> reader.words()
['The', 'expense', 'and', 'time', 'involved', 'are', ...]
```

2. 自定义句子标记生成器

默认的句子标记生成器是 nltk.tokenize.RegexpTokenize 的实例，使用 "\n" 来识别空格。它假定每个句子占一行，单个句子没有换行符。为了自定义这个方法，可以将自己的标记生成器作为 sent_tokenizer 传递给 TaggedCorpusReader 实例，如下面的代码所示。

```
>>> from nltk.tokenize import LineTokenizer
>>> reader = TaggedCorpusReader('.', r'.*\.pos', sent_
tokenizer=LineTokenizer())
>>> reader.sents()
[['The', 'expense', 'and', 'time', 'involved', 'are', 'astronomical',
'.']]
```

3. 自定义段落块读取器

假定段落是根据空白行进行分割的。可以使用 para_block_reader 的函数 nltk.corpus.reader.util.read_blankline_block 来完成这个任务。在 nltk.corpus.reader.util 中，还有一些其他的块读取器函数，其作用是从流中读取文本块。该模块的 3.9 节在创建自定义语料库时将更详细地讨论它们的用法。

4. 自定义标签分隔符

如果你不想使用 "/" 作为每个 word/tag 的分隔符，那么可以将替代字符串赋给 sep 并传递到 TaggedCorpusReader 中。默认值是 sep='/'，但是如果你想使用'|'将单词和标签分隔，如'word|tag'，那么可以使用 sep='|'传递分隔符。

5. 将标签转换为通用标签集

NLTK 3.0 提供方法，将已知标签集（tagset）转换为通用标签集（universal tagset）。标签集就是一个或多个语料库使用的词性标签列表。通用标签集是简化和浓缩的标签集，它仅包含 12 个词性标签，如下表所示：

通用标签	说明
VERB	All verbs
NOUN	Common and proper nouns
PRON	Pronouns
ADJ	Adiectives
ADV	Adverbs
ADP	Prepositions and postpositions
CONJ	Conjunctions
DET	Determiners
NUM	Cardinal numbers
PRT	Participles
X	Other
.	Punctuation

可以在 nltk_data/taggers/universal_tagset 中找到从已知标签集到通用标签集的映射。例如，treebank 标签映射在 nltk_data/taggers/universal_tagset/en-ptb.map 中。

为了将语料库标签映射到通用标签集，语料库读取器必须使用已知的标签集名称初始化。然后，可以把 tagset='universal'传递到 tagged_words()方法中，如以下代码所示。

```
>>> reader = TaggedCorpusReader('.', r'.*\.pos', tagset='en-brown')
>>> reader.tagged_words(tagset='universal')
[('The', 'DET'), ('expense', 'NOUN'), ('and', 'CONJ'), ...]
```

NLTK 中大多数已标注语料库使用已知标注集初始化，使得转换变得容易。以下是使用 treebank 语料库的一个示例。

```
>>> from nltk.corpus import treebank
>>> treebank.tagged_words()
[('Pierre', 'NNP'), ('Vinken', 'NNP'), (',', ','), ...]
>>> treebank.tagged_words(tagset='universal')
[('Pierre', 'NOUN'), ('Vinken', 'NOUN'), (',', '.'), …]
```

如果尝试使用未知的映射方法或标签集进行映射，那么每个单词将被标注为 UNK。

```
>>> treebank.tagged_words(tagset='brown')
[('Pierre', 'UNK'), ('Vinken', 'UNK'), (',', 'UNK'), ...]
```

3.4.5 请参阅

该模块第 4 章将会更详细地介绍词性标签和标注。如果读者想知道关于"标记生成器"的更多信息，请参阅该模块第 1 章的前三节。

下一节将介绍如何创建组块短语语料库，其中每个短语也标注了词性。

3.5 创建已组块短语的语料库

组块（chunk）就是句子中的短语。如果你还记得在小学学习的句子示意图，这些示意图就是句中短语的树状表示。这就是组块：句树中的子树。该模块第 5 章将更详细地介绍组块。以下是一个示例句树，这棵树表示为子树是三个名词短语（NP）块。

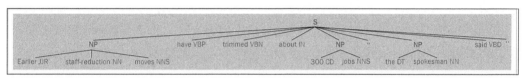

本节会如何创建包含组块的句子的语料库。

3.5.1 准备工作

以下内容节选自已标注的 treebank 语料库。与前一节一样，它具有词性标签，同时也具有指示组块的方括号。方括号内的文本突出表示，使得组块一目了然。以下句子与先前树图中的句子是同一个句子，但是以文本的方式表示。

[Earlier/JJR staff-reduction/NN moves/NNS] have/VBP trimmed/VBN about/IN **[300/CD jobs/NNS]** ,/, **[the/DT spokesman/NN]** said/VBD ./.

在这种格式中，每个组块就是一个名词短语。不在方括号内的单词是句树的一部分，但是不是任何名词短语子树的一部分。

3.5.2 工作方式

将先前节选的内容放到 treebank.chunk 文件中，然后执行以下操作。

```
>>> from nltk.corpus.reader import ChunkedCorpusReader
>>> reader = ChunkedCorpusReader('.', r'.*\.chunk')
>>> reader.chunked_words()
[Tree('NP', [('Earlier', 'JJR'), ('staff-reduction', 'NN'), ('moves',
'NNS')]), ('have', 'VBP'), ...]
>>> reader.chunked_sents()
[Tree('S', [Tree('NP', [('Earlier', 'JJR'), ('staff-reduction', 'NN'),
('moves', 'NNS')]), ('have', 'VBP'), ('trimmed', 'VBN'), ('about',
'IN'), Tree('NP', [('300', 'CD'), ('jobs', 'NNS')]), (',', ','),
Tree('NP', [('the', 'DT'), ('spokesman', 'NN')]), ('said', 'VBD'),
('.', '.')])]
>>> reader.chunked_paras()
[[Tree('S', [Tree('NP', [('Earlier', 'JJR'), ('staff-reduction',
'NN'), ('moves', 'NNS')]), ('have', 'VBP'), ('trimmed', 'VBN'),
('about', 'IN'), Tree('NP', [('300', 'CD'), ('jobs', 'NNS')]), (',',
','), Tree('NP', [('the', 'DT'), ('spokesman', 'NN')]), ('said',
'VBD'), ('.', '.')])]]
```

ChunkedCorpusReader 类提供了与 TaggedCorpusReader 类获得已标注标记同样的方法，同时也提供了获得组块的 3 种新方法。每个组块都使用 nltk.tree.Tree 的实例表示。句子层面的树看起来像 Tree ('S', [...])，而名词短语树看起来像 Tree（'NP', [...]）。在 chunked_sents()中，你会得到句树列表，同时，每个名词短语都作为句树的子树。在 chunked_words()中，你会得到名词短语树列表，以及不在组块中的已标注的单词标记。以下继承图列出了主要方法。

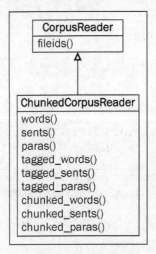

提示:

可以调用 draw()方法，画出树。使用前面定义的语料库读取器，可以使用 reader.chunked_sents()[0] .draw()来获得本节开头所显示的相同句树图。

3.5.3 工作原理

ChunkedCorpusReader 类类似于前一节中的 TaggedCorpusReader 类。它同样具有默认的 sent_tokenizer 和 para_block_reader 函数，但是它没有 word_tokenizer 函数，而是采用了 str2chunktree()函数。在默认情况下，这是 nltk.chunk.util.tagstr2tree()，这个函数将句子字符串（包含了带方括号的组块）解析为句树，同时每个组块都可以作为名词短语子树。其中单词使用空格分开，默认的 word/tag 分隔符是'/'。如果你希望自定义组块解析，那么可以传入自己的函数，而不使用 str2chunktree()。

3.5.4 更多信息

表示组块的另一种格式称为 IOB 标签。虽然 IOB 标签类似词性标签，但是它提供了方式来标记组块的内部、外部和起始。这种方法也允许使用多种不同的组块短语类型，而不仅仅是名词短语。以下内容摘自 conll2000 语料库。每个单词与其词性标签占一行，后面还跟着 IOB 标签。

```
Mr. NNP B-NP
Meador NNP I-NP
had VBD B-VP
been VBN I-VP
executive JJ B-NP
vice NN I-NP
president NN I-NP
of IN B-PP
Balcor NNP B-NP
. . O
```

B-NP 表示名词短语的开始，而 I-NP 表示单词在当前名词短语内部。B-VP 和 I-VP 分别表示动词短语的起始和内部。O 表示句子结束。

为了读取使用 IOB 格式的语料库，必须使用 ConllChunkCorpusReader 类。每个句子由空白行分隔，但是对于段落而言没有分隔符。这意味着 para_ *方法不可用。如果将先前的 IOB 示例文本放入命名为 conll.iob 的文件中，那么通过下面的代码可以创建和使用 ConllChunkCorpusReader 类。ConllChunkCorpusReader 的第三个参数应该是元组或列表，指定文件中的组块类型，在当前情况下，该参数为（'NP', 'VP', 'PP'）。

```
>>> from nltk.corpus.reader import ConllChunkCorpusReader
>>> conllreader = ConllChunkCorpusReader('.', r'.*\.iob', ('NP', 'VP',
'PP'))
```

```
>>> conllreader.chunked_words()
[Tree('NP', [('Mr.', 'NNP'), ('Meador', 'NNP')]), Tree('VP', [('had',
'VBD'), ('been', 'VBN')]), ...]
>>> conllreader.chunked_sents()
[Tree('S', [Tree('NP', [('Mr.', 'NNP'), ('Meador', 'NNP')]),
Tree('VP', [('had', 'VBD'), ('been', 'VBN')]), Tree('NP',
[('executive', 'JJ'), ('vice', 'NN'), ('president', 'NN')]),
Tree('PP', [('of', 'IN')]), Tree('NP', [('Balcor', 'NNP')]), ('.',
'.')])]
>>> conllreader.iob_words()
[('Mr.', 'NNP', 'B-NP'), ('Meador', 'NNP', 'I-NP'), ...]
>>> conllreader.iob_sents()
[[('Mr.', 'NNP', 'B-NP'), ('Meador', 'NNP', 'I-NP'), ('had', 'VBD',
'B-VP'), ('been', 'VBN', 'I-VP'), ('executive', 'JJ', 'B-NP'),
('vice', 'NN', 'I-NP'), ('president', 'NN', 'I-NP'), ('of', 'IN',
'B-PP'), ('Balcor', 'NNP', 'B-NP'), ('.', '.', 'O')]]
```

上面的代码也显示了 iob_words() 和 iob_sents() 方法，这两个方法返回了（word，pos，iob）三元组列表。ConllChunkCorpusReader 的继承图如下所示，大部分的方法由其超类 ConllCorpusReader 实现。

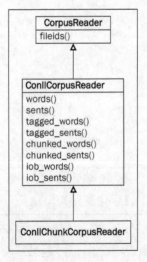

1. 树叶

当谈到组块树时，树叶就是已标注的标记。因此，在一棵树上，如果你想获得所有已标注的标记，那么请调用 leaves() 方法，如下列代码所示。

```
>>> reader.chunked_words()[0].leaves()
[('Earlier', 'JJR'), ('staff-reduction', 'NN'), ('moves', 'NNS')]
>>> reader.chunked_sents()[0].leaves()
```

```
[('Earlier', 'JJR'), ('staff-reduction', 'NN'), ('moves', 'NNS'),
('have', 'VBP'), ('trimmed', 'VBN'), ('about', 'IN'), ('300', 'CD'),
('jobs', 'NNS'), (',', ','), ('the', 'DT'), ('spokesman', 'NN'),
('said', 'VBD'), ('.', '.')]
>>> reader.chunked_paras()[0][0].leaves()
[('Earlier', 'JJR'), ('staff-reduction', 'NN'), ('moves', 'NNS'),
('have', 'VBP'), ('trimmed', 'VBN'), ('about', 'IN'), ('300', 'CD'),
('jobs', 'NNS'), (',', ','), ('the', 'DT'), ('spokesman', 'NN'),
('said', 'VBD'), ('.', '.')]
```

2. 树库组块语料库

nltk.corpus.treebank_chunk 语料库使用 ChunkedCorpusReader 提供了使用词性标签标注的单词，以及使用词性标签标注的《华尔街日报》头条新闻名词短语组块。NLTK 自带宾州树库项目 5%的样本。在 upenn 网站，可以找到更多信息。

3. CoNLL2000 语料库

CoNLL 表示的是计算自然语言学习会议（Conference on Computational Natural Language Learning）。在 2000 年的会议上，执行了一个共享任务，即基于《华尔街日报》语料库，生成组块语料库。除了名词短语（Noun Phrases，NP）之外，这也包含了动词短语（Verb Phrase，VP）和介词短语（Prepositional Phrase，PP）。可以通过 nltk.corpus.conll2000 来使用这个组块语料库。nltk.corpus.conll2000 是 ConllChunkCorpusReader 的实例。

3.5.5 请参阅

该模块第 5 章将详细介绍组块提取的过程。关于从语料库读取器中获得已标注标记的详细信息，请参阅前一节。

3.6 创建已分类文本的语料库

如果你有一个大型的文本语料库，你可能需要将它归类并划分成各个单独的部分。这有助于组织，也有利于该模块第 7 章谈到的文本分类。以 brown 语料库为例，它就具有多个不同的类别，如以下代码所示。

```
>>> from nltk.corpus import brown
>>> brown.categories()
['adventure', 'belles_lettres', 'editorial', 'fiction', 'government',
```

```
'hobbies', 'humor', 'learned', 'lore', 'mystery', 'news', 'religion',
'reviews', 'romance', 'science_fiction']
```

本节将介绍如何创建自己的分类文本语料库。

3.6.1　准备工作

对语料库分类最简单的方法是将每个文件都归为某个类别。以下是来自 movie_reviews 语料库的两段摘录。

- movie_pos.txt：

```
the thin red line is flawed but it provokes .
```

- movie_neg.txt：

```
a big-budget and glossy production can not make up for a lack of
spontaneity that permeates their tv show .
```

根据这两个文件，得到了两个类别：pos 和 neg。

3.6.2　工作方式

使用继承了 PlaintextCorpusReader 类和 CategorizedCorpusReader 类的 Categorized PlaintextCorpusReader 类。其两个超类需要的三个参数是根目录、fileids 参数和类别规格。

```
>>> from nltk.corpus.reader import CategorizedPlaintextCorpusReader
>>> reader = CategorizedPlaintextCorpusReader('.', r'movie_.*\.txt',
cat_pattern=r'movie_(\w+)\.txt')
>>> reader.categories()
['neg', 'pos']
>>> reader.fileids(categories=['neg'])
['movie_neg.txt']
>>> reader.fileids(categories=['pos'])
['movie_pos.txt']
```

3.6.3　工作原理

CategorizedPlaintextCorpusReader 类的前两个参数是根目录和 fileids，把这两个参数传递到 PlaintextCorpusReader 类，读取文件。cat_pattern 关键字参数是正则表达式，用于提取 fileids 参数中的类别名称。在这种情况下，类别是 fileid 参数中 movie_之后和.txt 之前的那一部分内容。类别必须由分组的圆括号括出。

将 cat_pattern 关键字传递给 CategorizedCorpusReader 类，CategorizedCorpusReader 类重写了公共的语料库读取器函数，如 fileids()、words()、sents()和 paras()，使它接受 categories 关键字参数。如此一来，可以通过调用 reader.sents(categories=['pos'])，获得所有的 pos 句子。CategorizedCorpusReader 类也提供了 categories()函数，它返回语料库中所有已知类别的列表。

CategorizedPlaintextCorpusReader 类是使用多重继承的示例，它结合了来自多个超类的方法，如下图所示。

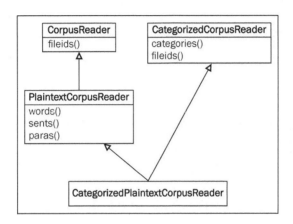

3.6.4 更多信息

可以不传入 cat_pattern，而传入 cat_map，这是一个将 fileid 参数映射到类别标签列表的字典，如下面的代码所示。

```
>>> reader = CategorizedPlaintextCorpusReader('.', r'movie_.*\.txt',
cat_map={'movie_pos.txt': ['pos'], 'movie_neg.txt': ['neg']})
>>> reader.categories()
['neg', 'pos']
```

1. 类别文件

指定类别的第三种方法是使用 cat_file 关键字参数，指定文件名（这个文件包含了将 fileid 到类别的映射）。例如，brown 语料库有一个名为 cats.txt 的文件，如下所示。

```
ca44 news
cb01 editorial
```

reuters 语料库的文件具有多个类别，其 cats.txt 如下所示。

```
test/14840 rubber coffee lumber palm-oil veg-oil
test/14841 wheat grain
```

2. 已分类的标注语料库读取器

brown 语 料 库 读 取 器 实 际 上 是 CategorizedTaggedCorpusReader 类 的 实 例，CategorizedTaggedCorpusReader 类继承了 CategorizedCorpusReader 类和 TaggedCorpusReader 类。与 CategorizedPlaintextCorpusReader 类一样，它重写了 TaggedCorpusReader 类的所有方法，以允许接受 categories 参数，如此一来，就可以调用 brown.tagged_sents(categories=['news']))，获得 news 类别中所有已标注的句子。在自定义的分类和已标注的文本语料库中，可以使用 CategorizedTagged CorpusReader 类，与使用 CategorizedPlaintextCorpusReader 类一样。

3. 已分类的语料库

与 reuters 语料库读取器一样，movie_reviews 语料库读取器是 CategorizedPlaintext CorpusReader 类的实例。但是，movie_reviews 语料库只有两个类别（neg 和 pos），reuters 语料库有 90 个类别。通常使用这些语料库训练和评估分类器，该模块第 7 章将介绍这个问题。

3.6.5　请参阅

下一章将讲述如何创建 CategorizedCorpusReader 类和 ChunkedCorpusReader 类的子类，用于读取分类组块语料库。另外，请参阅该模块第 7 章。在这一章中，使用分类文本进行分类。

3.7　创建已分类组块语料库读取器

虽然 NLTK 提供了 CategorizedPlaintextCorpusReader 类和 CategorizedTaggedCorpusReader 类，但是对于组块语料库而言，没有分类语料库读取器。因此，在本节中，要创建一个这样的读取器。

3.7.1　准备工作

请参考前面的内容，获得 ChunkedCorpusReader 类的说明，请参考前一节，获得继承自 CategorizedCorpusReader 类的 CategorizedPlaintextCorpusReader 和 CategorizedTaggedCorpusReader 这两个类的详细信息。

3.7.2 工作方式

创建称为 CategorizedChunkedCorpusReader 的类，这个类继承了 Categorized CorpusReader 类和 ChunkedCorpusReader 类。这个类主要基于 CategorizedTaggedCorpusReader 类，同时，还提供了三个额外方法来获取分类的组块。可以在 catchunked.py 中找到下面的代码。

```
from nltk.corpus.reader import CategorizedCorpusReader,
  ChunkedCorpusReader

class CategorizedChunkedCorpusReader(CategorizedCorpusReader,
  ChunkedCorpusReader):
  def __init__(self, *args, **kwargs):
    CategorizedCorpusReader.__init__(self, kwargs)
    ChunkedCorpusReader.__init__(self, *args, **kwargs)

  def _resolve(self, fileids, categories):
    if fileids is not None and categories is not None:
      raise ValueError('Specify fileids or categories, not both')
    if categories is not None:
      return self.fileids(categories)
    else:
      return fields
```

以下所有方法使用_resolve()的返回值作为参数，调用 ChunkedCorpusReader 类中相应的函数。从纯文本方法开始。

```
def raw(self, fileids=None, categories=None):
  return ChunkedCorpusReader.raw(self, self._resolve(fileids,
    categories))

def words(self, fileids=None, categories=None):
  return ChunkedCorpusReader.words(self, self._resolve(fileids,
    categories))

def sents(self, fileids=None, categories=None):
  return ChunkedCorpusReader.sents(self, self._resolve(fileids,
    categories))

def paras(self, fileids=None, categories=None):
  return ChunkedCorpusReader.paras(self, self._resolve(fileids,
    categories))
```

接下来是已标注文本方法的代码。

```
def tagged_words(self, fileids=None, categories=None):
  return ChunkedCorpusReader.tagged_words(self,
    self._resolve(fileids, categories))

def tagged_sents(self, fileids=None, categories=None):
  return ChunkedCorpusReader.tagged_sents(self,
    self._resolve(fileids, categories))

def tagged_paras(self, fileids=None, categories=None):
  return ChunkedCorpusReader.tagged_paras(self,
    self._resolve(fileids, categories))
```

最后，得到了组块方法的代码，这是我们真正寻找的代码。

```
def chunked_words(self, fileids=None, categories=None):
  return ChunkedCorpusReader.chunked_words(self,
    self._resolve(fileids, categories))

def chunked_sents(self, fileids=None, categories=None):
  return ChunkedCorpusReader.chunked_sents(self,
    self._resolve(fileids, categories))

def chunked_paras(self, fileids=None, categories=None):
  return ChunkedCorpusReader.chunked_paras(self,
    self._resolve(fileids, categories))
```

所有这些方法一起为我们提供了完整的 CategorizedChunkedCorpusReader 类。

3.7.3 工作原理

CategorizedChunkedCorpusReader 类重写所有的 ChunkedCorpusReader 方法，以接受 Categories 参数来定位 fileids。可以在_resolve()函数内部发现这些 fileids。_resolve()函数利用 CategorizedCorpusReader.fileids()返回给定类别列表的 fileids。如果没有给定类别，_resolve()就返回给定的 fileids，这个值可能为 None，在这种情况下，读取器将会读取所有的文件。CategorizedCorpusReader 类和 ChunkedCorpusReader 类的初始化使得这一切都变得可能。如果看一下 CategorizedTaggedCorpusReader 类的代码，你会发现它也非常相似。

继承图如下所示。

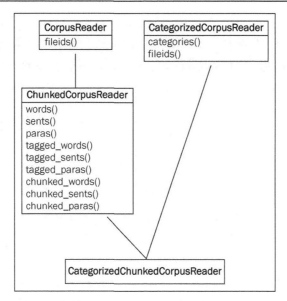

以下是使用 treebank 语料库的示例代码。这里正在做的一切就是使用 fileids 参数，得到类别，但是关键点是，可以使用相同的技术创建自己的分类组块语料库。

```
>>> import nltk.data
>>> from catchunked import CategorizedChunkedCorpusReader
>>> path = nltk.data.find('corpora/treebank/tagged')
>>> reader = CategorizedChunkedCorpusReader(path, r'wsj_.*\.pos',
cat_pattern=r'wsj_(.*)\.pos')
>>> len(reader.categories()) == len(reader.fileids())
True
>>> len(reader.chunked_sents(categories=['0001']))
16
```

使用 nltk.data.find() 来搜索数据目录，为 treebank 语料库提供一个 FileSystemPathPointer 类。treebank 语料库中所有已标注文件以 wsj_开头，后跟着一个数字，并使用.pos 结束。前面的代码将文件号转变为一个类别。

3.7.4　更多信息

如该模块 3.5 节所谈到的，对于组块语料库而言，存在使用 IOB 标签的其他格式和读取器。为了得到 IOB 组块的分类语料库，必须创建一个新的语料库读取器。

已分类的 CoNLL 组块语料库读取器

以下是 CategorizedCorpusReader 类和 ConllChunkReader 类的子类 CategorizedConllChunk

CorpusReader 的代码。CategorizedConllChunkCorpusReader 子类重写了在 ConllCorpusReader 类中所有需要 fileids 参数的方法，如此一来，这些方法也可以接受 categories 参数。ConllChunkCorpusReader 类是 ConllCorpusReader 类的一个小子类，后者处理初始化。在 ConllCorpusReader 类中完成了大部分的工作。在 catchunked.py 中，可以找到以下代码。

```
from nltk.corpus.reader import CategorizedCorpusReader,
ConllCorpusReader, ConllChunkCorpusReader

class CategorizedConllChunkCorpusReader(CategorizedCorpusReader,
  ConllChunkCorpusReader):
  def __init__(self, *args, **kwargs):
    CategorizedCorpusReader.__init__(self, kwargs)
    ConllChunkCorpusReader.__init__(self, *args, **kwargs)

  def _resolve(self, fileids, categories):
    if fileids is not None and categories is not None:
      raise ValueError('Specify fileids or categories, not both')
    if categories is not None:
      return self.fileids(categories)
    else:
      return fields
```

所有方法使用_resolve()返回值作为参数，调用 ConllCorpusReader 类中的相应方法。从纯文本方法开始。

```
def raw(self, fileids=None, categories=None):
  return ConllCorpusReader.raw(self, self._resolve(fileids,
    categories))

def words(self, fileids=None, categories=None):
  return ConllCorpusReader.words(self, self._resolve(fileids,
    categories))

def sents(self, fileids=None, categories=None):
  return ConllCorpusReader.sents(self, self._resolve(fileids,
    categories))
```

由于 ConllCorpusReader 类无法不识别段落，因此没有* _paras()方法。下面是标注方法和组块方法的代码，如下所示。

```
def tagged_words(self, fileids=None, categories=None):
  return ConllCorpusReader.tagged_words(self,
    self._resolve(fileids, categories))
```

```
def tagged_sents(self, fileids=None, categories=None):
  return ConllCorpusReader.tagged_sents(self,
    self._resolve(fileids, categories))

def chunked_words(self, fileids=None, categories=None,
  chunk_types=None):
  return ConllCorpusReader.chunked_words(self,
    self._resolve(fileids, categories), chunk_types)

def chunked_sents(self, fileids=None, categories=None,
  chunk_types=None):
  return ConllCorpusReader.chunked_sents(self,
    self._resolve(fileids, categories), chunk_types)
```

为了完整起见，必须重写 ConllCorpusReader 类的以下方法。

```
def parsed_sents(self, fileids=None, categories=None,
  pos_in_tree=None):
  return ConllCorpusReader.parsed_sents(
    self, self._resolve(fileids, categories), pos_in_tree)

def srl_spans(self, fileids=None, categories=None):
  return ConllCorpusReader.srl_spans(self,
    self._resolve(fileids, categories))

def srl_instances(self, fileids=None, categories=None,
  pos_in_tree=None, flatten=True):
  return ConllCorpusReader.srl_instances(self,
    self._resolve(fileids, categories), pos_in_tree, flatten)

def iob_words(self, fileids=None, categories=None):
  return ConllCorpusReader.iob_words(self,
    self._resolve(fileids, categories))

def iob_sents(self, fileids=None, categories=None):
  return ConllCorpusReader.iob_sents(self,
    self._resolve(fileids, categories))
```

这个类的继承图如下所示。

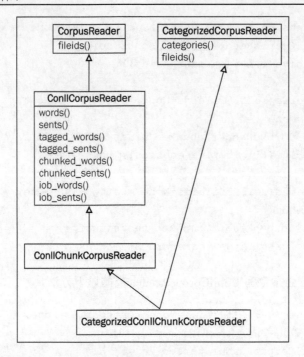

此处是使用 conll2000 语料库的示例代码。

```
>>> import nltk.data
>>> from catchunked import CategorizedConllChunkCorpusReader
>>> path = nltk.data.find('corpora/conll2000')
>>> reader = CategorizedConllChunkCorpusReader(path, r'.*\.txt',
('NP','VP','PP'), cat_pattern=r'(.*)\.txt')
>>> reader.categories()
['test', 'train']
>>> reader.fileids()
['test.txt', 'train.txt']
>>> len(reader.chunked_sents(categories=['test']))
2012
```

与使用 treebank 一样，使用 fileids 获得类别。ConllChunkCorpusReader 类需要第三个参数来指定组块类型。使用这些组块类型解析 IOB 标签。如该模块 3.5 节所述，conll2000 语料库识别以下三种组块类型：

- NP（名词短语）

- VP（动词短语）

- PP（介词短语）

3.7.5 请参阅

该模块 3.5 节介绍了 ChunkedCorpusReader 类和 ConllChunkCorpusReader 类。前一节介绍了 CategorizedPlaintextCorpusReader 类和 CategorizedTaggedCorpusReader 类，这两个类继承了 CategorizedChunkedCorpusReader 类和 CategorizedConllChunkReader 类的超类，即 CategorizedCorpusReader 类。

3.8 懒惰语料库加载

由于文件数量、文件大小和各种初始化任务，因此加载语料库读取器可能是一个相当耗时耗力的操作。虽然你经常希望在通用模块中指定一个语料库读取器，但是你始终不需要立刻访问它。为了加快模块导入时间，在定义了语料库读取器的情况下，NLTK 提供了 LazyCorpusLoader 类，根据需要，这个类可以将自己转化为实际的语料库读取器。通过这种方式，可以在通用模块中定义语料库读取器，而无须减慢模块加载速度。

3.8.1 工作方式

LazyCorpusLoader 类不仅需要语料库的名称和语料库读取器类这两个参数，同时还需要初始化语料库读取器类所需的任何其他参数。

name 参数指定了语料库的根目录名，这个根目录必须在 nltk.data.path 的其中一条路径的一个 Corpora 子目录内。请参阅该模块 3.2 节，获得关于 nltk.data.path 的更多详细信息。

例如，如果你在本地 nltk_data 目录中有一个名为 cookbook 的自定义语料库，那么这个语料库的路径应该是～/nltk_data/corpora/cookbook。然后，可以传递 "cookbook" 名称给 LazyCorpusLoader 类，LazyCorpusLoader 类会查看～/nltk_data/corpora，寻找名为 "cookbook" 的目录。

LazyCorpusLoader 类的第二个参数是 reader_cls，这应该是 CorpusReader 的子类的名称（如 WordListCorpusReader）。还需要传递 reader_cls 参数所需的任何其他参数，进行初始化。使用该模块 3.3 节中创建的相同词汇表文件，具体代码如下。LazyCorpusLoader 类的第三个参数是文件名和 fileids 列表。在初始化时，fileids 将传递给 WordListCorpusReader 类。

```
>>> from nltk.corpus.util import LazyCorpusLoader
>>> from nltk.corpus.reader import WordListCorpusReader
>>> reader = LazyCorpusLoader('cookbook', WordListCorpusReader,
```

```
['wordlist'])
>>> isinstance(reader, LazyCorpusLoader)
True
>>> reader.fileids()
['wordlist']
>>> isinstance(reader, LazyCorpusLoader)
False
>>> isinstance(reader, WordListCorpusReader)
True
```

3.8.2　工作原理

LazyCorpusLoader 类存储所有给定的参数，但是，除此之外，不做任何事情，直到你尝试访问属性或方法。通过这种方式，初始化速度变得非常快，避免了直接加载语料库读取器所产生的开销。只要访问属性或方法，它就执行以下操作。

（1）调用 nltk.data.find('corpora/%s' % name)，找到语料库数据根目录。

（2）使用根目录和任何其他参数实例化语料库读取器类。

（3）将本身转换为语料库读取器类。

在先前的示例代码中，在调用 reader.fileids()之前，读取器是 LazyCorpusLoader 类的实例，但是在调用 reader.fileids()之后，读取器成为 WordListCorpusReader 类的实例。

3.8.3　更多信息

在 nltk.corpus 中定义的以及包括 NLTK 中的所有语料库起初都是 LazyCorpusLoader 类。以下是来自定义 treebank 语料库的 nltk.corpus 的一些代码。

```
treebank = LazyCorpusLoader('treebank/combined',
  BracketParseCorpusReader, r'wsj_.*\.mrg',tagset='wsj',
  encoding='ascii')
treebank_chunk = LazyCorpusLoader('treebank/tagged',
  ChunkedCorpusReader, r'wsj_.*\.pos',sent_tokenizer
  =RegexpTokenizer(r'(?<=/\.)\s*(?![^\[]*\])', gaps=True),
    para_block_reader=tagged_treebank_para_block_reader,
      encoding='ascii')
treebank_raw = LazyCorpusLoader('treebank/raw',
  PlaintextCorpusReader, r'wsj_.*', encoding='ISO-8859-2')
```

正如你在前面的代码中看到的，任意数量的额外参数都可以通过 *LazyCorpusLoader*

类传递给其 reader_cls 参数。

3.9　创建自定义语料库视图

语料库视图（corpus view）是语料库文件的类包装器，类包装器根据需要读取标记数据块。语料库视图的目的是提供文件的视图，避免一次读取整个文件（语料库文件往往都是相当大的）。如果 NLTK 中包含的语料库读取器已经满足了你所有的需求，那么你无须知道语料库视图的任何知识。但是，如果你需要处理特殊的自定义文件格式，那么你需要学习如何创建和使用自定义的语料库视图。主语料库视图类是 StreamBackedCorpusView，这个类作为流打开单个文件，维持其所读取数据块的内部缓存。

使用数据块读取器函数读入标记数据块。数据块（block）可以是任何文本片段（一段或一行），标记（单个单词）是数据块的一部分。该模块 3.4 节讨论了 TaggedCorpusReader 类默认的 para_block_reader 函数，这个函数按行读取文件，直到它找到空行，然后将这些行作为单个段落标记返回。实际的数据块读取函数是 nltk.corpus.reader.util.read_ blankline_block。无论何时，当 TaggedCorpusView 类需要从文件中读取数据块时，TaggedCorpusReader 类传递这个数据块读取器函数给 TaggedCorpusView 类。TaggedCorpusView 类是 StreamBackedCorpusView 类的子类，这个类知道如何将形式为 word/tag 的段落分割成（word，tag）元组。

3.9.1　工作方式

我们将从简单的情况开始，即从纯文本文件开始，其中语料库读取器忽略了文本标题。创建命名为 heading_text.txt 的文件，如下所示。

```
A simple heading

Here is the actual text for the corpus.

Paragraphs are split by blanklines.

This is the 3rd paragraph.
```

通常情况下，会使用 PlaintextCorpusReader 类，但是默认情况下，这个类会将 A simple heading 作为第一段。为了忽略这个标题，需要基于 PlaintextCorpusReader 类，生成一个子类，这样我们可以使用自己的 StreamBackedCorpusView 子类，重写其 CorpusView 类变量。以下是 corpus.py 中的代码。

```
from nltk.corpus.reader import PlaintextCorpusReader
from nltk.corpus.reader.util import StreamBackedCorpusView

class IgnoreHeadingCorpusView(StreamBackedCorpusView):
  def __init__(self, *args, **kwargs):
    StreamBackedCorpusView.__init__(self, *args, **kwargs)
    # open self._stream
    self._open()
    # skip the heading block
    self.read_block(self._stream)
    # reset the start position to the current position in the stream
    self._filepos = [self._stream.tell()]

class IgnoreHeadingCorpusReader(PlaintextCorpusReader):
  CorpusView = IgnoreHeadingCorpusView
```

为了证明这可以按照期望的方式工作，此处的代码显示了，默认的 Plaintext CorpusReader 类找到了 4 段，而 IgnoreHeadingCorpusReader 类只找到了 3 段。

```
>>> from nltk.corpus.reader import PlaintextCorpusReader
>>> plain = PlaintextCorpusReader('.', ['heading_text.txt'])
>>> len(plain.paras())
4
>>> from corpus import IgnoreHeadingCorpusReader
>>> reader = IgnoreHeadingCorpusReader('.', ['heading_text.txt'])
>>> len(reader.paras())
3
```

3.9.2　工作原理

根据设计，PlaintextCorpusReader 类有一个 CorpusView 类变量，这个类变量可以由子类重写。因此，将 IgnoreHeadingCorpusView 类作为 CorpusView 类变量。

提示：
由于大多数语料库读取器要求非常特定的语料库视图，
因此大多数语料库读取器没有 CorpusView 类变量。

IgnoreHeadingCorpusView 类是 StreamBackedCorpusView 类的子类，在初始化时，IgnoreHeadingCorpusView 类进行了以下工作。

（1）使用 self._open()打开文件，self._open()函数由 StreamBackedCorpusView 类定义，并设置内部实例变量 self._stream 为打开的文件。

（2）使用 read_blankline_block() 读取一个数据块，然后 read_blankline_block() 作为一个段落读取标题，并将流文件位置向前移动到下一个数据块。

（3）重置起始文件位置为 self._stream 的当前位置。self._filepos 变量为在文件中每一个数据块的内部索引。

下图详细描述了类之间的关系。

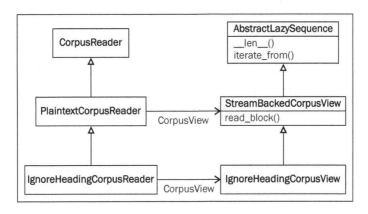

3.9.3　更多信息

语料库视图可以变得更复杂，更天马行空，但是其核心概念是相同的：从流中读取数据块，返回标记列表。虽然在 nltk.corpus.reader.util 中提供了许多数据块读取器，但是也可以创建自己的数据块读取器。如果你确实想要定义自己的数据库读取器函数，那么对于如何实现这个函数，你有两种选择。

（1）将它定义为一个单独的函数，并将它作为 block_reader 传递给 StreamBackedCorpusView 类。如果读取器相当简单、可重复使用并且不需要任何外部变量或配置，那么这就是一个很好的选择。

（2）创建 StreamBackedCorpusView 类的子类并重写 read_block()方法。由于数据块读取是高度专业化的，并且需要额外的函数和配置，这些额外的函数和配置通常在语料库视图初始化时由语料库读取器提供，因此许多自定义的语料库视图所做的事情是创建 StreamBackedCorpusView 类的子类并重写 read_block()方法。

1.　数据块读取器函数

以下关于 nltk.corpus.reader.util 中所包含的大部分数据块读取器的一个调查。除非另有说明，否则每个数据块读取器函数接受单个参数，即从下列方法中读取的 stream 参数。

- read_whitespace_block()：从流中读取 20 行，根据空格划分各行，进行标记。

- read_wordpunct_block()：从流中读取 20 行，使用 nltk.tokenize.wordpunct_ tokenize() 划分每一行。

- read_line_block()：从流中读取 20 行，将它们作为列表返回，每一行为一个标记。

- read_blankline_block()：从流中读取行，直到找到空白行，然后返回所找到的所有行，将它们组合成为单个字符串，作为单个标记。

- read_regexp_block()：这需要两个额外的正则表达式参数 start_re 和 end_re，这两个参数可以传递给 re.match()。start_re 变量匹配数据块的起始行，end_re 匹配数据块的结尾行。end_re 变量默认为 None，在这种情况下，一旦找到新匹配的 start_re，数据块就会结束。返回值是数据块中的所有行，将所有这些行结合成单个字符串，作为单个标记。

2．序列化语料库视图

如果你希望得到序列化对象的语料库，那么可以使用 StreamBackedCorpusView 类的子类 PickleCorpusView，可以可以在 nltk.corpus.reader.util 中找到这个类。可以使用 PickleCorpusView.write() 的类方法创建由序列化对象数据块组成的文件，PickleCorpusView.write() 的类方法接受一系列的对象和输出文件，然后使用 pickle.dump() 序列化每个对象，将它写到文件中。这个类重写了 read_block() 方法，使用 pickle.load() 返回流中未序列化对象的列表。

3．级联语料库视图

在 nltk.corpus.reader.util 中同时可以找到 ConcatenatedCorpusView 类。如果你拥有多个文件，并希望语料库读取器将这些多个文件视为单个文件，那么这个类是非常有用的。创建 ConcatenatedCorpusView 类，给它提供 corpus_views 列表，将它视为单个视图，进行遍历。

3.9.4 请参阅

该模块 3.4 节介绍了数据块读取器的概念。

3.10 创建基于 MongoDB 的语料库读取器

迄今为止，我们处理的所有语料库读取器是基于文件的。部分原因是 CorpusReader 基类的设计，同时也由于假设大部分语料库数据是文本文件的格式。但是，一些时候，你有了一堆存储在数据库中的数据，你希望像访问文本文件语料库一样，访问这些数据。本节将介绍文档在 MongoDB 中的情况，并且你希望使用每个文档的某个特定字段，作为文本的数据块。

3.10.1　准备工作

MongoDB 是一个面向文档的数据库，这个数据库替代了关系数据库（如 MySQL），成为主流的数据库。虽然 MongoDB 的安装和设置超出了本书的范围，但是可以在 MongoDB 网站中找到相关的说明。

还需要安装 PyMongo，这是 MongoDB 的 Python 驱动程序。可以相应地输入 sudo easy_install pymongo 或 sudo pip install pymongo，使用 easy_install 或 pip 做到这一点。

下面的代码假定数据库在本地主机端口 27017 上，这是 MongoDB 的默认配置，通过这个端口，可以使用一个名为 Corpus 的集合（其中包含带文本字段的文档）和测试数据库。可以在 PyMongo 文档（见 MongoDB 网站）中找到这些参数的解释。

3.10.2　工作方式

由于 CorpusReader 类假设语料库基于文件，因此不能直接继承这个类。要效仿 StreamBackedCorpusView 和 PlaintextCorpusReader 这两个类。由于 StreamBackedCorpusView 类是 nltk.util.AbstractLazySequence 类的子类，因此将继承 AbstractLazySequence 类，创建 MongoDB 视图，然后创建新类。这个新类使用这个视图，提供类似于 PlaintextCorpusReader 类的函数。可以在 mongoreader.py 中找到以下代码。

```
import pymongo
from nltk.data import LazyLoader
from nltk.tokenize import TreebankWordTokenizer
from nltk.util import AbstractLazySequence, LazyMap,
  LazyConcatenation

class MongoDBLazySequence(AbstractLazySequence):
  def __init__(self, host='localhost', port=27017, db='test',
    collection='corpus', field='text'):
    self.conn = pymongo.MongoClient(host, port)
    self.collection = self.conn[db][collection]
    self.field = field

  def __len__(self):
```

```
        return self.collection.count()

    def iterate_from(self, start):
        f = lambda d: d.get(self.field, '')
        return iter(LazyMap(f, self.collection.find(fields=
            [self.field], skip=start)))

class MongoDBCorpusReader(object):
    def __init__(self, word_tokenizer=TreebankWordTokenizer(),
        sent_tokenizer=LazyLoader('tokenizers/punkt/PY3
        /english.pickle'),**kwargs):
        self._seq = MongoDBLazySequence(**kwargs)
        self._word_tokenize = word_tokenizer.tokenize
        self._sent_tokenize = sent_tokenizer.tokenize

    def text(self):
        return self._seq

    def words(self):
        return LazyConcatenation(LazyMap(self._word_tokenize,
            self.text()))

    def sents(self):
        return LazyConcatenation(LazyMap(self._sent_tokenize,
            self.text()))
```

3.10.3　工作原理

AbstractLazySequence 类是提供只读和按需遍历的抽象类。子类必须实现_len_()和 iterate_from(start)方法，同时它提供了列表和迭代器仿真方法的其余部分。通过创建 MongoDBLazySequence 子类作为视图，可以根据需要对 MongoDB 集合中的文档进行遍历，而无须将文档保存在内存中。LazyMap 类是 Python 内置的 map()函数的懒惰版本，用在 iterate_from() 中，将文档转换为我们所感兴趣的特定字段。它也是 AbstractLazySequence 类的子类。

MongoDBCorpusReader 类为遍历创建了 MongoDBLazySequence 的内部实例，然后定义了单词和句子标记化方法。text()方法简单地返回了 MongoDBLazySequence 的实例，得到了关于每个文本字段的懒惰式评估列表。words()方法使用 LazyMap 和 LazyConcatenation，返回所有单词的懒惰式评估列表，sents()方法对句子做了同样的事情。sent_tokenizer 按需使用 LazyLoader 加载，LazyLoader 是 nltk.data.load()的包装器，类似于 LazyCorpusLoader。LazyConcatentation 类也是 AbstractLazySequence 类的子类，使用给定列表的列表（每个列表也可能是懒惰的）生成平坦的列表。在本例中，级联了 LazyMap 的结果，确保不会返回嵌套列表。

3.10.4 更多信息

所有的参数都是可配置的。例如，如果有一个命名为 website 的 db（数据库），还有一个命名为 comments 的 collection，这个 collection 的文档中有一个字段称为 comment，可以创建如下所示的 MongoDBCorpusReader 类。

```
>>> reader = MongoDBCorpusReader(db='website',
  collection='comments', field='comment')
```

只要对象通过提供 tokenize(text)方法，实现 nltk.tokenize.TokenizerI 接口，就也可以向 word_tokenizer 和 sent_tokenizer 传入自定义的实例。

3.10.5 请参阅

前一节介绍了语料库视图，该模块第 1 章介绍了标记化。

3.11 在加锁文件的情况下编辑语料库

虽然语料库读取器和语料库视图都是只读的，但是你有些时候想添加语料库文件或编辑语料库文件。然而，在其他进程使用语料库（如使用语料库读取器读取文件）时，修改语料库文件，会导致危险的未定义行为。这时锁定文件就派上用场了。

3.11.1 准备工作

必须使用 sudo easy_install lockfile 或 sudo pip install lockfile 安装 lockfile 库。这个库提供了跨平台的文件锁，因此可以应用在 Windows 操作系统、UNIX/Linux 操作系统、Mac OS X 等上。可以在 Python 网站上找到关于文件锁（lockfile）的详细文档。

3.11.2 工作方式

这里有两个文件编辑函数：append_line()和 remove_line()。在升级文件前，这两个函数都试图获取该文件的独占锁。独占锁意味着函数将会等待，直到没有其他进程读取或写入文件。一旦获取锁，试图访问该文件的任何其他进程就必须等待，直到释放锁。通过这种方式，修改文件将很安全，不会在其他进程中引起任何未定义的行为。可以在 corpus.py 中找到这些函数，如下所示。

```
import lockfile, tempfile, shutil

def append_line(fname, line): with lockfile.FileLock(fname):
  fp = open(fname, 'a+')
  fp.write(line)
  fp.write('\n')
  fp.close()

def remove_line(fname, line):

with lockfile.FileLock(fname):
  tmp = tempfile.TemporaryFile()
  fp = open(fname, 'rw+')
  # write all lines from orig file, except if matches given line
  for l in fp:
    if l.strip() != line:
      tmp.write(l)

  # reset file pointers so entire files are copied
  fp.seek(0)
  tmp.seek(0)
  # copy tmp into fp, then truncate to remove trailing line(s)
  shutil.copyfileobj(tmp, fp)
  fp.truncate()
  fp.close()
  tmp.close()
```

当使用 lockfile.FileLock(fname)时，锁的获取和释放都是透明的。

> **提示：**
>
> 可以不使用 lockfile.FileLock(fname)，而通过调用 lock = lockfile.FileLock(fname)生成一个锁，然后调用 lock.acquire()获取锁，调用 lock.release()释放锁。

3.11.3 工作原理

可以按如下方式使用这些函数。

```
>>> from corpus import append_line, remove_line
>>> append_line('test.txt', 'foo')
>>> remove_line('test.txt', 'foo')
```

首先，在 append_line()中，获取锁。然后，按照 append 模式，打开文件，连同行结束符写入文本。最后，关闭文件，释放锁。

小技巧：

使用 lockfile 获取的锁只防止文件受其他也使用 lockfile 的进程的影响。换句话说，仅仅因为 Python 程序使用了 lockfile 的锁，并不意味着非 Python 进程不能修改该文件。出于这个原因，对于不会被非 Python 进程编辑的文件或不会被不使用 lockfile 的 Python 进程编辑的文件，最好只使用 lockfile。

remove_line()函数有一点复杂。由于删除的是一行而不是文件的特定部分，因此需要遍历文件，找到各个待删除行的实例。完成这个任务同时将变化写回文件最容易的方式是，使用临时文件来保存更改，然后使用 shutil.copyfileobj()，将文件复制回原始文件。

提示：

由于要使 remove_line()工作，文件必须以可读可写的方式打开，但是 Mac OS X 不允许这样，因此 remove_line()函数无法在 Mac OS X 上工作，但是可以在 Linux 操作系统上工作。

这些函数最适用于词汇表语料库，或适用于一些其他可能具有唯一文本行的语料库（如可能有多人在同一时间，通过 Web 接口，对这些行进行编辑）。在一些面向文档的语料库（如 brown、banktree 或 conll2000）中，使用这些函数，可能是一个坏主意。

第 4 章
词性标注

本章将介绍以下内容。

- 默认标注。

- 训练一元组词性标注器。

- 回退标注的组合标注器。

- 训练和组合 N 元标注器。

- 创建似然单词标签模型。

- 使用正则表达式标注。

- 词缀标签。

- 训练布里尔标注器。

- 训练 TnT 标注器。

- 使用 WordNet 进行标注。

- 标注专有名词。

- 基于分类器的标注。

- 使用 NLTK 训练器训练标注器。

4.1 引言

词性（Part-of-speech）标注是将句子（按照单词列表的形式组织的）变换为元组列表

的过程，其中，元组的形式为（word，tag）。标注（tag）为词性标注，表示出单词是名词、形容词，还是动词。

该模块第 5 章会介绍词性标注是组块前的必要步骤。没有词性标注，组块器不可能知道如何从句子中提取短语。然而，使用词性标注，基于标注模式，就可以告诉组块器如何识别短语。

也可以使用词性标注进行语法分析和词义消歧。例如，单词 duck 可以指鸟，也可以是表示向下运动的动词。如果没有额外的信息（如词性标注），计算机不可能知道单词表示的不同意思。关于词义消歧的更多信息，请参阅维基百科网站。

这里介绍的大多数标注器是可训练的。它们使用已标注词性的句子列表作为训练数据，比如，从 TaggedCorpusReader 类的 tagged_sents() 中所得到句子（请参阅该模块 3.4 节，获得更多信息）。使用这些用于训练的句子，标注器生成了内部模型，该模块告诉标注器如何标注单词。其他标注器使用外部数据源或匹配的单词模式，为单词选择标签。

NLTK 中的所有标注器都在 nltk.tag 包中，是从 TaggerI 基类继承而来的。TaggerI 要求所有子类实现 tag() 方法，这个方法接受单词列表作为输入，返回已标注词性的单词列表，作为输出。TaggerI 还提供了 evaluate() 方法，来评估标注器的准确率（下一节结尾会介绍）。我们将许多标注器组合成回退链（backoff chain），这样如果某个标注器不能标注单词，那么可以使用下一个标注器进行标注，以此类推。

4.2 默认标注

默认标注提供了词性标注的基准。简单来说，它将相同的词性标签分配给每个标记。我们使用 DefaultTagger 类进行这个操作。这个标注器可以用作最后的标注器，并提供衡量准确率改善情况的基准。

4.2.1 准备工作

由于 treebank 语料库是一个共同的标准，并且加载和测试都非常快速，因此对于本章的大部分内容，我们使用树库语料库。但是，我们所做的一切同样适用于 brown、conll2000 和其他已标注词性的语料库。

4.2.2 工作方式

DefaultTagger 类接受单个参数，也就是你要应用的标签。对于单数名词的标签而言，我们使用 NN。当你选择最常见的词性标签时，DefaultTagger 是最有用的。由于名词往往是最常见的单词类型，因此建议使用名词标签。

```
>>> from nltk.tag import DefaultTagger
>>> tagger = DefaultTagger('NN')
>>> tagger.tag(['Hello', 'World'])
[('Hello', 'NN'), ('World', 'NN')]
```

每个标注器都有接受标记列表的 tag()方法，在标记列表中，一个单词就是一个标记。这个标记列表通常是由单词标记生成器生成的单词列表（请参见该模块第 1 章，获得更多关于标记化的知识）。正如你所看到的，tag()返回已标注词性的标记列表，其中已标注词性的标记是（word，tag）元组。

4.2.3 工作原理

DefaultTagger 是 SequentialBackoffTagger 类的子类。SequentialBackoffTagger 类的每个子类必须实现 choose_tag()方法，它有以下三个参数。

- 标记列表；
- 当前标记（希望选择其标签）的索引；
- 历史记录，即先前标签的列表。

SequentialBackoffTagger 类实现 tag()方法，这个方法根据标记列表中的每个索引，调用子类的 choose_tag()方法，同时记录先前对标记进行标注的历史。SequentialBackoffTagger 类中的 Sequential 就是用来记录历史的。该模块 4.4 节将会介绍名称的回退部分。下图显示了继承树。

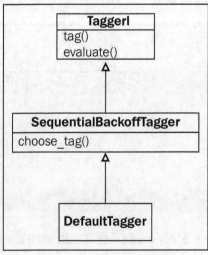

DefaultTagger 的 choose_tag()方法很简单：它不关心当前标记或历史，返回初始化时给它的标签。

4.2.4 更多信息

你可以给 DefaultTagger 类不同的标签。可以在 upenn 网站中找到 treebank 语料库完整的可能标签列表。这些标签也记录在该模块的附录 A 中。

1．评估准确率

你可以使用 evaluate()方法得知标注器的准确率如何，这个方法以已标注词性的标记列表作为黄金标准来评估标注器。根据 treebank 语料库已标注词性的句子子集来评估先前创建的默认标注器。

```
>>> from nltk.corpus import treebank
>>> test_sents = treebank.tagged_sents()[3000:]
>>> tagger.evaluate(test_sents)
0.14331966328512843
```

将每个单词标注为 NN，使用 1/4 的树库语料库进行测试，就可以获得 14%的准确率。当然，如果选择不同的默认标签，准确率也有所不同。在下面几节中，我们将重用这些 test_sents 对更多标注器进行评估。

2．标注句子

TaggerI 也实现了 tag_sents()方法，用于标注句子列表，而不用于标注单个句子。此处是标注两个简单句的示例。

```
>>> tagger.tag_sents([['Hello', 'world', '.'], ['How', 'are', 'you',
'?']])
[[('Hello', 'NN'), ('world', 'NN'), ('.', 'NN')], [('How', 'NN'),
('are', 'NN'), ('you', 'NN'), ('?', 'NN')]]
```

结果是一个列表，其中包含两个已标注词性的句子。当然，由于使用 DefaultTagger 类，因此每个标签都是 NN。如果你希望一次标注多个句子，那么 tag_sents()方法非常有用。

3．取消对已标注词性句子的标注

使用 nltk.tag.untag()，可以取消对已标注词性句子的标注。在已标注词性的句子上调用这个函数，可以返回没有标签的单词列表。

```
>>> from nltk.tag import untag
>>> untag([('Hello', 'NN'), ('World', 'NN')])
['Hello', 'World']
```

4.2.5 请参阅

要了解关于标记化的更多知识，请参阅该模块第 1 章。要了解关于已标注词性的句子的更多知识，请参阅该模块 3.4 节。要了解 treebank 语料库的完整词性标签列表，请参阅该模块附录 A。

4.3 训练一元组词性标注器

一元组（unigram）通常指的是单个标记。因此，一元组标注器只使用单个单词作为其上下文，以确定词性标签。

UnigramTagger 类继承了作为 ContextTagger 类的子类 NgramTagger，而 ContextTagger 类又继承了 SequentialBackoffTagger 类。换句话说，UnigramTagger 类是基于上下文的标注器，其上下文是单个单词或一元组。

4.3.1 工作方式

在初始化 UnigramTagger 类时，提供已标注词性的句子列表，对 UnigramTagger 类进行训练。

```
>>> from nltk.tag import UnigramTagger
>>> from nltk.corpus import treebank
>>> train_sents = treebank.tagged_sents()[:3000]
>>> tagger = UnigramTagger(train_sents)
>>> treebank.sents()[0]
['Pierre', 'Vinken', ',', '61', 'years', 'old', ',', 'will', 'join',
'the', 'board', 'as', 'a', 'nonexecutive', 'director', 'Nov.', '29',
'.']
>>> tagger.tag(treebank.sents()[0])
[('Pierre', 'NNP'), ('Vinken', 'NNP'), (',', ','), ('61', 'CD'),
('years', 'NNS'), ('old', 'JJ'), (',', ','), ('will', 'MD'), ('join',
'VB'), ('the', 'DT'), ('board', 'NN'), ('as', 'IN'), ('a', 'DT'),
('nonexecutive', 'JJ'), ('director', 'NN'), ('Nov.', 'NNP'), ('29',
'CD'), ('.', '.')]
```

我们使用 treebank 语料库中的前 3000 个已标注词性的句子作为训练集，对 UnigramTagger 类进行初始化。我们看到第一个句子成为单词列表，并且可以明白如何使用 tag()函数，将这个句子转化为已标注词性的标记列表。

4.3.2 工作原理

UnigramTagger 类从已标注词性的句子列表中构建上下文模型。由于 UnigramTagger 类继承了 ContextTagger 类，因此，它不提供 choose_tag()方法，而必须实现 context()方法，这个方法与 choose_tag()方法一样，接受同样的三个参数。在这种情况下，context()方法的结果是单词标记。我们使用上下文标记来创建模型，一旦创建了模型，也使用模型来查找最佳标签。下面的继承图显示了从 SequentialBackoffTagger 类开始的每个类。

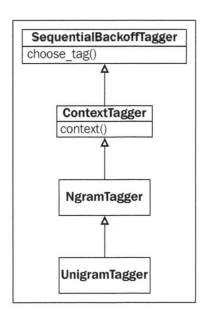

使用测试句子，查看 UnigramTagger 类的准确率如何（请参见前一节，了解如何创建 test_sents）。

```
>>> tagger.evaluate(test_sents)
0.8588819339520829
```

对于仅使用单个词来确定词性标签的标注器而言，也得到了约 86%的准确率。从此标注器开始，所有的准确率涨幅会小得多。

提示：

由于在 Python 3 中默认的遍历顺序是随机的，因此每次运行代码，所得到的实际准确率也会有所改变。将 PYTHONHASHSEED 的环境变量设置为 0，或任何正数，然后运行 Python，可以得到一致的准确率值。例如：

$ PYTHONHASHSEED=0 python chapter4.py

在本书中，所有的准确率值都是在 PYTHONHASHSEED＝0 的环境下计算得到的。

4.3.3 更多信息

实际上在 ContextTagger 类中实现了模型的构建。给定已标注词性的句子列表，它计算出了在每个上下文中标签出现的频率。对于某个上下文，出现频率最高的标签存储在模型中。

1. 重写上下文模型

继承了 ContextTagger 类的所有标注器可以采用预先建立的模型，而不是训练自己的模型。简单来说，这个模型就是将上下文键（context key）映射到标签的 Python 字典。上下文键取决于 ContextTagger 子类从其 context()方法中返回的内容。对于 UnigramTagger 类而言，上下文键就是单个单词。但是，对于其他 NgramTagger 子类而言，上下文键是元组。

此处的示例中，把一个简单的模型（而不是训练集）传递给 UnigramTagger 类。

```
>>> tagger = UnigramTagger(model={'Pierre': 'NN'})
>>> tagger.tag(treebank.sents()[0])
[('Pierre', 'NN'), ('Vinken', None), (',', None), ('61', None),
('years', None), ('old', None), (',', None), ('will', None), ('join',
None), ('the', None), ('board', None), ('as', None), ('a', None),
('nonexecutive', None), ('director', None), ('Nov.', None), ('29',
None), ('.', None)]
```

由于模型只包含上下文键 Pierre，因此第一个单词获得了一个标签。由于其他上下文单词不在模型中，因此都作为标签得到 None。除非你确切知道自己做什么，否则不要传入自己的模型，让标注器训练自己的模型。

较好的一种情况是，如果你有自己的单词和标签字典，并且知道每个单词与标签的对应映射，那么可以把自己创建的模型传递给 UnigramTagger 类。然后，你可以将这个 Unigram Tagger 类作为第一个回退标注器（在下一节中介绍），查找单词的非二义性标签。

2. 最小频率——Cutoff 值

ContextTagger 类使用标签出现的频率，确定在给定的上下文中哪个标签最可能。默认情况下，即使上下文单词和标签只出现一次，它也能做到这一点。如果你想设置最小频率的阈值，那么可以传递一个 cutoff 值给 UnigramTagger 类。

```
>>> tagger = UnigramTagger(train_sents, cutoff=3)
>>> tagger.evaluate(test_sents)
0.7757392618173969
```

在这种情况下，使用 cutoff= 3，降低了准确率，但是有时候使用 cutoff 是个好主意。

4.3.4 请参阅

下一节将介绍组合标注器的回退标注。该模块 4.6 节将介绍如何使用统计方法，确定每个常用单词的标签。

4.4 回退标注的组合标注器

回退标注是 SequentialBackoffTagger 类的核心特征。它允许你将标注器链接到一起，这样如果其中某个标注器不知道如何标注单词，它就可以把单词传递给下一个回退标注器。如果下一个回退标注器还是不知道如何标注单词，那么它可以将这个单词传递给下一个回退标注器，以此类推，直到没有可以检查单词的回退标注器。

4.4.1 工作方式

SequentialBackoffTagger 类的每个子类可以接受回退关键词参数，这个参数的值是 SequentialBackoffTagger 类的另一个实例。因此，我们将使用该模块 4.2 节中的 DefaultTagger 类，作为前一节介绍的 UnigramTagger 类的回退标注器。请参阅这两节，获得 train_sents 和 test_sents 的详细信息。

```
>>> tagger1 = DefaultTagger('NN')
>>> tagger2 = UnigramTagger(train_sents, backoff=tagger1)
>>> tagger2.evaluate(test_sents)
0.8758471832505935
```

无论何时，当 UnigramTagger 类无法标注单词时，使用默认的 NN 标签可以将准确率提高近 2%。

4.4.2 工作原理

当初始化 SequentialBackoffTagger 类时，它将自己作为第一个标注器，创建内部回退标注器列表。如果给定回退标注器，就会附加上回退标注器的内部标注器列表。下面的代码详细阐述了这一点。

```
>>> tagger1._taggers == [tagger1]
True
>>> tagger2._taggers == [tagger2, tagger1]
True
```

当调用 tag()方法时，SequentialBackoffTagger 类使用的回退标注器的内部列表为 _taggers 列表。_taggers 列表对标注器列表中的每一个标注器，调用 choose_tag()。一旦找到标签，它会停止并返回该标签。这意味着，如果主标注器可以标记单词，就返回标签。但是，如果返回 None，那么下一个标注器将尝试标注，以此类推，直到找到标签或返回 None。当然，如果最后的回退标注器是 DefaultTagger，那么将永远不会返回 None。

4.4.3 更多信息

虽然在 NLTK 中所包含的大多数标注器是 SequentialBackoffTagger 类的子类，但是并不是所有的标注器都是这样的。后面的几节将介绍不能用于回退标注链的几个标注器，如 BrillTagger 类。这些标注器通常采取另一种标注器作为基准，通常来说，SequentialBackoffTagger 类适合作为这些标注器的基准。

通过序列化保存和加载已受训练的标注器

由于训练标注器可能需要一段时间，因此一般你只需要做一次训练，序列化已训练的标注器是保存标注器供以后使用的有效方法。如果已训练的标注器称为 tagger，那么以下是如何使用 pickle 转储和加载标注器的代码。

```
>>> import pickle
>>> f = open('tagger.pickle', 'wb')
>>> pickle.dump(tagger, f)
>>> f.close()
>>> f = open('tagger.pickle', 'rb')
>>> tagger = pickle.load(f)
```

如果标注器的 pickle 文件位于 NLTK 数据目录中，你可以使用 nltk.data.load('tagger.pickle') 来加载标注器。

4.4.4　请参阅

在下一节中，我们将组合更多标注器，用于回退标注。此外，请参阅前两节，获得有关 DefaultTagger 类和 UnigramTagger 类的详细信息。

4.5　训练和组合 *N* 元标注器

除了 UnigramTagger 类，还有两个 NgramTagger 子类：BigramTagger 和 TrigramTagger。BigramTagger 子类使用先前的一个标签作为上下文的一部分，而 TrigramTagger 子类使用先前的两个标签作为上下文的一部分。*n* 元标注器（ngram）就是包含 *n* 项的一个子序列，因此，BigramTagger 子类查看两项（先前标注的单词和当前单词），TrigramTagger 子类查看三项。

这两个标注器善于处理词性标签与上下文相关的单词。许多单词根据其使用方式，具有不同的词性。例如，我们一直在谈论标注单词的标注器（taggers that tag words）。此处，tag 是动词，而标注结果是词性标签（part-of-speech tag），此处 tag 是名词。NgramTagger 子类的思想是，通过查看先前的单词和词性标签，我们可以更好地猜测当前单词的词性标签。在内部，每个标注器都维护一本上下文词典（在 ContextTagger 父类中实现），它们使用这个词典，基于上下文，猜测标签。在 NgramTagger 子类的情况下，上下文是若干先前标注的单词。

4.5.1　准备工作

请参阅本章前两节，获得构造 train_sents 和 test_sents 的详细信息。

4.5.2　工作方式

就其本身而言，BigramTagger 和 TrigramTagger 子类的表现相当糟糕。部分原因是它们无法从句子的前几个单词（一个或多个）学习到上下文。由于 UnigramTagger 类不关注先前的上下文，因此它简单地通过猜测每个单词的最常见标签，就能够得到较高的基准准确率。

```
>>> from nltk.tag import BigramTagger, TrigramTagger
>>> bitagger = BigramTagger(train_sents)
>>> bitagger.evaluate(test_sents)
0.11310166199007123
>>> tritagger = TrigramTagger(train_sents)
>>> tritagger.evaluate(test_sents)
0.0688107058061731
```

当将 BigramTagger 类和 TrigramTagger 类与回退标注结合时，BigramTagger 类和 TrigramTagger 类就可以发挥作用了。这一次，不创建单个标注器，而创建可以接受 train_sents（也就是 SequentialBackoffTagger 类的列表）以及一个可选的最终回退标注器的函数，然后训练每个标注器，并将先前的标注器作为回退标注器。这是来自 tag_util.py 的代码：

```
def backoff_tagger(train_sents, tagger_classes, backoff=None):
  for cls in tagger_classes:
    backoff = cls(train_sents, backoff=backoff)

  return backoff
```

为了使用 train_sents，我们可以使用以下代码。

```
>>> from tag_util import backoff_tagger
>>> backoff = DefaultTagger('NN')
>>> tagger = backoff_tagger(train_sents, [UnigramTagger, BigramTagger,
TrigramTagger], backoff=backoff)
>>> tagger.evaluate(test_sents)
0.8806820634578028
```

因此，在回退链中，通过包含 BigramTagger 和 TrigramTagger 子类，我们提高了近 1% 的准确率。对于不同于 treebank 的语料库而言，根据文本的性质，准确率的增加可能比较显著，也可能不太显著。

4.5.3　工作原理

作为回退标注器给 backoff_tagger 函数提供 train_sents 和先前的标注器，backoff_tagger 函数创建列表中每个标注器类的实例。在列表中，标注器类的顺序非常重要：列表中的第一个类（UnigramTagger）将首先得到训练，并且作为初始回退标注器（DefaultTagger）。然后，这个标注器将成为列表中下一个标注器类的回退标注器。返回的最后一个标注器将是列表中最后一个标注器类（TrigramTagger）的实例。以下代码澄清了这条标注器链。

```
>>> tagger._taggers[-1] == backoff
True
>>> isinstance(tagger._taggers[0], TrigramTagger)
True
>>> isinstance(tagger._taggers[1], BigramTagger)
True
```

这样，我们得到 TrigramTagger，它的第一个回退标注器是 BigramTagger。接下来，下一个回退标注器是 UnigramTagger，而 UnigramTagger 的回退标注器是 DefaultTagger。

4.5.4 更多信息

backoff_tagger 函数不一定只与 NgramTagger 类一起使用，它也可以用于构建包含任何 SequentialBackoffTagger 子类的链。

由于 BigramTagger 和 TrigramTagger 是 NgramTagger 类和 ContextTagger 类的子类，因此它们可以接受模型和截止（cutoff）参数，就像 UnigramTagger 一样。但是，与 UnigramTagger 不一样的是模型的上下文键必须是两个元组，其中第一个元素是历史部分，第二个元素是当前标记。对于 BigramTagger 而言，合适的上下文键为((prevtag，)，word)，而对于 TrigramTagger 而言，合适的上下文键为((prevtag1，prevtag2)，word)。

Quadgram 标注器

可以单独使用 NgramTagger 类创建标注器，这个标注器使用多于三个 *n* 元标注器作为其上下文键。

```
>>> from nltk.tag import NgramTagger
>>> quadtagger = NgramTagger(4, train_sents)
>>> quadtagger.evaluate(test_sents)
0.058234405352903085
```

这比 TrigramTagger 类的表现更糟糕。此处是 QuadgramTagger 类的可替代实现，可以将其包括在 backoff_tagger 列表中。在 taggers.py 中可以找到此代码。

```
from nltk.tag import NgramTagger

class QuadgramTagger(NgramTagger):
  def __init__(self, *args, **kwargs):
    NgramTagger.__init__(self, 4, *args, **kwargs)
```

这实质上是 BigramTagger 和 TrigramTagger 的实现方法：向 NgramTagger 简单的子类传入 *n* 元标注器的数目，查看 context()方法中的 history 参数。

现在，看看作为回退链的一部分，它做些什么。

```
>>> from taggers import QuadgramTagger
>>> quadtagger = backoff_tagger(train_sents, [UnigramTagger,
BigramTagger, TrigramTagger, QuadgramTagger], backoff=backoff)
>>> quadtagger.evaluate(test_sents)
0.8806388948845241
```

实际上，它比以前（也就是使用完 TrigramTagger 就停止了）略差。因此，我们得到的教训就是，过多的上下文信息对准确率有负面影响。

4.5.5 请参阅

前两节介绍了 UnigramTagger 和回退标注。

4.6 创建似然单词标签的模型

正如该模块 4.3 节提到过的，如果你确切知道你正在做什么，那么可以使用 UnigramTagger 类和自定义模型。在本节中，我们将为最常用的单词创建模型，无论如何，大部分单词总是具有相同的标签。

4.6.1 工作方式

为了找到最常见的单词，我们可以使用 nltk.probability.FreqDist，统计 treebank 语料库中单词的频率。然后，我们可以为已标注词性的单词创建 ConditionalFreqDist 类，在这个类中，统计任意单词的标签频率。使用这些计数，我们可以使用 200 个最常用的单词作为键，将每个单词的最常用标签作为值构建模型。在 tag_util.py 中，定义了这个模型创建函数。

```
from nltk.probability import FreqDist, ConditionalFreqDist

def word_tag_model(words, tagged_words, limit=200):
  fd = FreqDist(words)
  cfd = ConditionalFreqDist(tagged_words)
  most_freq = (word for word, count in fd.most_common(limit))
  return dict((word, cfd[word].max()) for word in most_freq)
```

为了与 UnigramTagger 类一同使用它，我们可以使用以下代码。

```
>>> from tag_util import word_tag_model
>>> from nltk.corpus import treebank
>>> model = word_tag_model(treebank.words(), treebank.tagged_words())
>>> tagger = UnigramTagger(model=model)
>>> tagger.evaluate(test_sents)
0.559680552557738
```

准确率约为 56%，这还可以，但是远不及已受训练的 UnigramTagger 好。下面试着将它添加到回退链中。

```
>>> default_tagger = DefaultTagger('NN')
>>> likely_tagger = UnigramTagger(model=model, backoff=default_tagger)
>>> tagger = backoff_tagger(train_sents, [UnigramTagger, BigramTagger,
TrigramTagger], backoff=likely_tagger)
>>> tagger.evaluate(test_sents)
0.8806820634578028
```

最终的准确率与没有 likely_tagger 完全一样。这是因为创建模型所做的频率计算与训练 UnigramTagger 类时发生的事情几乎完全一样。

4.6.2 工作原理

word_tag_model()函数接受所有单词的列表、所有已标注词性的单词的列表，以及在模型中希望使用单词的最大数目。给 FreqDist 类提供单词列表，该类统计每个单词的频率。然后，通过调用 fd.most_common()，获得 FreqDist 类中的前 200 个单词，fd.most_common() 明确返回了最常用单词及其计数的列表。实际上，FreqDist 类是 collections.Counter（它提供了 most_common()方法）的子类。

接下来，将已标注词性的单词的列表提供给 ConditionalFreqDist，将单词作为条件，创建每个单词所有标注标签的 FreqDist 类。最终，返回了前 200 个单词的词典，这些单词都映射到了其最似然的标签。

> **提示：**
>
> 在本书的前一版中，使用 FreqDist 类的 keys()方法，因为在 NLTK2 中返回的键按照从最大频率到最小频率的顺序返回。但是在 NLTK3 中，FreqDist 继承了 collections.Counter，keys()方法不使用任何可预测的顺序。

4.6.3 更多信息

将这个标注器包含在内，却没有改变准确率，这看起来毫无用处。但是本节旨在演示如何为 UnigramTagger 类构建有用的模型。构建自定义模型是手动重写已训练的标注器的一种方式，否则标注器将是一个黑盒子。通过将 likely_tagger 放在链的最前端，我们实际上可以稍微提高准确率。

```
>>> tagger = backoff_tagger(train_sents, [UnigramTagger, BigramTagger,
TrigramTagger], backoff=default_tagger)
>>> likely_tagger = UnigramTagger(model=model, backoff=tagger)
>>> likely_tagger.evaluate(test_sents)
0.8824088063889488
```

将自定义模型标注器放在回退链的前端，可以让你完全控制如何标注特定的单词，让已训练的标注器处理其他一切事情。

4.6.4　请参阅

该模块 4.3 节详细介绍了 UnigramTagger 类和简单的自定义模型示例。请查看该模块 4.4 节和 4.5 节，获得回退标注的详细信息。

4.7　使用正则表达式标注

可以使用正则表达式匹配来标注单词。例如，可以使用\d 匹配数字，分配标签 CD（Cordinal number，基数）。或者，可以匹配已知的单词模式，如后缀"ing"。此处，虽然可以灵活处理，但是要小心，由于在本质上语言是不精确的，总有规则之外的例外，因此不要过分具体。

4.7.1　准备工作

为了能够理解本节，你需要熟悉正则表达式语法和 Python 的 re 模块。

4.7.2　工作方式

RegexpTagger 类需要一个包含两个元组的列表，其中元组中的第一个元素是正则表达式，第二个元素是标签。在 tag_util.py 中，可以找到下列代码中所示的模式。

```
patterns = [
  (r'^\d+$', 'CD'),
  (r'.*ing$', 'VBG'), # gerunds, i.e. wondering
  (r'.*ment$', 'NN'), # i.e. wonderment
  (r'.*ful$', 'JJ') # i.e. wonderful
]
```

一旦你构建了这个模式列表，就可以将它传入 RegexpTagger。

```
>>> from tag_util import patterns
>>> from nltk.tag import RegexpTagger
>>> tagger = RegexpTagger(patterns)
>>> tagger.evaluate(test_sents)
0.037470321605870924
```

虽然这只是了了几个模式，但是由于 RegexpTagger 是 SequentialBackoffTagger 的子类，因此它成为回退链有用的部分。例如，它可能就放在 DefaultTagger 类之前，标注 ngram 标注器未标注的单词。

4.7.3 工作原理

RegexpTagger 类保存了在初始化时给定的模式，然后在每个模式上调用 choose_tag()，它遍历了模式，使用 re.match()，返回匹配当前单词的第一个表达式的标签。这意味着，如果你有两个表达式可以匹配，那么将总是返回第一个表达式的标签，而第二个表达式的标签甚至都没有尝试过。

4.7.4 更多信息

如果你给 RegexpTagger 类诸如（r'*'，'NN'）之类的模式，RegexpTagger 类就可以替代 DefaultTagger 类。当然，这个模式应该是模式列表中的最后一个模式，否则，其他模式将不匹配。

4.7.5 请参阅

下一节将介绍 AffixTagger 类，这个类学习如何基于单词的前后缀，进行标注。请参阅该模块 4.2 节，获得 DefaultTagger 类的详细信息。

4.8 词缀标签

虽然 AffixTagger 类是另一个 ContextTagger 子类，但是此处上下文要么是单词的前缀，要么是单词的后缀。这意味着 AffixTagger 类能够基于单词固定长度的开头或结尾字符串，学习到标签。

4.8.1 工作方式

AffixTagger 类的默认参数指定了三字符的后缀，这些单词必须至少有 5 个字符长。如果单词的长度小于 5 个字符，那么将会返回 None 作为标签。

```
>>> from nltk.tag import AffixTagger
>>> tagger = AffixTagger(train_sents)
>>> tagger.evaluate(test_sents)
0.27558817181092166
```

使用默认参数本身就已经表现得不错了，让我们尝试一下，指定三字符的前缀。

```
>>> prefix_tagger = AffixTagger(train_sents, affix_length=3)
>>> prefix_tagger.evaluate(test_sents)
0.23587308439456076
```

要学习两字符的后缀，代码如下所示。

```
>>> suffix_tagger = AffixTagger(train_sents, affix_length=-2)
>>> suffix_tagger.evaluate(test_sents)
0.31940427368875457
```

4.8.2　工作原理

如果 affix_length 是正值，就意味着 AffixTagger 类将学习到单词前缀，基本上就是 word[: affix_length]。如果 affix_length 是负值，那么使用 word[affix_length:]可以学习到后缀。

4.8.3　更多信息

如果你希望学习多字符长度的词缀，那么在回退链中可以结合多个词缀标注器。此处是学习两个和三个字符前后缀的 4 个 AffixTagger 类的示例。

```
>>> pre3_tagger = AffixTagger(train_sents, affix_length=3)
>>> pre3_tagger.evaluate(test_sents)
0.23587308439456076
>>> pre2_tagger = AffixTagger(train_sents, affix_length=2,
backoff=pre3_tagger)
>>> pre2_tagger.evaluate(test_sents)
0.29786315562270665
>>> suf2_tagger = AffixTagger(train_sents, affix_length=-2,
backoff=pre2_tagger)
>>> suf2_tagger.evaluate(test_sents)
0.32467083962875026
>>> suf3_tagger = AffixTagger(train_sents, affix_length=-3,
backoff=suf2_tagger)
>>> suf3_tagger.evaluate(test_sents)
0.3590761925318368
```

正如你所看到的，准确率每次都有所上升。

> **提示:**
> 在前一个代码块中的顺序不是最好的,也不是最差的。
> 将这个留给读者,让读者去探索可能性,去发现
> AffixTagger 和 affix_length 的最佳回退链值。

使用 min_stem_length

AffixTagger 类也可以使用 min_stem_length 关键字参数,默认值为 2。如果单词长度小于 min_stem_length 加上 affix_length 的绝对值,那么由 context()方法返回 None。增加 min_stem_length 将迫使 AffixTagger 类只学习较长的单词,而减小 min_stem_length 将允许 AffixTagger 类学习较短的单词。当然,对于较短的单词而言,affix_length 参数可能等于或长于单词长度,基本上,AffixTagger 类的表现与 UnigramTagger 类类似。

4.8.4 请参阅

可以使用正则表达式,手动指定前缀和后缀,如前一节所示。该模块 4.3 节和 4.5 节详细介绍了 NgramTagger 子类,这些子类同时也是 ContextTagger 的子类。

4.9 训练布里尔标注器

BrillTagger 类是基于变换的标注器。这是第一个非 SequentialBackoffTagger 子类的标注器。BrillTagger 类使用了一系列的规则,纠正最初标注器的结果。基于这些规则纠正的错误数目减去它们生成的错误数目,对这些规则进行评分。

4.9.1 工作方式

此处的函数来自 tag_util.py,这个函数使用 BrillTaggerTrainer 训练 BrillTagger 类。它需要 initial_tagger 和 train_sents。

```
from nltk.tag import brill, brill_trainer

def train_brill_tagger(initial_tagger, train_sents, **kwargs):
  templates = [
    brill.Template(brill.Pos([-1])),
    brill.Template(brill.Pos([1])),
    brill.Template(brill.Pos([-2])),
    brill.Template(brill.Pos([2])),
```

```
        brill.Template(brill.Pos([-2, -1])),
        brill.Template(brill.Pos([1, 2])),
        brill.Template(brill.Pos([-3, -2, -1])),
        brill.Template(brill.Pos([1, 2, 3])),
        brill.Template(brill.Pos([-1]), brill.Pos([1])),
        brill.Template(brill.Word([-1])),
        brill.Template(brill.Word([1])),
        brill.Template(brill.Word([-2])),
        brill.Template(brill.Word([2])),
        brill.Template(brill.Word([-2, -1])),
        brill.Template(brill.Word([1, 2])),
        brill.Template(brill.Word([-3, -2, -1])),
        brill.Template(brill.Word([1, 2, 3])),
        brill.Template(brill.Word([-1]), brill.Word([1])),
    ]

    trainer = brill_trainer.BrillTaggerTrainer(initial_tagger,
templates, deterministic=True)
    return trainer.train(train_sents, **kwargs)
```

为了使用这个函数，可以从 NgramTagger 类的回退链中创建 initial_tagger，然后，将其传入 train_brill_tagger()函数，以得到 BrillTagger。

```
>>> default_tagger = DefaultTagger('NN')
>>> initial_tagger = backoff_tagger(train_sents, [UnigramTagger,
BigramTagger, TrigramTagger], backoff=default_tagger)
>>> initial_tagger.evaluate(test_sents)
0.8806820634578028
>>> from tag_util import train_brill_tagger
>>> brill_tagger = train_brill_tagger(initial_tagger, train_sents)
>>> brill_tagger.evaluate(test_sents)
0.8827541549751781
```

因此，比起 initial_tagger，BrillTagger 类的准确率略有增加。

4.9.2   工作原理

BrillTaggerTrainer 类接受 initial_tagger 参数和模板列表。这些模板必须实现 BrillTemplateI 接口，可以在 nltk.tbl.template 模块中找到这个接口。brill.Template 类实际上是从 nltk.tbl.template 导入而实现的。brill.Pos 和 brill.Word 类是 nltk.tbl.template.Feature 的子类，它们说明了在模板中使用的特征类型，在这种情况下，也就是一个或多个词性标签或单词。

模板指定了如何学习变换规则。例如，brill. Template(brill.Pos([-1]))的意思是使用先前的词性标签生成规则。brill.Template(brill.Pos([1]))语句的意思是看看下一个词性标签以生成规则。brill.Template(brill. Word([-2, -1]))的意思是看看前两个单词的组合以学习变换规则。

基于变换的标注器背后的思路是这样的：给定正确的训练句子，最初标注器的输出和指定特征的模板，尝试生成变换规则，纠正初始标注器的输出，使其更符合训练语句。BrillTaggerTrainer 的工作是生成这些规则，提高准确率。变换规则修复在另一种条件下可能会造成错误的问题。因此，根据每条规则纠正的错误减去其生成的错误，来评估规则。

工作流程如下图所示。

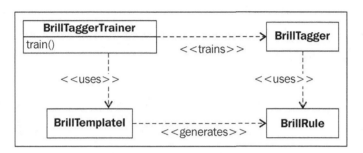

4.9.3　更多信息

在 BrillTaggerTrainer.train()方法中，使用 max_rules 关键字参数控制生成规则的数量，默认值为200。还可以使用 min_score 关键字参数，控制使用的规则的质量，默认值为2，但是 3 也是一个不错的选择。根据一条规则纠正的错误减去其引进的新错误，进行评分，从而判断规则的表现如何。

提示：

提高 max_rules 或 min_score 将大大增加训练时间，而不会提高准确率。更改这些值需要慎重。

追踪

将 trace=True 传入构造函数（constructor），可以观察 BrillTaggerTrainer 类如何执行其工作，例如，trainer = brill.BrillTaggerTrainer(initial_tagger, templates, deterministic=True, trace=True)。这会得到以下输出：

```
TBL train (fast) (seqs: 3000; tokens: 77511; tpls: 18; min score: 2;
min acc: None)
    Finding initial useful rules...
        Found 9869 useful rules.
    Selecting rules...
```

这意味着它找到了得分至少为 min_score 的 77 511 个规则，然后它选择保存了数目不超过 max_rules 的最佳规则。

默认情况下，trace=False，这意味着训练器（trainer）将会无提示地工作，不输出其状态。

4.9.4 请参阅

该模块 4.5 节详细介绍了先前使用的 initial_tagger 参数进行构建的过程，该模块 4.2 节解释了 default_tagger 参数。

4.10 训练 T*n*T 标注器

T*n*T 代表的是 Trigrams *n* Tags。它是基于二阶马尔可夫模型的统计标注器。这个内容超出了本书的范围，可以访问 uni-saarland 网站，阅读关于其最初实现的更多信息。

4.10.1 工作方式

比起先前所遇到的标注器，T*n*T 标注器的 API 略有不同。在创建 T*n*T 标注器之后，必须显式调用 train() 方法。此处是基本示例。

```
>>> from nltk.tag import tnt
>>> tnt_tagger = tnt.TnT()
>>> tnt_tagger.train(train_sents)
>>> tnt_tagger.evaluate(test_sents)
0.8756313403842003
```

就其本身而言，这是相当不错的标注器，只比前一节中的 BrillTagger 类准确率稍差。但是，如果在 evaluate() 之前不调用 train() 方法，你所得到的准确率将为 0%。

4.10.2 工作原理

基于训练数据，T*n*T 标注器维护了大量的内部 FreqDist 和 ConditionalFreqDist 实例。这些频率分布统计一元组、二元组和三元组。在标注时，使用这些频率计算每个单词被某标签标注的概率。T*n*T 标注器不构建 NgramTagger 子类的回退链，而是一起使用所有的 *n* 元标注器模型，以选择最好的标签。同时，基于每个可能标签的概率，通过选择整个句子最似然的模型，它也尝试一次性猜测整个句子中所有单词的标签。

提示:

由于必须使用浮点运算来计算每个单词的标签概率,因此虽然这个标注器训练的速度相当快,但是比起已介绍的其他标注器,其标注速度明显慢了很多。

4.10.3 更多信息

T*n*T 标注器接受一些可选的关键字参数。可以将未知单词作为 unk 传入标注器。如果这个标注器已经得到了训练,那么必须传入 Trained=True。否则,标注器会调用 unk.train(data),使用传入到 train()方法中的相同数据。由于先前的标注器都没有公共的 train()方法,因此如果也传入 unk 标注器,那么建议始终传入 Trained=True。这里是使用 DefaultTagger 类的示例,这个类不需要任何训练。

```
>>> from nltk.tag import DefaultTagger
>>> unk = DefaultTagger('NN')
>>> tnt_tagger = tnt.TnT(unk=unk, Trained=True)
>>> tnt_tagger.train(train_sents)
>>> tnt_tagger.evaluate(test_sents)
0.892467083962875
```

在准确率方面,提高了 2%。所使用的标注器必须可以标注曾经未见过的单词。这是由于未知标注器的 tag()方法只能与单个单词句子一起调用。其他性能良好的候选未知标注器是 RegexpTagger 和 AffixTagger。由于 UnigramTagger 类已经看到过相同的单词,具有相同的未知单词盲点,因此传入使用相同数据训练的 UnigramTagger 类毫无用处。

1. 控制集束搜索

对于 T*n*T,可以修改的另一个参数是 *N*。*N* 控制了标注器在尝试猜测句子标签的同时,所维持的可能解决方案的数目。*N* 默认为 1000。增加这个数字将极大地增加在标注过程所使用的内存量,而不会增加准确率。减小 *N* 将减少内存使用量,同时也可能降低准确率。当值改为 *N* = 100 时,会发生如下事情:

```
>>> tnt_tagger = tnt.TnT(N=100)
>>> tnt_tagger.train(train_sents)
>>> tnt_tagger.evaluate(test_sents)
0.8756313403842003
```

虽然准确率完全相同,但是使用较小的内存实现这个任务。但是,如果减小 *N*,请不要假设准确率不发生改变。请使用数据进行实验。

2．大写字母的意义

如果你希望单词的大写有意义，可以将 C =True 传递给 TnT 构造器。默认值是 C = False，这意味着所有的单词都是小写字母。关于 C 的文档指出，认为大写字母有意义不会增加准确率。在这里的测试中，如果 C=True，在准确率上有轻微的（<0.01%）增加，这可能是因为区分大小写可以帮助识别专有名词。

4.10.4　请参阅

该模块 4.2 节已经讨论了 DefaultTagger 类，该模块 4.4 节介绍了回退标注。该模块 4.3 节和 4.5 节谈到了 NgramTagger 子类，该模块 4.7 节谈到了 RegexpTagger，该模块 4.8 节谈到了 AffixTagger 类。

4.11　使用 WordNet 进行标注

该模块 1.7 节指出，WordNet 的 Synset 指定了词性标签。这是非常有限的可能标签集，许多单词具有包含不同词性标签的多组 Synset，但是这种信息可能对标注未知单词有用。WordNet 基本上是一个大字典，很可能包含了不在训练数据中的许多单词。

4.11.1　准备工作

首先，我们需要决定如何将 WordNet 的词性标签映射到一直在使用的宾州树库词性标签。下面一张表格将 WordNet 的词性标签映射到宾州树库词性标签。请参见该模块 1.7 节，获得更多详情。至少就标注的目的而言，s（先前未显示过）是另一种形容词。

WordNet 标签	树库标签
n	NN
a	JJ
s	JJ
r	RB
v	VB

4.11.2　工作方式

现在，可以创建一个在 WordNet 中查找单词的类，然后从找到的 Synset 中选择最常见的标签。可以在 taggers.py 中找到在以下代码中定义的 WordNetTagger 类。

```
from nltk.tag import SequentialBackoffTagger
from nltk.corpus import wordnet
from nltk.probability import FreqDist

class WordNetTagger(SequentialBackoffTagger):
  '''
  >>> wt = WordNetTagger()
  >>> wt.tag(['food', 'is', 'great'])
  [('food', 'NN'), ('is', 'VB'), ('great', 'JJ')]
  '''
  def __init__(self, *args, **kwargs):
    SequentialBackoffTagger.__init__(self, *args, **kwargs)

    self.wordnet_tag_map = {
      'n': 'NN',
      's': 'JJ',
      'a': 'JJ',
      'r': 'RB',
      'v': 'VB'
    }

def choose_tag(self, tokens, index, history):
  word = tokens[index]
  fd = FreqDist()

  for synset in wordnet.synsets(word):
    fd[synset.pos()] += 1

  return self.wordnet_tag_map.get(fd.max())
```

小技巧：

在 NLTK3 中改变了在 NLTK2 中的 FreqDist API，移除了 inc() 方法。必须使用 fd [key] += 1。由于 FreqDist 继承了 collections.Counter，因此即使你第一次对 fd[key] 进行递增操作，如果 fd[key] 不存在，这也是可行的。

4.11.3 工作原理

简单来说，WordNetTagger 类对在单词的 Synset 中所找到的词性标签的数量进行统计。然后，使用内部映射，将最常见的标签映射到 treebank 标签。此处是一些示例代码。

```
>>> from taggers import WordNetTagger
>>> wn_tagger = WordNetTagger()
>>> wn_tagger.evaluate(train_sents)
0.17914876598160262
```

这有点不太准确，但是这是预料中的。我们只有足够的信息，来生成 4 种不同类型的标签，而在 treebank 中，有 36 种可能的标签。根据上下文，许多单词可以具有不同的词性标签。但是，如果把 WordNetTagger 类放在 NgramTagger 回退链的末尾，那么比起使用 DefaultTagger 类，可以提高准确率。

```
>>> from tag_util import backoff_tagger
>>> from nltk.tag import UnigramTagger, BigramTagger, TrigramTagger
>>> tagger = backoff_tagger(train_sents, [UnigramTagger, BigramTagger,
TrigramTagger], backoff=wn_tagger)
>>> tagger.evaluate(test_sents)
0.8848262464925534
```

4.11.4 请参阅

该模块 1.7 节详细介绍了如何使用 wordnet 语料库，以及 wordnet 可以识别的词性标签种类。该模块 4.4 节和 4.5 节介绍了 n 元标注器的回退标注。

4.12 标注专有名词

使用附带的 names 语料库，可以创建简单的标注器，将名称标注为专有名词。

4.12.1 工作方式

NamesTagger 类是 SequentialBackoffTagger 的子类，它大概只能在回退链的末尾发挥作用。在初始化时，在 names 语料库中，创建了所有名称的集合，将每个名称小写，使得查找变得容易。然后，实现了 choose_tag() 方法，这个方法仅检查了当前的单词是否在 names_set

列表中。如果在，那么将返回 NNP 标签（这是专有名词的标签）。如果不在，返回 None，使用链中的下一个标注器标注单词。在 taggers.py 中，可以找到下列代码。

```
from nltk.tag import SequentialBackoffTagger
from nltk.corpus import names

class NamesTagger(SequentialBackoffTagger):
  def __init__(self, *args, **kwargs):
    SequentialBackoffTagger.__init__(self, *args, **kwargs)
    self.name_set = set([n.lower() for n in names.words()])

  def choose_tag(self, tokens, index, history):
    word = tokens[index]

    if word.lower() in self.name_set:
      return 'NNP'
    else:
      return None
```

4.12.2　工作原理

NamesTagger 类非常简单易懂。用法也很简单。

```
>>> from taggers import NamesTagger
>>> nt = NamesTagger()
>>> nt.tag(['Jacob'])
[('Jacob', 'NNP')]
```

在 DefaultTagger 类前使用 NamesTagger 类，可能是最好的，这样，它就处在了回退链的末尾。但是，由于它不可能错误标注单词，因此它可以出现在链中的任何位置。

4.12.3　请参阅

该模块 4.4 节介绍了使用 SequentialBackoffTagger 子类的详细信息。

4.13　基于分类器的标注

ClassifierBasedPOSTagger 类使用分类进行词性标注。从单词中提取特征，然后将这个特征传递给内部分类器。分类器对特征分类，返回标签，在这种情况下，也就是词性标签。该模块第 7 章详细介绍了分类。

ClassifierBasedPOSTagger 类是 ClassifierBasedTagger 的子类,后者实现了特征检测器,这个特征检测器将先前标注器许多的技术组合为单个特征集。特征检测器找到多个长度的后缀,做一些正则表达式匹配,并观察一元组、二元组和三元组历史记录,为每个单词生成一整套较为完善的特征集。使用它所生成的特征集来训练分类器,使用词性标签将单词分类。

4.13.1　工作方式

ClassifierBasedPOSTagger 类的基本用法很像任何其他的 SequentialBackoffTaggger。传入训练句子,它训练内部分类器,就可以得到非常准确的标注器。

```
>>> from nltk.tag.sequential import ClassifierBasedPOSTagger
>>> tagger = ClassifierBasedPOSTagger(train=train_sents)
>>> tagger.evaluate(test_sents)
0.9309734513274336
```

提示:
注意初始化的微小变化: train_sents 必须作为 train 关键字参数传入。

4.13.2　工作原理

ClassifierBasedPOSTagger 类继承了 ClassifierBasedTagger 类,只实现了 feature_detector() 方法。在 ClassifierBasedTagger 类中,完成了所有的训练和标注。它默认使用给定的训练数据,训练 NaiveBayesClassifier 类。一旦这个分类器得到了训练,就可以用它来分类由 feature_detector()方法生成的单词特征。

提示:
虽然 ClassifierBasedTagger 类是最准确的标注器,但是它也是最慢的一个标注器。如果速度是个问题,那么你应该基于 NgramTagger 子类回退链和其他简单的标注器,坚持使用 BrillTagger 类。

ClassifierBasedTagger 类也从 FeaturesetTaggerI(这只是一个空类)继承,创建的继承树如下所示。

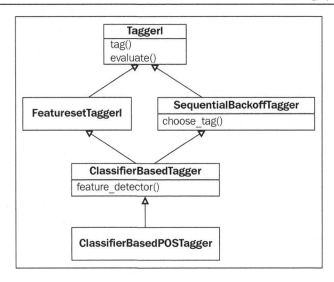

4.13.3 更多信息

通过传入自己的 classifier_builder 函数，可以使用不同的分类器，而不使用 NaiveBayes Classifier。例如，为了使用 MaxentClassifier，要做到以下几点。

```
>>> from nltk.classify import MaxentClassifier
>>> me_tagger = ClassifierBasedPOSTagger(train=train_sents,
classifier_builder=MaxentClassifier.train)
>>> me_tagger.evaluate(test_sents)
0.9258363911072739
```

提示：

比起 NaiveBayesClassifier，需要花更长的时间训练 MaxentClassifier 类。如果安装了 SciPy 和 NumPy，训练可以比正常快，但是依然比 NaiveBayesClassifier 慢。

1. 使用自定义特征检测器检测特征

如果你希望进行自己的特征检测，那么有两种方法。

（1）从 ClassifierBasedTagger 类派生子类，实现 feature_detector()方法。

（2）在初始化时，将函数作为 feature_detector 关键字参数传递给 ClassifierBasedTagger。

无论哪种方式，都需要特征检测方法，这个方法接受与 choose_tag()相同的参数：tokens、index 和 history。但是，这个方法不返回标签，而是返回键值特征的 dict。其中，键（key）是特征名，值（value）是特征值。一个非常简单的示例是一元特征检测器（在 tag_util.py 中可以找到）。

```
def unigram_feature_detector(tokens, index, history):
  return {'word': tokens[index]}
```

使用第二种方法，可以将这个函数作为 feature_detector 传入 ClassifierBasedTagger。

```
>>> from nltk.tag.sequential import ClassifierBasedTagger
>>> from tag_util import unigram_feature_detector
>>> tagger = ClassifierBasedTagger(train=train_sents, feature_
detector=unigram_feature_detector)
>>> tagger.evaluate(test_sents)
0.8733865745737104
```

2．设置截止概率

由于分类器始终返回它所能得到的最好结果，因此传入回退标注器是毫无用处的，除非也可以传入 cutoff_prob 参数，指定分类的概率阈值。如果所选中标签的概率小于 cutoff_prob，那么将使用回退标注器。在下面的示例中，使用 DefaultTagger 类作为回退标注器，设置 cutoff_prob 为 0.3。

```
>>> default = DefaultTagger('NN')
>>> tagger = ClassifierBasedPOSTagger(train=train_sents,
backoff=default, cutoff_prob=0.3)
>>> tagger.evaluate(test_sents)
0.9311029570472696
```

在 ClassifierBasedPOSTagger 类的标签概率小于 30%的情况下，如果 ClassifierBased POSTagger 类使用 DefaultTagger 类，那么得到的准确率会略有增加。

3．使用预先训练的分类器

如果你希望使用已训练的分类器，那么可以将此分类器传递给 ClassifierBasedTagger 或 ClassifierBasedPOSTagger。在这种情况下，会忽略 classifier_builder 参数，不进行训练。但是，必须确保分类器已受训练，可以对所使用的任何 feature_detector()方法生成的特征集进行分类。

4.13.4　请参阅

该模块第 7 章将深入介绍分类。

4.14　使用 NLTK 训练器训练标注器

从本章前几节中你可以发现，有不同的方式来训练标注器，如果不进行训练实验，我们不可能知道哪些方法和哪些参数表现得最好。但是，在得到一个优化标注器之前，往往需要对代码进行多次小的更改（许多剪切和粘贴），因此训练实验可能非常乏味。为了简化流程，让工作更容易，于是我创建了名为 NLTK 训练器的项目。

NLTK 训练器是能够自动进行训练实验的脚本集合，无须编写代码。在 GitHub 网站上可获得此项目的代码，说明文档参见 readthedocs 网站。本节将介绍与标注相关的脚本，也会展示如何将先前几节的代码组合成单一的训练命令。对于下载和安装说明，请访问 readthedocs 网站。

4.14.1　工作方式

运行 train_tagger.py 最简单的方法就是使用 NLTK 语料库的名称。如果使用 treebank 语料库，那么命令和输出如下所示。

```
$ python train_tagger.py treebank
loading treebank
3914 tagged sents, training on 3914
training AffixTagger with affix -3 and backoff <DefaultTagger: tag=-
None->
training <class 'nltk.tag.sequential.UnigramTagger'> tagger with backoff
<AffixTagger: size=2536>
training <class 'nltk.tag.sequential.BigramTagger'> tagger with backoff
<UnigramTagger: size=4933>
training <class 'nltk.tag.sequential.TrigramTagger'> tagger with backoff
<BigramTagger: size=2325>
evaluating TrigramTagger
accuracy: 0.992372
dumping TrigramTagger to /Users/jacob/nltk_data/taggers/treebank_aubt.
Pickle
```

这是使用 treebank 训练标注器并将其转储到序列化文件～/nltk_data/taggers/treebank_aubt.pickle 所使用的一切代码。这次准确率超过了 99%。但是，请仔细观察输出的第二行：3914 tagged sents, training on 3914。这意味着标注器使用整个 treebank 语料库进行训练，并使用相同的句子进行测试。对评估任何已训练的模型，这都具有非常大的误导性。在前几

节中，使用前 3000 个句子进行训练，使用剩余的 914 个句子进行测试，或大约按照 3∶1
的比例划分训练集和测试集。以下是如何使用 train_tagger.py 完成这个任务的代码，但是
忽略了转储序列化文件。

```
$ python train_tagger.py treebank --fraction 0.75 --no-pickle
loading treebank
3914 tagged sents, training on 2936
training AffixTagger with affix -3 and backoff <DefaultTagger: tag=-
None->
training <class 'nltk.tag.sequential.UnigramTagger'> tagger with backoff
<AffixTagger: size=2287>
training <class 'nltk.tag.sequential.BigramTagger'> tagger with backoff
<UnigramTagger: size=4176>
training <class 'nltk.tag.sequential.TrigramTagger'> tagger with backoff
<BigramTagger: size=1836>
evaluating TrigramTagger
accuracy: 0.906082
```

4.14.2　工作原理

train_tagger.py 脚本执行以下几个步骤。

（1）使用语料库参数构建训练和测试句子。

（2）使用标注器参数构建标注器训练函数。

（3）使用训练函数和训练句子训练标注器。

（4）评估和保存标注器。

脚本的第一个参数是 Corpus，即 NLTK 语料库的名字，读者可以在 nltk.corpus 模块
中找到这些名字，如 treebank 或 brown。这也可以为自定义语料库目录的路径。如果这
是自定义语料库的路径，那么也需要使用--reader 参数，指定语料库读取器类，比如
nltk.corpus.reader.tagged.TaggedCorpusReader。

默认的训练算法是 aubt，这是由 AffixTagger + UnigramTagger + BigramTagger +
TrigramTagger 构成的序列回退标注器的简写。读者重复先前使用 train_tagger.py 的若干技
巧，就可以很容易理解这一点。从默认标注器开始。

```
$ python train_tagger.py treebank --no-pickle --default NN --sequential
''
loading treebank
```

```
3914 tagged sents, training on 3914
evaluating DefaultTagger
accuracy: 0.130776
```

使用--default NN，分配默认标签 NN，同时使用--sequential' '，禁用默认的 aubt 序列回退算法。由于实际上没有发生任何训练，因此在这种情况下省略--fraction 参数。

现在，尝试一元标注器。

```
$ python train_tagger.py treebank --no-pickle --fraction 0.75
--sequential u
loading treebank
3914 tagged sents, training on 2936
training <class 'nltk.tag.sequential.UnigramTagger'> tagger with backoff
<DefaultTagger: tag=-None->
evaluating UnigramTagger
accuracy: 0.855603
```

指定--sequential u，告诉 train_tagger.py，使用一元标注器进行训练。与前面所做的一样，可以通过使用默认标注器，提高准确率。

```
$ python train_tagger.py treebank --no-pickle --default NN --fraction
0.75 --sequential u
loading treebank
3914 tagged sents, training on 2936
training <class 'nltk.tag.sequential.UnigramTagger'> tagger with backoff
<DefaultTagger: tag=NN>
evaluating UnigramTagger
accuracy: 0.873462
```

现在，尝试添加二元标注器和三元标注器。

```
$ python train_tagger.py treebank --no-pickle --default NN --fraction
0.75 --sequential ubt
loading treebank
3914 tagged sents, training on 2936
training <class 'nltk.tag.sequential.UnigramTagger'> tagger with backoff
<DefaultTagger: tag=NN>
training <class 'nltk.tag.sequential.BigramTagger'> tagger with backoff
<UnigramTagger: size=8709>
training <class 'nltk.tag.sequential.TrigramTagger'> tagger with backoff
<BigramTagger: size=1836>
evaluating TrigramTagger
accuracy: 0.879012
```

>
> **提示：**
> 为了清晰起见，省略 PYTHONHASHSEED 环境变量。
> 这意味着，当运行 train_tagger.py 时，输出和准确率可
> 能会有所不同。为了获得一致的准确率，运行 train_
> tagger.py，如下所示。
> ```
> $ PYTHONHASHSEED=0 python train_tagger.
> py treebank …
> ```

默认的训练算法是--sequential aubt，默认 affix 是−3。但是，可以使用一个或多个-a 参数，修改这个参数。因此，如果你希望使用−2 的 affix，以及−3 的 affix，那么可以这样做。

```
$ python train_tagger.py treebank --no-pickle --default NN --fraction
0.75 -a -3 -a -2
loading treebank
3914 tagged sents, training on 2936
training AffixTagger with affix -3 and backoff <DefaultTagger: tag=NN>
training AffixTagger with affix -2 and backoff <AffixTagger: size=2143>
training <class 'nltk.tag.sequential.UnigramTagger'> tagger with backoff
<AffixTagger: size=248>
training <class 'nltk.tag.sequential.BigramTagger'> tagger with backoff
<UnigramTagger: size=5204>
training <class 'nltk.tag.sequential.TrigramTagger'> tagger with backoff
<BigramTagger: size=1838>
evaluating TrigramTagger
accuracy: 0.908696
```

多个-a 参数的顺序很重要，如果调换顺序，那么由于回退顺序改变了，结果和准确率也会改变。

```
$ python train_tagger.py treebank --no-pickle --default NN --fraction
0.75 -a -2 -a -3
loading treebank
3914 tagged sents, training on 2936
training AffixTagger with affix -2 and backoff <DefaultTagger: tag=NN>
training AffixTagger with affix -3 and backoff <AffixTagger: size=606>
training <class 'nltk.tag.sequential.UnigramTagger'> tagger with backoff
<AffixTagger: size=1313>
training <class 'nltk.tag.sequential.BigramTagger'> tagger with backoff
<UnigramTagger: size=4169>
training <class 'nltk.tag.sequential.TrigramTagger'> tagger with backoff
```

```
<BigramTagger: size=1829>
evaluating TrigramTagger
accuracy: 0.914367
```

也可以使用--brill 参数，训练布里尔标注器。模板的界限默认为（1,1），但是可以使用
--template_bounds 参数进行自定义。

```
$ python train_tagger.py treebank --no-pickle --default NN --fraction
0.75 --brill
loading treebank
3914 tagged sents, training on 2936
training AffixTagger with affix -3 and backoff <DefaultTagger: tag=NN>
training <class 'nltk.tag.sequential.UnigramTagger'> tagger with backoff
<AffixTagger: size=2143>
training <class 'nltk.tag.sequential.BigramTagger'> tagger with backoff
<UnigramTagger: size=4179>
training <class 'nltk.tag.sequential.TrigramTagger'> tagger with backoff
<BigramTagger: size=1824>
Training Brill tagger on 2936 sentences...
Finding initial useful rules...
    Found 1304 useful rules.
Selecting rules...
evaluating BrillTagger
accuracy: 0.909138
```

最后，可以使用--classifier 参数，训练基于分类器的标注器，--classifier 参数指定了分
类器的名称。与我们先前所学习到的一样，由于训练序列回退标注器以及基于分类器的标
注器毫无用处，因此请确保同时传入了--sequential"。由于分类器会一直猜测一些信息，因
此--default 参数也毫无用处。

```
$ python train_tagger.py treebank --no-pickle --fraction 0.75
--sequential '' --classifier NaiveBayes
loading treebank
3914 tagged sents, training on 2936
training ['NaiveBayes'] ClassifierBasedPOSTagger
Constructing training corpus for classifier.
Training classifier (75814 instances)
training NaiveBayes classifier
evaluating ClassifierBasedPOSTagger
accuracy: 0.928646
```

除了 NaiveBayes 之外，还有其他一些可用的分类算法。如果你已经安装了 NumPy 和
SciPy，还有更多其他的算法。

> **提示：**
> 虽然基于分类器的标注器往往更准确，但是它们训练速度特别慢，标注速度也很慢。如果速度对你很重要，建议一直使用序列标注器。

4.14.3　更多信息

train_tagger.py 脚本支持很多其他参数，这些参数没有显示在这里，可以通过使用--help，运行脚本，查看所有这些参数。接下来会介绍一些额外的参数，然后介绍在 NLTK-Trainer 中两个与标注相关的其他脚本。

1．保存序列化标注器

没有--no-pickle 参数，train_tagger.py 将保存序列化标注器在～/nltk_data/taggers/NAME.pickle 中。其中，NAME 组合了语料库名称和训练算法。可以使用--filename 参数，指定标注器的自定义文件名，如下所示。

```
$ python train_tagger.py treebank --filename path/to/tagger.pickle
```

2．使用自定义语料库进行训练

如果你有自定义语料库，并希望使用这个语料库训练标注器，那么可以传入语料库路径，并且在--reader 参数中传入语料库读取器的类名。语料库路径可以是绝对路径，也可以是相对于 nltk_data 目录的路径。语料库读取器类必须提供 tagged_sents()方法。这是使用相对于 treebank 已标注语料库的相对路径的示例。

```
$ python train_tagger.py corpora/treebank/tagged --reader nltk.corpus.
reader.ChunkedCorpusReader --no-pickle --fraction 0.75
loading corpora/treebank/tagged
51002 tagged sents, training on 38252
training AffixTagger with affix -3 and backoff <DefaultTagger: tag=-
None->
training <class 'nltk.tag.sequential.UnigramTagger'> tagger with backoff
<AffixTagger: size=2092>
training <class 'nltk.tag.sequential.BigramTagger'> tagger with backoff
<UnigramTagger: size=4121>
training <class 'nltk.tag.sequential.TrigramTagger'> tagger with backoff
<BigramTagger: size=1627>
evaluating TrigramTagger
accuracy: 0.883175
```

3. 使用通用标签训练

如下所示，可以使用--tagset 参数和通用标签集训练标注器：

```
$ python train_tagger.py treebank --no-pickle --fraction 0.75 --tagset
universal
loading treebank
using universal tagset
3914 tagged sents, training on 2936
training AffixTagger with affix -3 and backoff <DefaultTagger: tag=-
None->
training <class 'nltk.tag.sequential.UnigramTagger'> tagger with backoff
<AffixTagger: size=2287>
training <class 'nltk.tag.sequential.BigramTagger'> tagger with backoff
<UnigramTagger: size=2889>
training <class 'nltk.tag.sequential.TrigramTagger'> tagger with backoff
<BigramTagger: size=1014>
evaluating TrigramTagger
accuracy: 0.934800
```

由于通用标签集的标签较少，这些标注器往往更准确；这只在具有通用标签集映射的语料库上可行。该模块 3.4 节介绍了通用标签集。

4. 使用已标注词性语料库分析标注器

在本章中，先前的示例都是关于使用单个语料库训练和评估标注器的。但是，你怎样知道在不同的语料库上标注器的表现如何？analyze_tagger_coverage.py 脚本提供了一个简单的方法，以使用另一个已标注词性的语料库，测试标注器的性能。此处是如何使用 treebank 语料库测试 NLTK 的内置标注器。

```
$ python analyze_tagger_coverage.py treebank -metrics
```

为了简洁起见，省略了输出，建议读者自己运行代码并查看结果。这对使用语料库评估标注器的性能特别有用，当然，这些标注器不是使用如 conll2000 或 brown 之类的语料库进行训练的。

如果你只提供语料库参数，那么脚本将使用 NLTK 内置的标注器。为了评估自己的标注器，可以使用--tagger 参数，这个参数接受序列化标注器的路径。这个路径可以是绝对路径，也可以是相对于 nltk_data 目录的路径。例如：

```
$ python analyze_tagger_coverage.py treebank --metrics --tagger path/to/
tagger.pickle
```

虽然也可以使用自定义语料库,与我们先前使用 train_tagger.py 所做的一样,但是如果语料库未标注词性,那么必须忽略--metrics 参数。在这种情况下,由于没有标签可以比较,因此只会得到标签计数,而没有准确率的概念。

5.分析已标注词性的语料库

最后,有一个称为 analyze_tagged_corpus.py 的脚本。顾名思义,这个脚本会读取已标注词性的语料库,输出单词和标签的统计数据。可以运行这个脚本,如下所示:

```
$ python analyze_tagged_corpus.py treebank
```

该模块附录 A 提供了结果。与其他命令一样,可以传入自定义语料库路径和读取器,分析自定义的已标注词性的语料库。

4.14.4　请参阅

本章前几节介绍了类和方法的详细信息,这些类和方法加强了 train_tagger.py 的功能。该模块 5.12 节介绍了与 NLTK-训练器组块相关的脚本,该模块 7.11 节介绍了与分类相关的脚本。

第 5 章
提取组块

本章将介绍以下内容。

- 使用正则表达式组块和隔断。

- 使用正则表达式合并和拆分组块。

- 使用正则表达式扩展和删除组块。

- 使用正则表达式进行部分解析。

- 训练基于标注器的分块器。

- 基于分类的分块。

- 提取命名实体。

- 提取专有名词组块。

- 提取部位组块。

- 训练命名实体组块器。

- NLTK 训练器训练组块器。

5.1 引言

组块提取（或部分解析）是从词性标签语句中提取短语的过程。这不同于完全解析，因为我们感兴趣的是独立组块或短语，而不是完整的解析树（要了解关于解析树的更多知识，请参阅维基百科）。这背后的思想是，可以通过查找词性标签的特定模式，从句子中提取有意义的短语。

正如在第 4 章中，我们将使用宾州树库语料库进行基本训练，并测试组块提取。由于 CoNLL2000 语料库格式相对简单并且灵活，支持多种组块类型（请参阅该模块 3.2 节和 3.5 节，获得关于 conll2000 语料库和 IOB 标签的更多详细信息），因此我们也使用 CoNLL2000 语料库。

5.2 使用正则表达式组块和隔断

使用修改的正则表达式，可以定义组块的模式。这些是词性标签的模式，这些模式定义了何种单词组成了组块。也可以对哪类单词不应该在组块中定义模式。这些未分组的单词，称为隔断（chink）。

ChunkRule 类指定了在组块中包含什么，而 ChinkRule 类指定了从组块中排除什么。换句话说，分块创建组块，而隔断打破这些组块。

5.2.1 准备工作

首先，我们需要知道如何定义组块模式。这些修改的正则表达式用于匹配词性标签序列。使用尖括号指定单个标签，如使用<NN>匹配名词标签。可以组合多个标签，如<DT><NN>匹配后面跟着名词的限定词。在尖括号内，使用正则表达式语法来匹配个别标签模式，因此，可以使用<NN *>匹配所有名词，包括 NN 和 NNS。也可以在尖括号外使用正则表达式语法，匹配标签模式。<DT>? <NN.*> +将匹配一个限定词（可选），它后面跟着一个或多个名词。组块模式可以使用 tag_pattern2re_pattern()函数在内部转换为正则表达式。

```
>>> from nltk.chunk.regexp import tag_pattern2re_pattern
>>> tag_pattern2re_pattern('<DT>?<NN.*>+')
'(<(DT)>)?(<(NN[^\\{\\}<>]*)>)+'
```

虽然不必使用这个函数进行分块，但是看看组块模式如何转换为正则表达式，可以会有裨益或很有趣。RegexpParser 类（在下一节中解释）使用了这个函数，将组块模式转换为正则表达式以匹配分块的规则。

5.2.2 工作方式

使用大括号指定用于组块的模式，例如{<DT> <NN>}。为了指定隔断，可以反转括号，如} <VB> {。这些规则可以组合成用于特定类型的短语语法。此处，有用于结合了组块和隔断模式的名词短语的语法，以及解析句子 the book has many chapters 的结果。

```
>>> from nltk.chunk import RegexpParser
>>> chunker = RegexpParser(r'''
... NP:
... {<DT><NN.*><.*>*<NN.*>}
... }<VB.*>{
... ''')
>>> chunker.parse([('the', 'DT'), ('book', 'NN'), ('has', 'VBZ'),
('many', 'JJ'), ('chapters', 'NNS')])

Tree('S', [Tree('NP', [('the', 'DT'), ('book', 'NN')]), ('has',
'VBZ'), Tree('NP', [('many', 'JJ'), ('chapters', 'NNS')])])
```

此语法告诉 RegexpParser 类，有两条用于解析 NP 组块的规则。第一个组块模式指出，组块开始于限定词，后面跟着任何类型的名词，然后，允许任何数量的名词，直到找到最终的名词。第二个模式指出，动词应该有间隔，这样就可以分开包含动词的任何大的组块。结果是，一棵具有两个名词短语组块（the book 和 many chapters）的树。

> 提示：
> 总是把加标注的句子解析成树（在 nltk.Tree 模块中可以找到）。树的顶部标签是 S，它代表句子。找到的任何组块是子树，其标签指的是组块类型。在这种情况下，组块类型 NP 为名词短语组块。可以使用 t.draw()，调用 draw()方法，画出树。

5.2.3　工作原理

这里是逐步发生的操作。

（1）将句子转换成一棵平坦的 Tree。

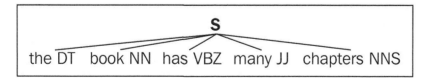

（2）使用 Tree 创建 ChunkString。

（3）RegexpParser 解析语法，在给定的规则内，创建 NP RegexpChunkParser。

（4）创建 ChunkRule 并将它应用到 ChunkString，这将整个句子匹配成组块。

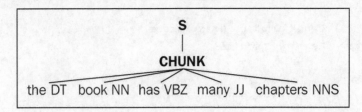

（5）创建 ChinkRule 并将它应用于相同的 ChunkString，这将大的组块划分成两个较小的组块，并且有一个动词在其间。

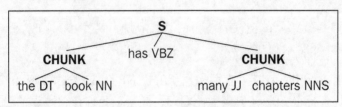

（6）将 ChunkString 转换回一棵 Tree，现在，有两棵 NP 组块子树。

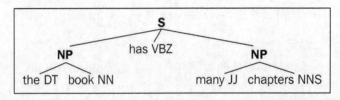

可以使用在 nltk.chunk.regexp 中的类做到这一点。ChunkRule 类和 ChinkRule 类是 RegexpChunkRule 的两个子类，需要两个参数：模式和规则的描述。ChunkString 是从平坦树开始的对象，然后在把它传递到规则的 apply()方法中时，每个规则修改它。使用 to_chunkstruct()方法将 ChunkString 转换回 Tree。这里是一些演示代码。

```
>>> from nltk.chunk.regexp import ChunkString, ChunkRule, ChinkRule
>>> from nltk.tree import Tree
>>> t = Tree('S', [('the', 'DT'), ('book', 'NN'), ('has', 'VBZ'),
'many', 'JJ'), ('chapters', 'NNS')])
>>> cs = ChunkString(t)
>>> cs
<ChunkString: '<DT><NN><VBZ><JJ><NNS>'>
>>> ur = ChunkRule('<DT><NN.*><.*>*<NN.*>', 'chunk determiners and
nouns')
>>> ur.apply(cs)
>>> cs
<ChunkString: '{<DT><NN><VBZ><JJ><NNS>}'>
>>> ir = ChinkRule('<VB.*>', 'chink verbs')
>>> ir.apply(cs)
>>> cs
```

```
<ChunkString: '{<DT><NN>}<VBZ>{<JJ><NNS>}'>
>>> cs.to_chunkstruct()
Tree('S', [Tree('CHUNK', [('the', 'DT'), ('book', 'NN')]), ('has',
'VBZ'), Tree('CHUNK', [('many', 'JJ'), ('chapters', 'NNS')])])
```

在每个步骤中，通过调用 cs.to_chunkstruct().draw()，可以画出前面所示的树图。

5.2.4　更多信息

注意，ChunkString 类的子树会被标注为 CHUNK，而不是 NP。这是因为前面提到的规则不知道短语；它们创建组块，而无须知道这是何种组块。

在内部，RegexpParser 类为每个组块短语类型创建了 RegexpChunkParser。如果只对 NP 短语分块，那么只会有一个 RegexpChunkParser。RegexpChunkParser 类为特定的组块类型获取了所有规则，并按顺序应用规则，将 CHUNK 树转换为特定的组块类型，如 NP。

下面一些代码说明了 RegexpChunkParser 的用法。将先前提到的两个规则传递进 RegexpChunkParser 类，然后解析之前创建的同一棵句子树。所得到的树就像我们按顺序应用两个规则得到的树一样，除了在两棵子树中，CHUNK 被 NP 替代。这是因为 RegexpChunkParser 默认为 chunk_label ='NP'。

```
>>> from nltk.chunk import RegexpChunkParser
>>> chunker = RegexpChunkParser([ur, ir])
>>> chunker.parse(t)
Tree('S', [Tree('NP', [('the', 'DT'), ('book', 'NN')]), ('has',
'VBZ'), Tree('NP', [('many', 'JJ'), ('chapters', 'NNS')])])
```

1.　解析不同的组块类型

如果要解析一个不同的组块类型，那么可以将它作为 chunk_label 传递到 Regexp ChunkParser 中。下面的代码是我们在上一节中看到的同样的代码，但是，我们不称它们为 NP 子树，而是称它们为 CP，意思是自定义短语。

```
>>> from nltk.chunk import RegexpChunkParser
>>> chunker = RegexpChunkParser([ur, ir], chunk_label='CP')
>>> chunker.parse(t)
Tree('S', [Tree('CP', [('the', 'DT'), ('book', 'NN')]), ('has',
'VBZ'), Tree('CP', [('many', 'JJ'), ('chapters', 'NNS')])])
```

当指定多个短语类型时，RegexpParser 类在内部完成这个任务。这将在该模块 5.5 节中介绍。

2．解析可替代模式

在语法中，使用组块（chunk）模式，放弃间隔（chink）模式，可以获得相同的解析结果。

```
>>> chunker = RegexpParser(r'''
... NP:
... {<DT><NN.*>}
... {<JJ><NN.*>}
... ''')
>>> chunker.parse(t)
Tree('S', [Tree('NP', [('the', 'DT'), ('book', 'NN')]), ('has',
'VBZ'), Tree('NP', [('many', 'JJ'), ('chapters', 'NNS')])])
```

事实上，可以将这个组块模式缩减为单个模式。

```
>>> chunker = RegexpParser(r'''
... NP:
... {(<DT>|<JJ>)<NN.*>}
... ''')
>>> chunker.parse(t)
Tree('S', [Tree('NP', [('the', 'DT'), ('book', 'NN')]), ('has',
'VBZ'), Tree('NP', [('many', 'JJ'), ('chapters', 'NNS')])])
```

如何创建和组合模式取决于读者。模式创建是一个试错的过程，这完全取决于数据表面的特征，以及哪一种模式最容易表达。

3．使用上下文的组块规则

还可以使用周围的标签上下文创建组块规则。例如，如果模式是<DT> {<NN>}，这将使用 ChunkRuleWithContext 类解析。在这种情况下，上下文指的是不属于间隔（chink）或组块（chunk）的规则部分，如<DT>。例如，在短语 the dog 中，the 应该是名词 dog 的上下文。任何时候，如果在大括号的任意一侧有标签，你将会得到 ChunkRuleWithContext 类，而不是 ChunkRule 类。这将允许你更具体地操作何时解析特定类型的组块。

下面是直接使用 ChunkRuleWithContext 的示例。它有 4 个参数：左边的上下文、待分块的模式、右边的上下文和说明。

```
>>> from nltk.chunk.regexp import ChunkRuleWithContext
>>> ctx = ChunkRuleWithContext('<DT>', '<NN.*>', '<.*>', 'chunk nouns
only after determiners')
>>> cs = ChunkString(t)
```

```
>>> cs
<ChunkString: '<DT><NN><VBZ><JJ><NNS>'>
>>> ctx.apply(cs)
>>> cs
<ChunkString: '<DT>{<NN>}<VBZ><JJ><NNS>'>
>>> cs.to_chunkstruct()
Tree('S', [('the', 'DT'), Tree('CHUNK', [('book', 'NN')]), ('has',
'VBZ'), ('many', 'JJ'), ('chapters', 'NNS')])
```

本示例仅仅对后面有限定词的名词组块，因此，忽略了后面有形容词的名词。这里是使用了 RegexpParser 类的代码。

```
>>> chunker = RegexpParser(r'''
... NP:
... <DT>{<NN.*>}
... ''')
>>> chunker.parse(t)
Tree('S', [('the', 'DT'), Tree('NP', [('book', 'NN')]), ('has',
'VBZ'), ('many', 'JJ'), ('chapters', 'NNS')])
```

5.2.5 请参阅

下一节将讨论合并和拆分组块。

5.3 使用正则表达式合并和拆分组块

本节将讨论用于分块的额外两个规则。可以基于第一个组块的末尾与第二个组块的开头，MergeRule 类将两个组块合并在一起。基于特定的分割模式，SplitRule 类将一个组块分割成两个组块。

5.3.1 工作方式

使用两个相对的大括号（其中模式在大括号的任何一边）来指定 SplitRule 类。为了在名词后分割组块，应该使用<NN.*>}{<.*>。MergeRule 类由大括号指定（其中，第一个组块末尾匹配左模式，下一个组块的开头匹配右模式），将这两个组块合并。为了合并两个组块（其中，第一个组块的结尾为名词，第二个组块以名词开始），可以使用<NN.*>{}<NN.*>。

提示：
请注意，规则的顺序非常重要，并且重新排序可能会影响结果。RegexpParser 类从上到下，一次应用一个规则，在由先前规则产生的 ChunkString 上应用每个规则。

从句子树开始，拆分和合并的示例如下图所示。

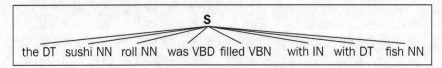

整个句子就是一个组块，如下图所示。

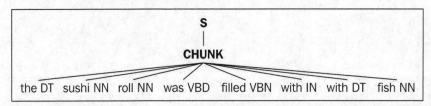

在每个名词后进行分块，把整个句子组块划分成多个组块，如下图的树所示。

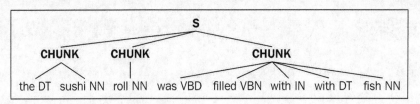

把包含限定词的组块划分成单独的组块，这样就从原有的三个组块中生成了 4 个组块。

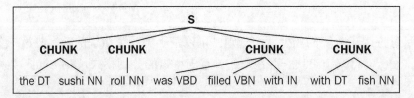

以名词结束的组块与下一个以名词开始的组块合并，将 4 个组块减少到 3 个组块，如下图所示。

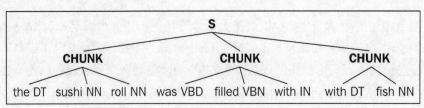

使用 RegexpParser 类，代码如下所示：

```
>>> chunker = RegexpParser(r'''
... NP:
... {<DT><.*>*<NN.*>}
... <NN.*>}{<.*>
... <.*>}{<DT>
... <NN.*>{}<NN.*>
... ''')
>>> sent = [('the', 'DT'), ('sushi', 'NN'), ('roll', 'NN'), ('was',
'VBD'), ('filled', 'VBN'), ('with', 'IN'), ('the', 'DT'), ('fish',
'NN')]
>>> chunker.parse(sent)
Tree('S', [Tree('NP', [('the', 'DT'), ('sushi', 'NN'), ('roll',
'NN')]), Tree('NP', [('was', 'VBD'), ('filled', 'VBN'), ('with',
'IN')]), Tree('NP', [('the', 'DT'), ('fish', 'NN')])])
```

解析可替代模式

最终的 NP 组块树，如下图所示。

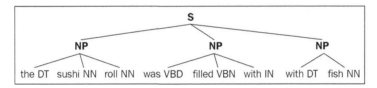

5.3.2 工作原理

MergeRule 和 SplitRule 类需要两个参数：左模式和右模式。RegexpParser 类负责根据大括号拆分原始模式，以获取其左右两侧的模式，但是也可以手动创建这些模式。在下面的代码中，应用每个规则修改原始句子。

```
>>> from nltk.chunk.regexp import MergeRule, SplitRule
>>> cs = ChunkString(Tree('S', sent))
>>> cs
<ChunkString: '<DT><NN><NN><VBD><VBN><IN><DT><NN>'>
>>> ur = ChunkRule('<DT><.*>*<NN.*>', 'chunk determiner to noun')
>>> ur.apply(cs)
>>> cs
<ChunkString: '{<DT><NN><NN><VBD><VBN><IN><DT><NN>}'>
>>> sr1 = SplitRule('<NN.*>', '<.*>', 'split after noun')
>>> sr1.apply(cs)
```

```
>>> cs
<ChunkString: '{<DT><NN>}{<NN>}{<VBD><VBN><IN><DT><NN>}'>
>>> sr2 = SplitRule('<.*>', '<DT>', 'split before determiner')
>>> sr2.apply(cs)
>>> cs
<ChunkString: '{<DT><NN>}{<NN>}{<VBD><VBN><IN>}{<DT><NN>}'>
>>> mr = MergeRule('<NN.*>', '<NN.*>', 'merge nouns')
>>> mr.apply(cs)
>>> cs
<ChunkString: '{<DT><NN><NN>}{<VBD><VBN><IN>}{<DT><NN>}'>
>>> cs.to_chunkstruct()
Tree('S', [Tree('CHUNK', [('the', 'DT'), ('sushi', 'NN'), ('roll',
'NN')]), Tree('CHUNK', [('was', 'VBD'), ('filled', 'VBN'), ('with',
'IN')]), Tree('CHUNK', [('the', 'DT'), ('fish', 'NN')])])
```

5.3.3　更多信息

在 RegexpChunkRule 超类的静态 parse()方法中，完成了规则解析和左右模式的分割。这由 RegexpParser 类调用，以获得规则列表，并传递规则列表到 RegexpChunkParser 类。以下是解析先前使用的模式的一些示例。

```
>>> from nltk.chunk.regexp import RegexpChunkRule
>>> RegexpChunkRule.fromstring('{<DT><.*>*<NN.*>}')
<ChunkRule: '<DT><.*>*<NN.*>'>
>>> RegexpChunkRule.fromstring('<.*>}{<DT>')
<SplitRule: '<.*>', '<DT>'>
>>> RegexpChunkRule.fromstring('<NN.*>{}<NN.*>')
<MergeRule: '<NN.*>', '<NN.*>'>
```

指定规则说明

每个规则后的注释字符串（注释字符串必须以＃开头）详细说明了每个规则。如果找不到注释字符串，那么规则的说明为空。下面是一个示例。

```
>>> RegexpChunkRule.fromstring('{<DT><.*>*<NN.*>} # chunk
everything').descr()
'chunk everything'
>>> RegexpChunkRule.fromstring('{<DT><.*>*<NN.*>}').descr()
''
```

注释字符串说明也可以在传递给 RegexpParser 的语法字符串中使用。

5.3.4 请参阅

前一节介绍了如何使用 ChunkRule，以及如何将规则传递到 RegexpChunkParser。

5.4 使用正则表达式扩展和删除组块

RegexpChunkRule.fromstring()或 RegexpParser 不支持 3 个 RegexpChunkRule 子类，因此如果要使用它们，必须手动创建。规则如下。

- ExpandLeftRule：添加未组块（隔断）的单词到组块左侧。

- ExpandRightRule：添加未组块（隔断）的单词到组块右侧。

- UnChunkRule：分解任何匹配组块。

5.4.1 工作方式

ExpandLeftRule 和 ExpandRightRule 都接受携带了说明的两种模式作为参数。对于 ExpandLeftRule 而言，第一个模式是待添加到组块头的隔断块，而右模式匹配待扩展组块的头部。对于 ExpandRightRule 而言，左模式应匹配待扩展组块的尾部，右模式匹配待添加到组块尾的隔断块。这个思路类似于 MergeRule 类，但是在这种情况下，将隔断单词（而不是其他组块）合并。

UnChunkRule 与 ChunkRule 相反。任何与 UnChunkRule 模式精确匹配的组块将会被分解，并成为隔断块。下面的代码演示了 RegexpChunkParser 类的用法。

```
>>> from nltk.chunk.regexp import ChunkRule, ExpandLeftRule,
ExpandRightRule, UnChunkRule
>>> from nltk.chunk import RegexpChunkParser
>>> ur = ChunkRule('<NN>', 'single noun')
>>> el = ExpandLeftRule('<DT>', '<NN>', 'get left determiner')
>>> er = ExpandRightRule('<NN>', '<NNS>', 'get right plural noun')
>>> un = UnChunkRule('<DT><NN.*>*', 'unchunk everything')
>>> chunker = RegexpChunkParser([ur, el, er, un])
>>> sent = [('the', 'DT'), ('sushi', 'NN'), ('rolls', 'NNS')]
>>> chunker.parse(sent)
Tree('S', [('the', 'DT'), ('sushi', 'NN'), ('rolls', 'NNS')])
```

注意，最终的结果是一个平坦语句，这正是我们开始的句子。这是因为最终的 UnChunkRule

解开了由先前规则创建的组块。请仔细阅读，看看一步一步发生了什么。

5.4.2 工作原理

按照以下顺序应用前面提到的规则，从句树开始，如下所示。

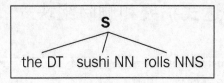

（1）将单个名词放入组块。

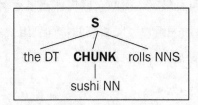

（2）将左限定词扩展加入到由名词开头的组块。

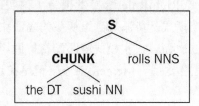

（3）将右侧的复数名词扩展加入到以名词结尾的组块中，对整个句子进行组块，如下所示。

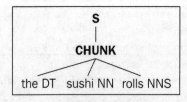

（4）对每个组块（限定词+名词+复数名词）进行解块，得到最初的句子树。

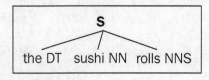

下面的代码显示了每一步的操作：

```
>>> from nltk.chunk.regexp import ChunkString
>>> from nltk.tree import Tree
>>> cs = ChunkString(Tree('S', sent))
>>> cs
<ChunkString: '<DT><NN><NNS>'>
>>> ur.apply(cs)
>>> cs
<ChunkString: '<DT>{<NN>}<NNS>'>
>>> el.apply(cs)
>>> cs
<ChunkString: '{<DT><NN>}<NNS>'>
>>> er.apply(cs)
>>> cs
<ChunkString: '{<DT><NN><NNS>}'>
>>> un.apply(cs)
>>> cs
<ChunkString: '<DT><NN><NNS>'>
```

5.4.3　更多信息

在实践中，你可能只使用先前的四大规则侥幸成功：ChunkRule、ChinkRule、MergeRule 和 SplitRule。但是如果在组块解析和移除组块方面你确实需要进行非常细粒度的控制，那么现在你知道了如何使用扩展和解块规则做到这一点。

5.4.4　请参阅

前两节介绍了 RegexpChunkRule.fromstring() 和 RegexpParser 支持的比较常见的组块规则。

5.5　使用正则表达式进行部分解析

到目前为止，我们只分析了名词短语。但是，RegexpParser 支持具有多种短语类型的语法，如动词短语和介词短语。我们学会了通过规则使用和定义可以使用 conll2000 语料库进行评估的语法，conll2000 语料库具有 NP、VP 和 PP 短语。

5.5.1　工作方式

现在，定义语法，以解析 3 种短语类型。对于名词短语而言，通过 ChunkRule 类，查找后面跟着一个或多个名词的限定词（可选）。然后，通过 MergeRule 类，可以添加形容词到名词组块的前面。对于介词短语，可以简单地对任何 IN 单词（如 in 或 on）组块。对于动词短语，可以对后面跟着动词的情态动词（如 should，可选）进行组块。

>
>
> **提示：**
>
> 每个语法规则后面跟着 # 注释。可以将这个注释作为说明传递给每个规则。虽然注释是可选的，但是它对于我们理解规则的功能特别有用，并且会包括在跟踪输出中。

```
>>> chunker = RegexpParser(r'''
... NP:
... {<DT>?<NN.*>+} # chunk optional determiner with nouns
... <JJ>{}<NN.*> # merge adjective with noun chunk
... PP:
... {<IN>}        # chunk preposition
... VP:
... {<MD>?<VB.*>} # chunk optional modal with verb
... ''')
>>> from nltk.corpus import conll2000
>>> score = chunker.evaluate(conll2000.chunked_sents())
>>> score.accuracy()
0.6148573545757688
```

当调用关于 chunker 参数的 evaluate()时，给它提供已分块的句子列表，得到 ChunkScore 对象，这个对象给我们提供了 chunker 的准确性，以及一些其他指标。

5.5.2 工作原理

RegexpParser 类将语法串解析为规则集，每种短语类型一个规则集。使用这些规则，创建 RegexpChunkParser 类。使用 RegexpChunkRule.fromstring()解析规则，RegexpChunkRule.fromstring()返回 ChunkRule、ChinkRule、MergeRule、SplitRule 或 ChunkRuleWithContext 中的一个子类。

既然已经将语法翻译成了规则集，就可以使用这些规则将加标注的句子解析成树状（Tree）结构。RegexpParser 类继承了 ChunkParserI，这个类提供了 parse()方法来解析加标注的单词。每当加标记的一部分匹配组块规则，就会构建一棵子树，这样加的标记成为树（Tree）的叶子，其标签为组块标注。ChunkParserI 接口还提供了 evaluate()方法，这个方法将给定的分块句子与 parse()方法的输出进行比较，以构造并返回 ChunkScore 对象。

5.5.3 更多信息

也可以在 treebank_chunk 语料库上评估这个 chunker 参数：

```
>>> from nltk.corpus import treebank_chunk
>>> treebank_score = chunker.evaluate(treebank_chunk.chunked_sents())
>>> treebank_score.accuracy()
0.49033970276008493
```

treebank_chunk 语料库是 treebank 语料库的特殊版本，它提供了 chunked_sents()方法。常规的 treebank 语料库由于其文件格式，不能提供这个方法。

1．ChunkScore 指标

ChunkScore 指标提供了除准确性之外的一些其他指标。在组块中，chunker 参数能够进行猜测，precision 用于指出有多少个是正确的，recall 用于指出在所有组块中 chunker 在找到正确的组块方面表现得有多优异。关于 precision 和 recall 的更多信息，请参阅维基百科网站。

```
>>> score.precision()
0.60201948127375
>>> score.recall()
0.606072502505847
```

还可以得到 chunker 错过的组块列表，不能够正确找到的组块列表，正确的组块列表，以及总共猜测的组块列表。这些对于找到改善组块语法的方法非常有用。

```
>>> len(score.missed())
47161
>>> len(score.incorrect())
47967
>>> len(score.correct())
119720
>>> len(score.guessed())
120526
```

通过不正确组块的数目以及通过比较 guessed() 和 correct()可以看到，chunker 猜测的组块数目比实际存在的多。同时，它也错过了好几个正确的组块。

2．循环和追踪组块规则

如果要在语法中多次应用组块规则，那么在初始化可以将 loop=2 传递给 RegexpParser。

默认值为 loop=1，即应用每个规则一次。由于在每次应用规则后组块会发生变化，因此有时候多次重新应用相同的规则可能有意义。

为了观察分块过程的内部追踪，将 trace=1 传递进 RegexpParser。为了获得更多输出，将 trace=2 传递进 RegexpParser。这将输出 chunker 正在执行的操作。在追踪输出中，包括规则的注释/说明，有助于你了解何时应用何种规则。

5.5.4 请参阅

如果你认为得到正则表达式组块模式看起来需要大量的工作，那么请阅读下一节，下一节将介绍如何基于已分块句子的语料库，训练组块器。

5.6 训练基于标注器的组块器

训练组块器可以作为手动指定正则表达式组块模式的理想替代方法。为了得到确切的模式，无须劳心劳力，反复试错，而可以利用现有的语料库数据训练组块器，就像我们在第 4 章中所做的一样。

5.6.1 工作方式

正如词性标注一样，我们使用 treebank 语料数据进行训练。但是这一次，我们将使用 treebank_chunk 语料库，这个语料库使用特殊的格式，生成树形式的分块句子。TagChunker 类使用这些 chunked_sents()方法来训练基于标注器的组块器。TagChunker 类使用辅助函数 conll_tag_chunks()从 Tree 列表中提取出（pos，iob）元组列表。然后，使用（pos，iob）元组训练标注器，使用的方法与第 4 章中训练词性标注器的方法一样。但是，这次不是学习单词的词性标签，而是学习词性标签的 IOB 标签。下面是来自 chunkers.py 的代码。

```
from nltk.chunk import ChunkParserI
from nltk.chunk.util import tree2conlltags, conlltags2tree
from nltk.tag import UnigramTagger, BigramTagger
from tag_util import backoff_tagger
def conll_tag_chunks(chunk_sents):
  tagged_sents = [tree2conlltags(tree) for tree in chunk_sents]
  return [[(t, c) for (w, t, c) in sent] for sent in tagged_sents]

class TagChunker(ChunkParserI):
  def __init__(self, train_chunks, tagger_classes=[UnigramTagger,
BigramTagger]):
    train_sents = conll_tag_chunks(train_chunks)
```

```
    self.tagger = backoff_tagger(train_sents, tagger_classes)

  def parse(self, tagged_sent):
    if not tagged_sent: return None
    (words, tags) = zip(*tagged_sent)
    chunks = self.tagger.tag(tags)
    wtc = zip(words, chunks)
    return conlltags2tree([(w,t,c) for (w,(t,c)) in wtc])
```

一旦得到了一训练的 TagChunker，就可以评估 ChunkScore 类，评估方法与前一节中对 RegexpParser 类所做的一样。

```
>>> from chunkers import TagChunker
>>> from nltk.corpus import treebank_chunk
>>> train_chunks = treebank_chunk.chunked_sents()[:3000]
>>> test_chunks = treebank_chunk.chunked_sents()[3000:]
>>> chunker = TagChunker(train_chunks)
>>> score = chunker.evaluate(test_chunks)
>>> score.accuracy()
0.9732039335251428
>>> score.precision()
0.9166534370535006
>>> score.recall()
0.9465573770491803
```

相当不错的准确性。训练组块器显然是手工指定语法和正则表达式的一种很不错的替代方法。

5.6.2 工作原理

在 3.5 节中，conll2000 语料库定义了使用 IOB 标签的组块，这指定了组块的类型，以及组块的开始和结束。可以在 IOB 标签模式上训练词性标注器，然后使用这个标注器，驱动 ChunkerI 子类。但是，首先，需要将从语料库的 chunked_sents()方法中所得到的 Tree 转换为词性标注器可用的格式。这是 conll_tag_chunks()所做的事情。它使用 tree2conlltags() 将句子树转换为形式为(word, pos, iob)的三元组列表。其中，pos 是词性标签，iob 是 IOB 标签，如使用 B-NP 标记名词短语的开头，或使用 I-NP 标记在名词短语内的单词。这种方法的逆方法是 conlltags2tree()。以下一些代码演示了这些 nltk.chunk 函数。

```
>>> from nltk.chunk.util import tree2conlltags, conlltags2tree
>>> from nltk.tree import Tree
>>> t = Tree('S', [Tree('NP', [('the', 'DT'), ('book', 'NN')])])
```

```
>>> tree2conlltags(t)
[('the', 'DT', 'B-NP'), ('book', 'NN', 'I-NP')]
>>> conlltags2tree([('the', 'DT', 'B-NP'), ('book', 'NN', 'I-NP')])
Tree('S', [Tree('NP', [('the', 'DT'), ('book', 'NN')])])
```

接下来将 3 元组转换标注器能够识别的二元组。由于 RegexpParser 类为组块模式使用词性标签，因此在此处也要这样做，使用词性标签，将它当作待标注的"单词"。conll_tag_chunks()函数通过丢弃三元组（word，pos，iob）中的 word，返回形式为（pos，iob）的二元组列表。当我们考虑列表中先前的示例 Tree 时，结果是可以馈送到标注器的格式。

```
>>> conll_tag_chunks([t])
[[('DT', 'B-NP'), ('NN', 'I-NP')]]
```

接下来，得到 ChunkParserI 的子类 TagChunker。它使用内部标注器，在组块树列表上训练。这种内部标注器由回退链中的 UnigramTagger 和 BigramTagger 类组成，使用该模块 4.5 节中创建的 backoff_tagger()方法。

最后，ChunkerI 子类必须实现 parse()方法，这个方法期望得到已进行词性标注的句子。将这个句子解压为单词和词性标签列表。然后，这种标签由标注器标注，以得到 IOB 标签。这个标签然后重新组合单词和词性标签，以创建三元组，可以将此三元组传递给 conlltags2tree()，以返回一棵最终的 Tree。

5.6.3　更多信息

前面一直在谈论 conll IOB 标签，下面展示在 conll2000 语料库上 TagChunker 类如何操作。

```
>>> from nltk.corpus import conll2000
>>> conll_train = conll2000.chunked_sents('train.txt')
>>> conll_test = conll2000.chunked_sents('test.txt')
>>> chunker = TagChunker(conll_train)
>>> score = chunker.evaluate(conll_test)
>>> score.accuracy()
0.8950545623403762
>>> score.precision()
0.8114841974355675
>>> score.recall()
0.8644191676944863
```

准确率没有 treebank_chunk 高，但是 conll2000 是一个相对较大的语料库，因此这也无须大惊小怪。

使用不同的标注器

如果要与 TagChunker 类一起使用不同的标注器类，可以将它们作为 tagger_classes 传递进来。例如，以下是仅仅使用 UnigramTagger 类的 TagChunker 类。

```
>>> from nltk.tag import UnigramTagger
>>> uni_chunker = TagChunker(train_chunks, tagger_
classes=[UnigramTagger])
>>> score = uni_chunker.evaluate(test_chunks)
>>> score.accuracy()
0.9674925924335466
```

将 tagger_classes 参数被直接传递进 backoff_tagger()函数，这意味着它们必须是 SequentialBackoffTagger 的子类。虽然在测试中 tagger_classes = [UnigramTagger，BigramTagger] 默认设置通常生成最佳结果，但是这根据语料库的不同有所变化。

5.6.4 请参阅

该模块 4.5 节介绍了使用 UnigramTagger 和 BigramTagger 类的回退标注。前一节解释了由组块器的 evaluate()方法返回的 ChunkScore 指标。

5.7 基于分类的分块

不同于大部分的词性标注器，ClassifierBasedTagger 类从特征中学习。这意味着可以创建 ClassifierChunker 类，这不像 TagChunker 类仅仅从词性标签中学习，它可以从词汇和词性标签中学习。

5.7.1 工作方式

对于 ClassifierChunker 类而言，我们不希望如在前一节中所做的，将来自训练句子的单词丢弃。相反，为了与训练 ClassiferBasedTagger 类所需的二元组(word, pos)格式兼容，使用 chunk_trees2train_chunks()函数，将来自 tree2conlltags()的三元组(word，pos，iob)转换为二元组((word，pos)，iob)。在 chunkers.py 中，可以找到这段代码。

```
from nltk.chunk import ChunkParserI
from nltk.chunk.util import tree2conlltags, conlltags2tree
```

```
from nltk.tag import ClassifierBasedTagger

def chunk_trees2train_chunks(chunk_sents):
  tag_sents = [tree2conlltags(sent) for sent in chunk_sents]
  return [[((w,t),c) for (w,t,c) in sent] for sent in tag_sents]
```

接下来，需要将特征检测器函数传入 ClassifierBasedTagger。默认的特征检测函数 prev_next_pos_iob()知道标记列表是(word，pos)元组的列表，可以使用这个列表，返回适合分类器的特征集。事实上，与 ClassifierChunker 类（下面会定义）一起使用的任何特征检测器函数都应该认识到标记是(word，pos)元组的列表，并且具有与 prev_next_pos_iob()相同的函数签名。为了给分类提供尽可能多的信息，这个特征集包含了当前、前一个与下一个单词和词性标签，同时还有先前的 IOB 标签。

```
def prev_next_pos_iob(tokens, index, history):
  word, pos = tokens[index]

  if index == 0:
    prevword, prevpos, previob = ('<START>',)*3
  else:
    prevword, prevpos = tokens[index-1]
    previob = history[index-1]
  if index == len(tokens) - 1:
    nextword, nextpos = ('<END>',)*2
  else:
    nextword, nextpos = tokens[index+1]

  feats = {
    'word': word,
    'pos': pos,
    'nextword': nextword,
    'nextpos': nextpos,
    'prevword': prevword,
    'prevpos': prevpos,
    'previob': previob
  }
  return feats
```

现在，可以定义 ClassifierChunker 类，它与从 prev_next_pos_iob()提取出的特征和来自 chunk_trees2train_chunks()的训练句子一起，使用内部 ClassifierBasedTagger()。作为 ChunkerParserI 的子类，它实现了 parse()方法，这个方法使用 conlltags2tree()，将由内部标记器生成的((w, t)，c)元组转换为树（Trees）。

```
class ClassifierChunker(ChunkParserI):
  def __init__(self, train_sents, feature_detector=prev_next_pos_iob,
**kwargs):
    if not feature_detector:
      feature_detector = self.feature_detector

    train_chunks = chunk_trees2train_chunks(train_sents)
    self.tagger = ClassifierBasedTagger(train=train_chunks,
      feature_detector=feature_detector, **kwargs)

  def parse(self, tagged_sent):
    if not tagged_sent: return None
    chunks = self.tagger.tag(tagged_sent)
    return conlltags2tree([(w,t,c) for ((w,t),c) in chunks])
```

使用前一节中 treebank_chunk 语料库中的 train_chunks 和 test_chunks，可以评估来自 chunkers.py 的代码。

```
>>> from chunkers import ClassifierChunker
>>> chunker = ClassifierChunker(train_chunks)
>>> score = chunker.evaluate(test_chunks)
>>> score.accuracy()
0.9721733155838022
>>> score.precision()
0.9258838793383068
>>> score.recall()
0.9359016393442623
```

相比 TagChunker 类，所有的分数都提高了一点。下面看看在 conll2000 上它的表现如何。

```
>>> chunker = ClassifierChunker(conll_train)
>>> score = chunker.evaluate(conll_test)
>>> score.accuracy()
0.9264622074002153
>>> score.precision()
0.8737924310910219
>>> score.recall()
0.9007354620620346
```

比起 TagChunker 类，这大为改善。

5.7.2   工作原理

如同前一节中的 TagChunker 类一样，为了进行 IOB 标注，训练了词性标注器。但是，在这种情况下，我们希望将单词作为特征包括在内，使分类器运转。通过创建形式为（（word, pos），iob）的嵌套二元组，可以通过标注器传递单词到特征检测器函数。chunk_trees2train_chunks()方法生成了这些嵌套二元组，prev_next_pos_iob()可以识别它们，并将其每个元素作为特征使用。以下是所提取的特征：

- 当前单词和词性标签
- 前一个单词、词性标签和 IOB 标签
- 下一个单词和词性标签

prev_next_pos_iob()的参数与 ClassifierBasedTagger 类的 feature_detector()方法的参数看起来一样：tokens（标记），index（索引）和 history（历史）。但是这次，token 是（word，pos）二元组列表，而历史（history）是 IOB 标签列表。如果没有前一个或下一个标记，使用<START>和<END>特殊特征值。

ClassifierChunker 类使用内部 ClassifierBasedTagger 和 prev_next_pos_iob()作为其默认的 feature_detector。来自标注器的结果也是相同的嵌套二元组的形式，然后使用 conlltags2tree() 把这个格式重新格式化成三元组，返回最终的 Tree。

5.7.3   更多信息

可以将自己的特征检测器函数作为 feature_detector，传入 ClassifierChunker 类。token 参数将包含（word，tag）元组列表，history 参数将是找到的先前 IOB 标签的列表。

使用不同分类器构建器

ClassifierBasedTagger 类默认使用 NaiveBayesClassifier.train 作为其 classifier_builder。但是可以通过重写 classifier_builder 关键字参数使用你想要的任何分类器。这里是使用 MaxentClassifier.train 的一个示例。

```
>>> from nltk.classify import MaxentClassifier
>>> builder = lambda toks: MaxentClassifier.train(toks, trace=0,
max_iter=10, min_lldelta=0.01)
>>> me_chunker = ClassifierChunker(train_chunks,
classifier_builder=builder)
>>> score = me_chunker.evaluate(test_chunks)
```

```
>>> score.accuracy()
0.9743204362949285
>>> score.precision()
0.9334423548650859
>>> score.recall()
0.9357377049180328
```

这里不直接使用 MaxentClassifier.train，而是将它包装到 lambda 参数中，这样它的输出就与（trace＝0）相当类似，并且在合理的时间内结束。正如你所看到的，相对于使用 NaiveBayesClassifier 类，分数略有不同。

> **提示：**
> 前面提到的 MaxentClassifier 的分数是在环境变量
> PYTHONHASHSEED＝0 时计算得到的。如果使用不
> 同的值，或没有设置此环境变量，得到的分数值可能会
> 有所不同。

5.7.4 请参阅

该模块 5.6 节介绍了使用词性标注器训练组块器的想法。该模块 4.13 节描述了 Classifier Based POSTagger，这是 ClassifierBasedTagger 的子类。稍后，第 7 章将详细介绍分类。

5.8 提取命名实体

命名实体识别是一种特定的组块提取，这是使用实体标签（而不是组块标签）的组块提取，或与组块标签一起使用的组块提取。常见的实体标签包括 PERSON、ORGANIZATION 和 LOCATION。虽然如同常用的分块一样，将词性标注句子解析成组块树，但是树的标签可以是实体标签，而不是组块短语标签。

5.8.1 工作方式

NLTK 附带了预先训练的命名实体组块器。这个组块器已经使用 ACE 项目的数据得到了训练，ACE 项目是美国国家标准与技术研究院（NIST）资助的项目，用于实现自动内容抽取（Automatic Content Extraction），可以在 NIST 网站上阅读到更多的信息。遗憾的是，这些数据没有包括在 NLTK 语料库中，但是得到训练的组块器包括在 NLTK 语料库中。可以通过 nltk.chunk 模块中的 ne_chunk()方法使用此组块器。ne_chunk()方法将单个语句组块

为 Tree。下面是在 treebank_chunk 语料库第一标注的句子中使用 ne_chunk()的示例。

```
>>> from nltk.chunk import ne_chunk
>>> ne_chunk(treebank_chunk.tagged_sents()[0])
Tree('S', [Tree('PERSON', [('Pierre', 'NNP')]), Tree('ORGANIZATION',
[('Vinken', 'NNP')]), (',', ','), ('61', 'CD'), ('years', 'NNS'),
('old', 'JJ'), (',', ','), ('will', 'MD'), ('join', 'VB'), ('the',
'DT'), ('board', 'NN'), ('as', 'IN'), ('a', 'DT'), ('nonexecutive',
'JJ'), ('director', 'NN'), ('Nov.', 'NNP'), ('29', 'CD'), ('.', '.')])
```

你可以看到找到两个实体标签：PERSON 和 ORGANIZATION。每棵子树包含了被识别为 PERSON 或 ORGANIZATION 的单词列表。为了抽取这些命名实体，可以写一个简单的辅助方法，用于获得我们所感兴趣的子树叶子。

```
def sub_leaves(tree, label):
  return [t.leaves() for t in tree.subtrees(lambda s: label() ==
label)]
```

然后，可以调用这个方法，获得树上的所有 PERSON 或 ORGANIZATION 叶子。

```
>>> tree = ne_chunk(treebank_chunk.tagged_sents()[0])
>>> from chunkers import sub_leaves
>>> sub_leaves(tree, 'PERSON')
[[('Pierre', 'NNP')]]
>>> sub_leaves(tree, 'ORGANIZATION')
[[('Vinken', 'NNP')]]
```

你可能注意到了，组块器错误地将 Vinken 分离到 ORGANIZATION 树，而不是将它包含到含有 Pierre 的 PERSON 树中。在统计自然语言处理的情况下，你不能总是期待完美。

5.8.2　工作原理

预先训练的命名实体组块器与任何其他的组块器很像，事实上，这个组块器使用 Maxent Classifier 驱动的 ClassifierBasedTagger 来确定 IOB 标签。但是，它不使用 B-NP 和 I-NP IOB 标签，而使用 B-PERSON、I-PERSON、B-ORGANIZATION 和 I-ORGANIZATION 等标签。它也使用 O 标签来标记不是命名实体部分的单词（因此，在命名实体子树之外）。

5.8.3　更多信息

要一次处理多个句子，可以使用 chunk_ne_sents()。此处是一个示例，在此示例中，处理来自 treebank_chunk.tagged_sents 的前 10 个句子，并获得 get ORGANIZATION sub_leaves()：

```
>>> from nltk.chunk import chunk_ne_sents
>>> trees = chunk_ne_sents(treebank_chunk.tagged_sents()[:10])
>>> [sub_leaves(t, 'ORGANIZATION') for t in trees]
[[[('Vinken', 'NNP')]], [[('Elsevier', 'NNP')]], [[('Consolidated',
'NNP'), ('Gold', 'NNP'), ('Fields', 'NNP')]], [], [], [[('Inc.',
'NNP')], [('Micronite', 'NN')]], [[('New', 'NNP'), ('England', 'NNP'),
('Journal', 'NNP')]], [[('Lorillard', 'NNP')]], [], []]
```

你可以看到，这里有一些多单词 ORGANIZATION 组块，如 New England Journal。这里也有一些句子，这些句子无 ORGANIZATION 组块，由空列表[]指示。

二元命名实体提取

如果你不关心提取特定类型的命名实体，可以将 binary=True 传入 ne_chunk()或 chunk ne_sents()。现在，所有命名实体将会标注上 NE。

```
>>> ne_chunk(treebank_chunk.tagged_sents()[0], binary=True)
Tree('S', [Tree('NE', [('Pierre', 'NNP'), ('Vinken', 'NNP')]), (',',
','), ('61', 'CD'), ('years', 'NNS'), ('old', 'JJ'), (',', ','),
('will', 'MD'), ('join', 'VB'), ('the', 'DT'), ('board', 'NN'),
('as', 'IN'), ('a', 'DT'), ('nonexecutive', 'JJ'), ('director', 'NN'),
('Nov.', 'NNP'), ('29', 'CD'), ('.', '.')])
```

因此，在这种情况下，binary 意味着任意组块（不管是不是命名实体）。如果使用 sub_leaves()，那么可以看到 Pierre Vinken 被正确地组合为单个命名实体。

```
>>> subleaves(ne_chunk(treebank_chunk.tagged_sents()[0], binary=True),
'NE')
[[('Pierre', 'NNP'), ('Vinken', 'NNP')]]
```

5.8.4　请参阅

在下一节中，我们将创建简单命名的实体组块器。

5.9　提取专有名词组块

进行命名实体提取的一种简单方法就是对所有专有名词（标注为 NNP）进行组块。由于专有名词的定义是人、地方或事物的名称，因此可以将这些组块标注为 NAME。

5.9.1 工作方式

使用 RegexpParser 类，可以创建非常简单的语法，它将所有专有名词组合为一个 NAME 组块。然后，可以在 treebank_chunk 的第一个标注句子上测试它，从而与前一节中的结果进行比较。

```
>>> chunker = RegexpParser(r'''
... NAME:
...    {<NNP>+}
... ''')
>>> sub_leaves(chunker.parse(treebank_chunk.tagged_sents()[0]),
'NAME')
[[('Pierre', 'NNP'), ('Vinken', 'NNP')], [('Nov.', 'NNP')]]
```

虽然在输出结果中将 Nov.作为 NAME 组块，但是这是一个错误的结果，因为 Nov.是月份的名称。

5.9.2 工作原理

NAME 组块器是 RegexpParser 类的简单使用方法，该模块 5.2 节、5.3 节和 5.5 节介绍过这个内容。NNP 标注单词的所有序列都组合成了 NAME 组块。

5.9.3 更多信息

如果我们希望确保只对人物名称进行组块，那么可以构建 PersonChunker 类，它使用 name 语料库进行组块。在 chunkers.py 可以找到这个类。

```
from nltk.chunk import ChunkParserI
from nltk.chunk.util import conlltags2tree
from nltk.corpus import names
class PersonChunker(ChunkParserI):
  def __init__(self):
    self.name_set = set(names.words())

  def parse(self, tagged_sent):
    iobs = []
    in_person = False

    for word, tag in tagged_sent:
      if word in self.name_set and in_person:
```

```
      iobs.append((word, tag, 'I-PERSON'))
    elif word in self.name_set:
      iobs.append((word, tag, 'B-PERSON'))
      in_person = True
    else:
      iobs.append((word, tag, 'O'))
      in_person = False

  return conlltags2tree(iobs)
```

PersonChunker 类遍历了标注语句，检查每个单词是否在其 names_set 中（使用 names 语料库构建）。如果当前的单词在 names_set 中，那么根据前面的单词是否也在 names_set 中，它可以采用 B-PERSON 或 I-PERSON IOB 标签。不在 names_set 参数中的任何单词获得 O IOB 标签。在完成时，可以使用 conlltags2tree() 将 IOB 标签列表转换成 Tree。与以前一样，在相同的标注句子上使用它，可以得到以下结果。

```
>>> from chunkers import PersonChunker
>>> chunker = PersonChunker()
>>> sub_leaves(chunker.parse(treebank_chunk.tagged_sents()[0]),
'PERSON')
[[('Pierre', 'NNP')]]
```

我们得不到 Nov.，同时也失去了 Vinken，因为它在 names 语料库中找不到。本节着重介绍了在组块提取和自然语言处理中的一般困难。

- 如果使用一般模式，那么会得到一般的结果。

- 如果要寻找特定结果，那么必须使用特定数据。

- 如果特定的数据不完整，那么结果也不完整。

前一节定义了 sub_leaves() 函数，使用这个函数显示找到的组块。下一节将介绍如何基于 gazetteers 语料库，找到 LOCATION 组块。

5.10　提取部位组块

为了确定 LOCATION 组块，可以创建一个不同类型的 ChunkParserI 子类，它使用 gazetteers 语料库来确定地点单词。gazetteers 语料库是 WordListCorpusReader 类，这个类包含了以下地点单词。

- 国名

- 美国各州及其缩写

- 美国各大城市

- 加拿大各省

- 墨西哥各州

5.10.1 工作方式

在 chunkers.py 中的 LocationChunker 类遍历标注的句子，以寻找在 gazetteers 语料库中发现的单词。当它发现一个或多个地点单词时，它会使用 IOB 标签创建 LOCATION 组块。辅助方法 iob_locations()是 IOB LOCATION 标签产生的地方，parse()方法将这些 IOB 标签转换成 Tree。

```
from nltk.chunk import ChunkParserI
from nltk.chunk.util import conlltags2tree
from nltk.corpus import gazetteers

class LocationChunker(ChunkParserI):
  def __init__(self):
    self.locations = set(gazetteers.words())
    self.lookahead = 0

    for loc in self.locations:
      nwords = loc.count(' ')

      if nwords > self.lookahead:
        self.lookahead = nwords

  def iob_locations(self, tagged_sent):
    i = 0
    l = len(tagged_sent)
    inside = False

    while i < l:
      word, tag = tagged_sent[i]
      j = i + 1
      k = j + self.lookahead
      nextwords, nexttags = [], []
      loc = False

      while j < k:
```

```
        if ' '.join([word] + nextwords) in self.locations:
          if inside:
            yield word, tag, 'I-LOCATION'
          else:
            yield word, tag, 'B-LOCATION'

          for nword, ntag in zip(nextwords, nexttags):
            yield nword, ntag, 'I-LOCATION'

          loc, inside = True, True
          i = j
          break

        if j < l:
          nextword, nexttag = tagged_sent[j]
          nextwords.append(nextword)
          nexttags.append(nexttag)
          j += 1
        else:
          break

      if not loc:
        inside = False
        i += 1
        yield word, tag, 'O'

  def parse(self, tagged_sent):
    iobs = self.iob_locations(tagged_sent)
    return conlltags2tree(iobs)
```

可以使用 LocationChunker 类，把 San Francisco CA is cold compared to San Jose CA 解析为两个地点。

```
>>> from chunkers import LocationChunker
>>> t = loc.parse([('San', 'NNP'), ('Francisco', 'NNP'), ('CA',
'NNP'), ('is', 'BE'), ('cold', 'JJ'), ('compared', 'VBD'), ('to',
'TO'), ('San', 'NNP'), ('Jose', 'NNP'), ('CA', 'NNP')])
>>> sub_leaves(t, 'LOCATION')
[[('San', 'NNP'), ('Francisco', 'NNP'), ('CA', 'NNP')], [('San',
'NNP'), ('Jose', 'NNP'), ('CA', 'NNP')]]
```

按照预期，得到了两个 LOCATION 组块。

5.10.2 工作原理

LocationChunker 类从在 gazetteers 语料库中构建所有地点集开始。然后，它在单个地点字符串中找到最大数目的单词，这样当它解析加标注的句子时，它就知道它必须向前看多少个单词。

parse()方法调用辅助方法 iob_locations()，iob_locations()生成了形式为（word，pos，iob）的三元组。其中，如果单词不是地点，那么 iob 是 O；如果是 LOCATION 组块，那么 iob 是 B-LOCATION 或 I-LOCATION。iob_locations()方法通过查看当前单词和下一个单词，找到地点组块，以确认组合的单词是否在地点集中。然后，把相邻的多个地点单词放进相同的 LOCATION 组块，如先前示例中的 San Francisco 和加州 CA。

如前一节一样，构建（word，pos，iob）元组列表，传递给 conlltags2tree()，返回一棵 Tree，更方便，更简单。另一种方法是手动构造一棵 Tree，但是这要求追踪孩子、子树以及你当前在 Tree 中的位置。

5.10.3 更多信息

这个 LocationChunker 类有一个优点，那就是这不关注词性标签。只要在地点集中找到地点单词，任何词性标签都行。

5.10.4 请参阅

下一节将介绍如何使用 ieer 语料库来训练命名实体组块器。

5.11 训练命名实体组块器

可以使用 ieer 语料库训练自己的命名实体组块器，ieer 代表的是信息提取：实体识别（Information Extraction: Entity Recognition）。因为 ieer 语料器具有单词的组块树，但是没有单词的词性标签，所以这需要一些额外的工作。

5.11.1 工作方式

在 chunkers.py 中，使用 ieertree2conlltags()和 ieer_chunked_sents()函数，可以从 ieer 语料库中创建命名实体组块树，以训练在该模块 5.7 节中创建的 ClassifierChunker 类。

```
import nltk.tag
from nltk.chunk.util import conlltags2tree
from nltk.corpus import ieer

def ieertree2conlltags(tree, tag=nltk.tag.pos_tag):
  words, ents = zip(*tree.pos())
  iobs = []
  prev = None

  for ent in ents:
    if ent == tree.label():
      iobs.append('O')
      prev = None
    elif prev == ent:
      iobs.append('I-%s' % ent)
    else:
      iobs.append('B-%s' % ent)
      prev = ent

  words, tags = zip(*tag(words))
  return zip(words, tags, iobs)

def ieer_chunked_sents(tag=nltk.tag.pos_tag):
  for doc in ieer.parsed_docs():
    tagged = ieertree2conlltags(doc.text, tag)
    yield conlltags2tree(tagged)
```

这里将使用 94 个句子中的 80 个进行训练，使用剩余的句子来测试。然后，可以看到它在
treebank_chunk 语料库的第一个句子上表现如何。

```
>>> from chunkers import ieer_chunked_sents, ClassifierChunker
>>> from nltk.corpus import treebank_chunk
>>> ieer_chunks = list(ieer_chunked_sents())
>>> len(ieer_chunks)
94
>>> chunker = ClassifierChunker(ieer_chunks[:80])
>>> chunker.parse(treebank_chunk.tagged_sents()[0])
Tree('S', [Tree('LOCATION', [('Pierre', 'NNP'), ('Vinken', 'NNP')]),
(',', ','), Tree('DURATION', [('61', 'CD'), ('years', 'NNS')]),
Tree('MEASURE', [('old', 'JJ')]), (',', ','), ('will', 'MD'), ('join',
'VB'), ('the', 'DT'), ('board', 'NN'), ('as', 'IN'), ('a', 'DT'),
('nonexecutive', 'JJ'), ('director', 'NN'), Tree('DATE', [('Nov.',
'NNP'), ('29', 'CD')]), ('.', '.')])
```

这找到了正确的 DURATION 和 DATE，但是将 Pierre Vinken 标注为 LOCATION。让我们看看在剩余的 ieer 组块树上它的评分如何。

```
>>> score = chunker.evaluate(ieer_chunks[80:])
>>> score.accuracy()
0.8829018388070625
>>> score.precision()
0.4088717454194793
>>> score.recall()
0.5053635280095352
```

准确率相当不错，但是精确率和召回率非常低。这意味着有大量的误报和漏报。

5.11.2　工作原理

事实是，我们不使用理想的训练数据。ieer_chunked_sents()生成的 ieer 树不完全准确。首先，没有明确的句子分解，每个文档就是一棵树。其次，没有显式地标注单词，因此要使用 nltk.tag.pos_tag()进行猜测。

Ieer 语料库提供了 parsed_docs()方法，这个方法返回具有 text 属性的文档列表。这个文本属性是文档 Tree，会把它转换成形式为（word，pos，iob）的三元组列表。为了得到最终的三元组，首先，必须使用 tree.pos()，展平 Tree。tree.pos()返回形式为（word，entity）的二元组列表，在这个二元组中，entity 要么是实体标签，要么是树的顶标签。对于任何单词，如果其实体是顶标签，那么这个单词就在命名实体组块之外，并得到 IOB 标签 O。所有具有唯一实体标签的单词，要么是命名实体组块头，要么在命名实体组块内部。一旦拥有了所有的 IOB 标签，就可以得到所有单词的词性标签，并使用 zip()，将单词、词性标签和 IOB 标签结合成为三元组。

5.11.3　更多信息

尽管训练数据并不理想，但是 ieer 语料库为训练命名实体组块器提供了良好的开端。数据来自《纽约时报》（New York Times）和《美联社新闻专线》（AP Newswire）报道。来自 ieer.parsed_docs()的每个文档也包含了标题属性，这个标题属性是一棵 Tree。

```
>>> from nltk.corpus import ieer
>>> ieer.parsed_docs()[0].headline
Tree('DOCUMENT', ['Kenyans', 'protest', 'tax', 'hikes'])
```

5.11.4　请参阅

该模块 5.8 节介绍了 NLTK 中附带的预先训练命名实体组块器。

5.12　使用 NLTK 训练器训练组块器

该模块第 4 章末尾介绍了 NLTK 训练器和 train_tagger.py 脚本。本节介绍训练组块器的脚本：train_chunker.py。

> **提示：**
> 可以在 GitHub 网站上找到 NLTK 训练器，在 nltk-trainer 网站上找到在线文档。

5.12.1　工作方式

正如 train_tagger.py 一样，train_chunker.py 唯一需要的参数是语料库的名字。在这种情况下，需要提供 chunked_sents()方法的语料库，如 treebank_chunk。这里是在 treebank_chunk 上运行 train_chunker.py 的示例。

```
$ python train_chunker.py treebank_chunk
loading treebank_chunk
4009 chunks, training on 4009
training ub TagChunker
evaluating TagChunker
ChunkParse score:
    IOB Accuracy:    97.0%
    Precision:       90.8%
    Recall:          93.9%
    F-Measure:       92.3%
dumping TagChunker to /Users/jacob/nltk_data/chunkers/treebank_chunk_
ub.pickle
```

就像 train_tagger.py 一样，可以使用--no-pickle 参数避免保存序列化的组块器，使用--fraction 参数限制训练集，并在测试集上评估组块器。

```
$ python train_chunker.py treebank_chunk --no-pickle --fraction 0.75
loading treebank_chunk
4009 chunks, training on 3007
```

```
training ub TagChunker
evaluating TagChunker
ChunkParse score:
    IOB Accuracy:     97.3%
    Precision:        91.6%
    Recall:           94.6%
    F-Measure:        93.1%
```

你所看到的评分输出是当输出 ChunkScore 对象时所得到的。这个 ChunkScore 是调用组块器的 evaluate()方法的结果，在该模块 5.4 节已详细解释过。出人意料的是，当使用较小的训练集时，组块器的评分实际上略有增加。这可能表明，组块训练算法可能容易过拟合，也就是说，太多训练示例可以导致组块器过分重视不正确数据或噪声数据。

> **提示：**
>
> 为了清楚起见，省略了 PYTHONHASHSEED 环境变量。这意味着，当运行 train_chunker.py 时，评分可能会有所不同。为了得到一致的评分，可以这样运行 train_chunker：
>
> `$ PYTHONHASHSEED=0 python train_chunker.py treebank_chunk ...`

5.12.2　工作原理

train_chunker.py 的默认训练算法是使用由 BigramTagger 和 UnigramTagger 类组成的基于标注器的组块器。这就是输出行 training ub TagChunker 的意思。该模块 5.6 节详细介绍了如何训练标签组块器。可以使用--sequential 参数修改这个算法。这里展示了如何训练基于 UnigramTagger 的组块器。

```
$ python train_chunker.py treebank_chunk --no-pickle --fraction 0.75
--sequential u
loading treebank_chunk
4009 chunks, training on 3007
training u TagChunker
evaluating TagChunker
ChunkParse score:
    IOB Accuracy:     96.7%
    Precision:        89.7%
    Recall:           93.1%
    F-Measure:        91.3%
```

这里展示了如何训练额外的 BigramTagger 和 TrigramTagger 类。

```
$ python train_chunker.py treebank_chunk --no-pickle --fraction 0.75
--sequential ubt
loading treebank_chunk
4009 chunks, training on 3007
training ubt TagChunker
evaluating TagChunker
ChunkParse score:
    IOB Accuracy:    97.2%
    Precision:       91.6%
    Recall:          94.4%
    F-Measure:       93.0%
```

也可以训练基于分类器的组块器，该模块 5.7 节介绍了这个内容。

```
$ python train_chunker.py treebank_chunk --no-pickle --fraction 0.75
--sequential '' --classifier NaiveBayes
loading treebank_chunk
4009 chunks, training on 3007
training ClassifierChunker with ['NaiveBayes'] classifier
Constructing training corpus for classifier.
Training classifier (71088 instances)
training NaiveBayes classifier
evaluating ClassifierChunker
ChunkParse score:
    IOB Accuracy:    97.2%
    Precision:       92.6%
    Recall:          93.6%
    F-Measure:       93.1%
```

5.12.3　更多信息

虽然 train_chunker.py 脚本支持很多其他参数，但是这些参数没有显示在这里，可以通过使用--help，运行脚本，查看所有这些参数。接下来会介绍一些额外的参数，然后介绍与 NLTK-Trainer 中两个其他的分块相关的脚本。

1.　保存序列化的分块器

没有--no-pickle 参数，train_chunker.py 将在～/nltk_data/chunkers/ NAME.pickle 中保存序列化的组块器。其中，NAME 是语料库名称和训练算法的结合。可以使用--filename 参

数，指定组块器的自定义文件名，如下所示。

```
$ python train_chunker.py treebank_chunker --filename path/to/
tagger.pickle
```

2．训练命名实体组块器

可以使用 train_chunker.py，复制在该模块 5.11 节中在 ieer 语料库上训练的组块器。由于在 ieer 上训练所需要的特殊处理内置在 NLTK 训练器中，因此这是可能的。具体代码如下。

```
$ python train_chunker.py ieer --no-pickle --fraction 0.85 --sequential
'' --classifier NaiveBayes
loading ieer
converting ieer parsed docs to chunked sentences
94 chunks, training on 80
training ClassifierChunker with ['NaiveBayes'] classifier
Constructing training corpus for classifier.
Training classifier (47000 instances)
training NaiveBayes classifier
evaluating ClassifierChunker
ChunkParse score:
    IOB Accuracy:    88.3%
    Precision:       40.9%
    Recall:          50.5%
    F-Measure:       45.2%
```

3．在自定义语料库上训练

如果你有自定义的语料库，并且希望使用这个语料库训练组块器，那么可以传递语料库路径，并且在--reader 参数中传递语料库读取器的类名。语料库路径可以是绝对路径，也可以是相对于 nltk_data 目录的路径。语料库读取器类必须提供 chunked_sents()方法。这是使用 treebank 已组块语料库相对路径的示例。

```
$ python train_chunker.py corpora/treebank/tagged --reader nltk.corpus.
reader.ChunkedCorpusReader --no-pickle --fraction 0.75
loading corpora/treebank/tagged
51002 chunks, training on 38252
training ub TagChunker
evaluating TagChunker
ChunkParse score:
    IOB Accuracy:    98.4%
```

```
Precision:      97.7%
Recall:         98.9%
F-Measure:      98.3%
```

4. 在解析树上训练

train_chunker.py 脚本支持两个参数，这两个参数允许它在全解析树上训练，而不是使用分块的句子训练，全解析树来自语料库读取器的 parsed_sents()方法。解析树不同于分块树，因为它可以更加深入，具有子短语，乃至子短语的子短语。但是到目前为止，本书介绍的分块算法不能从深度解析树中学习，因此需要以某种方式展平它们。第一个参数是--flatten-deep-tree，它使用解析树的叶子标签训练组块。

```
$ python train_chunker.py treebank --no-pickle --fraction 0.75 --flattendeep-
tree
loading treebank
flattening deep trees from treebank
3914 chunks, training on 2936
training ub TagChunker
evaluating TagChunker
ChunkParse score:
    IOB Accuracy:   72.4%
    Precision:      51.6%
    Recall:         52.2%
    F-Measure:      51.9%
```

由于 treebank 语料库具有通过 parsed_sents()方法可以访问的全解析树，因此使用 treebank 语料库，而不是 treebank_chunk。另一个解析树参数是--shallow-tree，它使用解析树的上层标签训练组块。

```
$ python train_chunker.py treebank --no-pickle --fraction 0.75 --shallowtree
loading treebank
creating shallow trees from treebank
3914 chunks, training on 2936
training ub TagChunker
evaluating TagChunker
ChunkParse score:
    IOB Accuracy:   73.1%
    Precision:      60.0%
    Recall:         56.2%
    F-Measure:      58.0%
```

对于提供分块句子的语料库而言，这些选项（如 cess_cat 和 cess_esp）更加有用。

5．使用已组块的语料库分析组块器

你如何知道在没有训练组块器的其他语料库上组块器的表现如何？相对于另一个分块的语料库，analyze_chunker_coverage.py 脚本提供了一种简单的方式来测试组块器的性能。下面展示了如何在 treebank_chunk 语料库上测试 NLTK 内置的组块器。

```
$ python analyze_chunker_coverage.py treebank_chunk --score
loading tagger taggers/maxent_treebank_pos_tagger/english.pickle
loading chunker chunkers/maxent_ne_chunker/english_ace_multiclass.pickle
evaluating chunker score

ChunkParse score:
    IOB Accuracy:    45.4%
    Precision:        0.0%
    Recall:           0.0%
    F-Measure:        0.0%

analyzing chunker coverage of treebank_chunk with NEChunkParser


IOB                   Found
============          =========
FACILITY              56
GPE                   1874
GSP                   38
LOCATION              34
ORGANIZATION          1572
PERSON                2108
============          =========
```

正如你所看到的，NLTK 默认的组块器在 treebank_chunk 语料库上的表现不佳。这是因为默认组块器寻找的是命名实体，而不是 NP 短语。这是通过对所找到的 IOB 标签的覆盖分析中显示出来的。这些结果并不一定意味着默认的组块器很差，仅仅意味着它不是训练用来找名词短语的，因此不能准确地对 treebank_chunk 语料库进行评估。

虽然 analyze_chunker_coverage.py 脚本默认使用 NLTK 内置的标注器和组块器，但是可以使用--tagger 或--chunker 参数评估你自己的标注器或组块器，这两个参数都接受到达序列化标注器或组块器的路径。考虑下列代码。

```
$ python train_chunker.py treebank_chunker --tagger path/to/tagger.pickle
--chunker path/to/chunker.pickle
```

虽然也可以使用自定义语料库,就像先前使用 train_chunker.py 所做的一样,但是如果语料库没有分块,那么由于没有任何东西可以比较,因此必须忽略--score 参数。在这种情况下,由于没有组块可以比较,因此只会得到 IOB 标签计数,而没有评分。

6.分析已组块语料库

最后,有一个称为 analyze_chunked_corpus.py 的脚本。顾名思义,这个脚本会读取已组块的语料库,输出关于单词和标签的统计数据。可以运行这个脚本,如下所示:

```
$ python analyze_chunked_corpus.py treebank_chunk
```

结果非常相似于 analyze_tagged_corpus.py,但是对每个 IOB 标签有附加列。每个 IOB 标签列显示了在组块中对于 IOB 标签出现的每个词性标签的计数。例如,NN 单词(名词)总共出现了 300 次,NN 单词与 NP IOB 标签一起出现的次数为 280 次,这意味着大多数名词出现在名词短语内。

正如其他命令一样,可以传递进自定义语料库路径和读取器,以分析自己的分块语料库。

5.12.4 请参阅

- 该模块 5.6 节、5.7 节和 5.11 节介绍了许多思想,这些思想都写入了 train_chunker.py 脚本中。

- 该模块 4.14 节介绍了如何使用 NLTK 训练器,训练标注器。

第 6 章
转换组块与树

本章将介绍以下内容。

- 过滤句子中无意义的单词。

- 纠正动词形式。

- 交换动词短语。

- 交换名词基数。

- 交换不定式短语。

- 单数化复数名词。

- 链接组块变换。

- 将组块树转换为文本。

- 平展深度树。

- 创建浅树。

- 转换树标签。

6.1 引言

既然你知道如何从一个句子中得到组块或短语，那么你能使用它们做些什么呢？本章将展示在组块和树上如何进行各种变换。组块变换是为了纠正语法错误，并重新安排短语，而不丧失意义。树转换为读者提供了修改和展平深度解析树的方式。本章详细介绍的函数修改数据，而不是从数据中学习。这意味着不加选择地应用它们是不安全的。对需要转换的数据有个透彻的了解，同时进行一些实验，有助于你确定何时应用何种函数。

在本章中，每次使用术语组块时，这指的是由组块器抽取出来的实际组块，或简单而言，这也可能指使用标注单词列表的形式表示的较短的短语或句子。在本章中，重要的是你使用组块能做些什么，而不是组块来自何处。

6.2　过滤句子中无意义的单词

当涉及区别短语含义时，许多最常用的单词是没有意义的。例如，在短语 the movie was terrible 中，最有意义的单词是 movie 和 terrible，而 the 和 was 几乎是毫无用处的。如果去掉它们，你也可以得到相同的信息，即 movie terrible 或 terrible movie。无论哪种方式，感情是一样的。本节讨论如何通过查看词性标签，删除无关紧要的单词，保留有意义的单词。

6.2.1　准备工作

首先，需要决定哪些词性标签有意义，哪些没有意义。浏览 treebank 语料库，查看停用词，得到无意义的单词和标签，如下表所示。

单词	标签
a	DT
all	PDT
an	DT
and	CC
or	CC
that	WDT
the	DT

除了 CC 之外，所有的标签以 DT 结尾。这意味着可以通过查看标签的后缀，过滤掉没有意义的单词。请参阅该模块附录 A，获得关于标签含义的详细信息。

6.2.2　工作方式

在 transforms.py 中，有一个函数称为 filter_insignificant()。这个函数接受单个组块，这

个组块可能是标注单词列表，返回没有任何无意义标注单词的新组块。这个函数默认过滤掉任何以 DT 或 CC 结尾的标签。

```
def filter_insignificant(chunk, tag_suffixes=['DT', 'CC']):
  good = []

  for word, tag in chunk:
    ok = True

    for suffix in tag_suffixes:
      if tag.endswith(suffix):
        ok = False
        break

    if ok:
      good.append((word, tag))

  return good
```

现在，在 the terrible movie 的词性标注版本上应用这个函数。

```
>>> from transforms import filter_insignificant
>>> filter_insignificant([('the', 'DT'), ('terrible', 'JJ'),
('movie', 'NN')])
[('terrible', 'JJ'), ('movie', 'NN')]
```

正如你所看到的，单词 the 从组块中消除了。

6.2.3 工作原理

filter_insignificant()函数遍历在组块中标注的单词。对于每个标签，它检查了这个标签是否以任何 tag_suffixes 结尾。如果这个单词以 tag_suffixes 结尾，那么跳过这个标注的单词。如果标签不以 tag_suffixes 结尾，那么将标注的单词附加到新的组块上，并返回有意义的组块。

6.2.4 更多信息

定义 filter_insignificant()的方法指出，如果 DT 和 CC 不足够或不正确，那么可以传递自己的标签后缀。例如，可以决定所有格词和代词（如 as you、your、their 和 theirs）是不需要的，而 DT 和 CC 单词是需要的，于是标签后缀应该为 PRP 和 PRP $。

```
>>> filter_insignificant([('your', 'PRP$'), ('book', 'NN'), ('is',
'VBZ'), ('great', 'JJ')], tag_suffixes=['PRP', 'PRP$'])
[('book', 'NN'), ('is', 'VBZ'), ('great', 'JJ')]
```

出于某些目的，如搜索引擎索引和查询，以及文本分类，过滤无意义的单词可以对停用词过滤起到一个很好的补充作用。

6.2.5 请参阅

本节类似于该模块 1.6 节。

6.3 纠正动词形式

在现实世界的语言中，发现不正确的动词形式，是相当常见的。例如，"is our children learning？"的正确形式是"are our children learning？"。动词 is 应该只能与单数名词一起使用，而 are 应该与复数名词一起使用，如 children。可以创建动词更正映射来纠正这些错误，根据组块中的名词是单数还是复数，使用动词更正映射。

6.3.1 准备工作

首先，需要在 transforms.py 中定义动词更正映射。下面将创建两个映射。一个从复数映射到单数，另一个从单数映射到复数。

```
plural_verb_forms = {
  ('is', 'VBZ'): ('are', 'VBP'),
  ('was', 'VBD'): ('were', 'VBD')
}

singular_verb_forms = {
  ('are', 'VBP'): ('is', 'VBZ'),
  ('were', 'VBD'): ('was', 'VBD')
}
```

每个映射有映射到另一个标注动词的标注动词。这些初始映射覆盖了一些基础映射，如从 is 到 are，从 was 到 were，反之亦然。

6.3.2 工作方式

在 transforms.py 中，有一个称为 correct_verbs() 的函数。将具有不正确动词形式的组块传递入函数，然后可以得到正确的组块。它使用辅助函数 first_chunk_index() 搜索组块，寻找第一个标注单词（即 pred 返回 True）的位置。pred 参数应该是一个可调用的函数，这个函数可以接受元组（word，tag），并返回 True 或 False。这里是 first_chunk_index() 的代码。

```
def first_chunk_index(chunk, pred, start=0, step=1):
  l = len(chunk)
  end = l if step > 0 else -1

  for i in range(start, end, step):
    if pred(chunk[i]):
      return i

  return None
```

为了让 first_chunk_index()发挥作用，需要使用谓词函数。在 correct_verbs()的情况下，如果在（word，tag）中的标签开始于一个给定的标签前缀，那么这个谓词函数应该返回 True；否则，返回 False。

```
def tag_startswith(prefix):
  def f(wt):
    return wt[1].startswith(prefix)
  return f
```

tag_startswith()函数接受标签前缀，如 NN，返回谓词函数。这个谓词函数接受（word，tag）元组，如果这个标签以给定前缀开始，谓词函数返回 True。返回另一个函数的函数，称为高阶函数。这听起来很复杂，其实并不复杂，就像你可以使用函数，生成并返回新的变量和值。一些编程语言（如 Python）可以让你在其他函数内部生成函数。在当前的情况下，我们希望有一个函数，它能接受单个参数：（word，tag）。但是，我们也希望这个函数能够访问前缀变量。由于不能添加参数到函数定义中，因此生成高阶函数，访问前缀变量，同时保留了单个参数（word，tag）。

既然已经定义 first_chunk_index()和 tag_startswith()，就可以真正实现 correct_verbs()了。虽然，对单一的函数而言，这有点小题大做了，但是在后续几节中，会一直使用 first_chunk_index()和 tag_startswith()。

```
def correct_verbs(chunk):
  vbidx = first_chunk_index(chunk, tag_startswith('VB'))
  # if no verb found, do nothing
  if vbidx is None:
    return chunk

  verb, vbtag = chunk[vbidx]
  nnpred = tag_startswith('NN')
  # find nearest noun to the right of verb
  nnidx = first_chunk_index(chunk, nnpred, start=vbidx+1)
  # if no noun found to right, look to the left
```

```
if nnidx is None:
  nnidx = first_chunk_index(chunk, nnpred, start=vbidx-1, step=-1)
# if no noun found, do nothing
if nnidx is None:
  return chunk
noun, nntag = chunk[nnidx]
# get correct verb form and insert into chunk
if nntag.endswith('S'):
  chunk[vbidx] = plural_verb_forms.get((verb, vbtag), (verb, vbtag))
else:
  chunk[vbidx] = singular_verb_forms.get((verb, vbtag), (verb,
vbtag))

  return chunk
```

当在标注词性的 is our children learning 组块中调用先前函数时，得到了正确的形式 are our children learning。

```
>>> from transforms import correct_verbs
>>> correct_verbs([('is', 'VBZ'), ('our', 'PRP$'), ('children',
'NNS'), ('learning', 'VBG')])
[('are', 'VBP'), ('our', 'PRP$'), ('children', 'NNS'), ('learning',
'VBG')]
```

也可以使用单数名词和不正确的复数动词，来实验一下。

```
>>> correct_verbs([('our', 'PRP$'), ('child', 'NN'), ('were', 'VBD'),
('learning', 'VBG')])
[('our', 'PRP$'), ('child', 'NN'), ('was', 'VBD'), ('learning',
'VBG')]
```

在当前情况下，由于 child 是单数名词，因此 were 变成了 was。

6.3.3 工作原理

correct_verbs()函数从查找组块中的动词开始。如果没有找到动词，则原封不动地返回组块。一旦找到动词，就保留动词、它的标签及其在组块中的索引。然后，观察动词的两侧，以查找最近的名词，从右侧开始，如果在右边没找到名词，再查看左边。如果没有找到任何名词，那么组块按原样返回。但是如果找到名词，那么根据名词的单复数，查找正确的动词形式。

回想在该模块第 4 章中，复数名词标注为 NNS，而单数名词标注为 NN。这意味着可以通过查看名词的标签是否以 S 结尾，检查名词的单复数形式。一旦得到了正确的动词形式，就会把它插入组块中，以替换原来的动词形式。

6.3.4　请参阅

接下来的 4 节都利用了 first_chunk_index 的()执行组块变换。

6.4　交换动词短语

基于动词交换单词，可以消除特定短语的被动语态。例如，the book was great 可以变换为 the great book。通过统计两个表面看起来不同的短语但实际相同的短语进行计数，这种标准化也可以有助于频率分析。

6.4.1　工作方式

在 transforms.py 中，有一个称为 swap_verb_phrase()的函数。这个函数将动词作为枢转点，将组块左边的单词与右边的单词交换。它使用前一节中定义的 first_chunk_index()函数，找到可以作为枢纽点的动词。

```
def swap_verb_phrase(chunk):
  def vbpred(wt):
    word, tag = wt
    return tag != 'VBG' and tag.startswith('VB') and len(tag) > 2

  vbidx = first_chunk_index(chunk, vbpred)

  if vbidx is None:
    return chunk

  return chunk[vbidx+1:] + chunk[:vbidx]
```

现在，可以看到它在词性标注短语 the book was great 上如何工作。

```
>>> swap_verb_phrase([('the', 'DT'), ('book', 'NN'), ('was', 'VBD'),
('great', 'JJ')])
[('great', 'JJ'), ('the', 'DT'), ('book', 'NN')]
```

得到的结果是 great the book。这个短语在语法上显然不正确，因此，请继续阅读，学习如何解决这个问题。

6.4.2 工作原理

使用前一节的 first_chunk_index() 与内联函数 vbpred()，从找到第一个匹配的动词开始。当然，这个动词不能是标注为 VBG 的动名词（以 ing 结尾的单词）。一旦找到了这个动词，就可以移除动词，将动词右边的单词放到动词左边的单词之前，返回组块。

我们不希望将动名词作为枢纽点的原因是，动名词通常是用来描述名词的，将动名词作为枢转点，将会移除这种描述。此处是一个示例。在这个示例中，你会发现不将动名词作为枢转点是一件好事。

```
>>> swap_verb_phrase([('this', 'DT'), ('gripping', 'VBG'), ('book',
'NN'), ('is', 'VBZ'), ('fantastic', 'JJ')])
[('fantastic', 'JJ'), ('this', 'DT'), ('gripping', 'VBG'), ('book',
'NN')]
```

如果将动名词作为枢转点，那么所得到的结果是 book is fantastic this，并且将会丢失动名词 gripping。

6.4.3 更多信息

过滤毫无意义的单词，使最终结果更具可读性。无论是在 swap_verb_phrase() 前还是后过滤单词，都会得到 fantastic gripping book，而不是 fantastic this gripping book。

```
>>> from transforms import swap_verb_phrase, filter_insignificant
>>> swap_verb_phrase(filter_insignificant([('this', 'DT'),
('gripping', 'VBG'), ('book', 'NN'), ('is', 'VBZ'), ('fantastic',
'JJ')]))
[('fantastic', 'JJ'), ('gripping', 'VBG'), ('book', 'NN')]
>>> filter_insignificant(swap_verb_phrase([('this', 'DT'),
('gripping', 'VBG'), ('book', 'NN'), ('is', 'VBZ'), ('fantastic',
'JJ')]))
[('fantastic', 'JJ'), ('gripping', 'VBG'), ('book', 'NN')]
```

无论哪种方式，都得到了较短的语法组块，而没有丢失有意义的信息。

6.4.4 请参阅

该模块 6.3 节定义了 first_chunk_index()，用这个函数来寻找组块中的动词。

6.5 交换名词基数

在组块中，基数单词（标注为 CD）是指如 10 这样的数字。这些基数通常出现在名词之前或之后。出于标准化的目的，始终将基数放在名词前面是有用处的。

6.5.1 工作方式

在 transforms.py 中，定义了 swap_noun_cardinal()函数。如果任何基数直接出现在名词后，它会将基数与名词进行交换，这样基数就立刻出现在名词前面了。它使用辅助函数 tag_equals()，这个函数类似于 tag_startswith()，但是在当前情况下，它所返回的函数使用给定标签进行了相等比较。

```
def tag_equals(tag):
  def f(wt):
    return wt[1] == tag
  return f
```

现在，可以定义 swap_noun_cardinal()。

```
def swap_noun_cardinal(chunk):
  cdidx = first_chunk_index(chunk, tag_equals('CD'))
  # cdidx must be > 0 and there must be a noun immediately before it
  if not cdidx or not chunk[cdidx-1][1].startswith('NN'):
    return chunk

  noun, nntag = chunk[cdidx-1]
  chunk[cdidx-1] = chunk[cdidx]
  chunk[cdidx] = noun, nntag
  return chunk
```

在日期（如 Dec 10 或另一个常用的短语 the top 10）上进行实验。

```
>>> swap_noun_cardinal([('Dec.', 'NNP'), ('10', 'CD')])
[('10', 'CD'), ('Dec.', 'NNP')]
>>> swap_noun_cardinal([('the', 'DT'), ('top', 'NN'), ('10', 'CD')])
[('the', 'DT'), ('10', 'CD'), ('top', 'NN')]
```

现在，数字位于名词前面，得到了 10 Dec 和 the 10 top。

6.5.2 工作原理

从在组块中查找 CD 标签开始。如果没有找到 CD，或者 CD 在组块的开头，那么组块原样返回。在名词后必须立刻出现 CD。如果确实发现在 CD 前有一个名词，那么交换名词和基数。

6.5.3 请参阅

该模块 6.3 节定义了 first_chunk_index()函数，用于查找组块中标注的单词。

6.6 交换不定式短语

不定式短语具有 *A* of *B* 的形式，如 book of recipes。这可以变换为新形式，同时保持相同的含义，如 recipes book。

6.6.1 工作方式

通过查找标注为 IN 的单词，可以找到不定式短语。在 transforms.py 中定义的 swap_infinitive_phrase()函数将会返回组块，这个组块将 IN 单词的前后部分进行了交换。

```
def swap_infinitive_phrase(chunk):
  def inpred(wt):
    word, tag = wt
    return tag == 'IN' and word != 'like'

  inidx = first_chunk_index(chunk, inpred)

  if inidx is None:
    return chunk

  nnidx = first_chunk_index(chunk, tag_startswith('NN'), start=inidx,
step=-1) or 0
  return chunk[:nnidx] + chunk[inidx+1:] + chunk[nnidx:inidx]
```

现在，这个函数可以用来将 book of recipes 变换为 recipes book。

```
>>> from transforms import swap_infinitive_phrase
>>> swap_infinitive_phrase([('book', 'NN'), ('of', 'IN'), ('recipes',
'NNS')])
[('recipes', 'NNS'), ('book', 'NN')]
```

6.6.2 工作原理

这个函数类似于该模块 6.4 节描述的 swap_verb_phrase()函数。将 inpred 函数传递给 first_chunk_index()，以查找标签为 IN 的单词。接下来，查找在 IN 单词之前出现的第一个名词，因此，可以将 IN 单词后的组块部分插入名词和组块前端之间。使用一个稍微复杂的示例，来说明这一点。

```
>>> swap_infinitive_phrase([('delicious', 'JJ'), ('book', 'NN'),
('of', 'IN'), ('recipes', 'NNS')])
[('delicious', 'JJ'), ('recipes', 'NNS'), ('book', 'NN')]
```

我们不希望得到的结果是 recipes delicious book。相反，我们希望将 recipes 插入名词 book 之前形容词 delicious 之后，因此需要找到出现在 inidx 之前的 nnidx。

6.6.3 更多信息

注意，inpred 函数通过检查确保这个单词不是 like。这是因为必须区别对待 like 短语，如果使用相同的方式变换它们，会得到不符合语法的短语。例如，tastes like chicken 不应该变换为 chicken tastes。

```
>>> swap_infinitive_phrase([('tastes', 'VBZ'), ('like', 'IN'),
('chicken', 'NN')])
[('tastes', 'VBZ'), ('like', 'IN'), ('chicken', 'NN')]
```

6.6.4 请参阅

下一节将讨论如何将 recipes book 变换为更常见的形式 recipe book。

6.7 单数化复数名词

如前一节所述，在变换过程中，可能会得到如 recipes book 这样的短语。其中，NNS 后面跟着 NN。而正确的短语版本为 recipe book，即 NN 后面跟着 NN。可以进行另一种变换，以纠正不正确的复数名词。

6.7.1 工作方式

transforms.py 脚本定义了称为 singularize_plural_noun()的函数，这个函数将单数化后面

跟着另一个名词的复数名词（具有标注 NNS）。

```
def singularize_plural_noun(chunk):
  nnsidx = first_chunk_index(chunk, tag_equals('NNS'))

  if nnsidx is not None and nnsidx+1 < len(chunk) and chunk[nnsidx+1]
[1][:2] == 'NN':
    noun, nnstag = chunk[nnsidx]
    chunk[nnsidx] = (noun.rstrip('s'), nnstag.rstrip('S'))

  return chunk
```

在 recipes book 上使用这个函数，得到了正确的形式 recipe book。

```
>>> singularize_plural_noun([('recipes', 'NNS'), ('book', 'NN')])
[('recipe', 'NN'), ('book', 'NN')]
```

6.7.2　工作原理

从查找具有 NNS 标签的复数名词开始。如果找到了，并且下一个单词是名词（由标签开始于 NN 确定），那么将标签和单词右侧的 s 都移除，单数化复数名词。标签一般为大写，因此移除标签右侧的大写 S，同时移除单词右侧的小写 s。

6.7.3　请参阅

前一节展示了如何通过变换得到后面跟单数名词的复数名词，当然，在现实世界的文本中出现这种形式也是很自然的。

6.8　链接组块变换

在前一节中定义的变换函数可以链接在一起，以标准化组块。这样所得到的组块往往比较短，而未丢失有意义的信息。

6.8.1　工作方式

在 transforms.py 中，有个 transform_chunk()函数。这个函数接受了单个组块，以及一个变换函数列表（可选）。它在组块上调用每一个变换函数，一次一个函数，返回最终组块。

```
def transform_chunk(chunk, chain=[filter_insignificant, swap_verb_
phrase, swap_infinitive_phrase, singularize_plural_noun], trace=0):
```

```
  for f in chain:
    chunk = f(chunk)

    if trace:
      print f.__name__, ':', chunk

  return chunk
```

在短语 the book of recipes is delicious 上使用这个函数，可以得到 delicious recipe book。

```
>>> from transforms import transform_chunk
>>> transform_chunk([('the', 'DT'), ('book', 'NN'), ('of', 'IN'),
('recipes', 'NNS'), ('is', 'VBZ'), ('delicious', 'JJ')])
[('delicious', 'JJ'), ('recipe', 'NN'), ('book', 'NN')]
```

6.8.2　工作原理

transform_chunk()函数默认按照给定顺序链接以下函数：

- filter_insignificant()

- swap_verb_phrase()

- swap_infinitive_phrase()

- singularize_plural_noun()

从初始的组块开始，每个函数将从前面函数所得到的组块进行变换。

> 提示：
> 应用变换函数的顺序是非常重要的。使用你自己的数据
> 进行实验，来确定哪些变换最好，应该使用何种顺序的
> 变换。

6.8.3　更多信息

可以将 trace=1 传递给 transform_chunk()，在每一步得到一个输出。

```
>>> from transforms import transform_chunk
>>> transform_chunk([('the', 'DT'), ('book', 'NN'), ('of', 'IN'),
('recipes', 'NNS'), ('is', 'VBZ'), ('delicious', 'JJ')], trace=1)
filter_insignificant : [('book', 'NN'), ('of', 'IN'), ('recipes',
'NNS'), ('is', 'VBZ'), ('delicious', 'JJ')]
```

```
swap_verb_phrase : [('delicious', 'JJ'), ('book', 'NN'), ('of', 'IN'),
('recipes', 'NNS')]
swap_infinitive_phrase : [('delicious', 'JJ'), ('recipes', 'NNS'),
('book', 'NN')]
singularize_plural_noun : [('delicious', 'JJ'), ('recipe', 'NN'),
('book', 'NN')]
[('delicious', 'JJ'), ('recipe', 'NN'), ('book', 'NN')]
```

这展示了每个变换函数的结果，把这个结果传递给下一个变换，直到返回最终组块。

6.8.4　请参阅

本章前面几节定义了所使用的变换函数。

6.9　将组块树转换为文本

在某些时候，可能要将树或子树转换回句子或组块字符串。除了有时候这涉及正确输出标点符号之外，这一般都是很简单的。

6.9.1　工作方式

使用 treebank_chunk 语料库中的第一棵树作为示例。最明显的第一步是将所有的单词加入树中，同时每个单词后面有一个空格。

```
>>> from nltk.corpus import treebank_chunk
>>> tree = treebank_chunk.chunked_sents()[0]
>>> ' '.join([w for w, t in tree.leaves()])
'Pierre Vinken , 61 years old , will join the board as a nonexecutive
director Nov. 29 .'
```

但是，正如你所看到的，标点符号不完全正确。逗号和句话都被视为单个单词，因此两侧也有空格。可以使用正则表达式替换解决这个问题。在 transforms.py 中找到的chunk_tree_to_sent()函数可以实现这一点。

```
import re
punct_re = re.compile(r'\s([,\.;\?])')

def chunk_tree_to_sent(tree, concat=' '):
  s = concat.join([w for w, t in tree.leaves()])
  return re.sub(punct_re, r'\g<1>', s)
```

使用 chunk_tree_to_sent() 得到了相对简洁的句子，在每一个标点符号之前都没有空格：

```
>>> from transforms import chunk_tree_to_sent
>>> chunk_tree_to_sent(tree)
'Pierre Vinken, 61 years old, will join the board as a nonexecutive
director Nov. 29.'
```

6.9.2   工作原理

为了去掉标点符号前面多余的空格，创建了正则表达式 punct_re。这个正则表达式匹配后面跟着任何已知标点符号的空格。由于'.'和'?'是特殊符号，因此必须使用 "\" 转义'.'和'?'。由于标点符号被圆括号括起来了，因此可以使用匹配的群来替换。

一旦拥有了正则表达式，就定义 chunk_tree_to_sent()。这个函数的第一步是使用连接字符（默认为空格）连接单词。然后，可以调用 re.sub() 替换所有匹配标点符号群的标点。这消除了标点字符前面的空格，得到正确的字符串。

6.9.3   更多信息

不使用自己的列表信息，而是使用 nltk.tag.untag()，简化这个函数，以获得树叶中的单词。

```
import nltk.tag, re
punct_re = re.compile(r'\s([,\.;\?])')

def chunk_tree_to_sent(tree, concat=' '):
  s = concat.join(nltk.tag.untag(tree.leaves()))
  return re.sub(punct_re, r'\g<1>', s)
```

6.9.4   请参阅

该模块 4.2 节末尾介绍了 nltk.tag.untag() 函数。

6.10   平展深度树

一些语料库包含了解析句子，这往往是嵌套短语的纵深树。遗憾的是，IOB 标签解析并不用于嵌套组块，因此这些树深度太深，以至于不能用于训练组块器。为了使这些树适用于组块器训练，必须展平它们。

6.10.1 准备工作

使用 treebank 语料库中第一个解析的句子作为示例。下图显示了这棵深度嵌套的树。

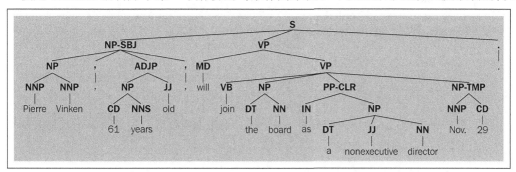

注意，词性标签是树状结构的一部分，而不是与单词一起包含在内。此后，将使用
Tree.pos()方法处理这个问题，Tree.pos()专门用于将单词与前终端 Tree 标签（如词性标签）
结合。

6.10.2 工作方式

在 transforms.py 中，有一个称为 flatten_deeptree()的函数。这个函数接受单棵 Tree，并
返回新 Tree，这棵新树保留了最低层次的树。这个函数使用辅助函数 flatten_childtrees()，完
成大部分的工作。

```
from nltk.tree import Tree

def flatten_childtrees(trees):
  children = []

  for t in trees:
    if t.height() < 3:
      children.extend(t.pos())
    elif t.height() == 3:
      children.append(Tree(t.label(), t.pos()))
    else:
      children.extend(flatten_childtrees([c for c in t]))

  return children

def flatten_deeptree(tree):
  return Tree(tree.label(), flatten_childtrees([c for c in tree]))
```

可以在 treebank 语料库中第一个解析的句子上使用它，以得到一棵平坦的树：

```
>>> from nltk.corpus import treebank
>>> from transforms import flatten_deeptree
>>> flatten_deeptree(treebank.parsed_sents()[0])
Tree('S', [Tree('NP', [('Pierre', 'NNP'), ('Vinken', 'NNP')]), (',',
','), Tree('NP', [('61', 'CD'), ('years', 'NNS')]), ('old', 'JJ'),
(',', ','), ('will', 'MD'), ('join', 'VB'), Tree('NP', [('the',
'DT'), ('board', 'NN')]), ('as', 'IN'), Tree('NP', [('a', 'DT'),
('nonexecutive', 'JJ'), ('director', 'NN')]), Tree('NP-TMP', [('Nov.',
'NNP'), ('29', 'CD')]), ('.', '.')])
```

结果是一棵只包括 NP 短语的非常平坦的树。不是 NP 短语一部分的单词就会被隔离出来。下图中显示了这棵平坦的树。

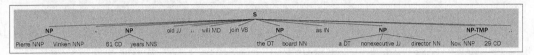

这棵树与来自 treebank_chunk 语料库的第一棵组块树类似。主要的不同点在于，把最右边的 NP 树分成了上述两棵子树，其中一棵子树命名为 NP-TMP。

下图显示了 treebank_chunk 的第一棵树以进行比较。主要的区别在于树的右侧，右侧只有一棵 NP 子树，而不是两棵子树。

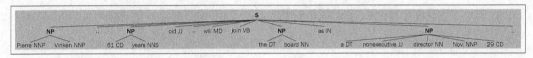

6.10.3　工作原理

这个解决方案由两个函数组成：flatten_deeptree()通过在每棵给定树的子树上调用 flatten_childtrees()，从给定树中返回新 Tree。

flatten_childtrees()函数是一个递归函数，这个函数深入剖析了 Tree，直到它找到 height()小于或等于 3 的子树。height()小于或等于 3 的树如下所示。

```
>>> from nltk.tree import Tree
>>> Tree('NNP', ['Pierre']).height()
2
```

使用 pos() 函数，将这些矮树转换为元组列表：

```
>>> Tree('NNP', ['Pierre']).pos()
[('Pierre', 'NNP')]
```

height() 等于 3 的树是我们有兴趣保留的最低层次的树。这些树如下所示。

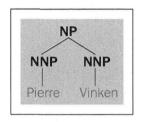

```
>>> Tree('NP', [Tree('NNP', ['Pierre']), Tree('NNP', ['Vinken'])]).
height()
3
```

当在此树上调用 pos() 时，得到以下结果。

```
>>> Tree('NP', [Tree('NNP', ['Pierre']), Tree('NNP', ['Vinken'])]).
pos()
[('Pierre', 'NNP'), ('Vinken', 'NNP')]
```

flatten_childtrees() 的递归性质消除了高度大于 3 的所有树。

6.10.4 更多信息

平展纵深 Tree 允许我们在展平的 Tree 上调用 nltk.chunk.util.tree2conlltags()，这是训练组块器一个必需的步骤。如果在展平这棵树之前尝试调用这个函数，将会得到 ValueError 异常。

```
>>> from nltk.chunk.util import tree2conlltags
>>> tree2conlltags(treebank.parsed_sents()[0])
Traceback (most recent call last):
  File "<stdin>", line 1, in <module>
  File "/usr/local/lib/python2.6/dist-packages/nltk/chunk/util.py",
line 417, in tree2conlltags
    raise ValueError, "Tree is too deeply nested to be printed in
CoNLL format"
ValueError: Tree is too deeply nested to be printed in CoNLL format
```

但是，在展平后，没有任何问题。

```
>>> tree2conlltags(flatten_deeptree(treebank.parsed_sents()[0]))
[('Pierre', 'NNP', 'B-NP'), ('Vinken', 'NNP', 'I-NP'), (',', ',',
'O'), ('61', 'CD', 'B-NP'), ('years', 'NNS', 'I-NP'), ('old', 'JJ',
'O'), (',', ',', 'O'), ('will', 'MD', 'O'), ('join', 'VB', 'O'),
('the', 'DT', 'B-NP'), ('board', 'NN', 'I-NP'), ('as', 'IN', 'O'),
('a', 'DT', 'B-NP'), ('nonexecutive', 'JJ', 'I-NP'), ('director',
'NN', 'I-NP'), ('Nov.', 'NNP', 'B-NP-TMP'), ('29', 'CD', 'I-NP-TMP'),
('.', '.', 'O')]
```

能够展平树开创了在由深度解析树组成的语料库上训练组块器的可能性。

cess_esp 和 cess_cat 树库

cess_esp 和 cess_cat 语料库是西班牙语和加泰罗尼亚语语料库，它们有已经解析的句子，但是没有分块的句子。换句话说，为了训练组块器，它们的纵深树必须展平。事实上，这些树深度如此之深，以至于图都装不下。但是可以通过在展平前后在树上调用 height()，演示展平的效果。

```
>>> from nltk.corpus import cess_esp
>>> cess_esp.parsed_sents()[0].height()
22
>>> flatten_deeptree(cess_esp.parsed_sents()[0]).height()
3
```

6.10.5　请参阅

该模块 5.6 节介绍了使用 IOB 标签训练组块器。

6.11　创建浅树

在前一节中，通过仅仅保留最低层次的子树，展平纵深树。

在本节中，我们反其道而行，只保持最高层次的子树。

6.11.1　工作方式

我们将使用 treebank 语料库中第一个解析的句子作为示例。回想前一节，句子 Tree 如下所示。

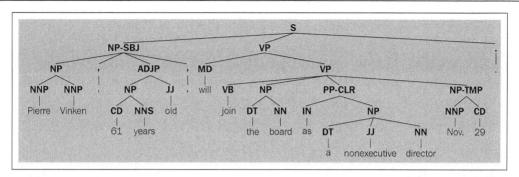

在 transforms.py 中定义的 shallow_tree()函数消除了所有的嵌套子树，只保留顶部子树的标签。

```
from nltk.tree import Tree

def shallow_tree(tree):
  children = []

  for t in tree:
    if t.height() < 3:
      children.extend(t.pos())
    else:
      children.append(Tree(t.label(), t.pos()))

  return Tree(tree.label(), children)
```

在 treebank 中第一个解析的句子上使用它将得到只有两棵子树的 Tree。

```
>>> from transforms import shallow_tree
>>> shallow_tree(treebank.parsed_sents()[0])
Tree('S', [Tree('NP-SBJ', [('Pierre', 'NNP'), ('Vinken', 'NNP'), (',',
','), ('61', 'CD'), ('years', 'NNS'), ('old', 'JJ'), (',', ',')]),
Tree('VP', [('will', 'MD'), ('join', 'VB'), ('the', 'DT'), ('board',
'NN'), ('as', 'IN'), ('a', 'DT'), ('nonexecutive', 'JJ'), ('director',
'NN'), ('Nov.', 'NNP'), ('29', 'CD')]), ('.', '.')])
```

在下图中，非常直观地从程序上看到了区别。

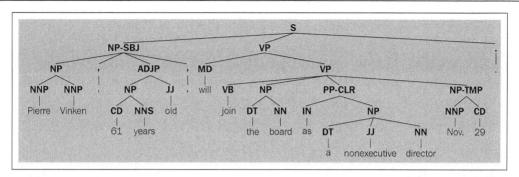

```
>>> treebank.parsed_sents()[0].height()
7
>>> shallow_tree(treebank.parsed_sents()[0]).height()
3
```

和前一节一样，新树的高度为 3，因此它可以用于训练组块器。

6.11.2 工作原理

为了创建新子树，shallow_tree() 函数遍历了每棵顶层子树。如果子树的 height() 小于 3，那么使用其标注词性的子列表来代替子树。所有其他子树由新 Tree 代替，这些新树的孩子是标注词性的叶子。这消除了所有嵌套子树，同时保留了顶层子树。

当你希望保留较高层次的树标签而忽略较低层次的标签时，这个函数可以替代前一节中的 flatten_deeptree()。

6.11.3 请参阅

前一节介绍了如何展平树，并保留最低层次的子树，而不是保留最高层次的子树。

6.12 转换树标签

正如你在前一节中看到的，解析树经常有各种各样的 Tree 标签类型，而这些标签类型不存在于组块树中。如果你希望使用解析树来训练组块器，那么可能要通过将一些树标签转换为更常用的标签，来减少这种多样性。

6.12.1 准备工作

首先，必须决定需要转换的树标签有哪些。再次查看第一棵树。

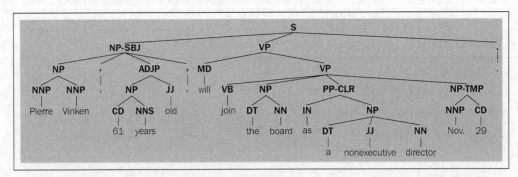

你可以立即看到，有两棵可供选择的 NP 子树：NP-SBJ 和 NP-TMP。将这两棵子树转换为 NP。映射如下所示。

原始标签	新标签
NP-SBJ	NP
NP-TMP	NP

6.12.2 工作方式

在 transforms.py 中，有函数 convert_tree_labels()。它接受了两个参数：待转换的树和标签转换映射。这个函数返回新 Tree，在新 Tree 上，基于在映射中的值，替换所有匹配的标签。

```
from nltk.tree import Tree

def convert_tree_labels(tree, mapping):
  children = []

  for t in tree:
    if isinstance(t, Tree):
      children.append(convert_tree_labels(t, mapping))
    else:
      children.append(t)

  label = mapping.get(tree.label(), tree.label())
  return Tree(label, children)
```

使用前面看到的映射表，可以将它作为字典传递进 convert_tree_labels()，并转换来自 treebank 的第一个解析句子。

```
>>> from transforms import convert_tree_labels
>>> mapping = {'NP-SBJ': 'NP', 'NP-TMP': 'NP'}
>>> convert_tree_labels(treebank.parsed_sents()[0], mapping)
Tree('S', [Tree('NP', [Tree('NP', [Tree('NNP', ['Pierre']),
Tree('NNP', ['Vinken'])]), Tree(',', [',']), Tree('ADJP', [Tree('NP',
[Tree('CD', ['61']), Tree('NNS', ['years'])]), Tree('JJ', ['old'])]),
Tree(',', [','])]), Tree('VP', [Tree('MD', ['will']), Tree('VP',
[Tree('VB', ['join']), Tree('NP', [Tree('DT', ['the']), Tree('NN',
['board'])]), Tree('PP-CLR', [Tree('IN', ['as']), Tree('NP',
[Tree('DT', ['a']), Tree('JJ', ['nonexecutive']), Tree('NN',
['director'])])]), Tree('NP', [Tree('NNP', ['Nov.']), Tree('CD',
['29'])])])]), Tree('.', ['.'])])
```

正如你在下图中看到的一样，NP 子树已经替换了 NP-*子树。

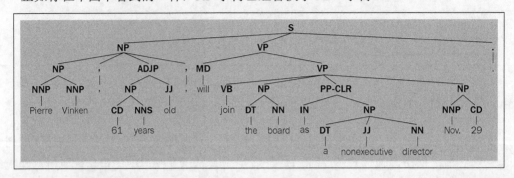

6.12.3 工作原理

convert_tree_labels()函数使用映射，递归地转换每个孩子的子树。然后，使用转换的标签和孩子重建 Tree，直到整棵 Tree 得到转换。

所得到的结果是全新的 Tree 实例，其中每棵子树的标签都得到了转换。

6.12.4 请参阅

前两节介绍了展平解析 Tree 的不同方法，这两种方法可以生成子树，在使用它们训练组块器之前，这些子树可能需要进行转换。该模块 5.6 节介绍了组块器的训练。

第7章
文本分类

本章将介绍以下内容。

- 词袋特征提取。

- 训练朴素贝叶斯分类器。

- 训练决策树分类器。

- 训练最大熵分类器。

- 训练 scikit-learn 分类器。

- 衡量分类器的准确率和召回率。

- 计算高信息量单词。

- 使用投票组合分类器。

- 使用多个二元分类器分类。

- 使用 NLTK 训练器训练分类器。

7.1 引言

文本分类是归类文件或文本片段一种方式。通过检查一段文字中的单词用法，分类器可以决定分配给这个单词何种类型标签。二元分类器可以在两个标签（如正或负）之间做决定。文本可以是其中一个标签，但是不能同时拥有两个标签，而多标签分类器可以给一段文本分配一个或多个标签。

分类器在有标签的特征集或训练数据中学习，然后，对没有标签的特征集进行分类。

简单来说，有标签的特征集就是一个元组，这个元组看起来像（feat, label），而没有标签的特征集就只有 feat 本身。特征集基本上就是特征名称到特征值的关键值映射。在文本分类的情况下，特征名通常是单词，值全为 True。因为文档可能有未知的单词，可能的单词数目可能非常巨大，因此会省略在文本中未出现的单词，而不是使用值 False 将它们包含在特征集中。

实例是特征集的另一种说法。它代表单次出现的特征组合。这里将可互换地使用实例和特征集。有标签的特征集是具有已知类标签的实例，可以利用它来训练或评估。总之，（feat, label）是有标签的特征集，或有标签的实例。feat 就是特征集，通常表示为关键值字典。当 feat 没有与之相关联的标签时，它也称为没有标签的特征集，或实例。

7.2 词袋特征提取

文本特征提取是本质上将单词列表转变为特征集的过程，从而使分类器可以使用这个特征集。由于 NLTK 分类器期望得到 dict 式的特征集，因此必须将文本变换为 dict。词袋模型是最简单的方法。它从一个实例的所有单词中构建出单词出现特征集。这种方法不在乎单词的顺序，或单词出现了多少次，这种方法所关心的是在单词列表中单词是否出现。

7.2.1 工作方式

这个思想是将单词列表转换为 dict，其中每个单词变成值为 True 的键。featx.py 中的 bag_of_words()函数如下所示。

```
def bag_of_words(words):
  return dict([(word, True) for word in words])
```

可以和单词列表一起使用它。在当前情况下，标记化的句子是 the quick brown fox。

```
>>> from featx import bag_of_words
>>> bag_of_words(['the', 'quick', 'brown', 'fox'])
{'quick': True, 'brown': True, 'the': True, 'fox': True}
```

由于单词是无顺的，因此所得到的 dict 称为词包（bag of word）。它不在乎单词的顺序，或单词出现了多少次，它所关心的是单词至少出现一次。

小技巧：

虽然可以使用不同于 True 的值，但是重要的是要记住，NLTK 分类器从独特的（key, value）中学习。这意味着将区别对待特征（'fox', 1）和（'fox', 2）。

7.2.2 工作原理

bag_of_words()函数是非常简单的列表解析式（list comprehension），这个列表解析式从给定的单词中构造 dict，其中每个单词得到的值都为 True。

由于为了创建字典要给每个单词分配值，因此为了指示单词存在，True 是一种逻辑选择。如果我们知道所有可能的单词，就可以将 False 分配给不在给定单词列表中的所有单词。但是，在大多数时候，我们不可能提前知道所有可能的单词。同时，分配 False 给每个可能单词的 dict 可能非常大（假设在英语语言中所有单词都是可能的）。因此，为了保持特征集提取简单，并使用较少的内存，这里坚持将值 True 分配给至少出现一次的单词。由于我们不知道可能的单词集是什么，只知道所提供的单词，因此我们不将 False 分配给任何单词。

7.2.3 更多信息

在默认的词袋模型中，对所有的单词都一视同仁。但是，这并不总是一个好主意。正如我们已经知道的，一些单词如此常用，因此它们几乎是毫无意义的。如果有要排除的单词集，那么可以使用在 featx.py 中的 bag_of_words_not_in_set()函数。

```
def bag_of_words_not_in_set(words, badwords):
    return bag_of_words(set(words) - set(badwords))
```

除了其他事项外，还可以使用这个函数过滤停用词。此处是一个示例，在这个示例中，从 the quick brown fox 中过滤掉单词 the。

```
>>> from featx import bag_of_words_not_in_set
>>> bag_of_words_not_in_set(['the', 'quick', 'brown', 'fox'], ['the'])
{'quick': True, 'brown': True, 'fox': True}
```

果然，所得到的字典中有 quick、brown 和 fox，但是没有 the。

1．过滤停用词

在 NLP 中，由于停用词没有传递太多的意义，因此它们毫无用处，如此处的单词 the。

下面是一个使用 bag_of_words_not_in_set()函数来过滤所有英语停用词的示例。

```
from nltk.corpus import stopwords

def bag_of_non_stopwords(words, stopfile='english'):
  badwords = stopwords.words(stopfile)
  return bag_of_words_not_in_set(words, badwords)
```

如果你使用的是英语以外的其他语言，那么可以作为 stopfile 关键字的参数传递不同的语言文件名。使用这个函数得到了与前面示例中相同的结果。

```
>>> from featx import bag_of_non_stopwords
>>> bag_of_non_stopwords(['the', 'quick', 'brown', 'fox'])
{'quick': True, 'brown': True, 'fox': True}
```

在这里，the 是一个停用词，因此它不出现在返回的 dict 中。

2．包括有意义的双连词

除了单个单词之外，这也往往有助于包括有意义的双连词。由于有意义的双连词比起大部分单个单词不太常见，因此将它们包括在词袋模型中有助于分类器做出更好的选择。可以使用该模块 1.10 节谈到的 BigramCollocationFinder 类，找到有意义的双连词。在 featx.py 中发现的 bag_of_bigrams_ words()函数会返回由所有单词以及 200 个最有意义的双连词组成的 dict。

```
from nltk.collocations import BigramCollocationFinder
from nltk.metrics import BigramAssocMeasures

def bag_of_bigrams_words(words, score_fn=BigramAssocMeasures.chi_sq,
n=200):
  bigram_finder = BigramCollocationFinder.from_words(words)
  bigrams = bigram_finder.nbest(score_fn, n)
  return bag_of_words(words + bigrams)
```

在返回的 dict 中，双连词以(word1, word2)的形式存在，并且具有的值为 True。使用先前的相同示例单词，得到了所有单词以及每个双连词。

```
>>> from featx import bag_of_bigrams_words
>>> bag_of_bigrams_words(['the', 'quick', 'brown', 'fox'])
{'brown': True, ('brown', 'fox'): True, ('the', 'quick'):
True, 'fox': True, ('quick', 'brown'): True, 'quick': True, 'the':
True}
```

可以通过改变关键字参数 n，来改变所找到双连词的最大数目。

7.2.4 请参阅

该模块 1.11 节更详细地介绍了 BigramCollocationFinder 类。下一节将使用词袋模型中创建的特征集，训练 NaiveBayesClassifier 类。

7.3 训练朴素贝叶斯分类器

既然可以从文本中提取特征，就可以训练分类器了。最简单并且容易上手的分类器是 NaiveBayesClassifier 类。它使用贝叶斯定理，预测属于特定标签的给定特征集。公式为：

$$P（标签|特征）=P（标签）*P（特征|标签）/P（特征）$$

下面的列表说明了前面公式中的各种参数。

- P（标签）：这是出现标签的先验概率，也就是随机特征集有标签的可能性。这是基于具有标签的训练实例数相对于训练实例的总数得出的。例如，如果 100 个训练实例具有标签的实例有 60 个，那么标签的先验概率为 60%。

- P（特征|标签）：这是具有该标签的给定特征集的先验概率。这是基于哪些特征同训练数据中的标签一同出现得出的。

- P（特征）：这是出现特征集的先验概率。这是随机特征集可能与给定特征集相同的可能性，是基于在训练数据中所观察到的特征集得出的。例如，如果给定特征集在 100 个训练的实例中出现了两次，那么先验概率为 2%。

- P（标签|特征）：这表示给定特征具有该标签的概率。如果这个值很高，那么我们就有理由相信，对于给定特征，标签是正确的。

7.3.1 准备工作

在初始分类示例中，使用 movie_reviews 语料库。这个语料库包含了两类文本：pos 和 neg。这两个类别是互斥的，这使得分类器在二元分类上得到训练。二元分类器只有两个分类标签，它总是选择其中的一个。

在 movie_reviews 语料库每个文件由或正或负的电影评论组成。我们将使用每个文

件作为单个实例训练和测试分类器。由于文本及其类别的性质，我们会做的分类是情感
分析的一种形式。如果分类器返回 pos，则文本表达了正面情绪；而如果分类器返回 neg，
则文本表达了负面情绪。

7.3.2 工作方式

为了进行训练，首先，需要创建加标签的特征集列表。这个列表的形式为[(featureset,
label)]，其中，featureset 变量是 dict（字典），label 是 featureset 已知的类标签。在 featx.py
中的 label_feats_from_corpus()函数获得了一个语料库，如 movie_reviews 和 feature_detector
函数，这对于 bag_of_words 而言是默认的。然后，它构造和返回形式为{label: [featureset]}
的映射。可以使用这个映射，创建加标签的训练和测试实例列表。这样做可以从每个标签
从得到公平的样本。由于部分语料库可能（无意）偏向某个标签，因此得到公平的样本是
非常重要的。获得公平的样本应该消除这种可能的偏差。

```
import collections

def label_feats_from_corpus(corp, feature_detector=bag_of_words):
  label_feats = collections.defaultdict(list)
  for label in corp.categories():
    for fileid in corp.fileids(categories=[label]):
      feats = feature_detector(corp.words(fileids=[fileid]))
      label_feats[label].append(feats)
  return label_feats
```

一旦可以得到标签到特征集的映射，就可以构建加标签的训练和测试实例列表。在
featx.py 中的 split_label_feats ()接受从 label_feats_from_corpus()返回的映射，并将特征集列
表分割为加标签的训练实例和加标签的测试实例。

```
def split_label_feats(lfeats, split=0.75):
  train_feats = []
  test_feats = []
  for label, feats in lfeats.items():
    cutoff = int(len(feats) * split)
    train_feats.extend([(feat, label) for feat in feats[:cutoff]])
    test_feats.extend([(feat, label) for feat in feats[cutoff:]])
  return train_feats, test_feats
```

在 movie_reviews 语料库上使用这些函数，为我们提供了加标签的特征集列表。我们需
要使用这个列表，训练和测试分类器。

```
>>> from nltk.corpus import movie_reviews
>>> from featx import label_feats_from_corpus, split_label_feats
>>> movie_reviews.categories()
['neg', 'pos']
>>> lfeats = label_feats_from_corpus(movie_reviews)
>>> lfeats.keys()
dict_keys(['neg', 'pos'])
>>> train_feats, test_feats = split_label_feats(lfeats, split=0.75)
>>> len(train_feats)
1500
>>> len(test_feats)
500
```

因此，有 1000 个 pos 文件，1000 个 neg 文件，最后得到 1500 个加标签的训练实例和 500 个加标签的测试实例，每个集合都有一样多的 pos 和 neg 文件。如果使用不同的数据集，这个数据集的类是不平衡的，那么测试和训练数据也一样不平衡。

现在，可以使用 train()的类方法，训练 NaiveBayesClassifier 类。

```
>>> from nltk.classify import NaiveBayesClassifier
>>> nb_classifier = NaiveBayesClassifier.train(train_feats)
>>> nb_classifier.labels()
['neg', 'pos']
```

下面在一对编造的评论中测试分类器。classify()方法接受了一个参数，这应该是特征集。在单词列表上，可以使用相同的 bag_of_words()特征检测器，获得特征集。

```
>>> from featx import bag_of_words
>>> negfeat = bag_of_words(['the', 'plot', 'was', 'ludicrous'])
>>> nb_classifier.classify(negfeat)
'neg'
>>> posfeat = bag_of_words(['kate', 'winslet', 'is', 'accessible'])
>>> nb_classifier.classify(posfeat)
'pos'
```

7.3.3 工作原理

label_feats_from_corpus()函数假定语料库已经分类了，并且单个文件表示用于特征提取的单个实例。这个函数遍历了每个类别标签，使用 feature_detector()函数，从某个类别的每个文件中提取特征，这默认为 bag_of_words()。它返回了 dict，这个 dict 的键为类别标签，值是该类别的实例列表。

如果让 label_feats_from_corpus()返回了加标签的特征集列表，而不是 dict，那么获得平衡的训练数据会难得多。这个列表按照标签进行排序，如果你接受了列表切片，那么你获得的某个标签（而不是其他标签）肯定更多。通过返回 dict，可以从每个标签的特征集中获得一个切片，这个切片中标签的比例与数据中存在的比例相同。

现在，需要使用 split_label_feats()将加标签的特征集拆分为训练实例和测试实例。这个函数允许我们使用 split 关键词参数，确定样本的大小，从每个标签中获得加标签特征集的公平样本。参数默认为 0.75，即每个标签的加标签特征集的前 75%用于训练，剩余的 25%用于测试。

一旦将训练和测试特征集拆分了，就可以使用 NaiveBayesClassifier.train()方法训练分类器。这个类方法为计算先验概率构建了两个概率分布。将这些概率分布传递进 NaiveBayesClassifier 构造函数。feature_probdist 构造函数包含了每个标签的先验概率，或 P(label)。feature_probdist 构造函数包含了 P(feature name = feature value | label)。在本例中，这将存储 P(word=True | label)。基于在训练数据中每个特征的名称和值以及每个标签出现的频率，计算出这两个概率。

NaiveBayesClassifier 类继承了 ClassifierI，这个类需要子类提供 labels()方法，并且至少有 classify()或 prob_classify()方法中的一个方法。下图中显示了其他方法，稍后会介绍这些方法。

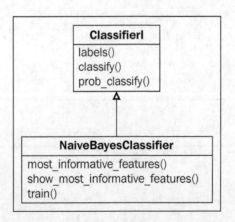

7.3.4　更多信息

可以使用 nltk.classify.util.accuracy()和先前创建的 test_feats 变量，测试分类器的准确性。

```
>>> from nltk.classify.util import accuracy
>>> accuracy(nb_classifier, test_feats)
0.728
```

这就说明，分类器正确猜测了近 73% 的测试特征集的标签。

> **小技巧：**
> 本章中的代码是在 PYTHONHASHSEED＝0 的环境变量下运行的，因此准确率是一致的。如果使用不同的 PYTHONHASHSEED 值运行代码，或者没有设置这个环境变量，那么准确率可能会有所不同。

1. 分类概率

虽然 classify() 方法只返回了单个标签，但是可以使用 prob_classify() 方法，获取每个标签的分类概率。如果你想使用概率阈值进行分类，这是有用的。

```
>>> probs = nb_classifier.prob_classify(test_feats[0][0])
>>> probs.samples()
dict_keys(['neg', 'pos'])
>>> probs.max()
'pos'
>>> probs.prob('pos')
0.9999999646430913
>>> probs.prob('neg')
3.535688969240647e-08
```

在这种情况下，分类器指出第一个测试实例几乎可能 100% 为 pos。其他实例可能具有更高的混合概率。例如，如果分类器指出某个实例 60% 为 pos，40% 为 neg，这意味着分类器有 60% 的把握，确定实例为 pos，但是有 40% 的可能性，实例为 neg。在你只想使用强分类的情况下，例如阈值为 80% 或更高，这是非常有用的。

2. 信息量最大的特征

NaiveBayesClassifier 类有两个方法，这两个方法对了解数据非常有用。这两种方法都需要一个关键字参数 n，来控制显示结果的数目。most_informative_features() 方法按照从信息量最大到最小的顺序，返回了形式为 [(feature name, feature value)] 的列表。在当前的情况下，特征值将始终为 True。

```
>>> nb_classifier.most_informative_features(n=5)
```

```
[('magnificent', True), ('outstanding', True), ('insulting', True),
('vulnerable', True), ('ludicrous', True)]
```

show_most_informative_features()方法将输出来自 most_informative_features()的结果，同时也包括了属于每个标签的特征对的概率。

```
>>> nb_classifier.show_most_informative_features(n=5)
Most Informative Features

    magnificent = True      pos : neg = 15.0 : 1.0
    outstanding = True      pos : neg = 13.6 : 1.0
    insulting = True        neg : pos = 13.0 : 1.0
    vulnerable = True       pos : neg = 12.3 : 1.0
    ludicrous = True        neg : pos = 11.8 : 1.0
```

每个特征对的信息量或信息增益基于每个标签所出现特征对的先验概率。信息量相对较大的特征是主要出现在一个标签中而不出现在其他标签中的特征。信息量比较小的特征是频繁出现在两个标签中的特征。换句话说，当使用信息量相对较大的特征时，分类器的熵减小了。请参阅维基百科，获得关于信息增益和熵的更多详细信息（同时这特别提到了决策树，同样的概念也适用于所有分类器）。

3．训练估计器

在训练期间，NaiveBayesClassifier 类使用 estimator 参数，为每个特征构造概率分布，estimator 参数默认为 nltk.probability.ELEProbDist。给定特定特征，使用 estimator 参数来计算 Label 参数的概率。在 ELEProbDist 中，ELE 代表预期似然估计（Expected Likelihood Estimate），对于给定特定的特征，计算其标签概率的公式为 $(c+0.5)/(N+B/2)$。在这里，c 是单一特征出现的总次数。

N 是所观察到的特征结果的总数，B 是在特征集中区间（bin）特征或唯一特征的数目。在特征值全部为真的情况下，$N==B$。在其他情况下，如果记录了特征出现的次数，则 $N \geqslant B$。

可以使用你想要的任何 estimator 参数，你有相当多的选择。唯一的限制是，它必须继承自 nltk.probability.ProbDistI，它的构造函数必须采用 bins 关键字参数。以下是使用 LaplaceProdDist 类的一个示例，这个类使用公式 $(C+1)/(N+B)$。

```
>>> from nltk.probability import LaplaceProbDist
>>> nb_classifier = NaiveBayesClassifier.train(train_feats,
estimator=LaplaceProbDist)
```

```
>>> accuracy(nb_classifier, test_feats)
0.716
```

正如你所看到的，准确率略低，因此请仔细选择 estimator 参数。

不能使用 nltk.probability.MLEProbDist 作为估计器，也不能使用任何不接受 bins 关键字参数的 ProbDistI 子类。否则，训练将失败，会出现 TypeError: init () got an unexpected keyword argument 'bins'。

4. 手动训练

不必使用 train()类方法来构造 NaiveBayesClassifier。相反，可以手动创建 label_probdist 和 feature_probdist 变量。label_probdist 变量应该是 ProbDistI 的实例，应该包含每个标签的先验概率。feature_probdist 变量应该是 dict，字典的键应该是形式为（label, feature name）的元组，字典的值是 ProbDistI 的实例，这个实例具有每个特征值的概率。在当前的情况下，每个 ProbDistI 应该只有一个值，即 True=1。以下是使用手动构造的 DictionaryProbDist 类的简单示例。

```
>>> from nltk.probability import DictionaryProbDist
>>> label_probdist = DictionaryProbDist({'pos': 0.5, 'neg': 0.5})
>>> true_probdist = DictionaryProbDist({True: 1})
>>> feature_probdist = {('pos', 'yes'): true_probdist, ('neg', 'no'):
true_probdist}
>>> classifier = NaiveBayesClassifier(label_probdist, feature_
probdist)
>>> classifier.classify({'yes': True})
'pos'
>>> classifier.classify({'no': True})
'neg'
```

7.3.5 请参阅

在下一节中，我们将训练两个分类器 DecisionTreeClassifier 和 MaxentClassifier。接下来，在 7.7 节中，使用精准率和召回率（而不是使用准确率），来评估分类器。然后，在 7.8 节中，我们将看看，只使用信息量最大的特征，如何改进分类器的性能。

movie_reviews 语料库是 CategorizedPlaintextCorpusReader 的实例，这该模块 3.6 节已介绍过。

7.4 训练决策树分类器

DecisionTreeClassifier 类通过创建树结构进行工作,其中树的每个节点对应于特征名,分支对应于特征值。沿着分支,向下追踪,可以得到树的叶子,也就是分类标签。

7.4.1 工作方式

使用在前一节中从 movie_reviews 语料库创建的相同的 train_feats 和 test_feats 变量,可以调用 DecisionTreeClassifier.train()类方法,获取训练的分类器。由于所有的特征都是二元的,因此传入 binary=True:单词要么存在,要么不存在。对于具有多值特征的其他分类用例,要坚持使用默认的 binary=False。

小技巧:

在这种上下文中,binary 指的是特征值(feature value),不能与二元分类器相混淆。由于单词的值不是 True 就是 False(单词没出现),因此单词特征是二元的。如果特征可以有多个值,就要使用 binary=False。另一方面,二元分类器只在两个标签之间选择。在当前的情况下,我们在二元特征上训练二元 DecisionTreeClassifier。但是,对于非二元特征可以使用二元分类器,或对于二元特征可以使用非二元分类器。

下面是训练和评估 DecisionTreeClassifier 类的准确率的代码。

```
>>> from nltk.classify import DecisionTreeClassifier
>>> dt_classifier = DecisionTreeClassifier.train(train_feats,
binary=True, entropy_cutoff=0.8, depth_cutoff=5, support_cutoff=30)
>>> accuracy(dt_classifier, test_feats)
0.688
```

比起 NaiveBayesClassifier 类,DecisionTreeClassifier 类需要发更长的训练时间。出于这个原因,这里重写了默认参数,因此,这个类训练的速度更快了。稍后解释这些参数。

7.4.2 工作原理

如同 NaiveBayesClassifier 类，DecisionTreeClassifier 类也是 ClassifierI 的一个实例，如下图所示。

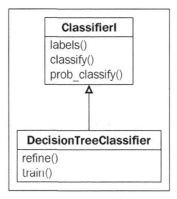

在训练期间，DecisionTreeClassifier 类创建了树，在这棵树上，子节点也是 DecisionTreeClassifier 类的实例。叶节点只包含单个标签，而中间的子节点包含了每个特征的决策映射（decision mapping）。这些决策将每个特征值映射到另一个 DecisionTreeClassifier，这本身也包含了另一个特征的判定，或者这也是具有分类标签的最终叶节点。train()类方法从叶节点开始自底向上构建树。然后，这种方法通过将信息量最大的特征放在顶上，改善了自己，以最小化获得标签需要的决策数目。

为了分类，DecisionTreeClassifier 类着眼于给定的特征集，并使用已知的特征名和值做出判定，自顶向下追踪树。因为创建了二叉树，所以每个 DecisionTreeClassifier 实例也有一棵默认的决策树（decision tree）。当在分类的特征集中已知的特征没有出现时，使用决策树。在基于文本的特征集中，这是一个普遍的现象，这表明未知的单词不在待分类的文本中。这也为分类决策提供了信息。

7.4.3 更多信息

传递给 DecisionTreeClassifier.train()的参数可以调整，以提高准确率或缩短训练时间。一般情况下，如果要提高准确率，你必须接受较长的训练时间。如果要缩短训练时间，准确率也很有可能减小。但是，为了提高准确率，不要过度进行优化。一个非常高的准确率可能意味着过度拟合，这意味着分类器在对训练数据进行分类时表现优异，但是在从未见过的数据上表现一般。关于这个概念，请参阅维基百科。

1．使用 entropy_cutoff 控制不确定性

熵（entropy）是结果的不确定性。当熵接近 1.0 时，不确定性增加。相反，当熵接近于 0.0 时，不确定性降低。换句话说，当得到类似的概率时，由于每个概率拥有类似的似然性（或出现的不确定性），因此熵会很高。但是，概率的差别越大，熵就越低。

在树的细化过程中，使用 entropy_cutoff 值。树的细化过程即决策树决定如何创建新分支。如果在树中标签选择的概率分布熵比 entropy_cutoff 值大，那么树需要通过创建更多分支进一步细化。但是，如果熵比 entropy_cutoff 值小，则树的细化停止。

通过给 nltk.probability.entropy()一个创建自标签计数的 FreqDist 的 MLEProbDist 值，计算熵。以下是显示了不同 FreqDist 值的熵的示例。'pos'的值保持在 30，通过改变'neg'的值可以发现，当'neg'接近'pos'时，熵增加，但是当它接近于 1 时，熵减小。

```
>>> from nltk.probability import FreqDist, MLEProbDist, entropy
>>> fd = FreqDist({'pos': 30, 'neg': 10})
>>> entropy(MLEProbDist(fd))
0.8112781244591328
>>> fd['neg'] = 25
>>> entropy(MLEProbDist(fd))
0.9940302114769565
>>> fd['neg'] = 30
>>> entropy(MLEProbDist(fd))
1.0
>>> fd['neg'] = 1
>>> entropy(MLEProbDist(fd))
0.20559250818508304
```

这一切都意味着，如果标签以这样或那样的方式不对称地出现，那么由于熵/不确定性较低，因此树无须细化。但是当熵比 entropy_cutoff 值大时，树必须使用进一步的决策进行细化，减小不确定性。如果 entropy_cutoff 的值较高，准确率会降低，训练时间也会缩短。

2．使用 depth_cutoff 控制树的深度

在细化地控制树的深度时，也会使用 depth_cutoff 的值。最终决策树的深度不会超过 depth_cutoff 的值。默认值是 100，这意味着分类在到达叶节点之前，可能需要多达 100 个决策。减小 depth_cutoff 值将缩短训练时间，同时也很有可能降低准确率。

3．使用 support_cutoff 控制与决策

support_cutoff 值控制了需要多少加标注的特征集来细化树。由于 DecisionTreeClassifier 类可以自动细化，因此一旦加标签的特征集不再给训练过程提供值，就会淘汰它们。当加标签的特征集的数目小于或等于 support_cutoff 值时，至少有关树的这一部分的细化停止。

看待这个问题的另一种方式是，support_cutoff 指定了做出关于某个特征的决策所要求的最小实例数目。如果 support_cutoff 为 20，并且对于给定的特征，加标签的特征集少于 20 个，那么你缺乏做出明智的决定需要的实例，以此特征为中心的细化必须停止。

7.4.4 请参阅

前一节介绍了如何从 movie_reviews 语料库中创建训练和测试特征集。下一节将介绍如何训练 MaxentClassifier 类。稍后在 7.7 节中，我们将使用精准率和召回率来评估所有的分类器。

7.5 训练最大熵分类器

这里介绍的第三个分类器是 MaxentClassifier 类，也就是众所周知的条件指数分类器或逻辑回归分类器。最大熵分类器使用编码，将加标签的特征集转换为向量。然后，使用这种编码向量计算每个特征的权重。接着，可以组合这些权重以确定某个特征集最可能的标签。关于这种方法背后的数学运算的详细信息，请参阅维基百科。

7.5.1 准备工作

由于特征编码使用 NumPy 数列，因此 MaxentClassifier 类需要 NumPy 包。在 scipy.org 网站，可以找到安装的详细信息。

> **小技巧：**
> 由于 MaxentClassifier 类算法非常耗内存，因此在训练 MaxentClassifier 类时，为了安全起见，请退出所有其他的程序。

7.5.2 工作方式

我们使用来自之前构造的 movie_reviews 语料库中相同的 train_feats 和 test_feats 变量，调

用 MaxentClassifier.train()类方法。与 DecisionTreeClassifier 类一样，MaxentClassifier.train()具有自己特定的参数，这里调整了这个参数，以加快训练速度。稍后将更详细地介绍这些参数。

```
>>> from nltk.classify import MaxentClassifier
>>> me_classifier = MaxentClassifier.train(train_feats, trace=0, max_
iter=1, min_lldelta=0.5)
>>> accuracy(me_classifier, test_feats)
0.5
```

由于这里设置了参数，使得分类器不能学习到更正确的模型，因此这个分类器的准确率很低。这是由于使用默认 iis 算法训练合适模型所需要的时间比较长。更好的算法是 gis，这可以得到训练，如下所示。

```
>>> me_classifier = MaxentClassifier.train(train_feats,
algorithm='gis', trace=0, max_iter=10, min_lldelta=0.5)
>>> accuracy(me_classifier, test_feats)
0.722
```

一般来说，比起默认的 iis 算法，gis 算法比较快，也比较准确，在合理的时间内，允许多达 10 次的迭代运行。下一节将更详细地解释 iis 和 gis。

小技巧：
如果训练花费很长的时间，可按 Ctrl＋C 快捷键，手动停止训练。这会停止当前迭代，不论模型所在的状态，都会返回分类器。

7.5.3　工作原理

如同前面的分类器一样，MaxentClassifier 继承了 ClassifierI，如下图所示。

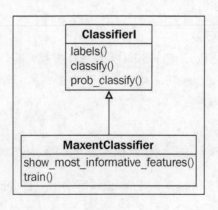

根据算法，MaxentClassifier.train()调用 nltk.classify.maxent 模块中其中一个训练函数。默认算法是 iis，所使用的函数是 train_maxent_classifier_with_iis()。所包括的其他算法是 gis，这个算法使用的是 train_maxent_classifier_with_gis()函数。GIS 表示通用迭代尺度（General Iterative Scaling），IIS 表示的改进的迭代尺度（Improved Iterative Scaling）。这两种算法之间重要的区别是 gis 比 iis 要快得多。

如果安装了 megam，并且指定了 megam 算法，那么使用 train_maxent_classifier_with_megam()（下一节将更详细地介绍 megam）。

提示：
如果曾经安装了 SciPy，那么以前的 NLTK 版本提供了更多的算法。虽然这些算法已被删除，但是许多其他的算法可以与 scikit-learn 配合使用。接下来，7.6 节介绍这个内容。

最大熵模型背后的基本想法是构建一些适合所观测数据的概率分布，然后选择具有最大熵的任何一个概率分布。gis 和 iis 算法通过迭代地改进用于分类特征的权重，来做到这一点。这就是 max_iter 和 min_lldelta 参数发挥作用的地方。

max_iter 变量指定了检查和更新权重的最大迭代次数。一般来说，较多次的迭代会提高准确率，但是只会到达某个值。最终，从某个迭代到下一个迭代的改变会进入一个停滞期，此后，进一步的迭代是毫无意义的。

min_lldelta 变量指定了在对数似然（log likelihood）中为提高权重继续迭代所需的最小改变。在开始训练迭代之前，创建 nltk.classify.util.CutoffChecker 的实例。当调用它的 check()方法时，它使用函数（如 nltk.classify.util.log_likelihood()）来确定是否到达了截止界限。对数似然是训练数据的平均标签概率的对数（一般使用 math.log()）。随着对数似然的增加，模型得到了改进。但是这也将进入一个停滞期，在这个停滞期，继续增大对数似然，所得到的改进非常微小，因此，继续改进没有意义。指定 min_lldelta 变量允许你控制在停止迭代前每个迭代必须增加的对数似然的值。

7.5.4 更多信息

如 NaiveBayesClassifier 类一样，可以通过调用 show_most_informative_features()方法，查看信息量最大的特征。

```
>>> me_classifier.show_most_informative_features(n=4)
-0.740 worst==True and label is 'pos'
```

```
0.740 worst==True and label is 'neg'

0.715 bad==True and label is 'neg'

-0.715 bad==True and label is 'pos'
```

所显示的数字是每个特征的权重。这指出单词 worst 对于 pos 标签是负权重，对于 neg 标签是正权重。换句话说，如果在特征集中找到单词 worst，那么很有可能把文本归类为 neg。

Megam 算法

如果已经安装了 megam 包，那么可以使用 megam 算法。虽然它比所包括的算法更快、更准确，但是它也难以安装。在 umiacs 网站，可以找到安装说明和信息。

使用 nltk.classify.megam.config_megam()函数指定在何处可以找到 megam 可执行文件。如果在标准的可执行文件路径中找到 megam，NLTK 将会自动对它进行配置。

```
>>> me_classifier = MaxentClassifier.train(train_feats,
algorithm='megam', trace=0, max_iter=10)
[Found megam: /usr/local/bin/megam]
>>> accuracy(me_classifier, test_feats)
0.86799999999999999
```

7.5.5　请参阅

在本章中，7.2 节和 7.3 节展示了如何从 movie_reviews 语料库中训练和测试特征。下一节会展示如何使用 scikit-learn 训练更准确的分类器。在此之后，7.7 节将讨论使用精准率和召回率（而不是准确率），评估分类器的方式和原因。

7.6　训练 scikit-learn 分类器

在任何编程语言中，scikit-learn 是可用的最好机器学习库之一。虽然出于许多不同的目的它包含了各种机器学习算法，但是它们都遵循相同的拟合/预测设计模式：

- 数据的拟合模型
- 使用模型进行预测

在本节中，我们不直接访问 scikit-learn 模型。相反，我们将使用 NLTK 的 SklearnClassifier

类，这是以 scikit-learn 模型为中心的包装类，使得 scikit-learn 模型符合 NLTK 的 ClassifierI 接口。这意味着我们可以像前一节一样，使用和训练 SklearnClassifier 类。

提示：
在本节中，可以互换地使用术语 scikit-learn 和 sklearn。

7.6.1 准备工作

为了使用 SklearnClassifier 类，必须安装 scikit-learn。可以在 scikit-learn 网站找到相关的说明。如果你安装了所有的依赖包，如 NumPy 和 SciPy，你应该能够使用 pip 安装 scikit-learn。

```
$ pip install scikit-learn
```

为了测试是否一切都正确安装，请尝试导入 SklearnClassifier 类。

```
>>> from nltk.classify import scikitlearn
```

如果导入失败，这说明你仍然没有正确安装 scikit-learn 及其依赖包。

7.6.2 工作方式

训练 SklearnClassifier 类与前一节介绍的分类器的一系列训练步骤略有不同。

（1）创建训练特征（在前一节中介绍过）。

（2）选择并导入 sklearn 算法。

（3）使用所选择的算法构建 SklearnClassifier 类。

（4）使用自己的训练特征训练 SklearnClassifier 类。

与 NLTK 分类器的主要不同点是通常结合了步骤（3）和（4）。使用来自 sklearn 的 MultinomialNB 分类器，将它付诸实践。请参考该模块 7.3 节，获得关于构建 train_feats 和 test_feats 的更多详细信息：

```
>>> from nltk.classify.scikitlearn import SklearnClassifier
>>> from sklearn.naive_bayes import MultinomialNB
>>> sk_classifier = SklearnClassifier(MultinomialNB())
>>> sk_classifier.train(train_feats)
<SklearnClassifier(MultinomialNB(alpha=1.0, class_prior=None,
```

```
fit_prior=True))>
```

既然有了训练的分类器，就可以评估其准确性。

```
>>> accuracy(sk_classifier, test_feats)
0.83
```

7.6.3 工作原理

SklearnClassifier 类是个小包装类，它的主要工作是将 NLTK 特征字典转换成 sklearn 兼容的特征向量。这里是完整的类代码，但是去除了所有的注释、文档字符串和大多数导入库。

```
from sklearn.feature_extraction import DictVectorizer
from sklearn.preprocessing import LabelEncoder

class SklearnClassifier(ClassifierI):
    def __init__(self, estimator, dtype=float, sparse=True):
        self._clf = estimator
        self._encoder = LabelEncoder()
        self._vectorizer = DictVectorizer(dtype=dtype, sparse=sparse)

    def batch_classify(self, featuresets):
        X = self._vectorizer.transform(featuresets)
        classes = self._encoder.classes_
        return [classes[i] for i in self._clf.predict(X)]

    def batch_prob_classify(self, featuresets):
        X = self._vectorizer.transform(featuresets)
        y_proba_list = self._clf.predict_proba(X)
        return [self._make_probdist(y_proba) for y_proba in y_proba_list]

    def labels(self):
        return list(self._encoder.classes_)

    def train(self, labeled_featuresets):
        X, y = list(compat.izip(*labeled_featuresets))
        X = self._vectorizer.fit_transform(X)
        y = self._encoder.fit_transform(y)
        self._clf.fit(X, y)
        return self

    def _make_probdist(self, y_proba):
        classes = self._encoder.classes_
```

```
        return DictionaryProbDist(dict((classes[i], p) for i, p in
enumerate(y_proba)))
```

这个类使用估计器（estimator）进行初始化，估计器就是传入的算法，如 MultinomialNB。然后，它创建了 LabelEncoder 和 DictVectorizer 对象。LabelEncoder 对象将标签字符串转换为数字。例如，pos 类可能被编码为 1，neg 类可能被编码为 0。DictVectorizer 对象用于将 NLTK 特征字典转换为 sklearn 兼容的特征向量。

在 train()方法中，使用 LabelEncoder 和 DictVectorizer 对象对加标签的特征集首先进行编码和转换。然后，使用所给的模型（如 MultinomialNB），作为估计器，拟合数据。因为 sk_classifier 类在训练之前才创建，所以在你尝试进行任何分类之前，你可可能忘记训练它了。幸运的是，这将产生异常，给出消息指出"DictVectorizer"对象没有属性"vocabulary_"。由于 Python 字典是无序的（不像向量），所以 DictVectorizer 对象必须维持词汇，以便知道在向量中特征值属于何处。这确保了新的特征字典使用与训练特征一致的方式向量化。

为了分类特征集，会把它转化为向量，然后传递到训练模型的 predict()方法。这是在 batch_classify()方法中完成的。

7.6.4　更多信息

scikit-learn 模型包含了许多不同的分类算法，本节只介绍了其中的一些方法。但是由于 SklearnClassifier 类使用稀疏向量，因此并不是所有的分类算法与 SklearnClassifier 类兼容。由于它们只存储它们所需要的数据，因此使用某种类型的数据压缩，稀疏向量更有效率。但是，一些算法（如 sklearn 的 DecisionTreeClassifier），需要稠密向量，这个稠密向量存储了向量中的每个条目（即使这个条目没有值）。如果你尝试使用 SklearnClassifier 类的不同算法，但是获得了异常，这可能是原因。

1．比较朴素贝叶斯算法

正如前面所看到的，MultinomialNB 算法具有 83%的准确率。这比起我们从 NLTK 的 NaiveBayesClassifier 类所得到的 72.8%的准确率，要高得多。两个算法之间的最大区别在于 MultinomialNB 可以用离散的特征值（如词频），而 NaiveBayesClassifier 类假定了如字符串或布尔变量的小特征值集。这里有另一种 sklearn 朴素贝叶斯算法——BernoulliNB，BernoulliNB 也可以通过二进制化这些值，使用离散值，因此最后的值要么是 1，要么是 0。由于这些特征值要么是 True，要么是 False，因此特征实际上是二进制化的。

```
>>> from sklearn.naive_bayes import BernoulliNB
>>> sk_classifier = SklearnClassifier(BernoulliNB())
```

```
>>> sk_classifier.train(train_feats)
<SklearnClassifier(BernoulliNB(alpha=1.0, binarize=0.0, class_
prior=None, fit_prior=True))>
>>> accuracy(sk_classifier, test_feats)
0.812
```

显然，sklearn 算法的性能比 NLTK 的朴素贝叶斯实现更好。sklearn 分类器也占用了更少的内存，在磁盘生成了更少的 pickle 文件。它们的分类速度也经常比 NaiveBayesClassifier 类略为缓慢，但是，准确率提高了，占用的内存减少了。

2. 使用逻辑回归进行训练

本章前面介绍了最大熵分类器。这种算法也称为逻辑回归（logistic regression），scikit-learn 提供了相应的实现。

```
>>> from sklearn.linear_model import LogisticRegression
>>> sk_classifier = SklearnClassifier(LogisticRegression())
<SklearnClassifier(LogisticRegression(C=1.0, class_weight=None,
dual=False, fit_intercept=True,
            intercept_scaling=1, penalty='l2', random_state=None,
tol=0.0001))>
>>> sk_classifier.train(train_feats)
>>> accuracy(sk_classifier, test_feats)
 0.892
```

同样，我们看到 sklearn 算法的性能比 NLTK 的 MaxentClassifier 更好，MaxentClassifier 只有 72.2%的准确率。相对于 IIS 或 GIS 算法，逻辑回归算法有更短的训练时间（即使在这些算法只有有限次数的迭代的情况下）。可以使用 sklearn 注重使用 NumPy 对数字过程进行优化这个原因来解释。

3. 使用 LinearSVC 训练

NLTK 不直接支持的第三个系列的算法是支持向量机（Support Vector Machine，SVM）。在学习高维数据（如文本分类）方面，其中每个单词特征都算一个维度，已证明这些算法都是有效的。在维基百科上，可以学习到关于支持向量机的更多知识。这里是使用 sklearn 实现的一些示例。

```
>>> from sklearn.svm import SVC
>>> sk_classifier = SklearnClassifier(svm.SVC())
>>> sk_classifier.train(train_feats)
<SklearnClassifier(SVC(C=1.0, cache_size=200, class_weight=None,
coef0=0.0, degree=3, gamma=0.0,
```

```
    kernel='rbf', max_iter=-1, probability=False, random_state=None,
    shrinking=True, tol=0.001, verbose=False))>
>>> accuracy(sk_classifier, test_feats)
0.69

>>> from sklearn.svm import LinearSVC
>>> sk_classifier = SklearnClassifier(LinearSVC())
>>> sk_classifier.train(train_feats)
<SklearnClassifier(LinearSVC(C=1.0, class_weight=None, dual=True, fit_
intercept=True,
        intercept_scaling=1, loss='l2', multi_class='ovr',
penalty='l2',
        random_state=None, tol=0.0001, verbose=0))>
>>> accuracy(sk_classifier, test_feats)
0.864

>>> from sklearn.svm import NuSVC
>>> sk_classifier = SklearnClassifier(svm.NuSVC())
>>> sk_classifier.train(train_feats)
/Users/jacob/py3env/lib/python3.3/site-packages/scipy/sparse/
compressed.py:119: UserWarning: indptr array has non-integer dtype
(float64)
  % self.indptr.dtype.name)
<SklearnClassifier(NuSVC(cache_size=200, coef0=0.0, degree=3,
gamma=0.0, kernel='rbf',
  max_iter=-1, nu=0.5, probability=False, random_state=None,
  shrinking=True, tol=0.001, verbose=False))>
>>> accuracy(sk_classifier, test_feats)
0.882
```

可以看到，在这种情况下，NuSVC 是最准确的 SVM 分类器。NuSVC 的性能略高于 LinearSVC，而比起这两个分类器，SVC 要不准确得多。这些准确率的差别是不同算法实现和默认参数造成的。可以在 scikit-learn 网站中，学习到关于这些特定实现的更多信息。

7.6.5　请参阅

如果你想了解如何使用 Python 进行机器学习，scikit-learn 文档（参见 scikit-learn 网站）是一个很好的出发点。

本章前面讨论了如何训练朴素贝叶斯分类器和训练最大熵分类程式。下面几节中，将再次使用 LinearSVC 和 NuSVC 分类器。

7.7　衡量分类器的精准率和召回率

除了准确率之外，还有一些用于评估分类器的其他指标。其中两个最常用的是精准率（precision）和召回率（recall）。为了理解这两个指标，首先要了解"误报"（false positive）和"漏报"（false negative）。当分类器使用某个特征集原本不应该得到的标签对特征集分类时，这就发生了"误报"；而当分类器未分配应有的标签给特征集时，这就发生了"漏报"。在二元分类器中，这些错误同时发生。

这里有一个示例：分类器将 movie review（电影审查）分类为 pos，而其实它应该是 neg。对于 pos 标签而言，这是误报；对于 neg 标签而言，这是漏报。如果分类器正确猜到了 neg，那么对于 neg 标签而言，这就是真阳性（true positive），对于 pos 标签而言，就是真阴性（true negative）。

这如何应用于精准率和召回率？精准率高，误报就少，召回率高，漏报就少。正如你所看到的，这两个指标往往是竞争关系：分类器越精确，召回率越低，反之亦然。

7.7.1　工作方式

计算在该模块 7.1 节中训练的 NaiveBayesClassifier 类的精准率和召回率。在 classification.py 中的 precision_recall() 函数如下所示。

```
import collections
from nltk import metrics
def precision_recall(classifier, testfeats):
  refsets = collections.defaultdict(set)
  testsets = collections.defaultdict(set)

  for i, (feats, label) in enumerate(testfeats):
    refsets[label].add(i)
    observed = classifier.classify(feats)
    testsets[observed].add(i)

  precisions = {}
  recalls = {}

  for label in classifier.labels():
    precisions[label] = metrics.precision(refsets[label],
testsets[label])
```

```
     recalls[label] = metrics.recall(refsets[label], testsets[label])

   return precisions, recalls
```

这个函数有两个参数：

- 已训练的分类器

- 加标签的测试特征，也称为黄金标准

这些是传入 accuracy() 的相同参数。precision_recall() 函数返回两个字典。第一个字典为每个标签保存准确率，第二个字典为每个标签保存召回率。这里是我们在先前的"训练朴素贝叶斯分类器"程式中，所创建的 nb_classifier 和 test_feats 的示例用法。

```
>>> from classification import precision_recall
>>> nb_precisions, nb_recalls = precision_recall(nb_classifier,
test_feats)
>>> nb_precisions['pos']
0.6413612565445026
>>> nb_precisions['neg']
0.9576271186440678
>>> nb_recalls['pos']
0.98
>>> nb_recalls['neg']
0.452
```

这表明，虽然 NaiveBayesClassifier 类可以正确识别大部分的 pos 特征集（高召回率），这也将许多 neg 特征集归类为 pos（低精确度）。对于 neg 标签而言，这种行为有助于提高精准率，降低召回率，由于很少给出 neg 标签（低召回率），当给出 neg 标签时，这很可能是正确的（高精准率）。得到的结论可能是，有一些偏向 pos 标签的常用词，但是它们经常出现在 neg 特征集中，因此导致了错误分类。为了解决这种问题，在下一节中，我们将只使用信息量最大的单词。

7.7.2 工作原理

为了计算精准率和召回率，必须为每个标签构建两个集合。第一个集合就是所谓的参考集，这个集合包含所有正确的值。第二个集合就是所谓的测试集，它包含分类器猜测的值。将这两个集合进行比较，计算每个标签的精准率或召回率。

将精准率定义为两个集合的交集大小除以测试集的大小。换句话说，正确猜测测试集的百分比。在 Python 中，代码是 float(len(reference.intersection(test))) / len(test)。

召回率是两个集合的交集大小除以参考集的大小，或者正确猜测参考集的百分比。Python 代码是 float(len(reference.intersection(test))) / len(reference)。

在 classification.py 中，precision_recall()函数在加标签的测试特征上遍历，将每个特征进行归类。对于已知的训练标签，将其特征集的数字索引（从 0 开始）存储在参考集中，同时对于猜测的标签，将其索引存储在测试集中。如果分类器猜测的是 pos，但是训练标签是 neg，则在参考集中索引存储为 neg，在测试集中索引存储为 pos。

提示：
由于特征集是不可散列的，对于每个特征集，都需要一个唯一值，因此使用数字索引。

nltk.metrics 包包含了计算精准率和召回率的函数，因此我们真正需要做的是，建立集合，然后调用合适的函数。

7.7.3 更多信息

使用 GIS 的 MaxentClassifier 类尝试一下，在该模块 7.5 节中，训练了这个分类器。

```
>>> me_precisions, me_recalls = precision_recall(me_classifier,
test_feats)
>>> me_precisions['pos']
0.6456692913385826
>>> me_precisions['neg']
0.9663865546218487
>>> me_recalls['pos']
0.984
>>> me_recalls['neg']
0.46
```

这个分类器与 NaiveBayesClassifier 类一样，都有偏差。如果允许更多迭代或使用较小的对数似然训练，那么这个分类器的偏差会降低。现在，试试该模块 7.6 节中 NuSVC 的 SklearnClassifier 类。

```
>>> sk_precisions, sk_recalls = precision_recall(sk_classifier,
test_feats)
>>> sk_precisions['pos']
0.9063829787234042
>>> sk_precisions['neg']
0.8603773584905661
>>> sk_recalls['pos']
```

```
0.852
>>> sk_recalls['neg']
0.912
```

在这种情况下，标签偏差不那么显著了，原因在于 NuSVC 的 SklearnClassifier 类根据器自己的内部模型分配特征权重。这对逻辑回归和许多其他的 scikit-learn 算法也是一样的。相对有意义的单词是主要出现在单个标签中的单词，这样的单词在模型中将会获得更高的权重。由于对于两种标签都很常见的单词意义不太大，因此它们获得了较低的权重。

F 度量值

F 度量值定义为精准率和召回率的加权调和平均值。如果 p 是精确度，r 是召回率，那么 F 度量值的计算公式为：

$$F=1/(\alpha/p + (1-\alpha)/r)$$

此处，α 是一个权重常数，默认为 0.5。可以使用 nltk.metrics.f_measure()获得 F 度量值。对于 precision()和 recall()函数而言，它采用了相同的参数：参考集和测试集。由于如果精准率或召回率比较低，那么这就会反映在 F 度量值上，但是不一定反映在准确率上，因此 F 度量值可以取代准确率来衡量分类器。但是，精准率和召回率本身就是非常有用的指标，由于 F 度量值可以掩盖我们在使用 NaiveBayesClassifier 类时所看到的何种失衡。

7.7.4 请参阅

在该模块 7.3 节中，收集了训练和测试特征集，训练了 NaiveBayesClassifier 类。在该模块 7.5 节中，训练了 MaxentClassifier 类。在该模块 7.6 节中，训练了 SklearnClassifier 类。下一节将如何探讨消除意义不大的单词，只使用信息量大的单词，来创建特征集。

7.8 计算高信息量单词

高信息量（high information）单词就是强烈偏向单个分类标签的单词。当在 NaiveBayesClassifier 类和 MaxentClassifier 类上调用 show_most_informative_features()方法时，我们看到了各种类型的单词。出人意料的是，对于两个不同的分类器，顶部的单词是不同的。这种差异是由于每个分类器计算每个特征意义所使用的方式不同引起的。实际上，使用这些不同的方法是有益的，原因在于可以将这些方法结合起来，提高准确率。下一节将介绍相关内容。

低信息量（low information）的单词是对所有标签都很常见的单词。虽然这有点违反自觉，但是在训练数据中消除所有这些单词，实际上可以提高准确率、精准率和召回率。原因是，只使用高信息量的单词减小了分类器内部模型的噪声，减少了混乱。如果所有的单词/特征都以这样或那样的方式具有高度的偏向性，那么让分类器做出正确的猜测会容易得多。

7.8.1　工作方式

首先，需要在 movie_review 语料库中计算高信息量的字。使用在 featx.py 中的 high_information_words()函数，可以使用做到这一点。

```
from nltk.metrics import BigramAssocMeasures
from nltk.probability import FreqDist, ConditionalFreqDist

def high_information_words(labelled_words, score_
fn=BigramAssocMeasures.chi_sq, min_score=5):
  word_fd = FreqDist()
  label_word_fd = ConditionalFreqDist()

  for label, words in labelled_words:
    for word in words:
      word_fd[word] += 1
      label_word_fd[label][word] += 1

  n_xx = label_word_fd.N()
  high_info_words = set()

  for label in label_word_fd.conditions():
    n_xi = label_word_fd[label].N()
    word_scores = collections.defaultdict(int)

    for word, n_ii in label_word_fd[label].items():
      n_ix = word_fd[word]
      score = score_fn(n_ii, (n_ix, n_xi), n_xx)
      word_scores[word] = score

    bestwords = [word for word, score in word_scores.items() if score
>= min_score]
    high_info_words |= set(bestwords)
return high_info_words
```

在形式为[(label, words)]的二元组列表中，label 是分类标签，words 是在此标签下出现的单词列表，这个函数采用了来自元组列表中一个参数，返回了高信息量单词集。

一旦拥有了高信息量单词，就可以采用在 featx.py 中找到的特征检测器函数 bag_of_words_in_set()，这允许我们过滤掉所有低信息量单词：

```
def bag_of_words_in_set(words, goodwords):
    return bag_of_words(set(words) & set(goodwords))
```

使用这个新特征检测器，可以调用 label_feats_from_corpus()，并使用 split_label_feats 得到新的 train_feats 和 test_feats() 函数。该模块 7.3 节介绍了这两个函数。

```
>>> from featx import high_information_words, bag_of_words_in_set
>>> labels = movie_reviews.categories()
>>> labeled_words = [(l, movie_reviews.words(categories=[l])) for l
in labels]
>>> high_info_words = set(high_information_words(labeled_words))
>>> feat_det = lambda words: bag_of_words_in_set(words, high_info_
words)
>>> lfeats = label_feats_from_corpus(movie_reviews, feature_
detector=feat_det)
>>> train_feats, test_feats = split_label_feats(lfeats)
```

既然有了新的训练和测试特征集，就训练和评估 NaiveBayesClassifier 类：

```
>>> nb_classifier = NaiveBayesClassifier.train(train_feats)
>>> accuracy(nb_classifier, test_feats)
0.91
>>> nb_precisions, nb_recalls = precision_recall(nb_classifier,
test_feats)
>>> nb_precisions['pos']
0.8988326848249028
>>> nb_precisions['neg']
0.9218106995884774
>>> nb_recalls['pos']
0.924
>>> nb_recalls['neg']
0.896
```

虽然 neg 的精准率和 pos 的召回率有所下降，但是 neg 的召回率和 pos 的精准率大大增加了。当前，准确率比 MaxentClassifier 类高一点。

7.8.2 工作原理

high_information_words() 函数从统计每个单词的频率以及在每个标签内每个单词的条

件频率开始。这就是为什么需要标记单词，这样我们就知道对于每个标签，每个单词出现的频率。

一旦有了 FreqDist 和 ConditionalFreqDist 变量，就可以在每个标签的基础上对每个单词评分。

默认的 score_fn 是 nltk.metrics.BigramAssocMeasures.chi_sq()，它使用以下参数，计算每个单词的卡方分数。

- n_ii：这是在该标签下单词出现的频率。

- n_ix：这是在所有标签下单词出现的总频率。

- n_xi：这是在该标签下所有单词出现的总频率。

- n_xx：这是在所有标签下所有单词出现的总频率。

公式为 n_xx * nltk.metrics.BigramAssocMeasures.phi_sq。phi_sq()函数是 Pearson 相关系数的平方，可以在维基百科上找到关于此系数的更多知识。

思考这些数字最简单的方法是，n_ii 越接近 n_ix，评分越高。或者说，某个单词，相对于某个单词出现的总频率，它在某个标签下出现得越频繁，评分就越高。

一旦得到了在每个标签下每个单词的评分，就可以过滤掉评分低于 min_score 阈值的所有单词。我们保留了达到或超过阈值的单词，返回在每个标签下所有得分高的单词。

小技巧：
建议使用不同的 min_score 值进行试验，看看会发生什么。在某些情况下，较少的单词可以较大地改善指标，而在其他情况下，更多单词更好。

7.8.3　更多信息

在 BigramAssocMeasures 类中，有许多可用的其他计分函数，如用于斐方（phi-square）的 phi_sq()，用于逐点相互信息的 pmi()，以及使用 Jaccard 指数的 jaccard()。它们都采用相同的参数，因此可以与 chi_sq()互换使用。这些函数都记载在 nltk 网站上，并且有关于公式源代码的链接。

1. 使用高信息量单词的 MaxentClassifier 类

使用高信息单词特征集评估 MaxentClassifier 类。

```
>>> me_classifier = MaxentClassifier.train(train_feats,
algorithm='gis', trace=0, max_iter=10, min_lldelta=0.5)
>>> accuracy(me_classifier, test_feats)
0.912
>>> me_precisions, me_recalls = precision_recall(me_classifier,
test_feats)
>>> me_precisions['pos']
0.8992248062015504
>>> me_precisions['neg']
0.9256198347107438
>>> me_recalls['pos']
0.928
>>> me_recalls['neg']
0.896
```

这也促使 MaxentClassifier 的表现得到了显著改善。但是，正如我们所看到的，并不是所有的算法都受益于高信息量单词过滤，并且在某些情况下准确率会下降。

2. 使用高信息量单词的 DecisionTreeClassifier 类

现在，评估 DecisionTreeClassifier 类。

```
>>> dt_classifier = DecisionTreeClassifier.train(train_feats,
binary=True, depth_cutoff=20, support_cutoff=20, entropy_cutoff=0.01)
>>> accuracy(dt_classifier, test_feats)
0.68600000000000005
>>> dt_precisions, dt_recalls = precision_recall(dt_classifier, test_
feats)
>>> dt_precisions['pos']
0.6741573033707865
>>> dt_precisions['neg']
0.69957081545064381
>>> dt_recalls['pos']
0.71999999999999997
>>> dt_recalls['neg']
0.65200000000000002
```

即使使用了较大的 depth_cutoff，以及较小的 support_cutoff 和 entropy_cutoff，得到的准确率也是大至相同的。这个结果使我们相信，DecisionTreeClassifier 类已经把高信息量的特征放在了树的顶部。只有显著增加深度，它才会有所改善。但是，这会使得训练时间很长，并可能会过拟合树。

3. 使用高信息单词的 SklearnClassifier 类

使用相同 train_feats 函数，评估 LinearSVC SklearnClassifier。

```
>>> sk_classifier = SklearnClassifier(LinearSVC()).train(train_feats)
>>> accuracy(sk_classifier, test_feats)
0.86
>>> sk_precisions, sk_recalls = precision_recall(sk_classifier,
test_feats)
>>> sk_precisions['pos']
0.871900826446281
>>> sk_precisions['neg']
0.8488372093023255
>>> sk_recalls['pos']
0.844
>>> sk_recalls['neg']
0.876
```

先前，它的准确率为 86.4%，因此，准确率略有下降。一般地，通过预过滤训练特征，支持向量机和基于逻辑回归的算法受益较小，有时甚至造成不利的影响。这是由于这些算法能够学习特征权重，这些特征权重对应每个特征的显著性，但是朴素贝叶斯算法不是这样的。

7.8.4　请参阅

在本章中，从 7.2 节开始讨论。最初，在 7.3 节中训练了 NaiveBayesClassifier 类，在 7.5 节中训练了 MaxentClassifier 类。在 7.7 节中可以找到关于精准率和召回率的详细信息。下面两节将只使用高信息量单词，并且将组合分类器。

7.9　使用投票组合分类器

将分类器组合是提高分类性能的一种方法。组合多个分类器的最简单方法是使用表决，选择获得最多投票总数的标签。对于这种类型的表决，最好使用奇数个分类器，这样就不会存在平局。这意味着至少要将三个分类器组合在一起。在各个分类器中也应该使用不同的算法。这样做的思想是，多种算法比一种好，将多个算法组合起来可以补偿单个算法的偏差。但是，由于表现不佳的分类器会降低整体准确率，因此将表现不佳的分类器与表现卓越的分类器结合起来，一般不是一个好主意。

7.9.1 准备工作

因为至少需要组合三个已训练的分类器，所以要使用 NaiveBayesClassifier 类、DecisionTreeClassifier 类和 MaxentClassifier 类，所有这三个类都在 movie_reviews 语料库中最高信息量的单词上得到了训练。在前一节中，这三个类都得到了训练，因此可以使用投票组合这三个分类器。

7.9.2 工作方式

在 classification.py 模块中，有一个 MaxVoteClassifier 类。

```
import itertools
from nltk.classify import ClassifierI
from nltk.probability import FreqDist

class MaxVoteClassifier(ClassifierI):
  def __init__(self, *classifiers):
    self._classifiers = classifiers
    self._labels = sorted(set(itertools.chain(*[c.labels() for c
in classifiers])))

  def labels(self):
    return self._labels

  def classify(self, feats):
    counts = FreqDist()

    for classifier in self._classifiers:
      counts[classifier.classify(feats)] += 1

    return counts.max()
```

要创建这个分类器，要传入要组合的分类器列表。一旦创建了这个分类器，它就像任何其他分类器一样工作。虽然它可能需要大约三倍的时间进行分类，但是一般来说，它至少与任何单个分类器的准确率一样。

```
>>> from classification import MaxVoteClassifier
>>> mv_classifier = MaxVoteClassifier(nb_classifier, dt_classifier,
me_classifier, sk_classifier)
>>> mv_classifier.labels()
['neg', 'pos']
```

```
>>> accuracy(mv_classifier, test_feats)
0.894
>>> mv_precisions, mv_recalls = precision_recall(mv_classifier,
test_feats)
>>> mv_precisions['pos']
0.9156118143459916
>>> mv_precisions['neg']
0.8745247148288974
>>> mv_recalls['pos']
0.868
>>> mv_recalls['neg']
0.92
```

这些指标与最好的 sklearn 分类器以及使用高信息特征的 MaxentClassifier 类和 NaiveBayesClassifier 类不分上下。有一些指标略好,一些略差。DecisionTreeClassifier 类的显著改善有可能产生更好的指标。

7.9.3　工作原理

MaxVoteClassifier 类扩展了 nltk.classify.ClassifierI 接口,这需要至少实现两种方法。

- labels()方法必须返回可能的标签列表。这是在初始化时传入每个分类器的 labels() 方法的并集。

- classify()方法接受单个特征集,返回一个标签。MaxVoteClassifier 类遍历其若干分类器,并在每个分类器上调用 classify(),使用 FreqDist 变量,作为投票记录其标签。使用 FreqDist.max()返回投票数最多的标签。

以下是继承图。

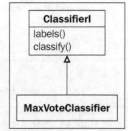

虽然对此不进行检查,但是 MaxVoteClassifier 类假定,在初始化时,所有传入的分类器使用相同的标签。违反这种假设可能导致奇怪的行为。

7.9.4　请参阅

在前一节中,只使用最高信息量单词,训练 NaiveBayesClassifier 类、MaxentClassifier 类和 DecisionTreeClassifier 类。在下一节中,我们将使用 reuters 语料库,并组合多个二元分类器,以创建多标签分类器。

7.10　使用多个二元分类器分类

到目前为止，我们都集中在二元分类器（binary classifier）上，这种分类器使用两个可能的标签中的一个，进行分类。用来训练二元分类器的相同技术，也可以用来创建多元分类器，这种多元分类器使用多个可能标签中的一个，进行分类。但是，情况也可能是，你需要能够使用多个标签进行分类。可以返回对个标签的分类器是多标签分类器（multi-label classifier）。

创建多标签分类器的一种常用技术是结合多个二元分类器，每个标签一个二元分类器。可以训练每个二元分类器，这样它可能返回一个已知的标签，或返回一些表示标签不适用的其他内容。然后，可以在特征集上运行所有二元分类器，以收集所有可用的标签。

7.10.1　准备工作

reuters 语料库包含了多标签文本，可以使用这些多标签文本进行训练和评估。

```
>>> from nltk.corpus import reuters
>>> len(reuters.categories())
90
```

对每个标签培训一个二元分类器，这意味着我们将得到 90 个二元分类器。

7.10.2　工作方式

首先，应该计算在 reuters 语料库中的高信息量单词。在 featx.py 中，使用 reuters_high_info_words()函数完成这个任务。

```
from nltk.corpus import reuters

def reuters_high_info_words(score_fn=BigramAssocMeasures.chi_sq):
  labeled_words = []

  for label in reuters.categories():
    labeled_words.append((label, reuters.words(categories=[label])))

  return high_information_words(labeled_words, score_fn=score_fn)
```

然后，需要基于这些高信息量的单词，得到训练和测试特征集。也可以使用 featx.py

中的 reuters_train_test_feats()函数完成这个工作。虽然这默认使用 bag_of_words()作为其 feature_detector，但是为了仅仅使用高信息量单词，使用 bag_of_words_in_set()重写了这个函数。

```
def reuters_train_test_feats(feature_detector=bag_of_words):
  train_feats = []
  test_feats = []
  for fileid in reuters.fileids():
    if fileid.startswith('training'):
      featlist = train_feats
    else: # fileid.startswith('test')
      featlist = test_feats
    feats = feature_detector(reuters.words(fileid))
    labels = reuters.categories(fileid)
    featlist.append((feats, labels))
  return train_feats, test_feats
```

可以使用这两个函数，获取加多重标签的训练和测试特征集列表。

```
>>> from featx import reuters_high_info_words, reuters_train_test_
feats
>>> rwords = reuters_high_info_words()
>>> featdet = lambda words: bag_of_words_in_set(words, rwords)
>>> multi_train_feats, multi_test_feats = reuters_train_test_
feats(featdet)
```

multi_train_feats 和 multi_test_feats 函数是加多重标签的特征集。这意味着它们具有标签列表，而不是单个标签，并且由于每个特征集具有一个或多个标签，因此它们具有 [(featureset, [label])] 的形式。使用这些训练数据，可以训练多个二元分类器。在 classification.py 中的 train_binary_classifiers()函数接受一个训练函数，一个加多重标签的特征集列表，以及一个可能的标签集，返回标签字典 "Label：binary classifier"：

```
def train_binary_classifiers(trainf, labelled_feats, labelset):
  pos_feats = collections.defaultdict(list)
  neg_feats = collections.defaultdict(list)
  classifiers = {}

  for feat, labels in labelled_feats:
    for label in labels:
      pos_feats[label].append(feat)

    for label in labelset - set(labels):
```

```
      neg_feats[label].append(feat)

  for label in labelset:
    postrain = [(feat, label) for feat in pos_feats[label]]
    negtrain = [(feat, '!%s' % label) for feat in neg_feats[label]]
    classifiers[label] = trainf(postrain + negtrain)


  return classifiers
```

为了使用此函数，需要提供训练函数，这个训练函数接受一个参数，即训练数据。这
是封装了 sklearn 逻辑回归 SklearnClassifier 类的简单 lambda 包装器。

```
>>> from classification import train_binary_classifiers
>>> trainf = lambda train_feats: SklearnClassifier(LogisticRegressi
on()).train(train_feats)
>>> labelset = set(reuters.categories())
>>> classifiers = train_binary_classifiers(trainf, multi_train_feats,
labelset)
>>> len(classifiers)
90
```

在 classification.py 中，也定义了 MultiBinaryClassifier 类，这个类接受形式为[(label,
classifier)]的加标签的分类器列表。其中，假设 classifer 是二元分类器，要么返回 label，要
么在标签不适用的情况下返回其他信息。

```
from nltk.classify import MultiClassifierI

class MultiBinaryClassifier(MultiClassifierI):
  def __init__(self, *label_classifiers):
    self._label_classifiers = dict(label_classifiers)
    self._labels = sorted(self._label_classifiers.keys())

  def labels(self):
    return self._labels

  def classify(self, feats):
    lbls = set()

    for label, classifier in self._label_classifiers.items():
      if classifier.classify(feats) == label:
        lbls.add(label)

    return lbls
```

现在，可以使用刚刚创建的二元分类器，构建这个类：

```
>>> from classification import MultiBinaryClassifier
>>> multi_classifier = MultiBinaryClassifier(*classifiers.items())
```

为了评估这个分类器，可以使用精准率和召回率，而不是准确率。这是因为准确率函数假设单个值，未考虑到部分匹配。例如，如果 multi_classifier 返回了特征集的三个标签，其中有两个标签是正确的，但是第三个标签不正确，那么 accuracy()函数将标记它为不正确的。因此，不使用准确率，而使用 masi 距离，这个距离使用 citeseerx 网站中相关论文给出的公式，测量两个集合之间的部分重叠。

如果 masi 距离接近于 0，则匹配性越好。但是，如果 masi 距离接近 1，则几乎没有或完全没有重叠。因此，较小的平均 masi 距离，意味着比较准确的部分匹配。在 classification.py 中的 multi_metrics()函数计算每个标签的精准率和召回率，同时计算出了平均的 masi 距离。

```
import collections
from nltk import metrics

def multi_metrics(multi_classifier, test_feats):
  mds = []
  refsets = collections.defaultdict(set)
  testsets = collections.defaultdict(set)

  for i, (feat, labels) in enumerate(test_feats):
    for label in labels:
      refsets[label].add(i)

    guessed = multi_classifier.classify(feat)

    for label in guessed:
      testsets[label].add(i)

    mds.append(metrics.masi_distance(set(labels), guessed))

  avg_md = sum(mds) / float(len(mds))
  precisions = {}
  recalls = {}

  for label in multi_classifier.labels():
    precisions[label] = metrics.precision(refsets[label],
testsets[label])
    recalls[label] = metrics.recall(refsets[label], testsets[label])
```

```
return precisions, recalls, avg_md
```

使用刚刚创建的 multi_classifier 函数，得到了以下结果：

```
>>> from classification import multi_metrics
>>> multi_precisions, multi_recalls, avg_md = multi_metrics
(multi_classifier, multi_test_feats)
>>> avg_md
0.23310715863026216
```

因此，平均 masi 距离不是太糟糕。越小越好，这意味着多标签分类器只是部分准确。查看一些精准率和召回率。

```
>>> multi_precisions['soybean']
0.7857142857142857
>>> multi_recalls['soybean']
0.3333333333333333
>>> len(reuters.fileids(categories=['soybean']))
111
>>> multi_precisions['sunseed']
1.0
>>> multi_recalls['sunseed']
2.0
>>> len(reuters.fileids(categories=['crude']))
16
```

一般情况下，具有更多特征集的标签具有更高的精准率和召回率，而具有较少特征集的标签具有较低的性能。许多类别具有 0 个值，这是因为在没有太多的特征集供分类器学习的情况下，你不能期望它表现良好。

7.10.3　工作原理

reuters_high_info_words()函数是相当简单的。它为 reuters 语料库的每个类别构造了 [(label, words)]列表，然后将它传入 high_information_words()函数中，返回 reuters 语料库中信息量最大的单词列表。

借助所得到的单词集合，使用 bag_of_words_in_set()函数创建特征检测器函数。然后，将特征检测器函数传入 reuters_train_test_feats()函数，reuters_train_test_feats()函数返回两个列表，第一个列表包含了所有训练文件的[(feats, labels)]，第二个列表包含了所有测试文件的[(feats, labels)]。

接下来，使用 train_binary_classifiers()函数为每个标签训练二元分类器。这个函数为每个标签构造了两个列表，一个列表是正训练特征集，另一个是负训练特征集。正特征集（positive feature set）是为某个标签分类的那些特征集。此标签的负特征集（negative feature set）是来自所有其他标签的正特征集。例如，对于 zinc 和 sunseed 而言是正的特征集，对于所有其他的 88 个标签，是负的示例。一旦具有某个标签的正负特征集，就可以使用给定的训练函数，为每个标签训练二元分类器。

使用所得到的二元分类器字典，创建 MultiBinaryClassifier 类的实例。这个类扩展了 nltk.classify.MultiClassifierI 接口，这至少需要两个函数。

- labels()函数必须返回可能的标签列表。

- classify 函数接受一个特征集，返回一个标签集。要建立这个集合，遍历二元分类器，并且在任何时候调用 classify()函数返回其标签，将标签添加到集合中。如果返回其他信息，就继续。

以下是继承图。

最后，使用 multi_metrics()函数，评估多标签分类器。虽然这类似于该模块 7.7 节中的 precision_recall()函数，但是在当前情况下，我们知道，分类器是 MultiClassifierI 接口的实例，因此它可以返回多个标签。它还使用 nltk.metrics.masi_distance()函数，为分类标签的每个集合追踪 masi 距离。multi_metrics()函数返回以下三个值：

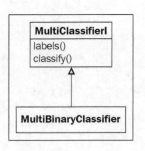

- 每个标签的精准率字典，

- 每个标签的召回率字典，

- 每个特征集的平均 masi 距离。

7.10.4　更多信息

reuters 语料库的性质造成了类不平衡问题。当一些标签只有很少的特征集而其他标签有大量的特征集时，这个问题就出现了。使用很少正实例来训练的二元分类器，最终得到了非常多的负实例，因此它们严重偏向负标签。在本质上，由于偏差反映了数据，这没有什么问题，但是负实例可以使分类器处于几乎得不到正结果的状态下。为了解决这个问题，我们有许多先进的技术，但是这都超出了本书的范围。ijetae 网站上名为 IJETAE_0412_07.pdf 的文章可以为你提供一个很好的技术参考，来解决这个问题。

7.10.5　请参阅

在本章中，7.6 节介绍了 SklearnClassifier 类，7.7 节介绍了如何评估分类器，而 7.8 节描述了如何只使用最好的特征。

7.11　使用 NLTK 训练器训练分类器

本节将介绍来自 NLTK 训练器的 train_classifier.py 脚本。NLTK 训练器允许你使用命令行训练 NLTK 分类器。第 4 章结尾以及第 5 章结尾都介绍了 NLTK 训练器。

> 提示：
> 可以在找到 GitHub 网站上 NLTK 训练器，在 readthedocs 网站上找到在线文档。

7.11.1　工作方式

与 train_tagger.py 和 train_chunker.py 一样，train_classifier.py 唯一需要的参数是语料库的名称。由于文本分类是关于如何学习分类类别的，因此语料库必须有 categories()方法。以下是在 movie_reviews 语料库上运行 train_classifier.py 的示例。

```
$ python train_classifier.py movie_reviews
loading movie_reviews
2 labels: ['neg', 'pos']
using bag of words feature extraction
2000 training feats, 2000 testing feats
training NaiveBayes classifier
accuracy: 0.967000
neg precision: 1.000000
neg recall: 0.934000
neg f-measure: 0.965874
pos precision: 0.938086
pos recall: 1.000000
pos f-measure: 0.968054
dumping NaiveBayesClassifier to ~/nltk_data/classifiers/movie_
reviews_NaiveBayes.pickle
```

可以使用--no-pickle 参数避免保存分类器，使用--fraction 参数限制训练集，并在测试集上评估分类器。这个示例再现了之前在该模块 7.3 节所完成的操作。

```
$ python train_classifier.py movie_reviews --no-pickle --fraction 0.75
loading movie_reviews
2 labels: ['neg', 'pos']
using bag of words feature extraction
1500 training feats, 500 testing feats
training NaiveBayes classifier
accuracy: 0.726000
neg precision: 0.952000
neg recall: 0.476000
neg f-measure: 0.634667
pos precision: 0.650667
pos recall: 0.976000
pos f-measure: 0.780800
```

可以看到，我们不仅得到准确率，还得到了各个类的精准率和召回率，就像该模块 7.7 节介绍的一样。

> 提示：
>
> 为了清楚起见，这里省略了 PYTHONHASHSEED 环境变量。这意味着，当运行 train_classifier.py 时，准确率、精准率和召回率可能会有所不同。为了获得一致的值，请这样运行 train_classifier.py：
>
> ```
> $ PYTHONHASHSEED=0 python train_classifier.
> py movie_reviews
> ```

7.11.2 工作原理

train_classifier.py 脚本使用一系列步骤训练分类器。

（1）加载分类的语料库。

（2）提取特征。

（3）训练分类器。

根据所使用的参数，这可能有进一步的步骤，例如，评估分类器或保存分类器。

默认的特征提取是词袋，该模块 7.2 节介绍了这一点。默认分类器是 NaiveBayesClassifier 类，该模块 7.3 节介绍了这个类。以下是使用 DecisionTreeClassifier 的示例，再现了该模块 7.4 节使用的相同参数。

```
$ python train_classifier.py movie_reviews --no-pickle --fraction 0.75
```

```
--classifier DecisionTree --trace 0 --entropy_cutoff 0.8 --depth_cutoff 5
--support_cutoff 30 --binary
accuracy: 0.672000
neg precision: 0.683761
neg recall: 0.640000
neg f-measure: 0.661157
pos precision: 0.661654
pos recall: 0.704000
pos f-measure: 0.682171
```

7.11.3 更多信息

train_classifier.py 脚本支持了没在这里出现的其他参数,通过使用--help 运行脚本,可以看到所有其他的参数。一些额外的参数在接下来其他的分类算法示例中出现,随后,介绍在 nltk 训练器中可用的并且与分类相关的其他脚本。

1. 保存序列化的分类器

如果没有--no-pickle 参数,train_classifier.py 将把序列化的分类器保存在~/nltk_data/classifiers/NAME.pickle,其中,NAME 是语料库名称和训练算法的组合。可以使用--filename 参数,为分类器指定自定义的文件名,如下所示。

```
$ python train_classifier.py movie_reviews --filename path/to/classifier.
Pickle
```

2. 使用不同的训练实例

默认情况下,train_classifier.py 使用单独的文件作为训练实例。这意味着,单个分类文件将用作一个实例。但是,可以改用段落或句子作为训练实例。下面是使用来自 movie_reviews 语料库的句子的示例。

```
$ python train_classifier.py movie_reviews --no-pickle --fraction 0.75
--instances sents
loading movie_reviews
2 labels: ['neg', 'pos']
using bag of words feature extraction
50820 training feats, 16938 testing feats
training NaiveBayes classifier
accuracy: 0.638623
neg precision: 0.694942
neg recall: 0.470786
```

```
neg f-measure: 0.561313
pos precision: 0.610546
pos recall: 0.800580
pos f-measure: 0.692767
```

为了使用段落，而不是文件或句子，可以适用命令 --instances paras。

3．信息量最大的特征

该模块 7.3 节介绍了如何查找信息量最大的特征。也可以在 train_classifier.py 中使用一个参数完成这个任务。

```
$ python train_classifier.py movie_reviews --no-pickle --fraction 0.75
--show-most-informative 5
loading movie_reviews
2 labels: ['neg', 'pos']
using bag of words feature extraction
1500 training feats, 500 testing feats
training NaiveBayes classifier
accuracy: 0.726000
neg precision: 0.952000
neg recall: 0.476000
neg f-measure: 0.634667
pos precision: 0.650667
pos recall: 0.976000
pos f-measure: 0.780800
5 most informative features


Most Informative Features
          finest = True        pos : neg    =     13.4 : 1.0
      astounding = True        pos : neg    =     11.0 : 1.0
          avoids = True        pos : neg    =     11.0 : 1.0
          inject = True        neg : pos    =     10.3 : 1.0
        strongest = True       pos : neg    =     10.3 : 1.0
```

4．Maxent 和逻辑回归分类器

该模块 7.5 节介绍了使用 GIS 算法的 MaxentClassifier 类。以下代码展示了如何使用 train_classifier.py 做到这一点。

```
$ python train_classifier.py movie_reviews --no-pickle --fraction 0.75
--classifier GIS --max_iter 10 --min_lldelta 0.5
```

```
loading movie_reviews
2 labels: ['neg', 'pos']
using bag of words feature extraction
1500 training feats, 500 testing feats
training GIS classifier
  ==> Training (10 iterations)
accuracy: 0.712000
neg precision: 0.964912
neg recall: 0.440000
neg f-measure: 0.604396
pos precision: 0.637306
pos recall: 0.984000
pos f-measure: 0.773585
```

如果已经安装了 scikit-learn，那么可以使用许多不同的 sklearn 算法进行分类。该模块 7.6 节介绍了 LogisticRegression 分类器，以下代码展示了如何使用 train_classifier.py 做到这一点。

```
$ python train_classifier.py movie_reviews --no-pickle --fraction 0.75
--classifier sklearn.LogisticRegression
loading movie_reviews
2 labels: ['neg', 'pos']
using bag of words feature extraction
1500 training feats, 500 testing feats
training sklearn.LogisticRegression with {'penalty': 'l2', 'C': 1.0}
using dtype bool
training sklearn.LogisticRegression classifier
accuracy: 0.856000
neg precision: 0.847656
neg recall: 0.868000
neg f-measure: 0.857708
pos precision: 0.864754
pos recall: 0.844000
pos f-measure: 0.854251
```

5. 支持向量机

该模块 7.6 节介绍了 SVM 分类器，这个分类器也可以与 train_classifier.py 一同使用。下面是 LinearSVC 的参数。

```
$ python train_classifier.py movie_reviews --no-pickle --fraction 0.75
--classifier sklearn.LinearSVC
loading movie_reviews
```

```
2 labels: ['neg', 'pos']
using bag of words feature extraction
1500 training feats, 500 testing feats
training sklearn.LinearSVC with {'penalty': 'l2', 'loss': 'l2', 'C': 1.0}
using dtype bool
training sklearn.LinearSVC classifier
accuracy: 0.860000
neg precision: 0.851562
neg recall: 0.872000
neg f-measure: 0.861660
pos precision: 0.868852
pos recall: 0.848000
pos f-measure: 0.858300
```

下面是 NuSVC 的参数。

```
$ python train_classifier.py movie_reviews --no-pickle --fraction 0.75
--classifier sklearn.NuSVC
loading movie_reviews
2 labels: ['neg', 'pos']
using bag of words feature extraction
1500 training feats, 500 testing feats
training sklearn.NuSVC with {'kernel': 'rbf', 'nu': 0.5}
using dtype bool
training sklearn.NuSVC classifier
accuracy: 0.850000
neg precision: 0.827715
neg recall: 0.884000
neg f-measure: 0.854932
pos precision: 0.875536
pos recall: 0.816000
pos f-measure: 0.844720
```

6. 组合分类器

该模块 7.9 节介绍了如何使用最大票数方法，将多个分类器组合成单一分类器。虽然 train_classifier.py 脚本也可以组合分类器，但是它使用了稍微不同的算法。它不统计投票数，而是对概率求和，以生成最终的概率分布，然后，使用这个最终的概率分布对每个实例分类。以下是 3 个 sklearn 分类器的示例。

```
$ python train_classifier.py movie_reviews --no-pickle --fraction 0.75
--classifier sklearn.LogisticRegression sklearn.MultinomialNB sklearn.
NuSVC
```

```
loading movie_reviews
2 labels: ['neg', 'pos']
using bag of words feature extraction
1500 training feats, 500 testing feats
training sklearn.LogisticRegression with {'penalty': 'l2', 'C': 1.0}
using dtype bool
training sklearn.MultinomialNB with {'alpha': 1.0}
using dtype bool
training sklearn.NuSVC with {'kernel': 'rbf', 'nu': 0.5}
using dtype bool
training sklearn.LogisticRegression classifier
training sklearn.MultinomialNB classifier
training sklearn.NuSVC classifier
accuracy: 0.856000
neg precision: 0.839695
neg recall: 0.880000
neg f-measure: 0.859375
pos precision: 0.873950
pos recall: 0.832000
pos f-measure: 0.852459
```

7. 高信息量单词和高信息量双连词

在该模块 7.8 节中，计算了单词的信息增益，然后只使用具有高信息增益的单词作为特征词。train_classifier.py 脚本也可以做到这一点。

```
$ python train_classifier.py movie_reviews --no-pickle --fraction 0.75
--classifier NaiveBayes --min_score 5 --ngrams 1 2
loading movie_reviews
2 labels: ['neg', 'pos']
calculating word scores
using bag of words from known set feature extraction
9989 words meet min_score and/or max_feats
1500 training feats, 500 testing feats
training NaiveBayes classifier
accuracy: 0.860000
neg precision: 0.901786
neg recall: 0.808000
neg f-measure: 0.852321
pos precision: 0.826087
pos recall: 0.912000
pos f-measure: 0.866920
```

8. 交叉验证

交叉验证（cross-fold validation）是用于评估分类算法的一种方法。做到这一点的典型方法是使用 10 层交叉验证，留下一层用于测试。这意味着，首先，将训练语料库分成 10 份（层）。然后，它在其中的 9 层上训练，在剩余的 1 层上进行测试。每次选择不同层，重复 9 次，留下一层进行测试。通过每次使用不同的训练和测试示例集，可以避免任何出现在训练集中的偏差。以下代码展示了如何使用 train_classifier.py 做到这一点。

```
$ python train_classifier.py movie_reviews --classifier sklearn.
LogisticRegression --cross-fold 10
…
mean and variance across folds
------------------------------
accuracy mean: 0.870000
accuracy variance: 0.000365
neg precision mean: 0.866884
neg precision variance: 0.000795
pos precision mean: 0.873236
pos precision variance: 0.001157
neg recall mean: 0.875482
neg recall variance: 0.000706
pos recall mean: 0.864537
pos recall variance: 0.001091
neg f_measure mean: 0.870630
neg f_measure variance: 0.000290
pos f_measure mean: 0.868246
pos f_measure variance: 0.000610
```

为了清晰起见，这里省略了大部分的输出。真正重要的是最终的评价，这是在所有层中所得到结果的平均值和方差。

9. 分析分类器

在 NLTK 训练器中还包括一个称为 analyze_classifier_coverage.py 的脚本。顾名思义，可以用它来查看分类器如何的给定的语料库分类。它需要语料库名称和将要在语料库上运行的序列化分类器的路径。如果语料库是分类的，那么还可以使用--metrics 参数获得准确率、精准率和召回率。如 train_classifier.py 一样，该脚本支持许多与语料库相关的相同参数，同时脚本还有可选的--speed 参数，因此可以查看分类器能有多快。以下是在 movie_reviews 语料库上分析序列化的 NaiveBayesClassifier 类的示例。

```
$ python analyze_classifier_coverage.py movie_reviews --classifier
classifiers/movie_reviews_NaiveBayes.pickle --metrics --speed
loading time: 0secs
accuracy: 0.967
neg precision: 1.000000
neg recall: 0.934000
neg f-measure: 0.965874
pos precision: 0.938086
pos recall: 1.000000
pos f-measure: 0.968054
neg 934
pos 1066
average time per classify: 3secs / 2000 feats = 1.905661 ms/feat、
```

7.11.4　请参阅

该模块 4.14 节介绍了 NLTK 训练器。该模块 5.12 节也介绍了 NLTK 训练器。本章前面几节解释了 train_classifier.py 脚本如何工作的各个方面。

第8章
分布式进程和大型数据集的处理

本章将介绍以下内容。

- 使用 execnet 进行分布式标注。

- 使用 execnet 进行分布式分块。

- 使用 execnet 并行处理列表。

- 在 Redis 中存储频率分布。

- 在 Redis 中存储条件频率分布。

- 在 Redis 中存储有序字典。

- 使用 Redis 和 execnet 进行分布式单词评分。

8.1　引言

对于内存中的单处理器自然语言处理而言，NLTK 是很好的工具。但是，有些时候，你有大量的数据需要处理，并且希望利用多个 CPU、多核 CPU，甚至多台计算机的优势。或者，你可能希望将频率和概率存储在持久共享的数据库中，这样多个进程可以同时访问这些数据。对于第一种情况，我们将使用 execnet 与 NLTK 进行并行和分布式处理。对于第二种情况，读者将会学习到如何使用 Redis 数据结构服务器/数据库来存储频率分布等。

8.2　使用 execnet 进行分布式标注

execnet 是 Python 的分布式执行库。它允许你创建网关和通道，从而执行远程代码。

网关（gateway）是从主调进程到远程环境的连接。远程环境可以是本地子进程，或通过 SSH
连接到得远程节点。通道（channel）在网关处创建，处理通道创建器和远程代码之间的通
信。使用这种方式，execnet 是一种消息传递接口（Message Passing Interface，MPI），在这
个接口中，网关创建了连接，而通道则用来来回发送消息。

由于许多 NLTK 进程在计算过程中占用了 100%的 CPU，因此 execnet 则是一种分布计
算以获得最大资源利用率的理想方式。可以为每个 CPU 内核创建一个网关，内核在本地计
算机上还是在跨远程设备上分布，都无关紧要。在许多情况下，只需要在单台机器上拥有
训练的对象和数据，然后，根据需要，将对象和数据发送到远程节点。

8.2.1　准备工作

需要安装 execnet，以便完成这项工作。这非常简单，运行命令 sudo pip install execnet
或 sudo easy_install execnet 即可。在写本书的时候，execnet 的当前版本是 1.2。execnet 主
页有 API 文档和示例，请访问 codespeak 网站。

8.2.2　工作方式

从导入所需模块、附加模块和 remote_tag.py 开始，稍后 8.2.3 节将解释这些内容。也
需要导入序列化模块，这样就可以序列化（传送）标注器。execnet 本身不知道如何处理复
杂的对象，如词性标注器，因此必须使用 pickle.dumps()将标注器转储成字符串。虽然我们
将使用由 nltk.tag.pos_tag()函数所使用的默认标注器，但是只要任何预训练的词性标注器实
现了 TaggerI 接口，你都可以使用它。

一旦有了已序列化的标注器，就可以通过使用 execnet.makegateway()构建网关，启动
execnet。默认网关创建 Python 子进程，可以调用 remote_tag 模块中的 remote_exec()函数，
创建一个通道。使用开放的通道，可以发送已序列化的标注器，它后面跟着 treebank 语料
库中第一个标记化的句子。

> **提示：**
> 由于 execnet 已经知道如何序列化内置类型，因此对于
> 简单的类型（如列表和元组），不必进行任何特殊的序
> 列化。

现在，如果调用 channel.receive()，那么会得到标记的句子，这个句子与 treebank 语料
库中第一个标记的句子等同，这样我们就知道标记可以正常工作。退出网关，关闭通道，
终止子进程，结束工作。

```
>>> import execnet, remote_tag, nltk.tag, nltk.data
>>> from nltk.corpus import treebank
>>> import pickle
>>> pickled_tagger = pickle.dumps(nltk.data.load(nltk.tag._POS_
TAGGER))
>>> gw = execnet.makegateway()
>>> channel = gw.remote_exec(remote_tag)

>>> channel.send(pickled_tagger)
>>> channel.send(treebank.sents()[0])

>>> tagged_sentence = channel.receive()
>>> tagged_sentence == treebank.tagged_sents()[0]
True
>>> gw.exit()
```

形象地讲，通信进程如下图所示。

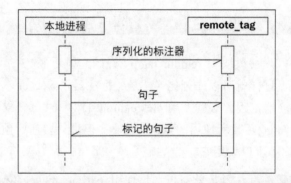

8.2.3 工作原理

网关的 remote_exec() 方法接受一个参数，这个参数可以是以下三种类型之一。

- 代码的字符串，以便远程执行。
- 待序列化并远程执行的纯函数（pure function）的名称。
- 其源代码将远程执行的纯模块（pure module）的名称。

使用第三个选项与如下的 remote_tag.py 模块。

```
import pickle

if __name__ == '__channelexec__':
```

```
tagger = pickle.loads(channel.receive())

for sentence in channel:
  channel.send(tagger.tag(sentence))
```

纯模块是自包含的一个模块：它只能访问它所执行的可用 Python 模块，不能访问最初创建网关的地方存在的任何变量或状态。类似地，纯函数是自包含的函数，没有外部依赖。为了检测由 execnet 执行的模块，可以查看 name 变量。如果 __name 变量等于 '__channelexec__'，那么它可以用于创建远程通道。这类似于使用 if__name__ == '__main__' 检测模块是否正在命令行上执行。

首先，调用 channel.receive()，获得序列化的标注器，使用 pickle.loads()加载这个标注器。你可能会注意到，在任何地方都没有导入 channel，这是因为它包含在模块的全局命名空间中。为了与 channel 创建者进行通信，execnet 远程执行的任何模块必须访问 channel 变量。

一旦有了标注器，就可以对从通道接收到的每个标记化的句子迭代地使用 tag()。这允许我们标记发送器希望发送的所有句子，因为迭代过程不会停止，直到通道关闭。我们实际上创建的是，用于词性标注的计算节点，这个计算节点使用了 100%的资源，标记它接收到的任何句子。只要通道保持打开，节点就能够进行处理。

8.2.4 更多内容

这是打开单个网关和通道的简单示例。但是，execnet 可以做更多的事情，比如打开多个通道以增加并行处理能力，以及通过 SSH 打开到远程主机的网关，以进行分布式处理。

1. 创建多个通道

可以创建多个通道，每个网关一条通道，这样处理就可以变得更平行。每个网关创建一个新的子进程（如果使用 SSH 网关，则为远程解释器），一个通道使用每个网关进行通信。一旦创建了两个通道，就可以使用 MultiChannel 类将它们进行结合，MultiChannel 类允许我们遍历通道，创建接收队列，以从每个通道中接收消息。

在创建了每个通道以及发送标注器后，循环地发送偶数个句子给每个通道，以进行标注。然后，收集来自 queue 的响应。如果你需要知道消息来自哪个通道，那么调用 queue.get() 可以返回形式为（channel, message）的二元组。

提示:
如果你不想一直等待，那么也可以传入 timeout 关键字
参数，timeout 参数是你希望等待的最大秒数，就像在
queue.get(timeout= 4)一样。这可能是处理网络故障的好
办法。

一旦收集了所有加标注的句子，就可以退出网关，如下面的代码所示。

```
>>> import itertools
>>> gw1 = execnet.makegateway()
>>> gw2 = execnet.makegateway()
>>> ch1 = gw1.remote_exec(remote_tag)
>>> ch1.send(pickled_tagger)
>>> ch2 = gw2.remote_exec(remote_tag)
>>> ch2.send(pickled_tagger)
>>> mch = execnet.MultiChannel([ch1, ch2])
>>> queue = mch.make_receive_queue()
>>> channels = itertools.cycle(mch)
>>> for sentence in treebank.sents()[:4]:
...       channel = next(channels)
...       channel.send(sentence)
>>> tagged_sentences = []
>>> for i in range(4):
...       channel, tagged_sentence = queue.get()
...       tagged_sentences.append(tagged_sentence)
>>> len(tagged_sentences)
4
>>> gw1.exit()
>>> gw2.exit()
```

在示例代码中，只发送了 4 句话，但是在现实生活中，你要发送数以千计的句子。一台计算机可以以非常快的速度标注 4 句话，但是当有数千或数万条句子需要标注时，比起等待一台计算机完成这一切标注，将句子发送给多台计算机要快得多。

2. 本地网关与远程网关

默认的网关规范是 popen，popen 在本地机器上创建了 Python 子进程。这意味着 execnet.makegateway()等效于 execnet.makegateway('popen')。如果可以使用 SSH（免密码）对远程机器进行访问，那么可以使用 execnet.makegateway('ssh=remotehost')创建远程网关。其中，remotehost 应该是机器的主机名。SSH 网关生成新的 Python 解释器，以远程执行代码。只要用于远程执行的代码是纯粹的，那么只需要在远程机器有 Python 解释器。

不管使用什么样的网关，通道的工作完全是一样的；唯一的区别是通信时间。这意味着你可以将本地子进程与远程解释器进行混合和匹配，从而将计算分发给网络中的许多机器。在 codespeak 网站上的 API 文档中，有关于网关的更多详细信息。

8.2.5 请参阅

该模块第 4 章详细介绍了词性标注和标注器。下一节将使用 execnet 进行分布式组块提取。

8.3 使用 execnet 进行分布式组块

在本节中，我们将通过 execnet 网关进行分块和标注。虽然这与前一节中的标注非常类似，但是我们会发送两个对象，而不是一个对象，并且我们将接收到 Tree，而不是列表，这需要序列化和去序列化。

8.3.1 准备工作

如前一节一样，必须安装了 execnet。

8.3.2 工作方式

设置代码与上一节非常相似，并且也将使用相同的序列化标注器。首先，将序列化默认的组块器，虽然 nltk.chunk.ne_chunk()可以使用任何组块器，但是 nltk.chunk.ne_chunk()使用了默认的组块器。然后，为 remote_chunk 模块创建网关，获得通道，并发送序列化的标注器和组块器。接下来，接收序列化的 Tree，可以去序列化这棵树并查看结果。最后，退出网关。

```
>>> import execnet, remote_chunk
>>> import nltk.data, nltk.tag, nltk.chunk
>>> import pickle
>>> from nltk.corpus import treebank_chunk
>>> tagger = pickle.dumps(nltk.data.load(nltk.tag._POS_TAGGER))
>>> chunker = pickle.dumps(nltk.data.load(nltk.chunk._MULTICLASS_NE_
CHUNKER))
>>> gw = execnet.makegateway()
>>> channel = gw.remote_exec(remote_chunk)
>>> channel.send(tagger)
>>> channel.send(chunker)
>>> channel.send(treebank_chunk.sents()[0])
```

```
>>> chunk_tree = pickle.loads(channel.receive())
>>> chunk_tree
Tree('S', [Tree('PERSON', [('Pierre', 'NNP')]), Tree('ORGANIZATION',
[('Vinken', 'NNP')]), (',', ','), ('61', 'CD'), ('years', 'NNS'),
('old', 'JJ'), (',', ','), ('will', 'MD'), ('join', 'VB'), ('the',
'DT'), ('board', 'NN'), ('as', 'IN'), ('a', 'DT'), ('nonexecutive',
'JJ'), ('director', 'NN'), ('Nov.', 'NNP'), ('29', 'CD'), ('.', '.')])
>>> gw.exit()
```

这次，通信略有不同，如下图所示。

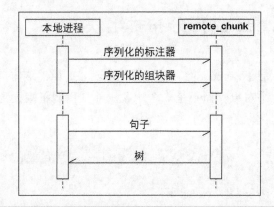

8.3.3　工作原理

remote_chunk.py 模块比前一节中的 remote_tag.py 模块稍微复杂一点。除了接收序列化的 tagger 之外，它也期望能够接收到实现了 ChunkerI 接口并且序列化的 chunker。一旦它同时拥有了 tagger 和 chunker，它就会预期接收任何数量已标记的句子，它对这些句子进行标注，并解析成 Tree。然后，序列化这棵 Tree，并通过通道发送回来。

```
import pickle

if __name__ == '__channelexec__':
  tagger = pickle.loads(channel.receive())
  chunker = pickle.loads(channel.receive())
for sentence in channel:
  chunk_tree = chunker.parse(tagger.tag(sent))
  channel.send(pickle.dumps(chunk_tree))
```

提示：
因为 Tree 不是简单的内置类型，所以它必须序列化。

8.3.4 更多内容

注意，remote_chunk 模块是纯粹的。其唯一的外部依赖是 pickle 模块，pickle 模块是 Python 标准库的一部分。由于所有必要的数据经过序列化，并且通过通道发送，因此它不需要导入任何 NLTK 模块，就可以使用 tagger 或 chunker。只要这样结构化远程代码，无须外部依赖，只需要将 NLTK 安装在单机上，也就是启动网关并通过通道发送对象的那台机器。

Python 的子进程

在运行 execnet 代码的同时，如果查看任务/系统监视器（或* nix 的顶部），你可能会注意到一些额外的 Python 程序。每个网关会产生一个新的、独立的、不共享的 Python 解释器进程，当调用 exit()方法时，就终结了这些进程。不像线程，无须担心共享内存，也没有全局解释器锁减慢事情的速度。你所拥有的是独立的通信进程。无论进程是本地还是远程的，这都成立。无须担心锁定和同步，需要关注的是消息发送和接收的顺序。

8.3.5 请参阅

前一节详细解释了 execnet 网关和通道。在下一节中，将使用 execnet 并行处理列表。

8.4 使用 execnet 并行处理列表

本节展示了使用 execnet 并行处理列表的模式。这是函数模式，使用 execnet 进行并行映射，将列表中的每个元素映射到一个新值。

8.4.1 工作方式

首先，需要决定所要做的确切内容。在这个例子中，只使整数翻倍，但是能进行任何纯计算。以下是 remote_double.py 模块，execnet 执行了这个模块。它接收(i,arg)二元组，假定 arg 是数字，并发送回(i,arg*2)。下一节将解释为什么需要 i。

```
if __name__ == '__channelexec__':
  for (i, arg) in channel:
    channel.send((i, arg * 2))
```

为了使用这个模块使列表中的每个元素翻倍，导入 plist 模块（稍后在 8.4.2 节解释），使用 remote_double 模块与待翻倍的正数列表，调用 plists.map()。

```
>>> import plists, remote_double
>>> plists.map(remote_double, range(10))
[0, 2, 4, 6, 8, 10, 12, 14, 16, 18]
```

通道之间的通信非常简单，如下图所示。

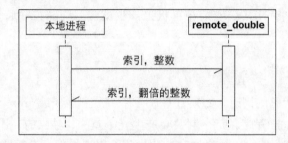

8.4.2　工作原理

在 plists.py 中定义了 map()函数。这个函数需要一个纯模块、一个参数列表和一个可选的由(spec, count)二元组组成的列表。默认规范是[('popen', 2)]，这意味着我们将打开两个本地网关和通道。一旦打开了通道，就将这些通道放到 itertools 循环中，itertools 循环创建了无限的迭代器，一旦到达终点，循环就会回到开始。

现在，可以发送参数（用 args 表示）到通道，以进行处理，由于通道是循环的，因此每个通道得到几乎平均的参数分布。这就是引入 i 的地方，我们不知道会以何种顺序得到返回的结果，因此作为列表中每个 arg 的索引，把 i 传入了通道并返回，这样就可以按照原来的顺序合并结果。然后，使用 MultiChannel 接收队列等待结果，将结果插入预填充列表中，这个列表的长度与原先的 args 一样长。一旦得到了所有预期的结果，就可以退出网关，返回结果。

```
import itertools, execnet

def map(mod, args, specs=[('popen', 2)]):

  gateways = []
  channels = []


  for spec, count in specs:
    for i in range(count):
      gw = execnet.makegateway(spec)
```

```
    gateways.append(gw)
    channels.append(gw.remote_exec(mod))

  cyc = itertools.cycle(channels)

  for i, arg in enumerate(args):
    channel = next(cyc)
    channel.send((i, arg))

  mch = execnet.MultiChannel(channels)
  queue = mch.make_receive_queue()
  l = len(args)
  results = [None] * l # creates a list of length l, where every
element is None

  for i in range(l):
    channel, (i, result) = queue.get()
    results[i] = result

  for gw in gateways:
    gw.exit()

  return results
```

8.4.3 更多内容

可以通过修改规范，增加并行性，具体如下。

```
>>> plists.map(remote_double, range(10), [('popen', 4)])
[0, 2, 4, 6, 8, 10, 12, 14, 16, 18]
```

但是，较高的并行性并不一定意味着更快的处理速度。这取决于可用的资源，打开的网关和通道越多，所需要的开销也就越大。理想情况下，一个 CPU 内核应有一个网关和通道，以获得最大的资源利用率。

plists.map()可以与任何纯模块一起，只要这个模块接收并发送回二元组，其中 i 是第一个元素。当你拥有一堆数字需要处理并且希望尽快处理它们的时候，这种模式最有用。

8.4.4 请参阅

前两节更详细地介绍了 execnet 特征。

8.5 在 Redis 中存储频率分布

在 NLTK 的许多类中，都使用 nltk.probability.FreqDist 类，来存储和管理频率分布。这个类非常有用，但是一切都在内存中，因此它不提供方式来持久化数据。多个进程无法访问单个 FreqDist。可以通过在 Redis 顶部构建 FreqDist，来改变这一切。

Redis 比较流行的 NoSQL 数据库中的一个数据结构服务器（data structure server）。在一些其他事项之中，它还提供了网络可访问的数据库，用来存储字典（也称为散列映射）。构建到 Redis 散列映射的 FreqDist 接口将允许我们，创建持久的 FreqDist，这样多个本地和远程进程就可以同时访问这个 FreqDist。

> **提示：**
> 由于大多数 Redis 操作都是原子的（atomic），因此它
> 甚至可以让多个进程同时写入 FreqDist。

8.5.1 准备工作

对于本节和后面几节需要同时安装 Redis 和 redis-py。Redis 网站包括了许多文档资源。为了使用散列映射，需要安装最新版本，在写本书的时候，这个版本为 2.8.9。

Redis Python 驱动程序 redis-py 可以使用 pip install redis 或 easy_install redis 命令进行安装。在写本书的时候，最新版本是 2.9.1。redis-py 的主页参见 GitHub 网站。

一旦安装了两者，并且运行了 redis-server 进程，你就准备好扬帆启程了。假设 redis-server 在本地主机的端口 6379 上运行（默认的主机和端口）。

8.5.2 工作方式

FreqDist 类扩展了标准库 collections.Counter 类，这使得 FreqDist 变成了具有几个额外方法的小包装器，如 N()。N()方法返回样品结果的数量，这个数量就是频率分布中所有值的和。

可以通过扩展 RedisHashMap（这将在下一节解释）并实现 N()方法，在 Redis 的顶部创建 API 兼容类。由于 FreqDist 只存储整数，因此也重写了一些其他的方法，以保证值总是整数。对于 N()方法，这个 RedisHashFreqDist（在 redisprob.py 中定义）对散列映射中的所有值进行求和。

```
from rediscollections import RedisHashMap

class RedisHashFreqDist(RedisHashMap):
  def N(self):
    return int(sum(self.values()))

  def __missing__(self, key):
    return 0

  def __getitem__(self, key):
    return int(RedisHashMap.__getitem__(self, key) or 0)

  def values(self):
    return [int(v) for v in RedisHashMap.values(self)]

  def items(self):
    return [(k, int(v)) for (k, v) in RedisHashMap.items(self)]
```

可以像使用 FreqDist 一样，使用这个类。为了实例化这个类，必须传入 Redis 连接和散列映射的名称。这个名称应该是这个特定 FreqDist 的唯一引用，这样它就不会与在 Redis 中的任何其他键产生冲突。

```
>>> from redis import Redis
>>> from redisprob import RedisHashFreqDist
>>> r = Redis()
>>> rhfd = RedisHashFreqDist(r, 'test')
>>> len(rhfd)
0
>>> rhfd['foo'] += 1
>>> rhfd['foo']
1
>>> rhfd.items()
>>> len(rhfd)
1
```

提示：
对于散列映射的名称和样本键进行编码，以使用_替换空格键和&字符。这是因为 Redis 协议使用这些字符进行通信。如果名称和键不包含空格，这是最好的开端。

8.5.3   工作原理

在 rediscollections.py 中的 RedisHashMap 类扩展了 collections.MutableMapping，重写了要求特定 Redis 命令的所有方法，完成了大部分的工作。下面列出了使用特定 Redis 命令的每种方法。

- __len__()：这个方法使用 hlen 命令，获取散列映射中元素的数目。

- __contains__()：这个方法使用 hexists 命令，判断元素是否存在于散列映射中。

- __getitem__()：这个方法使用 hget 命令，获取来自散列映射的某个值。

- __setitem__()：这个方法使用 hset 命令，在散列映射中设定某个值。

- __delitem__()：这个方法使用 hdel 命令，删除散列映射中的某个值。

- keys()：这个方法使用 hkeys 命令，获取散列映射中的所有键。

- values()：这个方法使用 hvals 命令，获取在散列映射中的所有值。

- items()：这个方法使用 hgetall 命令，获取字典，这个字典包含散列映射中的所有键和值。

- clear()：这个方法使用 delete 命令，删除来自 Redis 的整个散列映射。

> **提示：**
> 基于先前的方法，通过扩展 collections.MutableMapping，可以得到许多其他的兼容 dict 的方法，如 update() 和 setdefault()，因此不需要自己实现它们。

在这里，实际上实现了用于 RedisHashFreqDist 的初始化，这需要 Redis 的连接和散列映射的名称。连接和名称都存储在内部，供所有后续命令使用。正如前面提到的，在名称和所有键中，空格由下划线代替，用于与 Redis 网络协议兼容。

```
import collections, re


white = re.compile('[\s&]+')


def encode_key(key):
  return white.sub('_', key.strip())
```

```
class RedisHashMap(collections.MutableMapping):
  def __init__(self, r, name):
    self._r = r
    self._name = encode_key(name)

  def __iter__(self):
    return self.items()

  def __len__(self):
    return self._r.hlen(self._name)

  def __contains__(self, key):
    return self._r.hexists(self._name, encode_key(key))

  def __getitem__(self, key):
    return self._r.hget(self._name, encode_key(key))

  def __setitem__(self, key, val):
    self._r.hset(self._name, encode_key(key), val)

  def __delitem__(self, key):
    self._r.hdel(self._name, encode_key(key))

  def keys(self):
    return self._r.hkeys(self._name)

  def values(self):
    return self._r.hvals(self._name)

  def items(self):
    return self._r.hgetall(self._name).items()

  def get(self, key, default=0):
    return self[key] or default

  def clear(self):
    self._r.delete(self._name)
```

8.5.4　更多内容

　　RedisHashMap 可以单独用作持久的键值字典。虽然散列映射可以支持大量的键，以及任意字符串值，但是其存储结构更适合用于整数值和较少数目的键。然而，不要让这阻止你充分利用 Redis。Redis 的速度非常快（用于网络服务器），并且会尽全力有效地编码给它提供的任何数据。

> 提示：
> 虽然对于网络数据库而言 Redis 的速度相当快，但是它会比内存中的 FreqDist 慢很多。虽然没有办法解决这个问题，但是在牺牲速度的同时，会获得持久性，以及并行处理的能力。

8.5.5　请参阅

在下一节中，我们将基于此处创建的 Redis 频率分布，创建条件频率分布。

8.6　在 Redis 中存储条件频率分布

nltk.probability.ConditionalFreqDist 类是 FreqDist 实例的容器，每个条件一个 FreqDist 实例。这用于统计依赖于另一条件的频率，例如，另一单词或类标签。在该模块 7.8 节中，使用了这个类。此处，使用前一节中的 RedisHashFreqDist，在 Redis 的顶部创建 API 兼容类。

8.6.1　准备工作

如前一节一样，需要安装 Redis 和 redis-py，并需要运行 redis-server 的实例。

8.6.2　工作方式

在 redisprob.py 中定义了 RedisConditionalHashFreqDist 类，这个类扩展了 nltk.probability. ConditionalFreqDist，并重写了 __getitem__ ()方法。重写了 __getItem__ ()，这样就可以创建 RedisHashFreqDist 的实例，而不是 FreqDist 的实例。

```
from nltk.probability import ConditionalFreqDist
from rediscollections import encode_key
class RedisConditionalHashFreqDist(ConditionalFreqDist):
  def __init__(self, r, name, cond_samples=None):
    self._r = r
    self._name = name
    ConditionalFreqDist.__init__(self, cond_samples)
```

```
    for key in self._r.keys(encode_key('%s:*' % name)):
      condition = key.split(':')[1]
      self[condition] # calls self.__getitem__(condition)

  def __getitem__(self, condition):
    if condition not in self._fdists:
      key = '%s:%s' % (self._name, condition)
      val = RedisHashFreqDist(self._r, key)
      super(RedisConditionalHashFreqDist, self).__setitem__(condition,val)

    return super(RedisConditionalHashFreqDist, self).__getitem__(condition)

  def clear(self):
    for fdist in self.values():
      fdist.clear()
```

通过传入 Redis 的连接和基本名称（base name），创建这个类的实例。在此之后，它就像 ConditionalFreqDist 一样工作。

```
>>> from redis import Redis
>>> from redisprob import RedisConditionalHashFreqDist
>>> r = Redis()
>>> rchfd = RedisConditionalHashFreqDist(r, 'condhash')
>>> rchfd.N()
0
>>> rchfd.conditions()
[]

>>> rchfd['cond1']['foo'] += 1
>>> rchfd.N()
1
>>> rchfd['cond1']['foo']
1
>>> rchfd.conditions()
['cond1']
>>> rchfd.clear()
```

8.6.3 工作原理

RedisConditionalHashFreqDist 使用名称前缀来引用 RedisHashFreqDist 实例。传入 RedisConditionalHashFreqDist 的名称是基本名称，这个基本名称结合了各个条件，为每个

RedisHashFreqDist 创建唯一的名称。例如，RedisConditionalHashFreqDist 的基本名称是
'condhash'，条件是'cond1'，那么 RedisHashFreqDist 的最终名称是'condhash:cond1'。这种命
名模式在初始化时使用，使用 keys 命令，找到所有现有的散列映射。通过搜索匹配
'condhash:*'的所有键，可以确定所有现存条件，并为每个现存条件创建 RedisHashFreqDist
的实例。

作为定义命名空间的一种方式，将字符串与冒号结合，是 Redis 键的通用命名约定。
在当前的情况下，每个 RedisConditionalHashFreqDist 实例都定义了单个散列映射命名空间。

8.6.4　更多内容

RedisConditionalHashFreqDist 还定义了 clear()方法。在所有 RedisHashFreqDist 实例内
部，这是调用 clear()的辅助方法。在 ConditionalFreqDist 中未定义 clear()方法。

8.6.5　请参阅

前一节详细介绍了 RedisHashFreqDist。此外，关于 ConditionalFreqDist 用法的示例，
请参阅该模块 7.8 节。

8.7　在 Redis 中存储有序字典

虽然一本有序字典像一个正常的 dict 一样，但是其键由排序函数进行排序。在 Redis
的情况下，它支持有序字典，这个字典的键是字符串，值是浮点分数。在需要计算信息增
益（在该模块 7.8 节中有介绍）的情况下，如果需要存储所有单词和分数供以后使用，这
种结构是很方便的。

8.7.1　准备工作

同样，如该模块 8.5 节所解释的，需要安装 Redis 和 redis-py，还需要运行 redis-server
的实例。

8.7.2　工作方式

在 rediscollections.py 中的 RedisOrderedDict 类扩展了 collections.MutableMapping，以免
费获得一些兼容 dict 的方法。然后，它实现了所有需要 Redis 有序集合（也称为 Zset）命
令的键方法：

```
class RedisOrderedDict(collections.MutableMapping):
  def __init__(self, r, name):
    self._r = r
    self._name = encode_key(name)

  def __iter__(self):
    return iter(self.items())

  def __len__(self):
    return self._r.zcard(self._name)

  def __getitem__(self, key):
    return self._r.zscore(self._name, encode_key(key))

  def __setitem__(self, key, score):
    self._r.zadd(self._name, encode_key(key), score)

  def __delitem__(self, key):
    self._r.zrem(self._name, encode_key(key))

  def keys(self, start=0, end=-1):
    # we use zrevrange to get keys sorted by high value instead of by
lowest
    return self._r.zrevrange(self._name, start, end)

  def values(self, start=0, end=-1):
    return [v for (k, v) in self.items(start=start, end=end)]

  def items(self, start=0, end=-1):
    return self._r.zrevrange(self._name, start, end, withscores=True)

  def get(self, key, default=0):
    return self[key] or default

  def iteritems(self):
    return iter(self)

  def clear(self):
    self._r.delete(self._name)
```

可以传入 Redis 连接和唯一的名称，创建 RedisOrderedDict 的一个实例。

```
>>> from redis import Redis
>>> from rediscollections import RedisOrderedDict
```

```
>>> r = Redis()
>>> rod = RedisOrderedDict(r, 'test')
>>> rod.get('bar')
>>> len(rod)
0
>>> rod['bar'] = 5.2
>>> rod['bar']
5.2000000000000002
>>> len(rod)
1
>>> rod.items()
[(b'bar', 5.2)]
>>> rod.clear()
```

提示:

在默认情况下,键作为二进制字符串返回。如果你想
要一个简单的字符串,那么可以使用 key.decode()转换
键。可以使用普通的字符串查找值。

8.7.3 工作原理

大部分的代码看起来与 RedisHashMap 类似,由于它们都扩展了 collections. MutableMapping,因此这是我们可以预料的。这里,主要的区别是,RedisOrderedSet 按照浮点值对键进行排序,因此它不像 RedisHashMap 那样适用任意的键值存储。此处是一个梗概,解释了每个键方法,以及它们如何与 Redis 一同使用。

- __len()__:这种方法使用 zcard 命令,获取有序集合中的元素个数。

- __getItem()__:这种方法使用 zscore 命令,获取键的分数,如果该键不存在,则返回 0。

- __setitem()__:这种方法使用 zadd 命令,添加键以及给定的分数到有序集合中,或者,如果键已经存在,更新分数。

- __delitem()__:这种方法使用 zrem 命令,删除有序集合中的某个键。

- keys():这种方法使用 zrevrange 命令,获取有序集合中的所有键,这个键根据最高分进行排序。这种方法接受两个可选的关键字参数 start 和 end,以更有效地获得一串有序键。

- values():这种方法提取了来自 item()方法的所有分数。

- items()：为了返回根据最高分数排序的一串二元组，这种方法使用 zrevrange 命令，获取每个键的分数。如 keys()一样，它接受 start 和 end 关键字参数，以有效地获得一串有序键。

- clear()：这种方法使用 delete 命令，删除来自 Redis 的整个有序集合。

> **提示：**
> 在 Redis 有序集合中，项的默认排序方式是从低到高，因此，具有最低分数的键排在第一位。当调用 sort()或 sorted()的时候，这与 Python 的默认列表排序一样，但是当进行评分时，这不是我们所希望看到的。为了存储评分，我们希望项从高到低进行排序，这就是 keys()和 items()使用 zrevrange（而不是 zrange）的原因。

所有的 Redis 命令都记录在 Redis 官网上。

8.7.4　更多内容

正如前面提到的，key()和 items()方法采用了可选的 start 和 end 关键字参数，获得了一串结果。这使得 RedisOrderedDict 成为存储分数和获得前 N 个键的最佳方法。

> **提示：**
> start 和 end 关键字参数包括端点，因此如果使用 start= 0 和 end= 2，就会最多得到三个元素。

此处是一个简单的示例，在这个示例中，将分数分配给三个单词，并获取前两个单词。

```
>>> from redis import Redis
>>> from rediscollections import RedisOrderedDict
>>> r = Redis()
>>> rod = RedisOrderedDict(r, 'scores')
>>> rod['best'] = 10
>>> rod['worst'] = 0.1
>>> rod['middle'] = 5
>>> rod.keys()
[b'best', b'middle', b'worst']
>>> rod.keys(start=0, end=1)
[b'best', b'middle']
>>> rod.clear()
```

8.7.5 请参阅

描述了如何计算信息增益,这是在 RedisOrderedDict 中存储单词分数的一个良好用例。该模块 8.5 节介绍了 Redis 和 RedisHashMap。

8.8 使用 Redis 和 execnet 进行分布式单词评分

可以使用 Redis 和 execnet 进行分布式单词评分。在该模块 7.8 节中,使用 FreqDist 和 ConditionalFreqDist,计算 movie_reviews 语料库中每个单词的信息增益。既然有了 Redis,就可以使用 RedisHashFreqDist 和 RedisConditionalHashFreqDist 做同样的事情,然后在 RedisOrderedDict 中存储分数。为了从 Redis 中获得更好的性能,可以使用 execnet 分发计数。

8.8.1 准备工作

必须安装 Redis、redis-py 和 execnet,并且在本地主机上必须运行 redis-server 的实例。

8.8.2 工作方式

我们从获取 movie_reviews 语料库中(其中只有 pos 和 neg 标签)每个标签的一个(label, words)元组列表开始。然后,可以使用 dist_featx 模块中的 score_words(),获得 word_scores。word_scores 函数是 RedisOrderedDict 的实例,并且我们可以看到单词总数为 39764。使用 keys()方法,可以得到前 1000 个单词,检查前 5 个单词,看看它们是什么。一旦从 word_scores 中得到了所有希望得到的,由于不再需要该数据,因此可以删除 Redis 中的键。

```
>>> from dist_featx import score_words
>>> from nltk.corpus import movie_reviews
>>> labels = movie_reviews.categories()
>>> labelled_words = [(l, movie_reviews.words(categories=[l])) for l
in labels]
>>> word_scores = score_words(labelled_words)
>>> len(word_scores)
39767
>>> topn_words = word_scores.keys(end=1000)
>>> topn_words[0:5]
[b'bad', b',', b'and', b'?', b'movie']
>>> from redis import Redis
>>> r = Redis()
>>> [r.delete(key) for key in ['word_fd', 'label_word_fd:neg',
```

```
'label_word_fd:pos', 'word_scores']]
[1, 1, 1, 1]
```

来自 dist_featx 的 score_words()函数需要花点时间才能完成任务,因此预计要等几分钟。使用 execnet 和 Redis 的开销意味着,比起非分布式内存函数版本,这需要花相当长的时间,才能完成任务。

8.8.3 工作原理

dist_featx.py 模块包含了 score_words()函数,这个函数执行以下操作。

- 打开网关和通道,将初始化数据发送到每个通道。

- 在通道上发送每个(label, words)元组,进行统计。

- 发送 done 消息到每个通道,等待 done 答复,然后关闭通道和网关。

- 基于 RedisOrderedDict 中的计数和存储,计算每个单词的分数。

在统计 movie_reviews 语料库中的单词时,调用 score_words(),打开两个网关和通道,一个用于统计 pos 单词,一个用于统计 neg 单词。通信如下图所示。

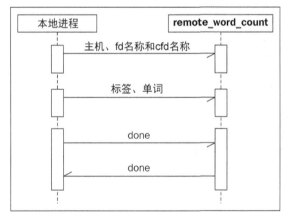

一旦统计完毕,就可以对所有单词进行评分,并存储结果,代码如下所示。

```
import itertools, execnet, remote_word_count
from nltk.metrics import BigramAssocMeasures
from redis import Redis
from redisprob import RedisHashFreqDist, RedisConditionalHashFreqDist
from rediscollections import RedisOrderedDict

def score_words(labelled_words, score_fn=BigramAssocMeasures.chi_sq,
```

```
host='localhost', specs=[('popen', 2)]):
  gateways = []
  channels = []

  for spec, count in specs:
    for i in range(count):
      gw = execnet.makegateway(spec)
      gateways.append(gw)
      channel = gw.remote_exec(remote_word_count)
      channel.send((host, 'word_fd', 'label_word_fd'))
      channels.append(channel)

  cyc = itertools.cycle(channels)

  for label, words in labelled_words:
    channel = next(cyc)
    channel.send((label, list(words)))

  for channel in channels:
    channel.send('done')
    assert 'done' == channel.receive()
    channel.waitclose(5)

  for gateway in gateways:
    gateway.exit()

  r = Redis(host)
  fd = RedisHashFreqDist(r, 'word_fd')
  cfd = RedisConditionalHashFreqDist(r, 'label_word_fd')
  word_scores = RedisOrderedDict(r, 'word_scores')
  n_xx = cfd.N()

  for label in cfd.conditions():
    n_xi = cfd[label].N()
    for word, n_ii in cfd[label].iteritems():
      word = word.decode()
      n_ix = fd[word]

      if n_ii and n_ix and n_xi and n_xx:
        score = score_fn(n_ii, (n_ix, n_xi), n_xx)
        word_scores[word] = score

  return word_scores
```

提示：

请注意，此评分方法只能精确比较两个标签。如果有两个以上的标签，那么将采用不同的评分方法，需求决定了如何存储单词分数。

remote_word_count.py 模块如以下代码所示。

```
from redis import Redis
from redisprob import RedisHashFreqDist, RedisConditionalHashFreqDist

if __name__ == '__channelexec__':
  host, fd_name, cfd_name = channel.receive()
  r = Redis(host)
  fd = RedisHashFreqDist(r, fd_name)
  cfd = RedisConditionalHashFreqDist(r, cfd_name)

  for data in channel:
    if data == 'done':
      channel.send('done')
      break

    label, words = data

  for word in words:
    fd[word] += 1
    cfd[label][word] += 1
```

你会注意到，由于这个模块能够同时导入 Redis 和 redisprob，因此这不是一个纯模块。原因是，RedisHashFreqDist 和 RedisConditionalHashFreqDist 的实例不能进行序列化，也不能够通过 channel 发送。相反，可以通过通道发送主机名和键名，因此可以在远程模块中创建实例。一旦有了实例，就可以从 channel 中接收到两种类型的数据。

- done 消息，这个消息标志着在通道中没有更多的数据传入。使用另一个 done 消息进行回复，然后退出循环，关闭通道。

- （label, words）二元组，可以遍历它，以便同时在 RedisHashFreqDist 和 RedisConditionalHashFreqDist 中递增计数。

8.8.4 更多内容

在这种特殊情况下，不使用 Redis 的或 execnet，可以更快地计算分数。但是，通过使用 Redis,可以持久地保存分数,供以后检查和使用。能够手动检查所有的单词计数和分数是了解数据的好方法。还可以调整特征提取,而无须重新计算分数。例如,可以使用 featx.bag_of_words_in_set()(在该模块第 7 章中有出现)与来自 RedisOrderedDict 的前 N 个单词,其中,N 可以是 1000、2000 或任何数字。如果数据量非常大,那么 execnet 的益处将更为明显。随着需要处理的数据规模的增长,使用 execnet 或其他一些方法在多个节点上分配计算的横向可扩展性将变得更有重要。这种单词评分方法比起不使用 Redis 的方法要慢的多,但是好处是数字得到了永久保存。

8.8.5 请参阅

该模块 7.8 节介绍了为了特征提取和分类进行单词信息增益评分。本章前三节揭示了如何使用 execnet,而接下来的三节分别描述了 RedisHashFreqDist、RedisConditionalHashFreq Dist 和 RedisOrderedDict。

第 9 章
解析特定的数据类型

本章将介绍以下内容。

- 使用 dateutil 解析日期和时间。

- 时区的查找和转换。

- 使用 LXML 从 HTML 中提取 URL。

- 清洁和剥离 HTML。

- 使用 BeautifulSoup 转换 HTML 实体。

- 检测和转换字符编码。

9.1 引言

本章介绍如何解析特定类型的数据，主要关注日期、时间和 HTML。幸运的是，有许多有用的库能够做到这一点，因此我们不必深入了解棘手和过于复杂的正则表达式。以下这些库可以成为 NLTK 重要的补充。

- dateutil 提供日期时间解析和时区转换。

- lxml 和 BeautifulSoup 可以解析、清理和转换 HTML。

- charade 和 UnicodeDammit 可以检测并转换文本字符编码。

在将文本传给 NLTK 对象前，这些库可以用于预处理文本，或者，对于已经使用 NLTK 处理提取过的文本，进行后期处理。即将到来的示例使用了其中的许多工具。

比如，你需要解析有关餐馆的博客文章。可以使用 lxml 或 BeautifulSoup 提取文章文本、

外部网站的链接，以及写文章时的日期和时间。使用 dateutil，可以将日期和时间解析为
Python 的 datetime 对象。一旦得到了文章文本，就可以使用 charade 确保在清理 HTML、
进行基于 NLTK 的词性标注、组块提取和文本分类（以创建关于文章的额外元数据）之前，
这是 UTF-8 格式的。现实世界中的文本处理往往不仅仅需要基于 NLTK 的自然语言处理，
本章介绍的功能可以有助于满足这些额外的要求。

9.2　使用 dateutil 解析日期和时间

如果需要使用 Python 解析日期和时间，那么没有比 dateutil 更好的库了。parser 模块可
以解析 datetime 字符串，它所使用的格式比此处所显示的格式还要多，同时 tz 模块提供了
查找时区所需的一切。当结合这两个模块的时候，这些模块可以很容易解析字符串为可识
别时区的 datetime 对象。

9.2.1　准备工作

可以使用 pip 或 easy_install 命令来安装 dateutil，也就是 sudo pip install dateutil==2.0 或
sudo easy_install dateutil==2.0。需要 2.0 版本，才可以与 Python 3 兼容。可以在 labix 网站
上找到完整的文档。

9.2.2　工作方式

让我们深入理解一些解析的示例。

```
>>> from dateutil import parser
>>> parser.parse('Thu Sep 25 10:36:28 2010')
datetime.datetime(2010, 9, 25, 10, 36, 28)
>>> parser.parse('Thursday, 25. September 2010 10:36AM')
datetime.datetime(2010, 9, 25, 10, 36)
>>> parser.parse('9/25/2010 10:36:28')
datetime.datetime(2010, 9, 25, 10, 36, 28)
>>> parser.parse('9/25/2010')
datetime.datetime(2010, 9, 25, 0, 0)
>>> parser.parse('2010-09-25T10:36:28Z')
datetime.datetime(2010, 9, 25, 10, 36, 28, tzinfo=tzutc())
```

正如你所看到的，它所做的一切就是导入 parser 模块，使用日期时间字符串调用 parse()
函数。解析器会尽力返回一个有意义的 datetime 对象，但是如果它不能解析字符串，那么
它就会发出一个 ValueError。

9.2.3 工作原理

解析器不使用正则表达式。反之，它寻找可识别标记，并尽力去猜测这些标记所指的信息。这些标记的顺序很重要。例如，在一些文化中，使用的日期格式类似于"月/日/年"（默认顺序），而在其他一些文化中，使用"日/月/年"格式。为了解决这个问题，parse()函数有一个可选的关键字参数 dayfirst，这个参数默认为 False。如果将它设置为 True，那么它可以正确解析后一种格式的日期。

```
>>> parser.parse('25/9/2010', dayfirst=True)
datetime.datetime(2010, 9, 25, 0, 0)
```

在两位数字的年份中，可能会出现另一个排序问题。例如，'10 -9-25'是二义性的，由于 dateutil 默认的是"月-日-年"格式，因此'10 -9-25'可以被解析为 2025 年。但是，如果将 ycarfirst = Truc 传入 parse()，这可以被解析为 2010 年。

```
>>> parser.parse('10-9-25')
datetime.datetime(2025, 10, 9, 0, 0)
>>> parser.parse('10-9-25', yearfirst=True)
datetime.datetime(2010, 9, 25, 0, 0)
```

9.2.4 更多信息

dateutil 解析器也可以进行模糊解析，这允许它忽略时间字符串中多余的字符。在 parse() 中，fuzzy 的默认值为假，因此当它遇到未知的标记时，将触发 ValueError 异常。但是，如果 fuzzy= True，那么通常会返回 datetime 对象。

```
>>> try:
...     parser.parse('9/25/2010 at about 10:36AM')
... except ValueError:
...     'cannot parse'
'cannot parse'
>>> parser.parse('9/25/2010 at about 10:36AM', fuzzy=True)
datetime.datetime(2010, 9, 25, 10, 36)
```

9.2.5 请参阅

在下一节中，我们将使用 dateutil 的 tz 模块进行时区的查找和转换。

9.3　时区的查找和转换

从 dateutil 解析器返回的大多数 datetime 对象是朴素的，这意味着它们没有显式的 tzinfo，tzinfo 指定了时区和 UTC 偏移量。在前一节中，只有一个示例有 tzinfo，并且这是因为它使用的是 UTC datetime 字符串标准的 ISO 格式。UTC 是协调世界时，基本上与 GMT 一样。ISO 是国际标准化组织，除了规定其他事项以外，它还规定了标准的 datetime 格式。

Python 的 datetime 对象可以是朴素的，也可以是具有识别能力的（aware）。如果 datetime 对象具有 tzinfo，那么它就是具有识别能力的。否则，它就是朴素的。为了使一个朴素的 datetime 对象可以识别时区，必须提供给它一个显式的 tzinfo。但是，Python 的 datetime 库只为 tzinfo 定义了一个抽象基类，留待其他人去实际实现 tzinfo 的创建。这就是 dateutil 的 tz 模块的切入点——它提供了从操作系统的时区数据中查找时区所需要的一切工具。

9.3.1　准备工作

dateutil 应使用 pip 或 easy_install 安装。你还应该确保操作系统具有时区的数据。在 Linux 上，这通常可以在/usr/share/zoneinfo 中找到，其 Ubuntu 软件包称为 tzdata。如果在 /usr/share/zoneinfo 有大量的文件和目录，如 America/和 Europe/，就可以进入下一步的工作。接下来的示例显示了 Ubuntu Linux 操作系统的目录路径。

9.3.2　工作方式

我们从获得 UTC tzinfo 对象开始。可以通过调用 tz.tzutc()来完成这一点，通过使用 UTC datetime 对象，调用 utcoffset()方法，可以验证 offset 为 0。

```
>>> from dateutil import tz
>>> tz.tzutc()
tzutc()
>>> import datetime
>>> tz.tzutc().utcoffset(datetime.datetime.utcnow())
datetime.timedelta(0)
```

为了获取其他时区的 tzinfo 对象，可以向 gettz()函数传入时区文件路径。

```
>>> tz.gettz('US/Pacific')
tzfile('/usr/share/zoneinfo/US/Pacific')
>>> tz.gettz('US/Pacific').utcoffset(datetime.datetime.utcnow())
```

```
datetime.timedelta(-1, 61200)
>>> tz.gettz('Europe/Paris')
tzfile('/usr/share/zoneinfo/Europe/Paris')
>>> tz.gettz('Europe/Paris').utcoffset(datetime.datetime.utcnow())
datetime.timedelta(0, 7200)
```

你可以看到，UTC 偏移量是 timedelta 对象。其中，第一个数字是天数，第二个数字是秒数。

小技巧：
如果在数据库中存储日期时间，将它们以 UTC 格式存储是消除时区二义性的一种好想法。即使数据库可以识别时区，这仍然是一种很好的实践。

如果要将非 UTC 的 datetime 对象转换为 UTC 格式，那么必须让它可以识别时区。如果你试图将朴素的 datetime 转换为 UTC，那么你会得到一个 ValueError 异常。为了使朴素的 datetime 可以识别时区，可以简单地使用正确的 tzinfo 调用 replace()方法。一旦 datetime 对象具有 tzinfo，就可以通过使用 tz.tzutc()调用 astimezone()方法，执行 UTC 转换。

```
>>> pst = tz.gettz('US/Pacific')
Y
>>> dt = datetime.datetime(2010, 9, 25, 10, 36)
>>> dt.tzinfo
>>> dt.astimezone(tz.tzutc())
Traceback (most recent call last):
  File "/usr/lib/python2.6/doctest.py", line 1248, in __run
  compileflags, 1) in test.globs
  File "<doctest __main__[22]>", line 1, in <module>
  dt.astimezone(tz.tzutc())
ValueError: astimezone() cannot be applied to a naive datetime
>>> dt.replace(tzinfo=pst)
datetime.datetime(2010, 9, 25, 10, 36, tzinfo=tzfile('/usr/share/
zoneinfo/US/Pacific'))
>>> dt.replace(tzinfo=pst).astimezone(tz.tzutc())
datetime.datetime(2010, 9, 25, 17, 36, tzinfo=tzutc())
```

提示：
在不同的操作系统中，tzfile 路径可能有所不同，因此不同的示例中，tzfile 的路径可能不同。除非得到了不同的 datetime 值，否则这无须担心。

9.3.3 工作原理

tzutc 和 tzfile 对象都是 tzinfo 的子类。因此，它们知道进行时区转换所需的正确 UTC 偏移量（对于 tzutc 而言，为 0）。tzfile 对象知道如何读取操作系统的 zoneinfo，以获得所需的偏移量数据。顾名思义 datetime 对象的 replace()方法，用于替换属性。一旦 datetime 有了 tzinfo，astimezone()方法就能够使用 UTC 偏移量进行时间转换，然后使用新 tzinfo 替换当前 tzinfo。

> **注意：**
> replace()和 astimezone()都返回新的 datetime 对象。它
> 们不修改当前的对象。

9.3.4 更多信息

可以将 tzinfos 关键字参数传入 dateutil 分析器，以检测无法识别的时区。

```
>>> parser.parse('Wednesday, Aug 4, 2010 at 6:30 p.m. (CDT)',
fuzzy=True)
datetime.datetime(2010, 8, 4, 18, 30)
>>> tzinfos = {'CDT': tz.gettz('US/Central')}
>>> parser.parse('Wednesday, Aug 4, 2010 at 6:30 p.m. (CDT)',
fuzzy=True, tzinfos=tzinfos)
datetime.datetime(2010, 8, 4, 18, 30, tzinfo=tzfile('/usr/share/
zoneinfo/US/Central'))
```

在第一种情况下，由于时区不可识别，因此得到了朴素的 datetime。但是当传入 tzinfos 映射时，得到了可以识别时区的 datetime。

1．本地时区

如果你想看看本地时区，那么可以调用 tz.tzlocal()，这将使用操作系统所认为的本地时区。在 Ubuntu Linux 操作系统中，这通常在/etc/timezone 文件中指定。

2．自定义偏移量

可以使用 tzoffset 对象，通过自定义的 UTC 偏移量，创建自己的 tzinfo 对象。1 小时的自定义偏移量可以按如下方式创建。

```
>>> tz.tzoffset('custom', 3600)
tzoffset('custom', 3600)
```

必须使用名称作为第一个参数，使用以秒表示的偏移时间量作为第二个参数。

9.3.5 请参阅

该模块 9.2 节介绍了使用 dateutil.parser 解析 datetime 字符串。

9.4 使用 lxml 从 HTML 中提取 URL

在解析 HTML 时，一个常见的任务是提取链接。这是每个普通网络爬虫的核心功能之一。有许多 Python 库可以用于解析 HTML，lxml 是其中最好的一个库。正如你所看到的，它配备了一些非常好的辅助函数，这些函数是特别针对链接提取的。

9.4.1 准备工作

lxml 是一个结合了 C 库 libxml2 和 libxslt 的 Python 库。因此，这是一个非常快的 XML 和 HTML 解析库，同时依然是 Python 式的。但是，这也意味着需要安装 C 库，让它工作。安装说明可在 lxml 网站找到。但是，如果你运行的是 Ubuntu Linux 操作系统，那么安装非常容易，使用命令 sudo apt-get install python-lxml 即可。也可以尝试命令 pip install lxml。在写本书的时候，lxml 最新的版本是 3.3.5。

9.4.2 工作方式

lxml 配备了专门为解析 HTML 而设计的 HTML 模块。使用 fromstring()函数，可以解析 HTML 字符串，并获得所有链接的列表。iterlinks()方法生成了形式如(element, attr, link, pos)的 4 元组。

- element：这是锚标签的解析节点，从这个锚标签中提取 link。如果你仅对 link 感兴趣，可以忽略这一点。

- attr：这是表示 link 来自何处的属性，通常是 "href"。

- link：这是从锚标签中提取出的实际 URL。

- pos：这是文档中锚标签的数字索引。第一个标签的 pos 为 0，第二个标签的 pos 为 1，以此类推。

下面是一些演示代码。

```
>>> from lxml import html
>>> doc = html.fromstring('Hello <a href="/world">world</a>')
>>> links = list(doc.iterlinks())
```

```
>>> len(links)
1
>>> (el, attr, link, pos) = links[0]
>>> attr
'href'
>>> link
'/world'
>>> pos
0
```

9.4.3 工作原理

lxml 将 HTML 解析为 ElementTree。这是具有父节点和子节点的树结构，每个节点代表一个 HTML 标签，并包含该标签所对应的所有属性。一旦创建了树，就会遍历这棵树，以寻找元素，如 a 或锚标签。核心树处理代码在 lxml.etree 模块中，而 lxml.html 模块仅仅包含了创建和遍历树的特定 HTML 函数。完整文档请参阅 lxml 网站上的 lxml 教程。

9.4.4 更多信息

注意，前面提到的链接是相对的，这意味着它不是一个绝对的 URL。在提取链接之前，可以使用基本 URL，调用 make_links_absolute() 方法，获得链接的绝对路径。

```
>>> doc.make_links_absolute('http://hello')
>>> abslinks = list(doc.iterlinks())
>>> (el, attr, link, pos) = abslinks[0]
>>> link
'http://hello/world'
```

1．直接提取链接

如果除了提取链接之外，你不想做其他任何事情，就可以使用 HTML 字符串调用 iterlinks() 函数。

```
>>> links = list(html.iterlinks('Hello <a href="/world">world</a>'))
>>> links[0][2]
'/world'
```

2．从 URL 或文件中解析 HTML

如果不使用 fromstring() 函数解析 HTML 字符串，那么还可以使用 URL 或文件名调用 parse() 函数，例如 html.parse('http://my/url') 或 html.parse('/path/to/file')。结果与首先加载 URL

或文件到字符串然后调用 fromstring()是一样的。

3. 使用 XPaths 提取链接

可以使用 xpath()方法，而不是使用 iterlinks()方法，获得链接。xpath()方法是从 HTML 或 XML 解析树中提取你所需要的任何信息的一般方式。

```
>>> doc.xpath('//a/@href')[0]
'http://hello/world'
```

欲了解有关 XPath 的更多语法，请参阅 w3schools 网站。

9.4.5　请参阅

下一节将讨论如何清理和剥离 HTML。

9.5　清理和剥离 HTML

清理文本是文本处理中一个非常让人遗憾但完全有必要的其中一个方面。当谈到解析 HTML 时，你可能不希望处理任何嵌入的 JavaScript 或 CSS，而只对标签和文字感兴趣。

9.5.1　准备工作

需要安装 lxml。请参阅前一节或访问 lxml.de 网站，查看安装说明。

9.5.2　工作方式

可以使用 lxml.html.clean 模块中的 clean_html()函数，从 HTML 字符串中删除不必要的 HTML 标签和嵌入的 JavaScript。

```
>>> import lxml.html.clean
>>> lxml.html.clean.clean_html('<html><head></head><body
onload=loadfunc()>my text</body></html>')
'<div><body>my text</body></div>'
```

所得到的结果相对简洁，并且更加容易处理。

9.5.3　工作原理

lxml.html.clean_html()函数把 HTML 字符串解析成树，然后遍历树，移除应该删除的所有节点。它还使用正则表达式匹配和替换，清除不必要的属性节点（如嵌入的 JavaScript 等）。

9.5.4 更多信息

lxml.html.clean 模块定义了调用 clean_html()时所使用的默认 Cleaner 类。可以通过创建自己的实例，并调用其 clean_html()方法，自定义这个类的行为。有关此类的详细信息，请参阅 lxml 网站。

9.5.5 请参阅

前一节介绍了 lxml.html 模块。

下一节将讨论非转义 HTML 实体。

9.6 使用 Beautiful Soup 转换 HTML 实体

HTML 实体是字符串，如"&"或"<"。这些普通 ASCII 字符的编码，在 HTML 中，它们有特殊用途。例如，"<"是表示"<"的实体，由于"<"是 HTML 标签的起始字符，因此在 HTML 标签中不能有"<"，因此需要将它转义，并定义"<"实体。"&"是表示"&"的实体编码，可以在实体编码的起始字符中看到"&"。如果需要在 HTML 文档中处理文本，那么需要将这些实体转换为其对应的正常字符，这样就可以识别它们，并适当地处理它们。

9.6.1 准备工作

需要使用 sudo pip install beautifulsoup4 或 sudo easy_install beautifulsoup4，安装 BeautifulSoup。要阅读关于 BeautifulSoup 的更多信息，请参阅 Crummy 网站。

9.6.2 工作方式

BeautifulSoup 是也可以用于实体转换的 HTML 解析器库。操作非常简单：根据包含了 HTML 实体的字符串，创建 BeautifulSoup 的实例，然后获取 string 属性。

```
>>> from bs4 import BeautifulSoup
>>> BeautifulSoup('&lt;').string
'<'
>>> BeautifulSoup('&amp;').string
'&'
```

但是，反向过程是不成立的。如果你尝试 BeautifulSoup（"<"），由于这在 HTML 中不是有效的，因此你会得到 None。

9.6.3 工作原理

为了转换 HTML 实体，BeautifulSoup 查找看起来像实体的标记，使用 Python 标准库中 htmlentitydefs.name2codepoint 字典中的相应值替换它们。如果实体标签在 HTML 标签内，或实体标签是一个正常的字符串，它可以做到这一点。

9.6.4 更多信息

就 BeautifulSoup 其本身来说，它是极好的 HTML 和 XML 解析器，可以作为 lxml 一个很好的替代选择。在处理畸形的 HTML 时，它是非常不错的。可以在 Crummy 网站中找到如何使用 BeautifulSoup 的更多信息。

使用 BeautifulSoup 提取 URL

这里是使用 BeautifulSoup 来提取 URL 的示例，就像我们该模块 9.4 节中所做的一样。首先，使用 HTML 字符串创建 soup。然后，使用'a'调用 findAll()方法，从而获得所有锚标签，并拉出'href'属性，从而获取网址。

```
>>> from bs4 import BeautifulSoup
>>> soup = BeautifulSoup('Hello <a href="/world">world</a>')
>>> [a['href'] for a in soup.findAll('a')]
['/world']
```

9.6.5 请参阅

该模块 9.4 节介绍了如何使用 lxml 从 HTML 字符串中提取 URL，在此之后，9.5 节也介绍了如何清理和剥离 HTML。

9.7 检测和转换字符编码

在文本处理时，通常出现的现象可能是找到具有非标准字符编码的文本。虽然在理想情况下所有的文本都是 ASCII 或 utf-8 格式的，但是这不是很现实。如果具有非 ASCII 或非 utf-8 格式的文本，并且你不知道字符编码是什么，那么在进一步处理文本之前，你需要检测文本格式，将文本转换为标准的编码格式。

9.7.1 准备工作

需要使用 sudo pip install charade 或 sudo easy_install charade 安装 charade 模块。可以在 Python 官网中了解到关于 charade 的更多知识。

9.7.2 工作方式

在 encoding.py 中,提供了编码检测和转换函数。有 charade 模块的简单包装器函数。为了检测字符串编码,请调用 encoding.detect(string)。可以得到包含 confidence 和 encoding 两个属性的 dict。confidence 属性是 charade 的置信度,这是 encoding 正确的概率值。

```
# -*- coding: utf-8 -*-
import charade

def detect(s):
  try:
    if isinstance(s, str):
      return charade.detect(s.encode())
    else:
      return charade.detect(s)
  except UnicodeDecodeError:
    return charade.detect(s.encode('utf-8'))

def convert(s):
  if isinstance(s, str):
    s = s.encode()

  encoding = detect(s)['encoding']

  if encoding == 'utf-8':
    return s.decode()
  else:
    return s.decode(encoding)
```

下面是使用 detect()来确定字符编码的一些示例代码。

```
>>> import encoding
>>> encoding.detect('ascii')
{'confidence': 1.0, 'encoding': 'ascii'}
>>> encoding.detect('abcdé')
{'confidence': 0.505, 'encoding': 'utf-8'}
```

```
>>> encoding.detect(bytes('\222\222\223\225', 'latin-1'))
{'confidence': 0.5, 'encoding': 'windows-1252'}
```

为了将字符串转换为标准 Unicode 编码，请调用 encoding.convert()。这将字符串从其原始编码中解码出来，然后重新编码为 utf-8。

```
>>> encoding.convert('ascii')
'ascii'
>>> encoding.convert('abcdé')
'abcdé'
>>> encoding.convert((bytes('\222\222\223\225', 'latin-1'))
'\u2019\u2019\u201c\u2022'
```

9.7.3　工作原理

dctcct()函数是 charade.detect()的包装器，charade.detect()对字符串编码，并处理 Unicode DecodeError 异常。charade.detect()方法需要 bytes 对象，而不是字符串对象，因此在这些情况下，在试图检测编码之前，请对字符串进行编码。

convert()函数首先调用 detect()来获得编码，然后返回解码的字符串。

9.7.4　更多信息

在模块顶部的注释# -*- coding: utf-8 -*-用于是提示 Python 解释器，对于代码中的字符串，使用何种编码。当在源代码中有非 ASCII 字符串时，这是非常有帮助的，Python 网站详细记录了这方面的内容。

1. 转换为 ASCII 字符

如果要得到纯 ASCII 文本，其中，将非 ASCII 字符转换为相等的 ASCII 字符，或如果找不到相等的 ASCII 字符，就丢弃非 ASCII 字符，那么可以使用 unicodedata.normalize()函数。

```
>>> import unicodedata
>>> unicodedata.normalize('NFKD', 'abcd\xe9').encode('ascii',
'ignore')
b'abcde'
```

将"NFKD"指定作为第一个参数确保了使用相等的 ASCII 版本代替非 ASCII 字符，以'ignore'作为第二个参数，对 encode()的最终调用，将会移除任何无关的 Unicode 字符。这将返回 bytes 对象，在这个 bytes 对象上，可以调用 decode()，得到一个字符串。

2. UnicodeDammit 转换

BeautifulSoup 库包含一个名为 UnicodeDammit 的辅助类，这个类可以做自动将文本转换为 Unicode 格式。它的用法很简单：

```
>>> from bs4 import UnicodeDammit
>>> UnicodeDammit('abcd\xe9').unicode_markup
'abcdé'
```

该模块 9.6 节介绍了如何安装 BeautifulSoup。

9.7.5　请参阅

该模块 9.4 节和 9.6 节介绍了在使用 lxml 或 BeautifulSoup 进行 HTML 处理之前，推荐的第一个步骤是进行编码检测和转换。

附录 A
宾州 treebank 词性标签

以下是使用 NLTK 分类在 treebank 语料库中出现的所有词性标签表。可以使用下面的代码获得下表。

```
>>> from nltk.probability import FreqDist
>>> from nltk.corpus import treebank
>>> fd = FreqDist()
>>> for word, tag in treebank.tagged_words():
...     fd[tag] += 1
>>> fd.items()
```

FreqDist fd 包含了在 treebank 语料库中对于每个标签在此处显示的所有计数。可以通过使用 fd[tag]，单独检查每个标签数，例如，fd['DT']。这里也显示了一些标点符号标签，以及一些特殊的标签（如-NONE-），-NONE-意味着词性标签是未知的。在 upenn 网站中，可以找到大部分标签的描述。

词性标签	出现频次
#	16
$	724
"	694
,	4886
-LRB-	120
-NONE-	6592
-RRB-	126

续表

词性标签	出现频次
.	384
:	563
"	712
CC	2265
CD	3546
DT	8165
EX	88
FW	4
IN	9857
JJ	5834
JJR	381
JJS	182
LS	13
MD	927
NN	13166
NNP	9410
NNPS	244
NNS	6047
PDT	27
POS	824
PRP	1716
PRP$	766
RB	2822
RBR	136
RBS	35

续表

词性标签	出现频次
RP	216
SYM	1
TO	2179
UH	3
VB	2554
VBD	3043
VBG	1460
VBN	2134
VBP	1321
VBZ	2125
WDT	445
WP	241
WP$	14
WRB	178

模块 3

使用 Python 掌握自然语言处理

使用 Python 最大化 NLP 的功能，同时创建令人叹为观止的 NLP 项目

第1章
使用字符串

自然语言处理（NLP）涉及了自然语言与计算机之间的交互。这是人工智能（AI）和计算语言学期中一个主要组成部分。它提供了计算机和人类之间的无缝交互。在机器学习的帮助下，它赋予了计算机听懂人类讲话的能力。众所周知，在各种编程语言中（例如，C，C++，JAVA，Python 等等），字符串是用来表示文件或文档内容的基本数据类型。在本章中，我们将探讨对字符串的各种操作，这对完成各项 NLP 任务是非常有用的。

本章包括以下主题。

- 文本标记化。

- 文本规范化。

- 替代和纠正标记。

- 在文本上应用齐夫定律。

- 使用编辑距离算法，应用相似性量度。

- 使用杰卡德的系数，应用相似性量度。

- 使用史密斯-沃特曼算法，应用相似性量度。

1.1 标记化

我们将标记化定义为将文本切分成较小部分（标记）的过程，这被认为是自然语言处理中的一个关键步骤。

当安装了 NLTK，并且 Python IDLE 运行时，我们可以进行文本或段落的标记化，将其标记为单个句子。为了执行标记化，我们可以导入句子标记化函数。这个函数的参数是需要进行标记化的文本。sent_tokenize 函数使用 NLTK 的实例，也就是大家熟知的 PunktSentenceTokenizer。这个 NLTK 实例已经得到了训练，可以在不同的欧洲语言上，基于标志着句子的开头和结尾的字母或标点符号，执行标记化。

1.1.1　将文本标记为句子

现在，对于给定的文本，我们来看看如何将它标记成单个的句子。

```
>>> import nltk
>>> text=" Welcome readers. I hope you find it interesting. Please do
reply."
>>> from nltk.tokenize import sent_tokenize
>>> sent_tokenize(text)
[' Welcome readers.', 'I hope you find it interesting.', 'Please do
reply.']
```

因此，把给定的文本分割成了单个的句子。此外，可以在单个句子执行标记化处理。

为了标记大量的句子，可以加载 PunktSentenceTokenizer，使用 tokenize()函数执行标记化。在下面的代码中，可以看到这一点。

```
>>> import nltk
>>> tokenizer=nltk.data.load('tokenizers/punkt/english.pickle')
>>> text=" Hello everyone. Hope all are fine and doing well. Hope you
find the book interesting"
>>> tokenizer.tokenize(text)
[' Hello everyone.', 'Hope all are fine and doing well.', 'Hope you
find the book interesting']
```

1.1.2　其他语言文字的标记化

为了对英语以外的其他语言进行标记化，可以加载相应语言的 pickle 文件（在 tokenizers/punkt 目录下可以找到），然后对另一种语言的文本进行标记化，这里将此文本作为 tokenize()函数的参数。对于法语文本的标记化，使用 french.pickle 文件，如下所示。

```
>> import nltk
>>> french_tokenizer=nltk.data.load('tokenizers/punkt/french.pickle')
>>> french_tokenizer.tokenize('Deux agressions en quelques jours,
voilà ce qui a motivé hier matin le débrayage collège
francobritanniquedeLevallois-Perret. Deux agressions en quelques jours,
```

voilà ce qui a motivé hier matin le débrayage Levallois. L'équipe
pédagogique de ce collège de 750 élèves avait déjà été choquée
par l'agression, janvier , d'un professeur d'histoire. L'équipe
pédagogique de ce collège de 750 élèves avait déjà été choquée par
l'agression, mercredi , d'un professeur d'histoire')
['Deux agressions en quelques jours, voilà ce qui a motivé hier
matin le débrayage collège franco-britanniquedeLevallois-Perret.',
'Deux agressions en quelques jours, voilà ce qui a motivé hier matin
le débrayage Levallois.', 'L'équipe pédagogique de ce collège de
750 élèves avait déjà été choquée par l'agression, janvier , d'un
professeur d'histoire.', 'L'équipe pédagogique de ce collège de
750 élèves avait déjà été choquée par l'agression, mercredi , d'un
professeur d'histoire']

1.1.3　将句子标记为单词

现在，在单个句子上执行标记化。将单个句子标记为单词。使用 word_tokenize()函数进行单词标记化。word_tokenize 函数使用 NLTK 的实例（也就是熟知的 TreebankWordTokenizer），执行单词的标记化。

使用 word_tokenize，进行英文文本的标记化，如下所示。

```
>>> import nltk
>>> text=nltk.word_tokenize("PierreVinken , 59 years old , will join
as a nonexecutive director on Nov. 29 .»)
>>> print(text)
[' PierreVinken', ',', '59', ' years', ' old', ',', 'will', 'join',
'as', 'a', 'nonexecutive', 'director' , 'on', 'Nov.', '29', '.']
```

也可以通过加载 TreebankWordTokenizer，然后调用 tokenize()函数，进行单词的标记化。tokenize()函数的参数是需要标记为单词的句子。已经训练了 NLTK 的实例，以基于空格和标点符号，将句子标记为单词。

下面的代码将帮助我们获得用户的输入，标记化这个输入，并评估其长度。

```
>>> import nltk
>>> from nltk import word_tokenize
>>> r=input("Please write a text")
Please write a textToday is a pleasant day
>>> print("The length of text is",len(word_tokenize(r)),"words")
The length of text is 5 words
```

1.1.4 使用 TreebankWordTokenizer 进行标记化

下面给出了使用 TreebankWordTokenizer 执行标记化的代码。

```
>>> import nltk
>>> from nltk.tokenize import TreebankWordTokenizer
>>> tokenizer = TreebankWordTokenizer()
>>> tokenizer.tokenize("Have a nice day. I hope you find the book
interesting")
['Have', 'a', 'nice', 'day.', 'I', 'hope', 'you', 'find', 'the',
'book', 'interesting']
```

TreebankWordTokenizer 使用宾州树库语料库的约定。它通过分离缩写进行工作，如下所示。

```
>>> import nltk
>>> text=nltk.word_tokenize(" Don't hesitate to ask questions")
>>> print(text)
['Do', "n't", 'hesitate', 'to', 'ask', 'questions']
```

另一个单词标记器是 PunktWordTokenizer。这个标记器通过标点符号的分割进行工作。每个单词都保存了，而不是创建一个全新的标记。另一个单词标记器是 WordPunctTokenizer。这个标记器通过将标点符号作为全新的标记提供了分割。这种类型的分割通常是我们所希望的。

```
>>> from nltk.tokenize import WordPunctTokenizer
>>> tokenizer=WordPunctTokenizer()
>>> tokenizer.tokenize(" Don't hesitate to ask questions")
['Don', "'", 't', 'hesitate', 'to', 'ask', 'questions']
```

这里给出了标记器的继承树。

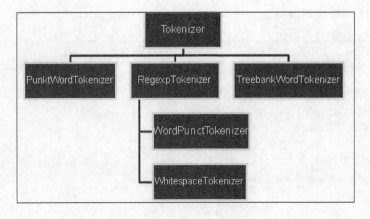

1.1.5　使用正则表达式进行标记化

可以通过构建正则表达式进行单词的标记化，有以下两种方式。

- 通过与单词进行匹配

- 通过匹配空格或间隙

可以从 NLTK 中导入 RegexpTokenizer。可以创建正则表达式，以匹配出现在文本中的标记。

```
>>> import nltk
>>> from nltk.tokenize import RegexpTokenizer
>>> tokenizer=RegexpTokenizer([\w]+")
>>> tokenizer.tokenize("Don't hesitate to ask questions")
["Don't", 'hesitate', 'to', 'ask', 'questions']
```

标记化的另一种方式是使用以下函数，而不是实例化类。

```
>>> import nltk
>>> from nltk.tokenize import regexp_tokenize
>>> sent="Don't hesitate to ask questions"
>>> print(regexp_tokenize(sent, pattern='\w+|\$[\d\.]+|\S+'))
['Don', "'t", 'hesitate', 'to', 'ask', 'questions']
```

使用 re.findall()函数，RegularexpTokenizer 通过匹配标记，执行标记化。使用 re.split() 函数，它使用通过匹配间隙或空格，执行标记化。

下面是使用空格标记的示例。

```
>>> import nltk
>>> from nltk.tokenize import RegexpTokenizer
>>> tokenizer=RegexpTokenizer('\s+',gaps=True)
>>> tokenizer.tokenize("Don't hesitate to ask questions")
["Don't", 'hesitate', 'to', 'ask', 'questions']
```

为了选择以大写字母开头的单词，使用下面的代码。

```
>>> import nltk
>>> from nltk.tokenize import RegexpTokenizer
>>> sent=" She secured 90.56 % in class X . She is a meritorious
student"
>>> capt = RegexpTokenizer('[A-Z]\w+')
>>> capt.tokenize(sent)
```

```
['She', 'She']
```

以下代码显示了 RegexpTokenizer 的子类如何使用预定义的正则表达式。

```
>>> import nltk
>>> sent=" She secured 90.56 % in class X . She is a meritorious
student"
>>> from nltk.tokenize import BlanklineTokenizer
>>> BlanklineTokenizer().tokenize(sent)
[' She secured 90.56 % in class X \n. She is a meritorious student\n']
```

字符串的标记化可以使用空格（制表符、空格或换行符）来完成。

```
>>> import nltk
>>> sent=" She secured 90.56 % in class X . She is a meritorious
student"
>>> from nltk.tokenize import WhitespaceTokenizer
>>> WhitespaceTokenizer().tokenize(sent)
['She', 'secured', '90.56', '%', 'in', 'class', 'X', '.', 'She', 'is',
'a', 'meritorious', 'student']
```

WordPunctTokenizer 利用正则表达式\w+|[^\w\s]+，将文本标记化为字母和非字母字符。

下面的代码描述了如何使用 split()方法进行标记化。

```
>>>import nltk
>>>sent= She secured 90.56 % in class X. She is a meritorious student"
>>> sent.split()
['She', 'secured', '90.56', '%', 'in', 'class', 'X', '.', 'She', 'is',
'a', 'meritorious', 'student']
>>> sent.split('')
['', 'She', 'secured', '90.56', '%', 'in', 'class', 'X', '.', 'She',
'is', 'a', 'meritorious', 'student']
>>> sent=" She secured 90.56 % in class X \n. She is a meritorious
student\n"
>>> sent.split('\n')
[' She secured 90.56 % in class X ', '. She is a meritorious student',
'']
```

类似于 sent.split("\ n")，LineTokenizer 通过将文本标记成行进行工作。

```
>>> import nltk
>>> from nltk.tokenize import BlanklineTokenizer
>>> sent=" She secured 90.56 % in class X \n. She is a meritorious
student\n"
```

```
>>> BlanklineTokenizer().tokenize(sent)
[' She secured 90.56 % in class X \n. She is a meritorious student\n']
>>> from nltk.tokenize import LineTokenizer
>>> LineTokenizer(blanklines='keep').tokenize(sent)
[' She secured 90.56 % in class X ', '. She is a meritorious student']
>>> LineTokenizer(blanklines='discard').tokenize(sent)
[' She secured 90.56 % in class X ', '. She is a meritorious student']
```

SpaceTokenizer 的工作原理类似于 sent.split(")。

```
>>> import nltk
>>> sent=" She secured 90.56 % in class X \n. She is a meritorious
student\n"
>>> from nltk.tokenize import SpaceTokenizer
>>> SpaceTokenizer().tokenize(sent)
['', 'She', 'secured', '90.56', '%', 'in', 'class', 'X', '\n.', 'She',
'is', 'a', 'meritorious', 'student\n']
```

nltk.tokenize.util 模块的工作原理是返回元组的序列，这个元组表示标记在句子中的偏移置。

```
>>> import nltk
>>> from nltk.tokenize import WhitespaceTokenizer
>>> sent=" She secured 90.56 % in class X \n. She is a meritorious
student\n"
>>> list(WhitespaceTokenizer().span_tokenize(sent))
[(1, 4), (5, 12), (13, 18), (19, 20), (21, 23), (24, 29), (30, 31),
(33, 34), (35, 38), (39, 41), (42, 43), (44, 55), (56, 63)]
```

给定跨度序列，可以返回相对跨度序列。

```
>>> import nltk
>>> from nltk.tokenize import WhitespaceTokenizer
>>> from nltk.tokenize.util import spans_to_relative
>>> sent=" She secured 90.56 % in class X \n. She is a meritorious
student\n"
>>>list(spans_to_relative(WhitespaceTokenizer().span_tokenize(sent)))
[(1, 3), (1, 7), (1, 5), (1, 1), (1, 2), (1, 5), (1, 1), (2, 1), (1,
3), (1, 2), (1, 1), (1, 11), (1, 7)]
```

nltk.tokenize.util.string_span_tokenize(sent,separator)通过在每个分隔符处进行分割，返回在 sent 中的标记偏移置。

```
>>> import nltk
>>> from nltk.tokenize.util import string_span_tokenize
>>> sent=" She secured 90.56 % in class X \n. She is a meritorious
student\n"
>>> list(string_span_tokenize(sent, ""))
[(1, 4), (5, 12), (13, 18), (19, 20), (21, 23), (24, 29), (30, 31),
(32, 34), (35, 38), (39, 41), (42, 43), (44, 55), (56, 64)]
```

1.2　规范化

为了在文本上进行处理自然语言，需要执行规范化，这主要涉及消除标点符号，将整个文本转换为大写或小写，将数字转换成文字，还原缩写，文本的标准化，等等。

1.2.1　消除标点符号

有时候，在标记化时，人们希望移除标点符号。在使用 NLTK 进行规范化时，移除标点符号是最主要的任务之一。

请看下面的示例。

```
>>> text=[" It is a pleasant evening.","Guests, who came from US
arrived at the venue","Food was tasty."]
>>> from nltk.tokenize import word_tokenize
>>> tokenized_docs=[word_tokenize(doc) for doc in text]
>>> print(tokenized_docs)
[['It', 'is', 'a', 'pleasant', 'evening', '.'], ['Guests', ',', 'who',
'came', 'from', 'US', 'arrived', 'at', 'the', 'venue'], ['Food',
'was', 'tasty', '.']]
```

前面的代码获得了标记化的文本。下面的代码将删除标记化的文本中的标点。

```
>>> import re
>>> import string
>>> text=[" It is a pleasant evening.","Guests, who came from US
arrived at the venue","Food was tasty."]
>>> from nltk.tokenize import word_tokenize
>>> tokenized_docs=[word_tokenize(doc) for doc in text]
>>> x=re.compile('[%s]' % re.escape(string.punctuation))
>>> tokenized_docs_no_punctuation = []
>>> for review in tokenized_docs:
    new_review = []
```

```
    for token in review:
    new_token = x.sub(u'', token)
    if not new_token == u'':
            new_review.append(new_token)
    tokenized_docs_no_punctuation.append(new_review)
>>> print(tokenized_docs_no_punctuation)
[['It', 'is', 'a', 'pleasant', 'evening'], ['Guests', 'who', 'came',
'from', 'US', 'arrived', 'at', 'the', 'venue'], ['Food', 'was',
'tasty']]
```

1.2.2 转化为小写和大写

使用 lower()和 upper()函数，可以完全将给定的文本转换成小写或大写文本。将文本转换为大写或小写的任务属于规范化的范畴。

请思考下列大小写转换的示例。

```
>>> text='HARdWork IS KEy to SUCCESS'
>>> print(text.lower())
hardwork is key to success
>>> print(text.upper())
HARDWORK IS KEY TO SUCCESS
```

1.2.3 处理停用词

停用词是在进行信息检索或其他自然语言任务的过程中，由于某些单词对句子的整体意思贡献不大，因此需要过滤掉的单词。为了减少搜索空间，许多搜索引擎删除了停用词。停用词删除是在 NLP 中关键的规范化任务之一。

NLTK 有多种语言的停用词列表。需要解压 datafile，这样就可以通过 nltk_data/corpora/ stopwords/访问停用词列表。

```
>>> import nltk
>>> from nltk.corpus import stopwords
>>> stops=set(stopwords.words('english'))
>>> words=["Don't", 'hesitate','to','ask','questions']
>>> [word for word in words if word not in stops]
["Don't", 'hesitate', 'ask', 'questions']
```

nltk.corpus.reader.WordListCorpusReader 的实例是 stopwords 语料库。它具有 words()函数，这个函数的参数是 Fileid。此处，Fileid 是英语；它指的是出现在英文文件中的所有停用词。如果 words()函数没有参数，那么这指的是所有语言中的所有停用词。

使用 fileids()函数，可以找到可以移除停用词的其他语言，或者可以找到在 NLTK 中出现停用词文件的语言数量。

```
>>> stopwords.fileids()
['danish', 'dutch', 'english', 'finnish', 'french', 'german',
'hungarian', 'italian', 'norwegian', 'portuguese', 'russian',
'spanish', 'swedish', 'turkish']
```

先前列出的语言中的任何一种都可以用作 words()函数的参数，这样就可以得到该语言的停用词。

1.2.4　计算英语中的停用词

下面是一个如何计算停用词的示例。

```
>>> import nltk
>>> from nltk.corpus import stopwords
>>> stopwords.words('english')
['i', 'me', 'my', 'myself', 'we', 'our', 'ours', 'ourselves', 'you',
'your', 'yours', 'yourself', 'yourselves', 'he', 'him', 'his',
'himself', 'she', 'her', 'hers', 'herself', 'it', 'its', 'itself',
'they', 'them', 'their', 'theirs', 'themselves', 'what', 'which',
'who', 'whom', 'this', 'that', 'these', 'those', 'am', 'is', 'are',
'was', 'were', 'be', 'been', 'being', 'have', 'has', 'had', 'having',
'do', 'does', 'did', 'doing', 'a', 'an', 'the', 'and', 'but', 'if',
'or', 'because', 'as', 'until', 'while', 'of', 'at', 'by', 'for',
'with', 'about', 'against', 'between', 'into', 'through', 'during',
'before', 'after', 'above', 'below', 'to', 'from', 'up', 'down', 'in',
'out', 'on', 'off', 'over', 'under', 'again', 'further', 'then',
'once', 'here', 'there', 'when', 'where', 'why', 'how', 'all', 'any',
'both', 'each', 'few', 'more', 'most', 'other', 'some', 'such', 'no',
'nor', 'not', 'only', 'own', 'same', 'so', 'than', 'too', 'very', 's',
't', 'can', 'will', 'just', 'don', 'should', 'now']
>>> def para_fraction(text):
stopwords = nltk.corpus.stopwords.words('english')
para = [w for w in text if w.lower() not in stopwords]
return len(para) / len(text)

>>> para_fraction(nltk.corpus.reuters.words())
0.7364374824583169

>>> para_fraction(nltk.corpus.inaugural.words())
0.5229560503653893
```

　　规范化还涉及将数字转换成单词（例如，1 可以由 one 替换）和还原缩写（例如，can't 可以用 cannot 替换）。可以通过使用替换模式（replacement pattern）来表示它们，实现这一点。下一节将对此进行讨论。

1.3　替代和纠正标记

　　本节将讨论使用其他标记替换某个标记，也将讨论如何通过使用正确拼写的标记替换错误拼写的标记，纠正标记的拼写。

1.3.1　使用正则表达式替换单词

　　为了移除错误或执行文本规范化，要完成单词替换。完成文本替换的一种方法是使用正则表达式。先前，我们在对缩写进行标记化时，面临问题。使用文本替换，可以使用原来的单词替换缩写形式。例如，使用 does not 替换 doesn't。

　　我们从编写下面的代码开始，将这个程序命名为 replacers.py，并将它保存在文件夹 nltkdata 中。

```
import re
replacement_patterns = [
(r'won\'t', 'will not'),
(r'can\'t', 'cannot'),
(r'i\'m', 'i am'),
(r'ain\'t', 'is not'),
(r'(\w+)\'ll', '\g<1> will'),
(r'(\w+)n\'t', '\g<1> not'),
(r'(\w+)\'ve', '\g<1> have'),
(r'(\w+)\'s', '\g<1> is'),
(r'(\w+)\'re', '\g<1> are'),
(r'(\w+)\'d', '\g<1> would')
]
class RegexpReplacer(object):
    def __init__(self, patterns=replacement_patterns):
        self.patterns = [(re.compile(regex), repl) for (regex, repl)
in
        patterns]
    def replace(self, text):
        s = text
        for (pattern, repl) in self.patterns:
            (s, count) = re.subn(pattern, repl, s)
        return s
```

这里定义了替换模式，在这个替换模式中，第一项表示待匹配的模式，第二项表示其相应的替换模式。将 RegexpReplacer 类定义为执行编译模式对的任务，这个类提供了称为 replace()的方法，这个函数可以使用一个模式替换另一个模式。

1.3.2　使用一个文本替换另一个文本的示例

下面给出了如何使用一个文本替换另一个文本的示例。

```
>>> import nltk
>>> from replacers import RegexpReplacer
>>> replacer= RegexpReplacer()
>>> replacer.replace("Don't hesitate to ask questions")
'Do not hesitate to ask questions'
>>> replacer.replace("She must've gone to the market but she didn't
go")
'She must have gone to the market but she did not go'
```

RegexpReplacer.replace()函数使用对应的替代模式（substitution pattern）替代替换模式的每个实例。此处，must've 由 must have 替换，didn't 由 did not 替换，由于在 replacers.py 中替换模式已经由元组对定义，也就是(r'(\ w+)\'ve', '\g<1> have') 和(r'(\w+)n\'t', '\g<1> not')。

不仅可以进行缩写的替换，还可以使用任何其他标记替换某标记。

1.3.3　在标记化之前进行替代

在标记化之前进行标记替换，这样就可以在对缩写标记化期间，避免出现问题。

```
>>> import nltk
>>> from nltk.tokenize import word_tokenize
>>> from replacers import RegexpReplacer
>>> replacer=RegexpReplacer()
>>> word_tokenize("Don't hesitate to ask questions")
['Do', "n't", 'hesitate', 'to', 'ask', 'questions']
>>> word_tokenize(replacer.replace("Don't hesitate to ask questions"))
['Do', 'not', 'hesitate', 'to', 'ask', 'questions']
```

1.3.4　处理重复的字符

有些时候，人们写的单词会涉及重复的字符，这导致了语法错误。例如，思考一句话，I like it lottttttt。此处，lottttttt 指的是 lot。因此，现在，我们将使用反向引用方法（backreference approach），消除这些重复的字符。在反向引用方法中，字符指的是在正则表达式中某一组中的先前字符。也认为这是其中一个规范化任务。

首先，添加以下代码到之前创建的 replacers.py 中：

```
class RepeatReplacer(object):
    def __init__(self):
        self.repeat_regexp = re.compile(r'(\w*)(\w)\2(\w*)')
        self.repl = r'\1\2\3'
    def replace(self, word):
        repl_word = self.repeat_regexp.sub(self.repl, word)
        if repl_word != word:
            return self.replace(repl_word)
        else:
            return repl_word
```

1.3.5　删除重复字符的示例

下面的示例展示了如何删除某个标记中的重复字符。

```
>>> import nltk
>>> from replacers import RepeatReplacer
>>> replacer=RepeatReplacer()
>>> replacer.replace('lotttt')
'lot'
>>> replacer.replace('ohhhhh')
'oh'
>>> replacer.replace('ooohhhhh')
'oh'
```

RepeatReplacer 类通过编译正则表达式和替换字符串进行工作，并使用出现在 replacers.py 中的 backreference.Repeat_regexp 进行定义。它匹配可以是零个或多个（\w*）的起始字符，匹配可以是零个或多个（\w*）的结束字符，或者匹配后面跟着相同字符的字符（\w）。

例如，把 lotttt 分割成(lo)(t)t(tt)。此处，减少 t，字符串变成了 lottt。这种分割过程继续进行，最终得到的字符串是 lot。

使用 RepeatReplacer 的问题是，这会将 happy 转换为 hapy，这是不恰当的。为了避免这个问题，嵌入了 wordnet，和它一起使用。

在先前创建的 replacers.py 程序中，添加以下代码行，将 wordnet 包括在内。

```
import re
from nltk.corpus import wordnet
```

```
class RepeatReplacer(object):
    def __init__(self):
        self.repeat_regexp = re.compile(r'(\w*)(\w)\2(\w*)')
        self.repl = r'\1\2\3'
    def replace(self, word):
        if wordnet.synsets(word):
            return word
        repl_word = self.repeat_regexp.sub(self.repl, word)
        if repl_word != word:
            return self.replace(repl_word)
        else:
            return repl_word
```

现在，看看如何解决前面提到的问题。

```
>>> import nltk
>>> from replacers import RepeatReplacer
>>> replacer=RepeatReplacer()
>>> replacer.replace('happy')
'happy'
```

1.3.6 使用单词的同义词替换单词

现在，看看如何使用同义词替换给定的单词。可以将名为 WordReplacer 类添加到现存的 replacers.py 中，WordReplacer 类提供了某个单词及其同义词之间的映射。

```
class WordReplacer(object):
    def __init__(self, word_map):
        self.word_map = word_map
    def replace(self, word):
        return self.word_map.get(word, word)
```

使用单词的同义词替换单词的示例

下面是使用同义词替换单词的示例：

```
>>> import nltk
>>> from replacers import WordReplacer
>>> replacer=WordReplacer({'congrats':'congratulations'})
>>> replacer.replace('congrats')
'congratulations'
>>> replacer.replace('maths')
'maths'
```

　　在这段代码中，replace()函数在 word_map 中查找某个单词对应的同义词。如果存在给定单词的同义词，我们可以使用同义词替换原单词。如果给定单词的同义词不存在，那么不会执行替换，函数将返回相同的单词。

1.4　在文本上应用齐夫定律

　　齐夫定律指出，在文本中，标记出现的频率正比于它在排序列表上的等级或位置。这个定律描述了某种语言中标记如何分布：一些标记出现得非常频繁，一些标记出现的频率一般，一些标记很少出现。

　　下面给出了基于齐夫定律使用 NLTK，获得双对数坐标系图的代码。

```
>>> import nltk
>>> from nltk.corpus import gutenberg
>>> from nltk.probability import FreqDist
>>> import matplotlib
>>> import matplotlib.pyplot as plt
>>> matplotlib.use('TkAgg')
>>> fd = FreqDist()
>>> for text in gutenberg.fileids():
... for word in gutenberg.words(text):
... fd.inc(word)
>>> ranks = []
>>> freqs = []
>>> for rank, word in enumerate(fd):
... ranks.append(rank+1)
... freqs.append(fd[word])
...
>>> plt.loglog(ranks, freqs)
>>> plt.xlabel('frequency(f)', fontsize=14, fontweight='bold')
>>> plt.ylabel('rank(r)', fontsize=14, fontweight='bold')
>>> plt.grid(True)
>>> plt.show()
```

　　前一段代码将得到一个文档中的单词级别及其频率的图。因此，可以通过查看单词级别和频率之间的比例关系，检查齐夫定律是否对所有文档都成立。

1.5　相似性量度

　　可以使用许多相似性量度，来执行 NLP 任务。使用 NLTK 中的 nltk.metrics 包，提供不同的评估或相似性量度，这有利于我们执行各种 NLP 任务。

在 NLP 中，为了测试标注器、组块器等的性能，可以使用从信息检索中检索得到的标准评分。

下面的代码展示了如何使用从训练文件中得到的标准评分，分析命名实体识别器的输出。

```
>>> from __future__ import print_function
>>> from nltk.metrics import *
>>> training='PERSON OTHER PERSON OTHER OTHER ORGANIZATION'.split()
>>> testing='PERSON OTHER OTHER OTHER OTHER OTHER'.split()
>>> print(accuracy(training,testing))
0.6666666666666666
>>> trainset=set(training)
>>> testset=set(testing)
>>> precision(trainset,testset)
1.0
>>> print(recall(trainset,testset))
0.6666666666666666
>>> print(f_measure(trainset,testset))
0.8
```

1.5.1 使用编辑距离算法应用相似性量度

使用两个字符串之间的编辑距离或 Levenshtein 编辑距离，来计算可以插入、替代或删除的字符数，从而使得两个字符串相等。

在编辑距离中，所进行的操作包括以下几个。

- 将第一个字符串中的字母复制到第二个字符串中（代价为 0），使用另一个字母替代某个字母（代价为 1），此时的编辑距离如下。

    $D(i-1, j-1) + d(\text{si}, \text{tj})$（替代/复制）

- 删除第一个字符串中的字母（代价为 1），此时的编辑距离如下。

    $D(i, j-1)+1$（删除）

- 在第二个字符串中插入字母（代价为 1），此时的编辑距离如下。

    $D(i, j) = \min D(i-1, j)+1$（插入）

nltk.metrics 包中用于编辑距离的 Python 代码如下所示。

```
from __future__ import print_function
def _edit_dist_init(len1, len2):
    lev = []
    for i in range(len1):
        lev.append([0] * len2)  # initialize 2D array to zero
    for i in range(len1):
        lev[i][0] = i           # column 0: 0,1,2,3,4,...
    for j in range(len2):
        lev[0][j] = j           # row 0: 0,1,2,3,4,...
    return lev

def_edit_dist_step(lev,i,j,s1,s2,transpositions=False):
c1 =s1[i-1]
c2 =s2[j-1]

# skipping a character in s1
a =lev[i-1][j] +1
# skipping a character in s2
b =lev[i][j -1]+1
# substitution
c =lev[i-1][j-1]+(c1!=c2)
# transposition
d =c+1 # never picked by default
if transpositions and i>1 and j>1:
if s1[i -2]==c2 and s2[j -2]==c1:
d =lev[i-2][j-2]+1
# pick the cheapest
lev[i][j] =min(a,b,c,d)

def edit_distance(s1, s2, transpositions=False):
    # set up a 2-D array
    len1 = len(s1)
    len2 = len(s2)
    lev = _edit_dist_init(len1 + 1, len2 + 1)

    # iterate over the array
    for i in range(len1):
        for j in range(len2):
            _edit_dist_step(lev, i + 1, j + 1, s1, s2,
transpositions=transpositions)
    return lev[len1][len2]
```

下面的代码展示了在 NLTK 中如何使用 nltk.metrics 包计算编辑距离。

```
>>> import nltk
>>> from nltk.metrics import *
>>> edit_distance("relate","relation")
3
>>> edit_distance("suggestion","calculation")
7
```

此处，当计算 relate 和 relation 之间的编辑距离时，执行了三次操作（一次替代，两次插入）。当计算 suggestion 和 calculation 之间的编辑距离时，执行了 7 次操作（6 次替代和一次插入）。

1.5.2　使用杰卡德系数应用相似性量度

可以定义杰卡德系数或 Tanimoto 系数为两个集合 X 和 Y 之间的相似度。

它们可以这样定义。

- Jaccard$(X,Y)=|X \cap Y|/|X \cup Y|$
- Jaccard$(X,X)=1$
- Jaccard$(X,Y)=0$，如果 $X \cap Y=0$

如下给出了计算杰卡德相似性的代码。

```
def jacc_similarity(query, document):
first=set(query).intersection(set(document))
second=set(query).union(set(document))
return len(first)/len(second)
```

接下来，使用 NLTK，计算杰卡德相似系数。

```
>>> import nltk
>>> from nltk.metrics import *
>>> X=set([10,20,30,40])
>>> Y=set([20,30,60])
>>> print(jaccard_distance(X,Y))
0.6
```

1.5.3　使用史密斯-沃特曼算法应用相似性量度

史密斯-沃特曼距离类似于编辑距离。为了检测相关蛋白质序列和 DNA 之间的光学对准（optical alignment），提出了这个相似性度量。这包括了待分配的代价，以及字母映射到代价值（取代）的函数。代价也分配给了间隙 G（插入或缺失）。

```
1    0 //重新开始
2    D(i-1,j-1) -d(si,tj) // 替代/复制
3    D(i,j) = max D(i-1,j)-G//插入
1    D(i,j-1)-G //删除
4    G = 1//间隙的示例值
5    d(c,c) = -2  //上下文依赖的替换代价
6    d(c,c) = +1  //上下文依赖的替换代价
```

提示：
距离是在 $D(i, j)$ 表中所有 (i, j) 对的最大值。

类似于编辑距离，史密斯-沃特曼的 Python 代码可嵌入 nltk.metrics 包中，以使用 NLTK 中的史密斯-沃特曼算法，计算字符串的相似性。

1.5.4 其他字符串相似性指标

二进制距离是字符串相似性度量。如果两个标签是相同的，则它返回 0.0；否则，它返回 1.0。

计算二进制距离的 Python 代码如下。

```
def binary_distance(label1, label2):
 return 0.0 if label1 == label2 else 1.0
```

下面的代码展示了如何使用 NLTK，计算二进制距离。

```
>>> import nltk
>>> from nltk.metrics import *
>>> X = set([10,20,30,40])
>>> Y= set([30,50,70])
>>> binary_distance(X, Y)
1.0
```

当存在多个标签时，玛斯（Masi）距离基于部分契合。

nltk.metrics 中用于计算玛斯距离的 Python 代码如下。

```
def masi_distance(label1, label2):
    len_intersection = len(label1.intersection(label2))
    len_union = len(label1.union(label2))
```

```
len_label1 = len(label1)
len_label2 = len(label2)
if len_label1 == len_label2 and len_label1 == len_intersection:
    m = 1
elif len_intersection == min(len_label1, len_label2):
    m = 0.67
elif len_intersection > 0:
    m = 0.33
else:
    m = 0

return 1 - (len_intersection / float(len_union)) * m
```

使用 NLTK 计算玛斯距离的代码如下。

```
>>> import nltk
>>> from __future__ import print_function
>>> from nltk.metrics import *
>>> X = set([10,20,30,40])
>>> Y= set([30,50,70])
>>> print(masi_distance(X,Y))
0.945
```

1.6　本章小结

本章讲述了在文本（字符串的集合）中如何执行各种操作。你已经理解了标记化、替代和规范化的概念，使用 NLTK 在字符串上应用了不同的相似性量度。本章也讨论了齐夫定律，齐夫定律适用于一些现存的文档。

下一章将讨论各种语言建模技术和不同的 NLP 任务。

第 2 章
统计语言模型

　　计算语言学是一个新兴的领域，广泛应用在分析、软件应用，以及人类与机器沟通的上下文等地方。我们将计算语言学定义为人工智能的一个分支。计算语言学的应用包括机器翻译、语音识别、智能 Web 搜索、信息检索和智能拼写检查。理解可以在自然语言文本上进行的预处理任务或计算，是很重要的。本章将讨论如何计算单词的频率、最大似然估计（MLE）模型、数据插值等。本章要介绍的各种话题如下。

- 单词频率（一元组、二元组和三元组）。

- 对给定文本进行最大似然估计。

- 在 MLE 模型上应用平滑。

- 为 MLE 指定回退机制。

- 运用数据插值获得混合和匹配。

- 使用困惑度评估语言模型。

- 在建模语言中应用梅特罗波利斯-黑斯廷斯算法。

- 在语言处理中应用吉布斯抽样。

2.1　单词频率

　　可以将搭配（collocation）定义为倾向于一起存在的两个或多个标记的集合。例如，美国（the United States），英国（the United Kingdom），苏维埃社会主义共和国联盟（Union of Soviet Socialist Republics），等等。

一元组表示一个标记。使用下面的代码，生成 alpino 语料库的一元组。

```
>>> import nltk
>>> from nltk.util import ngrams
>>> from nltk.corpus import alpino
>>> alpino.words()
['De', 'verzekeringsmaatschappijen', 'verhelen', ...]>>>
unigrams=ngrams(alpino.words(),1)
>>> for i in unigrams:
print(i)
```

思考用于从 alpino 语料库生成 4 元组的示例。

```
>>> import nltk
>>> from nltk.util import ngrams
>>> from nltk.corpus import alpino
>>> alpino.words()
['De', 'verzekeringsmaatschappijen', 'verhelen', ...]
>>> quadgrams=ngrams(alpino.words(),4)
>>> for i in quadgrams:
print(i)
```

二元组指的是一对标记。为了找到文本中的二元组，首先，要搜索小写的单词，创建文本中的小写单词列表，并生成 BigramCollocationFinder。可以使用 nltk.metrics 包中的 BigramAssocMeasures，查找文本中的二元组。

```
>>> import nltk
>>> from nltk.collocations import BigramCollocationFinder
>>> from nltk.corpus import webtext
>>> from nltk.metrics import BigramAssocMeasures
>>> tokens=[t.lower() for t in webtext.words('grail.txt')]
>>> words=BigramCollocationFinder.from_words(tokens)
>>> words.nbest(BigramAssocMeasures.likelihood_ratio, 10)
[("'", 's'), ('arthur', ':'), ('#', '1'), ("'", 't'), ('villager',
'#'), ('#', '2'), (']', '['), ('1', ':'), ('oh', ','), ('black',
'knight')]
```

在上面的代码中，添加了单词过滤器，用于消除停用词和标点符号。

```
>>> from nltk.corpus import stopwords
>>> from nltk.corpus import webtext
>>> from nltk.collocations import BigramCollocationFinder
>>> from nltk.metrics import BigramAssocMeasures
>>> set = set(stopwords.words('english'))
```

```
>>> stops_filter = lambda w: len(w) < 3 or w in set
>>> tokens=[t.lower() for t in webtext.words('grail.txt')]
>>> words=BigramCollocationFinder.from_words(tokens)
>>> words.apply_word_filter(stops_filter)
>>> words.nbest(BigramAssocMeasures.likelihood_ratio, 10)
[('black', 'knight'), ('clop', 'clop'), ('head', 'knight'), ('mumble',
'mumble'), ('squeak', 'squeak'), ('saw', 'saw'), ('holy', 'grail'),
('run', 'away'), ('french', 'guard'), ('cartoon', 'character')]
```

此处，可以改变二元组的频率，从 10 到任何其他数字。

从文本中生成二元组的另一种方法是使用搭配发现器（collocation finder）。下面的代码展示了搭配发现器。

```
>>> import nltk
>>> from nltk.collocation import *
>>> text1="Hardwork is the key to success. Never give up!"
>>> word = nltk.wordpunct_tokenize(text1)
>>> finder = BigramCollocationFinder.from_words(word)
>>> bigram_measures = nltk.collocations.BigramAssocMeasures()
>>> value = finder.score_ngrams(bigram_measures.raw_freq)
>>> sorted(bigram for bigram, score in value)
[('.', 'Never'), ('Hardwork', 'is'), ('Never', 'give'), ('give',
'up'), ('is', 'the'), ('key', 'to'), ('success', '.'), ('the', 'key'),
('to', 'success'), ('up', '!')]
```

现在，可以看到从 alpino 语料库中生成二元组的另一段代码。

```
>>> import nltk
>>> from nltk.util import ngrams
>>> from nltk.corpus import alpino
>>> alpino.words()
['De', 'verzekeringsmaatschappijen', 'verhelen', ...]
>>> bigrams_tokens=ngrams(alpino.words(),2)
>>> for i in bigrams_tokens:
print(i)
```

这段代码将生成 alpino 语料库的二元组。

现在，我们将看到生成三元组的代码。

```
>>> import nltk
>>> from nltk.util import ngrams
>>> from nltk.corpus import alpino
>>> alpino.words()
```

```
['De', 'verzekeringsmaatschappijen', 'verhelen', ...]>>> trigrams_
tokens=ngrams(alpino.words(),3)
>>> for i in trigrams_tokens:
print(i)
```

为了生成 4 元组或生成 4 元组的频率，使用下面的代码。

```
>>> import nltk
>>> import nltk
>>> from nltk.collocations import *
>>> text="Hello how are you doing ? I hope you find the book
interesting"
>>> tokens=nltk.wordpunct_tokenize(text)
>>> fourgrams=nltk.collocations.QuadgramCollocationFinder.from_
words(tokens)
>>> for fourgram, freq in fourgrams.ngram_fd.items():
print(fourgram,freq)


('hope', 'you', 'find', 'the') 1
('Hello', 'how', 'are', 'you') 1
('you', 'doing', '?', 'I') 1
('are', 'you', 'doing', '?') 1
('how', 'are', 'you', 'doing') 1
('?', 'I', 'hope', 'you') 1
('doing', '?', 'I', 'hope') 1
('find', 'the', 'book', 'interesting') 1
('you', 'find', 'the', 'book') 1
('I', 'hope', 'you', 'find') 1
```

现在，我们可以看到生成给定句子 *n* 元组的代码。

```
>>> import nltk
>>> sent=" Hello , please read the book thoroughly . If you have any
queries , then don't hesitate to ask . There is no shortcut to success
."
>>> n=5
>>> fivegrams=ngrams(sent.split(),n)
>>> for grams in fivegrams:
   print(grams)


('Hello', ',', 'please', 'read', 'the')
(',', 'please', 'read', 'the', 'book')
('please', 'read', 'the', 'book', 'thoroughly')
```

```
('read', 'the', 'book', 'thoroughly', '.')
('the', 'book', 'thoroughly', '.', 'If')
('book', 'thoroughly', '.', 'If', 'you')
('thoroughly', '.', 'If', 'you', 'have')
('.', 'If', 'you', 'have', 'any')
('If', 'you', 'have', 'any', 'queries')
('you', 'have', 'any', 'queries', ',')
('have', 'any', 'queries', ',', 'then')
('any', 'queries', ',', 'then', "don't")
('queries', ',', 'then', "don't", 'hesitate')
(',', 'then', "don't", 'hesitate', 'to')
('then', "don't", 'hesitate', 'to', 'ask')
("don't", 'hesitate', 'to', 'ask', '.')
('hesitate', 'to', 'ask', '.', 'There')
('to', 'ask', '.', 'There', 'is')
('ask', '.', 'There', 'is', 'no')
('.', 'There', 'is', 'no', 'shortcut')
('There', 'is', 'no', 'shortcut', 'to')
('is', 'no', 'shortcut', 'to', 'success')
('no', 'shortcut', 'to', 'success', '.')
```

2.1.1　对给定文本进行最大似然估计

MLE 也称为多项逻辑回归（multinomial logistic regression）或条件指数分类器（conditional exponential classifier），它是自然语言处理领域中的一项重要任务。在 1996 年，Berger 和 Della pietra 首次引入了这个概念。在 NLTK 的 nltk. classify.maxent 模块中，定义了最大熵（Maximum Entropy）。在这个模块中，可认为所有的概率分布都是与训练数据一致的。使用这个模块指代两种特征，即输入特征和联结特征。将输入特征称为未标记单词的特征。将联结特征称为标记单词的特征。使用 MLE 生成 freqdist，freqdist 包含了文本中给定标记的概率分布。param freqdist 包含了频率分布，基于这个频率分布，得到了概率分布。

现在，我们可以看到 NLTK 中最大熵模型的代码。

```
from__future__import print_function,unicode_literals
__docformat__='epytext en'

try:
import numpy
except ImportError:
    pass
```

```
import tempfile
import os
from collections import defaultdict
from nltk import compat
from nltk.data import gzip_open_unicode
from nltk.util import OrderedDict
from nltk.probability import DictionaryProbDist
from nltk.classify.api import ClassifierI
from nltk.classify.util import CutoffChecker,accuracy,log_likelihood
from nltk.classify.megam import (call_megam,
write_megam_file,parse_megam_weights)
from nltk.classify.tadm import call_tadm,write_tadm_file,parse_tadm_
weights
```

在前面的代码中，nltk.probability 包含了 FreqDist 类，可以用 FreqDist 类确定在文本中单个标记出现的频率。

使用 ProbDistI 确定文本中个体标记出现的概率分布。基本上，有两种类型的概率分布：衍生概率分布和分析概率分布。衍生概率分布从频率分布中获得。分析概率分布从参数（如方差）中获得。

为了获得频率分布，使用了最大似然估计。它基于频率分布中的频率，计算每个标记出现的概率。

```
class MLEProbDist(ProbDistI):

    def __init__(self, freqdist, bins=None):
        self._freqdist = freqdist

    def freqdist(self):
"""
```

这会在概率分布的基础上求频率分布。

```
"""
    return self._freqdist

    def prob(self, sample):
        return self._freqdist.freq(sample)

    def max(self):
        return self._freqdist.max()
```

```
    def samples(self):
        return self._freqdist.keys()

    def __repr__(self):
"""
        It will return string representation of ProbDist
"""
        return '<MLEProbDist based on %d samples>' % self._
freqdist.N()


class LidstoneProbDist(ProbDistI):
"""
```

使用它获得频率分布。我们使用实数 γ（取值范围为 0～1）来表示这个值。LidstoneProbDist 使用计数值 c、输出结果 N 和采样区间 B（bin），来计算给定标记的概率，如下所示。

$$给定标记的概率=(c+\gamma)/(N+B\gamma)$$

这也意味着，把 γ 添加到每个采样区间的计数中，并且从给定的频率分布中计算 MLE。

```
"""
SUM_TO_ONE = False
    def __init__(self, freqdist, gamma, bins=None):
"""
```

为了获得 freqdist，使用 LidstoneProbDist，计算概率分布。

可以将 paramfreqdist 定义为频率分布，基于频率分布，估计概率。

将参数 bins 定义为从概率分布中获得的样本值。概率之和等于 1。

```
"""
        if (bins == 0) or (bins is None and freqdist.N() == 0):
            name = self.__class__.__name__[:-8]
            raise ValueError('A %s probability distribution ' % name +
'must have at least one bin.')
        if (bins is not None) and (bins < freqdist.B()):
            name = self.__class__.__name__[:-8]
            raise ValueError('\nThe number of bins in a %s
distribution ' % name +
'(%d) must be greater than or equal to\n' % bins +
'the number of bins in the FreqDist used ' +
'to create it (%d).' % freqdist.B())
```

```
        self._freqdist = freqdist
        self._gamma = float(gamma)
        self._N = self._freqdist.N()

        if bins is None:
            bins = freqdist.B()
        self._bins = bins

        self._divisor = self._N + bins * gamma
        if self._divisor == 0.0:
            # In extreme cases we force the probability to be 0,
            # which it will be, since the count will be 0:
            self._gamma = 0
            self._divisor = 1

def freqdist(self):
"""
```

这获得了基于概率分布的频率分布。

```
    """
        return self._freqdist

def prob(self, sample):
c = self._freqdist[sample]
        return (c + self._gamma) / self._divisor

    def max(self):
  # To obtain most probable sample, choose the one
# that occurs very frequently.
        return self._freqdist.max()

def samples(self):
        return self._freqdist.keys()

def discount(self):
    gb = self._gamma * self._bins
        return gb / (self._N + gb)

    def __repr__(self):
"""
        String representation of ProbDist is obtained.

"""
```

```
        return '<LidstoneProbDist based on %d samples>' % self._
freqdist.N()

class LaplaceProbDist(LidstoneProbDist):
"""
```

使用它来获取频率分布。它使用计数值 c、输出结果 N 和区间 B，计算样本的概率，如下所示。

$$样本的概率=(c+1)/(N+B)$$

这也意味着，把 1 添加到每一个采样区间的计数中，并且从所得到的频率分布中，估计最大似然估计。

```
"""
    def __init__(self, freqdist, bins=None):
"""
```

LaplaceProbDist 用来获得用于生成 freqdist 的概率分布。

参数 freqdist 是用来获得基于概率估计的频率分布。

参数 bins 定义为能够生成的样本值的频率。概率之和必须为 1。

```
"""
        LidstoneProbDist.__init__(self, freqdist, 1, bins)
    def __repr__(self):
"""
        String representation of ProbDist is obtained.
"""
        return '<LaplaceProbDist based on %d samples>' % self._
freqdist.N()

class ELEProbDist(LidstoneProbDist):
"""
```

使用它来获取频率分布。它使用计数值 c、输出结果 N 和采样区间 B，计算样本的概率，如下所示。

$$样本的概率=(c+0.5)/(N+B\,/\,2)$$

这也意味着，把 0.5 添加到每一个采样区间的计数中，并且从所得到的频率分布中估计最大似然估计。

```
"""
    def __init__(self, freqdist, bins=None):
"""
```

使用预期的似然估计获得概率分布，以生成 freqdist。使用参数 freqdist 获得基于概率估计的频率分布。

参数 bins 定义为能够生成的样本值的频率。概率之和必须为 1。

```
"""
LidstoneProbDist.__init__(self, freqdist, 0.5, bins)

    def __repr__(self):
"""
        String representation of ProbDist is obtained.
"""
        return '<ELEProbDist based on %d samples>' % self._
freqdist.N()


class WittenBellProbDist(ProbDistI):
"""
```

使用 WittenBellProbDist 获得概率分布。基于之前看到的样本频率，使用 WittenBellProbDist 获得均匀的概率质量（uniform probability mass）。样本的概率质量如下所示。

$$概率质量 = T/(N+T)$$

此处，T 是观察到的样本数量，N 是观察到的事件总数。这等于正在出现的新样本的最大似然估计。所有概率之和等于 1。

$$p = \begin{cases} T/Z(N+T), & count = 0 \\ c/(N+T), & 其他 \end{cases}$$

```
"""

    def __init__(self, freqdist, bins=None):
"""
```

这获得了概率分布。使用这个概率，为未看见的样品，提供均匀的概率质量。样品的概率质量如下。

$$样本的概率质量 = T/(N+T)$$

此处，T 是观察到的样本数量，N 是观察到的事件总数。这等于正在出现的新样本的最大似然估计。所有概率之和等于 1。

$$p = \begin{cases} T/Z(N+T), & count = 0 \\ c/(N+T), & 其他 \end{cases}$$

Z 是使用这些值和采样区间值计算出的规范化因子。

使用参数 freqdist，估计频率计数，从这个频率计数中，可以获得概率分布。

参数 bins 定义为可能样本类型的数目。

```
    """
        assert bins is None or bins >= freqdist.B(),\
'bins parameter must not be less than %d=freqdist.B()' % freqdist.B()
        if bins is None:
            bins = freqdist.B()
        self._freqdist = freqdist
        self._T = self._freqdist.B()
        self._Z = bins - self._freqdist.B()
        self._N = self._freqdist.N()
        # self._P0 is P(0), precalculated for efficiency:
        if self._N==0:
            # if freqdist is empty, we approximate P(0) by a
UniformProbDist:
            self._P0 = 1.0 / self._Z
        else:
            self._P0 = self._T / float(self._Z * (self._N + self._T))

    def prob(self, sample):
        # inherit docs from ProbDistI
        c = self._freqdist[sample]
        return (c / float(self._N + self._T) if c != 0 else self._P0)

    def max(self):
        return self._freqdist.max()

    def samples(self):
        return self._freqdist.keys()

    def freqdist(self):
        return self._freqdist
```

```
    def discount(self):
        raise NotImplementedError()

    def __repr__(self):
"""
        String representation of ProbDist is obtained.

"""
        return '<WittenBellProbDist based on %d samples>' % self._
freqdist.N()
```

可以使用最大似然估计进行测试。针对 NLTK 中的 MLE，思考以下代码。

```
>>> import nltk
>>> from nltk.probability import *
>>> train_and_test(mle)
28.76%
>>> train_and_test(LaplaceProbDist)
69.16%
>>> train_and_test(ELEProbDist)
76.38%
>>> def lidstone(gamma):
    return lambda fd, bins: LidstoneProbDist(fd, gamma, bins)

>>> train_and_test(lidstone(0.1))
86.17%
>>> train_and_test(lidstone(0.5))
76.38%
>>> train_and_test(lidstone(1.0))
69.16%
```

2.1.2　隐马尔可夫模型估计

隐马尔可夫模型（Hidden Markov Model，HMM）包括观察到的状态，以及有助于确定它们的潜在状态。思考 HMM 的图示说明。此处，x 表示潜在状态，y 表示观察到的状态。

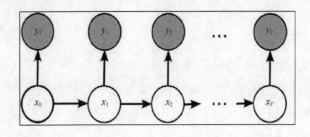

可以使用 HMM 估计执行测试。考虑 BrWN 语料库，以及此处给出的代码。

```
>>> import nltk
>>> corpus = nltk.corpus.brown.tagged_sents(categories='adventure')
[:700]
>>> print(len(corpus))
700
>>> from nltk.util import unique_list
>>> tag_set = unique_list(tag for sent in corpus for (word,tag) in
sent)
>>> print(len(tag_set))
104
>>> symbols = unique_list(word for sent in corpus for (word,tag) in
sent)
>>> print(len(symbols))
1908
>>> print(len(tag_set))
104
>>> symbols = unique_list(word for sent in corpus for (word,tag) in
sent)
>>> print(len(symbols))
1908
>>> trainer = nltk.tag.HiddenMarkovModelTrainer(tag_set, symbols)
>>> train_corpus = []
>>> test_corpus = []
>>> for i in range(len(corpus)):
if i % 10:
train_corpus += [corpus[i]]
else:
test_corpus += [corpus[i]]

>>> print(len(train_corpus))
630
>>> print(len(test_corpus))
70
>>> def train_and_test(est):
hmm = trainer.train_supervised(train_corpus, estimator=est)
print('%.2f%%' % (100 * hmm.evaluate(test_corpus)))
```

在上面的代码中，我们已经创建了 90% 的训练文件和 10% 的测试文件，并且我们已经测试了估计量（estimator）。

2.2 在 MLE 模型上应用平滑

我们使用平滑，处理先前未出现的单词。因此，未知单词的概率为 0。为了解决这个问题，我们采用了平滑。

2.2.1 加一平滑法

在 18 世纪，拉普拉斯发明了加一平滑法。在加一平滑法中，把 1 添加到了每个单词的计数中。除了 1 之外，也可以添加任何值到未知单词的计数中，这样就可以处理未知单词的计数，并且它们的概率不为零。伪计数是加到未知单词的计数中的值（即，1 或非 0），让它们的概率非 0。

思考下面的代码，执行 NLTK 中的加一平滑法。

```
>>> import nltk
>>> corpus=u"<s> hello how are you doing ? Hope you find the book
interesting. </s>".split()
>>> sentence=u"<s>how are you doing</s>".split()
>>> vocabulary=set(corpus)
>>> len(vocabulary)
13
>>> cfd = nltk.ConditionalFreqDist(nltk.bigrams(corpus))
>>> # The corpus counts of each bigram in the sentence:
>>> [cfd[a][b] for (a,b) in nltk.bigrams(sentence)]
[0, 1, 0]
>>> # The counts for each word in the sentence:
>>> [cfd[a].N() for (a,b) in nltk.bigrams(sentence)]
[0, 1, 2]
>>> # There is already a FreqDist method for MLE probability:
>>> [cfd[a].freq(b) for (a,b) in nltk.bigrams(sentence)]
[0, 1.0, 0.0]
>>> # Laplace smoothing of each bigram count:
>>> [1 + cfd[a][b] for (a,b) in nltk.bigrams(sentence)]
[1, 2, 1]
>>> # We need to normalise the counts for each word:
>>> [len(vocabulary) + cfd[a].N() for (a,b) in nltk.bigrams(sentence)]
[13, 14, 15]
>>> # The smoothed Laplace probability for each bigram:
>>> [1.0 * (1+cfd[a][b]) / (len(vocabulary)+cfd[a].N()) for (a,b) in
nltk.bigrams(sentence)]
```

```
[0.07692307692307693, 0.14285714285714285, 0.06666666666666667]
```

思考执行加一平滑法或生成拉普拉斯概率分布的另一种方式。

```
>>> # MLEProbDist is the unsmoothed probability distribution:
>>> cpd_mle = nltk.ConditionalProbDist(cfd, nltk.MLEProbDist,
bins=len(vocabulary))
>>> # Now we can get the MLE probabilities by using the .prob method:
>>> [cpd_mle[a].prob(b) for (a,b) in nltk.bigrams(sentence)]
[0, 1.0, 0.0]
>>> # LaplaceProbDist is the add-one smoothed ProbDist:
>>> cpd_laplace = nltk.ConditionalProbDist(cfd, nltk.LaplaceProbDist,
bins=len(vocabulary))
>>> # Getting the Laplace probabilities is the same as for MLE:
>>> [cpd_laplace[a].prob(b) for (a,b) in nltk.bigrams(sentence)]
[0.07692307692307693, 0.14285714285714285, 0.06666666666666667]
```

2.2.2　古德-图灵算法

（Alan Turing）和他的统计助理（I.J. Good）引进了古德-图灵算法。这是有效的平滑方法，对于某些语言任务，如词义消歧（WSD）、命名实体识别（NER）、拼写纠错、机器翻译等，它可以提高所执行统计技术的性能。这个方法有助于预测未知对象的概率。在这种方法中，展示了所感兴趣对象的二项分布。基于较高的计数样本，使用这种方法计算零计数或较低计数样品的质量概率。简单的古德-图灵通过线性回归，将频率-频率的图像近似为对数空间中的线性曲线。如果 c' 是经过调整的计数，那么它计算方式如下。

$$c'=(c+1)N(c+1)/N(c), \quad c \geq 1$$

对于 $c == 0$，在训练集中，零频率样本= $N(1)$。

此处，c 是原始计数，$N(i)$ 所观察到的具有计数 i 的事件类型数目。

Bill Gale 和 Geoffrey Sampson 提出了简单的古德图灵算法。

```
class SimpleGoodTuringProbDist(ProbDistI):
"""

    Given a pair (pi, qi), where pi refers to the frequency and
    qi refers to the frequency of frequency, our aim is to minimize
    the square variation. E(p) and E(q) is the mean of pi and qi.

    - slope, b = sigma ((pi-E(p)(qi-E(q))) / sigma ((pi-E(p))(pi-
E(p)))
```

```
        - intercept: a = E(q) - b.E(p)
    """

    SUM_TO_ONE = False
    def __init__(self, freqdist, bins=None):
    """

        param freqdist refers to the count of frequency from which
        probability distribution is estimated.
        Param bins is used to estimate the possible number of samples.
    """

        assert bins is None or bins > freqdist.B(),\
'bins parameter must not be less than %d=freqdist.B()+1' %
(freqdist.B()+1)
        if bins is None:
            bins = freqdist.B() + 1
        self._freqdist = freqdist
        self._bins = bins
        r, nr = self._r_Nr()
        self.find_best_fit(r, nr)
        self._switch(r, nr)
        self._renormalize(r, nr)


    def _r_Nr_non_zero(self):
        r_Nr = self._freqdist.r_Nr()
        del r_Nr[0]
        return r_Nr
    def _r_Nr(self):
    """
Split the frequency distribution in two list (r, Nr), where Nr(r) > 0
    """

        nonzero = self._r_Nr_non_zero()

        if not nonzero:
            return [], []
        return zip(*sorted(nonzero.items()))


    def find_best_fit(self, r, nr):
    """

        Use simple linear regression to tune parameters self._slope
        and self._intercept in the log-log space based on count and
        Nr(count)(Work in log space to avoid floating point underflow.)
    """

        # For higher sample frequencies the data points becomes
        horizontal # along line Nr=1. To create a more evident linear model in
```

```
log-log # space, we average positive Nr values with the surrounding
zero # values. (Church and Gale, 1991)
if not r or not nr:
    # Empty r or nr?
    return

zr = []
for j in range(len(r)):
    i = (r[j-1] if j > 0 else 0)
    k = (2 * r[j] - i if j == len(r) - 1 else r[j+1])
    zr_ = 2.0 * nr[j] / (k - i)
    zr.append(zr_)

log_r = [math.log(i) for i in r]
log_zr = [math.log(i) for i in zr]

xy_cov = x_var = 0.0
x_mean = 1.0 * sum(log_r) / len(log_r)
y_mean = 1.0 * sum(log_zr) / len(log_zr)
for (x, y) in zip(log_r, log_zr):
    xy_cov += (x - x_mean) * (y - y_mean)
    x_var += (x - x_mean)**2
self._slope = (xy_cov / x_var if x_var != 0 else 0.0)
if self._slope >= -1:
    warnings.warn('SimpleGoodTuring did not find a proper best
fit '
'line for smoothing probabilities of occurrences. '
'The probability estimates are likely to be '
'unreliable.')
self._intercept = y_mean - self._slope * x_mean

def _switch(self, r, nr):
"""
    Calculate the r frontier where we must switch from Nr to Sr
    when estimating E[Nr].
"""
    for i, r_ in enumerate(r):
        if len(r) == i + 1 or r[i+1] != r_ + 1:
            # We are at the end of r, or there is a gap in r
            self._switch_at = r_
            break

    Sr = self.smoothedNr
```

```
                smooth_r_star = (r_ + 1) * Sr(r_+1) / Sr(r_)
                unsmooth_r_star = 1.0 * (r_ + 1) * nr[i+1] / nr[i]

                std = math.sqrt(self._variance(r_, nr[i], nr[i+1]))
                if abs(unsmooth_r_star-smooth_r_star) <= 1.96 * std:
                    self._switch_at = r_
                    break

    def _variance(self, r, nr, nr_1):
        r = float(r)
        nr = float(nr)
        nr_1 = float(nr_1)
        return (r + 1.0)**2 * (nr_1 / nr**2) * (1.0 + nr_1 / nr)

    def _renormalize(self, r, nr):
        """
```

重归一化（renormalization）对确保获得正确的概率分布至关重要。可以将未知样本的概率估计为 $N(1)/N$，然后重新归一化所有先前的已知样本概率，来实现重归一化。

```
        """
        prob_cov = 0.0
        for r_, nr_ in zip(r, nr):
            prob_cov += nr_ * self._prob_measure(r_)
        if prob_cov:
            self._renormal = (1 - self._prob_measure(0)) / prob_cov

    def smoothedNr(self, r):
        """
        Return the number of samples with count r.

        """

        # Nr = a*r^b (with b < -1 to give the appropriate hyperbolic
        # relationship)
        # Estimate a and b by simple linear regression technique on
        # the logarithmic form of the equation: log Nr = a + b*log(r)

        return math.exp(self._intercept + self._slope * math.log(r))

    def prob(self, sample):
        """
        Return the sample's probability.
```

```
        """
                count = self._freqdist[sample]
                p = self._prob_measure(count)
                if count == 0:
                    if self._bins == self._freqdist.B():
                        p = 0.0
                    else:
                        p = p / (1.0 * self._bins - self._freqdist.B())
                else:
                    p = p * self._renormal
                return p

        def _prob_measure(self, count):
                if count == 0 and self._freqdist.N() == 0 :
                    return 1.0
                elif count == 0 and self._freqdist.N() != 0:
                    return 1.0 * self._freqdist.Nr(1) / self._freqdist.N()
                if self._switch_at > count:
                    Er_1 = 1.0 * self._freqdist.Nr(count+1)
                    Er = 1.0 * self._freqdist.Nr(count)
                else:
                    Er_1 = self.smoothedNr(count+1)
                    Er = self.smoothedNr(count)

                r_star = (count + 1) * Er_1 / Er
                return r_star / self._freqdist.N()

        def check(self):
                prob_sum = 0.0
                for i in range(0, len(self._Nr)):
                    prob_sum += self._Nr[i] * self._prob_measure(i) / self._
renormal
                print("Probability Sum:", prob_sum)
                #assert prob_sum != 1.0, "probability sum should be one!"

        def discount(self):
        """
                It is used to provide the total probability transfers from the
                seen events to the unseen events.
        """

                return 1.0 * self.smoothedNr(1) / self._freqdist.N()

        def max(self):
```

```
        return self._freqdist.max()

    def samples(self):
        return self._freqdist.keys()

    def freqdist(self):
        return self._freqdist

    def __repr__(self):
"""
        It obtains the string representation of ProbDist.
"""
        return '<SimpleGoodTuringProbDist based on %d samples>'\
               % self._freqdist.N()
```

在 NLTK 中，简单的古德图灵算法的代码如下。

```
>>> gt = lambda fd, bins: SimpleGoodTuringProbDist(fd, bins=1e5)
>>> train_and_test(gt)
5.17%
```

2.2.3 聂氏估计

对于三元组，使用聂氏（Kneser Ney）估计。在 NLTK 中，聂氏估计的代码如下。

```
>>> import nltk
>>> corpus = [[((x[0],y[0],z[0]),(x[1],y[1],z[1]))
   for x, y, z in nltk.trigrams(sent)]
  for sent in corpus[:100]]
>>> tag_set = unique_list(tag for sent in corpus for (word,tag) in
sent)
>>> len(tag_set)
906
>>> symbols = unique_list(word for sent in corpus for (word,tag) in
sent)
>>> len(symbols)
1341
>>> trainer = nltk.tag.HiddenMarkovModelTrainer(tag_set, symbols)
>>> train_corpus = []
>>> test_corpus = []
>>> for i in range(len(corpus)):
if i % 10:
train_corpus += [corpus[i]]
```

```
else:
test_corpus += [corpus[i]]

>>> len(train_corpus)
90
>>> len(test_corpus)
10
>>> kn = lambda fd, bins: KneserNeyProbDist(fd)
>>> train_and_test(kn)
0.86%
```

2.2.4　威滕·贝尔估计

威滕·贝尔（Witten Bell）估计是平滑算法，用于处理具有零概率的未知单词。在 NLTk 中的威滕·贝尔估计的代码如下。

```
>>> train_and_test(WittenBellProbDist)
6.90%
```

2.3　为 MLE 指定回退机制

我们将卡茨回退（Katz back-off）定义为生成 n 元语言模型，给定 n 元表示的先前信息，这个模型可以计算出给定标记的条件概率。根据这个模型，在训练中，如果看到 n 元组的次数大于 n，那么在给定先前信息的情况下，标记的条件概率与该 n 元组的 MLE 成正比例。否则，条件概率等同于（n–1）元组的回退条件概率。

以下是 NLTK 中卡茨回退模型的代码。

```
def prob(self, word, context):
"""
Evaluate the probability of this word in this context using Katz
Backoff.
: param word: the word to get the probability of
: type word: str
:param context: the context the word is in
:type context: list(str)
"""
context = tuple(context)
if(context+(word,) in self._ngrams) or (self._n == 1):
return self[context].prob(word)
```

```
else:
return self._alpha(context) * self._backoff.prob(word,context[1:])
```

2.4　应用数据插值获得混合和匹配

使用加法平滑二元组（additive smoothed bigram）的局限性是，当处理不常见文本时，就回退到了无知状态。例如，在训练数据中，单词 captivating 出现了 5 次：三次后面跟着 by，两次后面跟着 the。使用加法平滑算法，a 和 new 出现在 captivating 之前的次数是相同的。这两个事件都很合理，但是比起后者，前者更有可能。可以使用一元组概率，来纠正这个问题。可以开发出插值模型，在插值模型中，可以结合一元组和二元组的概率。

在 SRILM 中，首先使用-order 1 训练一元组模型，使用–order 2 训练二元组模型，这样就可以执行插值。

```
ngram - count - text / home / linux / ieng6 / ln165w / public / data
/ engand hintrain . txt \ - vocab / home / linux / ieng6 / ln165w /
public / data / engandhinlexicon . txt \ - order 1 - addsmooth 0.0001
- lm wsj1 . lm
```

2.5　应用困惑度评估语言模型

在 NLTK 中的 nltk.model.ngram 模块有一个子模块 perplexity(text)。这个子模块评估给定文本的困惑度。针对文本，将困惑度定义为 2 **交叉熵。困惑度定义了概率模型或概率分布如何对预测文本发挥重大作用。

评估文本困惑度的代码出现在 nltk.model.ngram 模块中，如下所示。

```
def perplexity(self, text):
"""
        Calculates the perplexity of the given text.
        This is simply 2 ** cross-entropy for the text.

        :param text: words to calculate perplexity of
        :type text: list(str)
"""
        return pow(2.0, self.entropy(text))
```

2.6 在建模语言中应用梅特罗波利斯-黑斯廷斯算法

在马尔可夫链蒙特卡洛（Markov Chain Monte Carlo，MCMC）中，有各种方法来执行对后验分布的处理。一种方法是使用梅特罗波利斯-黑斯廷斯采样器。为了实现梅特罗波利斯-黑斯廷斯算法，需要标准的均匀分布、提议分布和与后验概率成正比的目标分布。下面讨论了应用梅特罗波利斯-黑斯廷斯算法的示例。

2.7 在语言处理中应用吉布斯采样

在吉布斯采样的帮助下，通过对条件概率的采样，构建了马尔可夫链。当对所有参数的遍历完时，吉布斯采样器的一个周期就完成了。当不可能对条件分布进行采样时，可以使用梅特罗波利斯-黑斯廷斯算法。这也称为吉布斯内的梅特罗波利斯算法（Metropolis within Gibbs）。将吉布斯采样定义为具有特殊提议分布的梅特罗波利斯-黑斯廷斯算法。在每次迭代中，都得到了一个特定参数新值的提议。

请思考投掷两枚硬币的示例，它表征为投掷硬币的次数和所得到硬币的正面数。

```
def bern(theta,z,N):
"""Bernoulli likelihood with N trials and z successes."""
return np.clip(theta**z*(1-theta)**(N-z),0,1)
def bern2(theta1,theta2,z1,z2,N1,N2):
"""Bernoulli likelihood with N trials and z successes."""
return bern(theta1,z1,N1)*bern(theta2,z2,N2)
def make_thetas(xmin,xmax,n):
xs=np.linspace(xmin,xmax,n)
widths=(xs[1:]-xs[:-1])/2.0
thetas=xs[:-1]+widths
returnt hetas
def make_plots(X,Y,prior,likelihood,posterior,projection=None):
fig,ax=plt.subplots(1,3,subplot_kw=dict(projection=projection,aspect='
equal'),figsize=(12,3))
ifprojection=='3d':
ax[0].plot_surface(X,Y,prior,alpha=0.3,cmap=plt.cm.jet)
ax[1].plot_surface(X,Y,likelihood,alpha=0.3,cmap=plt.cm.jet)
ax[2].plot_surface(X,Y,posterior,alpha=0.3,cmap=plt.cm.jet)
else:
ax[0].contour(X,Y,prior)
```

```
ax[1].contour(X,Y,likelihood)
ax[2].contour(X,Y,posterior)
ax[0].set_title('Prior')
ax[1].set_title('Likelihood')
ax[2].set_title('Posteior')
plt.tight_layout()
thetas1=make_thetas(0,1,101)
thetas2=make_thetas(0,1,101)
X,Y=np.meshgrid(thetas1,thetas2)
```

对于梅特罗波利斯算法，请思考以下值。

```
a=2
b=3


z1=11
N1=14
z2=7
N2=14


prior=lambdatheta1,theta2:stats.beta(a,b).pdf(theta1)*stats.beta(a,b).
pdf(theta2)
lik=partial(bern2,z1=z1,z2=z2,N1=N1,N2=N2)
target=lambdatheta1,theta2:prior(theta1,theta2)*lik(theta1,theta2)


theta=np.array([0.5,0.5])
niters=10000
burnin=500
sigma=np.diag([0.2,0.2])


thetas=np.zeros((niters-burnin,2),np.float)
foriinrange(niters):
new_theta=stats.multivariate_normal(theta,sigma).rvs()
p=min(target(*new_theta)/target(*theta),1)
ifnp.random.rand()<p:
theta=new_theta
ifi>=burnin:
thetas[i-burnin]=theta
kde=stats.gaussian_kde(thetas.T)
XY=np.vstack([X.ravel(),Y.ravel()])
posterior_metroplis=kde(XY).reshape(X.shape)
make_plots(X,Y,prior(X,Y),lik(X,Y),posterior_metroplis)
make_plots(X,Y,prior(X,Y),lik(X,Y),posterior_
metroplis,projection='3d')
```

对于吉布斯算法，请思考以下值。

```
a=2
b=3

z1=11
N1=14
z2=7
N2=14

prior=lambda theta1,theta2:stats.beta(a,b).pdf(theta1)*stats.
beta(a,b).pdf(theta2)
lik=partial(bern2,z1=z1,z2=z2,N1=N1,N2=N2)
target=lambdatheta1,theta2:prior(theta1,theta2)*lik(theta1,theta2)

theta=np.array([0.5,0.5])
niters=10000
burnin=500
sigma=np.diag([0.2,0.2])

thetas=np.zeros((niters-burnin,2),np.float)
foriinrange(niters):
theta=[stats.beta(a+z1,b+N1-z1).rvs(),theta[1]]
theta=[theta[0],stats.beta(a+z2,b+N2-z2).rvs()]

ifi>=burnin:
thetas[i-burnin]=theta
kde=stats.gaussian_kde(thetas.T)
XY=np.vstack([X.ravel(),Y.ravel()])
posterior_gibbs=kde(XY).reshape(X.shape)
make_plots(X,Y,prior(X,Y),lik(X,Y),posterior_gibbs)
make_plots(X,Y,prior(X,Y),lik(X,Y),posterior_gibbs,projection='3d')
```

在梅特罗波利斯和吉布斯算法的代码中，可以得到前验概率、似然概率和后验概率的 2D 和 3D 图。

2.8　本章小结

本章讨论了单词频率（一元组、二元组和三元组）。读者学习到了最大似然估计及其在 NLTK 中的实现。本章还讨论了插值法、退避法、吉布斯采样和梅特罗波利斯-黑斯廷斯算法，以及通过困惑度如何评估语言模型。

下一章将讨论词根还原和词形还原，使用机器学习工具创建形态生成器。

第 3 章
词语形态学——试一试

我们将词语形态学定义为使用词素（morpheme）研究单词组合。词素是具有意义的最小语言单位。本章将讨论词根还原和词形还原，非英语语言的词根还原器和词形还原器，使用机器学习工具、搜索引擎和许多此类的概念，开发词语形态分析器和词语形态生成器。

简而言之，本章包括以下主题。

- 词语形态学。

- 词根还原器。

- 词形还原。

- 开发用于非英语语言的词根还原器。

- 词语形态分析器。

- 词语形态生成器。

- 搜索引擎。

3.1 词语形态学

我们将词语形态学定义为，在词素的帮助下，研究标记的生成。词素是承载意义的语言基本单位。有两种类型的词素：词根和词缀（后缀、前缀、中缀和环缀）。

由于词根可以在不添加词缀的情况下存在，因此词根也称为自由语素。由于词缀不能以自由形式存在，它们总是与自由语素一起存在，因此词缀也称为黏着语素。思考单词

unbelievable。此处，believe 是词根或自由语素，可以单独存在。词素 un 和 able 是词缀或黏着语素。虽然它们不能以自由形式存在，但是它们可以与词根一起存在。

有三种类型的语言，即孤立语、黏着语和屈折语。在所有这些语言中，词语形态学有不同的含义。孤立语是只有自由语素的那些语言，这些自由语素不携带任何时态（过去时，现在时和未来时）和数量（单数或复数）的信息。中文普通话是孤立语的一个示例。黏着语是将小单词结合在了一起，传达复合信息的那些语言。土耳其语是黏着语的一个示例。屈折语是将单词分解成较简单的单位的语言，但是所有较简单的单位表现出了不同的含义。拉丁语就是屈折语的一个示例。

形态变化的处理有以下几种：变形、派生、类词缀、组合形式和附缀化。变形指的是将单词转化为某种形式，这样它就可以表示人称、数量、时态、性别、名词所有格、动词的体和情绪。

此处，标记的句法类别依然保持不变。在派生过程中，单词的句法类别也发生了变化。类词缀是黏着语素，这些黏着语素表示如质量（quality）之类的单词，类词缀的例子有，noteworthy（值得注意的是），anticlockwise（逆时针）等。

3.2 词根还原器

将词根还原定义为通过消除单词的词缀，获取单词词根的过程。例如，对于单词raining，词根还原器移除了 raining 的词缀，返回了单词词根 rain。为了提高信息检索的准确性，搜索引擎大多使用词根还原获得词根，并将词根另存为索引单词。搜索引擎使用同义词来称呼单词，这就是熟知的异文合并（conflation）的查询扩展。马丁·波特（Martin Porter）设计了众所周知的词根还原算法，也就是人们熟知的波特词根还原算法。基本上，这种算法用于替代和消除出现在英语单词中的一些众所周知的后缀。为了在 NLTK 中执行词根还原，可以简单得到 PorterStemmer 类的一个实例，然后通过调用 stem 方法，进行词根还原。

使用在 NLTK 中的 PorterStemmer 类进行词根还原的代码如下。

```
>>> import nltk
>>> from nltk.stem import PorterStemmer
>>> stemmerporter = PorterStemmer()
>>> stemmerporter.stem('working')
'work'
```

```
>>> stemmerporter.stem('happiness')
'happi'
```

PorterStemmer 类已得到训练，并具有许多英语的单词形式和词根的知识。词根还原的过程需要一系列步骤，将单词转换为更短的单词，或与词根单词具有类似意思的单词。Stemmer I 接口定义了 stem()方法，所有的词根还原器都继承自 Stemmer I 接口。此处描述了继承图。

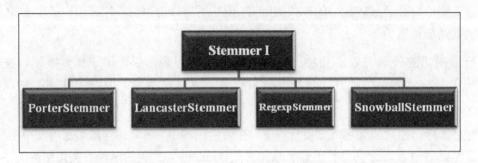

另一个词根还原算法也就是熟知的兰卡斯特词根还原算法（Lancaster stemming algorithm），它是由兰卡斯特大学引入的。与 PorterStemmer 类类似，在 NLTK 中，使用 LancasterStemmer 类实现兰卡斯特词根还原。但是，这两种算法之间其中一个主要区别是，比起波特词根还原，兰卡斯特词根还原涉及更多具有不同情感度的单词的使用。

在 NLTK 中描述了兰卡斯特词根还原的代码如下。

```
>>> import nltk
>>> from nltk.stem import LancasterStemmer
>>> stemmerlan=LancasterStemmer()
>>> stemmerlan.stem('working')
'work'
>>> stemmerlan.stem('happiness')
'happy'
```

还可以使用 RegexpStemmer，构建自己的词根还原器。这个词根还原器的工作原理是，接受字符串，当找到匹配时，从单词的前缀或后缀中消除字符串。

思考使用 NLTK 中的 RegexpStemmer 进行词根还原的一个示例。

```
>>> import nltk
>>> from nltk.stem import RegexpStemmer
>>> stemmerregexp=RegexpStemmer('ing')
```

```
>>> stemmerregexp.stem('working')
'work'
>>> stemmerregexp.stem('happiness')
'happiness'
>>> stemmerregexp.stem('pairing')
'pair'
```

在不能使用 PorterStemmer 和 LancasterStemmer 执行词根还原的情况下，可以使用
RegexpStemmer。

对除了英语以外的其他 13 种语言，使用 SnowballStemmer 执行词根还原。为了使用
SnowballStemmer 执行词根还原，首先，创建需要在其中进行词根还原的语言的实例。然后，
使用 stem()方法，执行词根还原。

思考使用 SnowballStemmer 对 NLTK 中的西班牙语和法语执行词根还原的示例。

```
>>> import nltk
>>> from nltk.stem import SnowballStemmer
>>> SnowballStemmer.languages
('danish', 'dutch', 'english', 'finnish', 'french', 'german',
'hungarian', 'italian', 'norwegian', 'porter', 'portuguese',
'romanian', 'russian', 'spanish', 'swedish')
>>> spanishstemmer=SnowballStemmer('spanish')
>>> spanishstemmer.stem('comiendo')
'com'
>>> frenchstemmer=SnowballStemmer('french')
>>> frenchstemmer.stem('manger')
'mang'
```

Nltk.stem.api 包括 Stemmer I 类，在 Stemmer I 类中，执行了 stem 函数。

请思考在 NLTK 中出现的以下代码，这段代码允许我们执行词根还原。

```
Class StemmerI(object):
"""
It is an interface that helps to eliminate morphological affixes from
the tokens and the process is known as stemming.
"""
def stem(self, token):
"""
Eliminate affixes from token and stem is returned.
"""
raise NotImplementedError()
```

下面展示了使用多个词根还原器执行词根还原的代码。

```
>>> import nltk
>>> from nltk.stem.porter import PorterStemmer
>>> from nltk.stem.lancaster import LancasterStemmer
>>> from nltk.stem import SnowballStemmer
>>> def obtain_tokens():
With open('/home/p/NLTK/sample1.txt') as stem: tok = nltk.word_
tokenize(stem.read())
return tokens
>>> def stemming(filtered):
stem=[]
for x in filtered:
stem.append(PorterStemmer().stem(x))
return stem
>>> if_name_=="_main_":
tok= obtain_tokens()
>>>print("tokens is %s")%(tok)
>>>stem_tokens= stemming(tok)
>>>print("After stemming is %s")%stem_tokens
>>>res=dict(zip(tok,stem_tokens))
>>>print("{tok:stemmed}=%s")%(result)
```

3.3 词形还原

词形还原是将单词转换为不同类别单词形式的过程。在词形还原后所形成的单词是完全不同的。在 WordNetLemmatizer 中，使用内置的 morphy()函数进行词形还原。如果在 WordNet 中找不到对应的单词，则输入的单词保持不变。在参数方面，pos 指的是输入单词的词性类别。

思考在 NLTK 中词形还原的例子。

```
>>> import nltk
>>> from nltk.stem import WordNetLemmatizer
>>> lemmatizer_output=WordNetLemmatizer()
>>> lemmatizer_output.lemmatize('working')
'working'
>>> lemmatizer_output.lemmatize('working',pos='v')
'work'
>>> lemmatizer_output.lemmatize('works')
'work'
```

将 WordNetLemmatizer 库定义为所谓 WordNet 语料库的包装器，它利用出现在 WordNetCorpusReader 中的 morphy()函数提取词形。如果未能提取出词形，那么这将返回单词的原有形式。例如，对于 works，词形还原将返回其单数形式，即 work。

查看下面的代码，这段代码详细说明了词根还原和词形还原的区别。

```
>>> import nltk
>>> from nltk.stem import PorterStemmer
>>> stemmer_output=PorterStemmer()
>>> stemmer_output.stem('happiness')
'happi'
>>> from nltk.stem import WordNetLemmatizer
>>> lemmatizer_output=WordNetLemmatizer()
>>> lemmatizer_output.lemmatize('happiness')
'happiness'
```

在前面的代码中，happiness 被词根还原转换为 happi。词形还原找不到 happiness 的根词，因此返回了单词 happiness。

3.4 开发用于非英语语言的词根还原器

Polyglot 是一个软件，用来提供称为 morfessor 的模型，使用这个 morfessor 模型，从标记中获得词素。Morpho 项目的目标是创建无监督数据驱动进程。Morpho 项目的主要目标是将重点放在语素的创建上，词素是最小的语法单位。在自然语言处理中，词素扮演了重要的角色。在自动识别和语言创造中，词素非常有用。在 Polyglot 词汇词典的帮助下，不同语言中 50000 个标记的 morfessor 模型得到了应用。

查看使用 polyglot 获得语言表格的代码。

```
from polyglot.downloader import downloader
print(downloader.supported_languages_table("morph2"))
```

从先前代码中得到的输出是此处列出的语言。

1. Piedmontese language
2. Lombard language
3. Gan Chinese
4. Sicilian
5. Scots
6. Kirghiz, Kyrgyz
7. Pashto, Pushto
8. Kurdish
9. Portuguese
10. Kannada
11. Korean
12. Khmer
13. Kazakh
14. Ilokano
15. Polish
16. Panjabi, Punjabi
17. Georgian
18. Chuvash
19. Alemannic
20. Czech
21. Welsh
22. Chechen
23. Catalan; Valencian
24. Northern Sami
25. Sanskrit (Sa?sk?ta)
26. Slovene
27. Javanese
28. Slovak
29. Bosnian-Croatian-Serbian
30. Bavarian
31. Swedish
32. Swahili
33. Sundanese
34. Serbian
35. Albanian
36. Japanese
37. Western Frisian
38. French
39. Finnish
40. Upper Sorbian
41. Faroese
42. Persian
43. Sinhala, Sinhalese
44. Italian
45. Amharic
46. Aragonese
47. Volapük
48. Icelandic
49. Sakha
50. Afrikaans
51. Indonesian
52. Interlingua
53. Azerbaijani
54. Ido
55. Arabic
56. Assamese
57. Yoruba
58. Yiddish
59. Waray-Waray
60. Croatian
61. Hungarian
62. Haitian; Haitian Creole
63. Quechua
64. Armenian
65. Hebrew (modern)
66. Silesian
67. Hindi
68. Divehi; Dhivehi; Mald...
69. German
70. Danish
71. Occitan
72. Tagalog
73. Turkmen
74. Thai
75. Tajik
76. Greek, Modern
77. Telugu
78. Tamil
79. Oriya
80. Ossetian, Ossetic
81. Tatar
82. Turkish
83. Kapampangan
84. Venetian
85. Manx
86. Gujarati
87. Galician
88. Irish
89. Scottish Gaelic; Gaelic
90. Nepali
91. Cebuano
92. Zazaki
93. Walloon
94. Dutch
95. Norwegian
96. Norwegian Nynorsk
97. West Flemish
98. Chinese
99. Bosnian
100. Breton
101. Belarusian
102. Bulgarian
103. Bashkir
104. Egyptian Arabic
105. Tibetan Standard, Tib...
106. Bengali
107. Burmese
108. Romansh
109. Marathi (Mara?hi)
110. Malay
111. Maltese
112. Russian
113. Macedonian
114. Malayalam
115. Mongolian
116. Malagasy
117. Vietnamese
118. Spanish; Castilian
119. Estonian
120. Basque
121. Bishnupriya Manipuri
122. Asturian
123. English
124. Esperanto
125. Luxembourgish, Letzeb...
126. Latin
127. Uighur, Uyghur
128. Ukrainian
129. Limburgish, Limburgan...
130. Latvian
131. Urdu
132. Lithuanian
133. Fiji Hindi
134. Uzbek
135. Romanian, Moldavian, ...

可以使用下面的代码来下载必要的模型。

```
%%bash
polyglot download morph2.en morph2.ar

[polyglot_data] Downloading package morph2.en to
[polyglot_data] /home/rmyeid/polyglot_data...
[polyglot_data] Package morph2.en is already up-to-date!
[polyglot_data] Downloading package morph2.ar to
[polyglot_data] /home/rmyeid/polyglot_data...
[polyglot_data] Package morph2.ar is already up-to-date!
```

考虑一个示例，使用这个示例从 polyglot 处获得输出。

```
from polyglot.text import Text, Word
tokens =["unconditional" ,"precooked", "impossible", "painful",
"entered"]
for s in tokens:
s=Word(s, language="en")
print("{:<20}{}".format(s,s.morphemes))

unconditional['un','conditional']
precooked['pre','cook','ed']
impossible['im','possible']
painful['pain','ful']
entered['enter','ed']
```

如果没有正确执行标记化，那么可以执行形态分析，以将文本划分为原始的构成部分（constituent）。

```
sent="Ihopeyoufindthebookinteresting"
para=Text(sent)
para.language="en"
para.morphemes
WordList(['I','hope','you','find','the','book','interesting'])
```

3.5　词语形态分析器

可以将形态分析（morphological analysis）定义为，给定后缀信息，从标记中获取语法信息的过程。可以以三种方式执行形态分析：基于词素的形态（或项和排列方法），基于的语义形态（或项和流程方法），基于单词的形态（或单词和范例方法）。可以将词语形态分析器定义为一个程序，这个程序负责给定输入标记的形态分析。它分析了给定标记，生成了形态信息，如性别、数目、类别等，作为输出。

为了对给定的无空格的标记执行形态分析，使用 pyEnchant 字典。

查看下面执行形态分析的代码。

```
>>> import enchant
>>> s = enchant.Dict("en_US")
>>> tok=[]
>>> def tokenize(st1):
if not st1:return
for j in xrange(len(st1),-1,-1):
if s.check(st1[0:j]):
tok.append(st1[0:i])
st1=st[j:]
tokenize(st1)
break
>>> tokenize("itismyfavouritebook")
>>> tok
['it', 'is', 'my','favourite','book']
>>> tok=[ ]
>>> tokenize("ihopeyoufindthebookinteresting")
>>> tok
['i','hope','you','find','the','book','interesting']
```

根据以下提示信息，可以确定单词的类别。

- **形态提示**：后缀信息有助于我们发现单词的类别。例如，后缀-ness 和-ment 与名词一起存在。

- **句法提示**：上下文信息有利于确定单词的类别。例如，如果发现单词具有名词类别，那么对于确定形容词是否出现在名词类别前或名词类别后，句法提示大有裨益。

- **语义提示**：语义提示对于确定单词的类别也是大有裨益。例如，如果知道某个单词表示地点的名称，那么这个单词将归入名词类别。

- **开放类**：这个单词类不是固定的，每当有新单词添加到这张列表中时，它们的数目不断与日俱增。在开放类中的单词通常是名词。介词大多位于封闭类中。例如，在人（Persons）的列表中，有数目不受限制的单词。因此，这是开放类。

- **词性标记集捕获的形态**：词性标记集捕获了一些信息，这些信息有助于我们执行形态分析。例如，单词 plays 与第三人称单数一起出现。

- **Omorfi**：Omorfi（芬兰语的开放式形态）是一个包，这个包已经得到了 GNU GPL 版本 3 的许可。可以使用这个包来执行各种任务，如语言建模、形态分析、基于规则的机器翻译、信息检索、统计机器翻译、形态分割、本体，以及拼写检查和纠正。

3.6 词语形态生成器

词语形态生成器是执行形态生成这个任务的程序。可以将形态生成视为与形态分析相反的任务。此次，根据单词在数量、类别、词根等方面的描述，检索原始单词。例如，如果词根=go，词性=verb（动词），时态=present（现在时），并且它与第三人称单数一起出现，那么词语形态生成器将生成器表面形式，即 goes。

有很多执行形态分析和形态生成任务并且基于 Python 的软件。其中一些软件如下。

- **ParaMorfo**：这是用于执行西班牙语和瓜拉尼语的名词、形容词、动词的形态生成和形态分析的软件。
- **HornMorpho**：这是用于执行奥罗莫语和阿姆哈拉语的名词、动词以及蒂格里亚语动词的形态生成和形态分析的软件。
- **AntiMorfo**：这是用于执行克丘亚语的形容词、动词和名词以及西班牙语的动词的形态生成和形态分析的软件。
- **MorfoMelayu**：这是用于执行马来语的单词形态分析的软件。

用于执行形态分析和形态生成的其他软件示例如下。

- Morph 是 RASP 系统中英语的形态分析器和形态生成器。
- Morphy 是德语的形态分析器和形态生成器和 POS 标注器。
- Morphisto 是德语的形态分析器和形态生成器。
- Morfette 负责进行西班牙语和法语的监督学习（屈折形态）。

3.7 搜索引擎

PyStemmer 1.0.1 包含了 Snowball 词根还原算法，使用这个词根还原算法，执行信息检索任务，构建搜索引擎。它包含了波特词根还原算法和许多其他的词根还原算法，对于执行多国语言（包括许多欧洲语言）的词根还原和信息检索任务，这些算法非常有用处。

可以通过将文本转换为向量，构建向量空间搜索引擎。

以下是在构建向量空间搜索引擎时所涉及的步骤。

（1）思考进行停用词移除和标记化的以下代码。词根还原器是接受单词并将它转换成词根的程序。具有相同词根的标记几乎具有相同的含义。也可以从文本中消除停用词。

```
def eliminatestopwords(self,list):
"""
Eliminate words which occur often and have not much significance
from context point of view.
"""
return[ word for word in list if word not in self.stopwords ]

def tokenize(self,string):
"""
Perform the task of splitting text into stop words and tokens
"""
Str=self.clean(str)
Words=str.split("")
return [self.stemmer.stem(word,0,len(word)-1) for word in words]
```

（2）考虑用于映射关键字到向量维度的以下代码。

```
def obtainvectorkeywordindex(self, documentList):
"""
In the document vectors, generate the keyword for the given
position of element
"""



#Perform mapping of text into strings
vocabstring = "".join(documentList)

vocablist = self.parser.tokenise(vocabstring)
#Eliminate common words that have no search significance
vocablist = self.parser.eliminatestopwords(vocablist)
uniqueVocablist = util.removeDuplicates(vocablist)

vectorIndex={}
 offset=0
#Attach a position to keywords that performs mapping with
dimension that is used to depict this token
 for word in uniqueVocablist:
```

```
vectorIndex[word]=offset
offset+=1
 return vectorIndex #(keyword:position)
```

（3）此处，使用简单的术语统计模式。思考将文本字符串转换成向量的以下代码。

```
def constructVector(self, wordString):

        # Initialise the vector with 0's
        Vector_val = [0] * len(self.vectorKeywordIndex)
        tokList = self.parser.tokenize(tokString)
        tokList = self.parser.eliminatestopwords(tokList)
        for word in toklist:
                vector[self.vectorKeywordIndex[word]] += 1;
# simple Term Count Model is used
        return vector
```

（4）通过求文档向量之间的夹角的余弦，搜索类似的文档，可以证明两个给定文件是否相似。如果余弦值为1，则角度为0°，可以认为向量是平行的（这意味着认为文件是相关的）。如果余弦值为0，则角度为90°，我们可以认为向量是垂直的（这意味着认为文件是不相关的）。让我们看看，使用 SciPy，计算文本向量之间余弦值的代码。

```
def cosine(vec1, vec2):
"""
                cosine = ( X * Y ) / ||X|| x ||Y||
"""
return float(dot(vec1,vec2) / (norm(vec1) * norm(vec2)))
```

（5）将关键字映射到向量空间。构造表示待搜索项的临时文本，然后在余弦测度的帮助下，比较它与文档向量。查看搜索向量空间的以下代码。

```
def searching(self,searchinglist):
""" search for text that are matched on the basis oflist of
items """
        askVector = self.buildQueryVector(searchinglist)

ratings = [util.cosine(askVector, textVector) for textVector in
self.documentVectors]
        ratings.sort(reverse=True)
        return ratings
```

（6）现在，思考下面的代码，可以使用这段代码从源文本中检测出所使用的语言。

```
>>> import nltk
```

```
>>> import sys
>>> try:
from nltk import wordpunct_tokenize
from nltk.corpus import stopwords
except ImportError:
print( 'Error has occured')


#-------------------------------------------------------------------
-----
>>> def _calculate_languages_ratios(text):
"""
Compute probability of given document that can be written in
different languages and give a dictionary that appears like
{'german': 2, 'french': 4, 'english': 1}
"""
languages_ratios = {}
'''
nltk.wordpunct_tokenize() splits all punctuations into separate
tokens
wordpunct_tokenize("I hope you like the book interesting .")
[' I',' hope ','you ','like ','the ','book' ,'interesting ','.']
'''

tok = wordpunct_tokenize(text)
wor = [word.lower() for word in tok]

  # Compute occurence of unique stopwords in a text
for language in stopwords.fileids():
stopwords_set = set(stopwords.words(language))
words_set = set(words)
common_elements = words_set.intersection(stopwords_set)
languages_ratios[language] = len(common_elements)
# language "score"
return languages_ratios

#-------------------------------------------------------------------

>>> def detect_language(text):
"""
Compute the probability of given text that is written in different
languages and obtain the one that is highest scored. It makes
use of stopwords calculation approach, finds out unique stopwords
```

```
present in a analyzed text.
"""
ratios = _calculate_languages_ratios(text)
most_rated_language = max(ratios, key=ratios.get)
return most_rated_language


if __name__=='__main__':

text = '''
……

'''

>>> language = detect_language(text)

>>> print(language)
```

以上代码将搜索停用词，检测文本的语言，也就是英语。

3.8　本章小结

计算语言学领域有许多应用。为了实现或构建应用，需要对原始文本进行预处理。本章已经讨论了词根还原、词形还原和词语形态分析和生成，以及它们在 NLTK 中的实现，还讨论了搜索引擎及其实现。

下一章将讨论词性、标记和组块。

第4章
词性标注——识别单词

在自然语言处理中，词性（POS）标注是众多任务的其中一个。将它定义为将特定词性标签分配给句子中的单个单词。词性标签确定了某个单词是名词、动词、形容词，还是其他词性。词性标注具有多种应用，如信息检索、机器翻译、命名实体识别（NER）、语言分析等。

本章包括以下主题。

- 创建词性标注的语料库。

- 选择某个机器学习算法。

- 涉及 n 元组方法的统计建模。

- 使用 POS 标记的数据开发组块器。

4.1 词性标注

词性标注是将类别（例如，名词、动词、形容词等）标签分配给句子中单个标记的过程。在 NLTK 中，标注器存在于 nltk.tag 包中，TaggerIbase 类继承了这个标注器。

思考在 NLTK 中对给定句子实现 POS 标注的示例。

```
>>> import nltk
>>> text1=nltk.word_tokenize("It is a pleasant day today")
>>> nltk.pos_tag(text1)
[('It', 'PRP'), ('is', 'VBZ'), ('a', 'DT'), ('pleasant', 'JJ'),
('day', 'NN'), ('today', 'NN')]
```

在 TaggerI 的所有子类中，可以实现 tag()方法。为了评估标注器，TaggerI 提供了 evaluate()

方法。可以使用标注器的组合，形成回退链，这样如果前一个标注器未进行标注，可以使用下一标注器进行标注。

下面是由宾州树库提供的可用标签的列表参见 upenn 网站。

```
CC   - 并列连词
CD   -基数
DT   - 限定词
EX   - 存在的 there
FW   - 外来词
IN   - 介词或从属连词
JJ   - 形容词
JJR  - 形容词，比较级
JJS  - 形容词，最高级
LS   - 列表项标记
MD   - 情态动词
NN   - 名词，单数或不可数
NNS  - 名词，复数
NNP  - 专有名词，单数
NNPS - 专有名词，复数
PDT  -   前置限定词
POS  - 所有格结尾
PRP  - 人称代词
PRP$ - 所有格代词 (prolog 版本为 PRP-S)
RB   - 副词
RBR  - 副词，比较级
RBS  - 副词，最高级
RP   - 小品词
SYM  - 符号
TO - to
UH   - 叹词
VB   - 动词
基本形式 VBD  - 动词，过去式
VBG  - 动词，动名词或现在分词
VBN  - 动词，过去分词
VBP  - 动词，现在时非第三人称单数
VBZ  - 动词，现在时第三人称单数
WDT  -  WH-限定词
WP   -  WH-代词
WP $ - 所有格 WH-代词 (prolog 版本为 WP-S)
WRB  -  WH-副词
```

NLTK 可以提供标签信息。思考以下代码，这个代码提供了关于 NNS 的标签信息：

```
>>> nltk.help.upenn_tagset('NNS')
NNS: noun, common, plural
    undergraduates scotches bric-a-brac products bodyguards facets
coasts
    divestitures storehouses designs clubs fragrances averages
    subjectivists apprehensions muses factory-jobs ...
```

查看另一个示例，在该示例中也可以查询正则表达式。

```
>>> nltk.help.upenn_tagset('VB.*')
VB: verb, base form
    ask assemble assess assign assume atone attention avoid bake
balkanize
    bank begin behold believe bend benefit bevel beware bless boil
bomb
    boost brace break bring broil brush build ...
VBD: verb, past tense
    dipped pleaded swiped regummed soaked tidied convened halted
registered
    cushioned exacted snubbed strode aimed adopted belied figgered
    speculated wore appreciated contemplated ...
VBG: verb, present participle or gerund
    telegraphing stirring focusing angering judging stalling lactating
    hankerin' alleging veering capping approaching traveling besieging
    encrypting interrupting erasing wincing ...
VBN: verb, past participle
    multihulled dilapidated aerosolized chaired languished panelized
used
 experimented flourished imitated reunifed factored condensed sheared
    unsettled primed dubbed desired ...
VBP: verb, present tense, not 3rd person singular
    predominate wrap resort sue twist spill cure lengthen brush
terminate
    appear tend stray glisten obtain comprise detest tease attract
    emphasize mold postpone sever return wag ...
VBZ: verb, present tense, 3rd person singular
    bases reconstructs marks mixes displeases seals carps weaves
snatches
    slumps stretches authorizes smolders pictures emerges stockpiles
    seduces fizzes uses bolsters slaps speaks pleads ...R
```

上面的代码提供了关于动词短语的所有标签信息。

查看通过 POS 标注实现单词意思消歧的示例。

```
>>> import nltk
>>> text=nltk.word_tokenize("I cannot bear the pain of bear")
>>> nltk.pos_tag(text)
[('I', 'PRP'), ('can', 'MD'), ('not', 'RB'), ('bear', 'VB'), ('the',
'DT'), ('pain', 'NN'), ('of', 'IN'), ('bear', 'NN')]
```

此处，在先前的句子中，bear 是一个动词，意思是容忍（tolerate），同时，这个单词也可以表示动物（animal），这也意味着它是一个名词。

在 NLTK 中，使用包含了标记及其标签的元组表示已标注的标记。可以使用 str2tuple() 函数，在 NLTK 中创建这个元组。

```
>>> import nltk
>>> taggedword=nltk.tag.str2tuple('bear/NN')
>>> taggedword
('bear', 'NN')
>>> taggedword[0]
'bear'
>>> taggedword[1]
'NN'
```

思考一个示例，在这个示例中，可以从给定文本中生成元组序列。

```
>>> import nltk
>>> sentence='''The/DT sacred/VBN Ganga/NNP flows/VBZ in/IN this/DT
region/NN ./. This/DT is/VBZ a/DT pilgrimage/NN ./. People/NNP from/IN
all/DT over/IN the/DT country/NN visit/NN this/DT place/NN ./. '''
>>> [nltk.tag.str2tuple(t) for t in sentence.split()]
[('The', 'DT'), ('sacred', 'VBN'), ('Ganga', 'NNP'), ('flows', 'VBZ'),
('in', 'IN'), ('this', 'DT'), ('region', 'NN'), ('.', '.'), ('This',
'DT'), ('is', 'VBZ'), ('a', 'DT'), ('pilgrimage', 'NN'), ('.', '.'),
('People', 'NNP'), ('from', 'IN'), ('all', 'DT'), ('over', 'IN'),
('the', 'DT'), ('country', 'NN'), ('visit', 'NN'), ('this', 'DT'),
('place', 'NN'), ('.', '.')]
```

现在，思考将元组（word 和 pos 标签）转换为单词和标签的以下代码。

```
>>> import nltk
>>> taggedtok = ('bear', 'NN')
>>> from nltk.tag.util import tuple2str
>>> tuple2str(taggedtok)
'bear/NN'
```

查看在 treebank 语料中出现的一些常见标签。

```
>>> import nltk
>>> from nltk.corpus import treebank
>>> treebank_tagged = treebank.tagged_words(tagset='universal')
>>> tag = nltk.FreqDist(tag for (word, tag) in treebank_tagged)
>>> tag.most_common()
[('NOUN', 28867), ('VERB', 13564), ('.', 11715), ('ADP', 9857),
('DET', 8725), ('X', 6613), ('ADJ', 6397), ('NUM', 3546), ('PRT',
3219), ('ADV', 3171), ('PRON', 2737), ('CONJ', 2265)]
```

思考下面的代码，这段代码计算在名词标签之前出现的标签数量。

```
>>> import nltk
>>> from nltk.corpus import treebank
>>> treebank_tagged = treebank.tagged_words(tagset='universal')
>>> tagpairs = nltk.bigrams(treebank_tagged)
>>> preceders_noun = [x[1] for (x, y) in tagpairs if y[1] == 'NOUN']
>>> freqdist = nltk.FreqDist(preceders_noun)
>>> [tag for (tag, _) in freqdist.most_common()]
['NOUN', 'DET', 'ADJ', 'ADP', '.', 'VERB', 'NUM', 'PRT', 'CONJ',
'PRON', 'X', 'ADV']
```

还可以使用 Python 中的字典，为标记提供 POS 标签。查看下面的代码，这段代码详细说明了如何使用 Python 中的词典创建元组（word:pos 标签）。

```
>>> import nltk
>>> tag={}
>>> tag
{}
>>> tag['beautiful']='ADJ'
>>> tag
{'beautiful': 'ADJ'}
>>> tag['boy']='N'
>>> tag['read']='V'
>>> tag['generously']='ADV'
>>> tag
{'boy': 'N', 'beautiful': 'ADJ', 'generously': 'ADV', 'read': 'V'}
```

默认标注

默认标注是一种类型的标注，它将相同的词性标签分配给所有的标记。Sequential BackoffTagger 的子类是 DefaultTagger。choose_tag()方法必须使用 SequentialBackoffTagger 来实现。这种方法包括以下参数。

- 标记集合。

- 应该进行标注的标记索引。

- 先前的标签列表。

下图说明了标注器的层次结构。

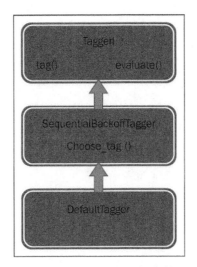

现在查看下面的代码，它说明了 DefaultTagger 的工作原理。

```
>>> import nltk
>>> from nltk.tag import DefaultTagger
>>> tag = DefaultTagger('NN')
>>> tag.tag(['Beautiful', 'morning'])
[('Beautiful', 'NN'), ('morning', 'NN')]
```

在 nltk.tag.untag() 的帮助下，可以将标注的句子转换成未标注的句子。在调用该函数后，单个标记上的标签会被消除。

下面的代码展示了如何去除句子的标注。

```
>>> from nltk.tag import untag
>>> untag([('beautiful', 'NN'), ('morning', 'NN')])
['beautiful', 'morning']
```

4.2　创建 POS 标注的语料库

可以将语料库（corpus）称为文档集合。Corpus 的复数形式是 corpora，它表示多个语料库的集合。

查看下面的代码，这段代码生成了主（home）目录内的数据目录。

```
>>> import nltk
>>> import os,os.path
>>> create = os.path.expanduser('~/nltkdoc')
>>> if not os.path.exists(create):
  os.mkdir(create)


>>> os.path.exists(create)
True
>>> import nltk.data
>>> create in nltk.data.path
True
```

这段代码将会在主目录内创建名为～/nltkdoc 的数据目录。这段代码的最后一行将返回 True，并确保数据目录已创建。如果代码的最后一行返回 False，那么这就意味着数据目录尚未创建，需要手动创建它。手动创建数据目录后，可以测试最后一行代码，这行代码将返回 True。在这个目录中，可以创建另一个名为 nltkcorpora 的目录，这个目录将保存整个语料库，路径为～/nltkdoc/nltkcorpora。也可以创建名为 important 的子目录，这个目录将保存所有必要的文件。

路径是～/ nltkdoc / nltkcorpora /important。

查看下面的代码，这段代码将文本文件加载到子目录中。

```
>>> import nltk.data
>>> nltk.data.load('nltkcorpora/important/firstdoc.txt',format='raw')
'nltk\n'
```

此处，在前面的代码中，由于 nltk.data.load() 不能解释 .txt 文件，因此使用了 format='raw'。

在 NLTK 中，有一个称为 Names 语料库的单词列表语料库。这个语料库包含两个文件，即 male.txt 和 female.txt。

查看返回 male.txt 和 female.txt 长度的代码。

```
>>> import nltk
>>> from nltk.corpus import names
>>> names.fileids()
['female.txt', 'male.txt']
>>> len(names.words('male.txt'))
2943
>>> len(names.words('female.txt'))
5001
```

NLTK 还包含了大量的英语单词。查看下面的代码，这段代码返回了英语单词文件中存在的单词数。

```
>>> import nltk
>>> from nltk.corpus import words
>>> words.fileids()
['en', 'en-basic']
>>> len(words.words('en'))
235886
>>> len(words.words('en-basic'))
850
```

思考在 NLTK 中用于定义 Maxent 树库 POS 标注器的代码。

```
def pos_tag(tok):
    """
```

可以使用由 NLTK 给出的 POS 标注器标注标记列表。

```
>>> from nltk.tag import pos_tag
>>> from nltk.tokenize import word_tokenize
>>> pos_tag(word_tokenize("Papa's favourite hobby is reading."))
        [('Papa', 'NNP'), ("'s", 'POS'), ('favourite', 'JJ'),
('hobby', 'NN'), ('is',
        'VBZ'), ('reading', 'VB'), ('.', '.')]

    :param tokens: list of tokens that need to be tagged
    :type tok: list(str)
    :return: The tagged tokens
    :rtype: list(tuple(str, str))
    """
    tagger = load(_POS_TAGGER)
    return tagger.tag(tok)

def batch_pos_tag(sent):
    """
```

```
    We can use part of speech tagger given by NLTK to perform tagging
of list of tokens.
    """
    tagger = load(_POS_TAGGER)
    return tagger.batch_tag(sent)
```

4.3　选择某个机器学习算法

　　词性标注也称为单词类别消歧（word category disambiguation）或语法标注（grammatical tagging）。词性标注可能有两种类型：基于规则的词性标注或者随机/或然性的词性标注。E. Brill 的标注器是基于规则的标注算法。

　　POS 分类器以文档作为输入，获得单词的特征。在这些单词特征的帮助下，并与已有的训练标签相结合，POS 分类器进行自我训练。这种类型的分类器称为二阶分类器，它利用自举分类器，生产单词的标签。

　　回退分类器是执行回退过程的分类器。三元组 POS 标注器依赖于二元组 POS 标注器，而二元组 POS 标注器反过来依赖于一元组 POS 标注器，回退分类器以这种方式获得了输出。

　　在训练 POS 分类器的同时，生成了特征集。这个特征集可以包括以下内容。

- 关于当前单词的信息。

- 关于前一个单词或前缀的信息。

- 关于下一个单词或后继单词的信息。

　　在 NLTK 中，FastBrillTagger 基于一元组。它利用已经知道的单词词典和 POS 标签信息。

　　查看在 NLTK 中使用 FastBrillTagger 的代码。

```
from nltk.tag import UnigramTagger
from nltk.tag import FastBrillTaggerTrainer

from nltk.tag.brill import SymmetricProximateTokensTemplate
from nltk.tag.brill import ProximateTokensTemplate
from nltk.tag.brill import ProximateTagsRule
from nltk.tag.brill import ProximateWordsRule

ctx = [ # Context = surrounding words and tags.
    SymmetricProximateTokensTemplate(ProximateTagsRule, (1, 1)),
    SymmetricProximateTokensTemplate(ProximateTagsRule, (1, 2)),
    SymmetricProximateTokensTemplate(ProximateTagsRule, (1, 3)),
```

```
    SymmetricProximateTokensTemplate(ProximateTagsRule, (2, 2)),
    SymmetricProximateTokensTemplate(ProximateWordsRule, (0, 0)),
    SymmetricProximateTokensTemplate(ProximateWordsRule, (1, 1)),
    SymmetricProximateTokensTemplate(ProximateWordsRule, (1, 2)),
    ProximateTokensTemplate(ProximateTagsRule, (-1, -1), (1, 1)),
]

tagger = UnigramTagger(sentences)
tagger = FastBrillTaggerTrainer(tagger, ctx, trace=0)
tagger = tagger.train(sentences, max_rules=100)
```

可以将分类定义为，对于给定输入，确定 POS 标签的过程。

在监督分类中，使用训练语料库，这个语料库包括了单词及其正确标签。在非监督分类中，不存在任何单词及其正确标签对列表。

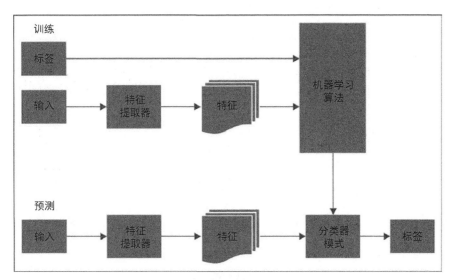

在监督分类中，在训练期间，特征提取器接受输入和标签，生成一组特征。这些特征与标签一起作为机器学习算法的输入。在测试或预测阶段，使用特征提取器，生成未知输入的特征，然后，将输出发送给分类器模型，在机器学习算法的帮助下，这个分类器以标签或 POS 标签的形式生成输出信息。

最大熵（maximum entropy）分类器是为了最大化用于训练的语料库的总计似然度，搜索参数集的分类器。

可以将它定义为如下形式。

$$p(features\_word) = \Sigma_{x|in|\ corpus}\ p(label\_word(x)|features\_word(x))$$

$$p(label\_word|features\_word) = p(label\_word, features\_word)$$

$$/\ \Sigma_{label\_word}\ p(label\_word, features\_word)$$

4.4 涉及 *n* 元组方法的统计建模

一元组意味着单个单词。在一元组标注器中，使用单个标记，找到特定的词性标签。

在 UnigramTagger 初始化时，通过给它提供句子列表，执行 UnigramTagger 的训练。

查看 NLTK 中的以下代码，这段代码执行 UnigramTagger 训练。

```
>>> import nltk
>>> from nltk.tag import UnigramTagger
>>> from nltk.corpus import treebank
>>> training= treebank.tagged_sents()[:7000]
>>> unitagger=UnigramTagger(training)
>>> treebank.sents()[0]
['Pierre', 'Vinken', ',', '61', 'years', 'old', ',', 'will', 'join',
'the', 'board', 'as', 'a', 'nonexecutive', 'director', 'Nov.', '29',
'.']
>>> unitagger.tag(treebank.sents()[0])
[('Pierre', 'NNP'), ('Vinken', 'NNP'), (',', ','), ('61', 'CD'),
('years', 'NNS'), ('old', 'JJ'), (',', ','), ('will', 'MD'), ('join',
'VB'), ('the', 'DT'), ('board', 'NN'), ('as', 'IN'), ('a', 'DT'),
('nonexecutive', 'JJ'), ('director', 'NN'), ('Nov.', 'NNP'), ('29',
'CD'), ('.', '.')]
```

在上面的代码中，使用 treebank 语料库中的前 7000 个句子进行训练。

下面的继承图描述了 UnigramTagger 及其后面层次结构。

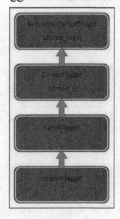

为了评估 UnigramTagger，查看下面的代码，这段代码计算准确率。

```
>>> import nltk
>>> from nltk.corpus import treebank
>>> from nltk.tag import UnigramTagger
>>> training= treebank.tagged_sents()[:7000]
>>> unitagger=UnigramTagger(training)
>>> testing = treebank.tagged_sents()[2000:]
>>> unitagger.evaluate(testing)
0.963400866227395
```

因此，它在正确执行 POS 标注方面的准确率为 96%。

由于 UnigramTagger 继承了 ContextTagger，因此可以使用特定标签映射上下文键（context key）。

思考以下使用 UnigramTagger 进行标注的示例。

```
>>> import nltk
>>> from nltk.corpus import treebank
>>> from nltk.tag import UnigramTagger
>>> unitag = UnigramTagger(model={'Vinken': 'NN'})
>>> unitag.tag(treebank.sents()[0])
[('Pierre', None), ('Vinken', 'NN'), (',', None), ('61', None),
('years', None), ('old', None), (',', None), ('will', None), ('join',
None), ('the', None), ('board', None), ('as', None), ('a', None),
('nonexecutive', None), ('director', None), ('Nov.', None), ('29',
None), ('.', None)]
```

此处，在先前的代码中，由于在上下文模型中给单词'Vinken'提供了标签，而没有其他的单词包括在上下文模型中，因此 UnigramTagger 只使用'NN'标签标注了'Vinken'，其他单词都标注为'None'标签。

在给定上下文中，ContextTagger 使用给定标签的频率来决定最可能出现的标签。为了使用最小阈值频率，可以将特定的值传递给 cutoff。查看评估 UnigramTagger 的代码。

```
>>> unitagger = UnigramTagger(training, cutoff=5)
>>> unitagger.evaluate(testing)
0.7974218445306567
```

可以将回退标注定义为 SequentialBackoffTagger 的特征。所有标注器都链接在一起，这样，如果其中一个标注器无法标注标记，就把这个标记传递给下一个标注器。

查看下面的代码，这段代码使用了回退标注。此处，使用 DefaultTagger 和 UnigramTagger

标注标记。如果其中任何的标注器不能标注单词，那么下一个标注器可以用来标注单词。

```
>>> import nltk
>>> from nltk.tag import UnigramTagger
>>> from nltk.tag import DefaultTagger
>>> from nltk.corpus import treebank
>>> testing = treebank.tagged_sents()[2000:]
>>> training= treebank.tagged_sents()[:7000]
>>> tag1=DefaultTagger('NN')
>>> tag2=UnigramTagger(training,backoff=tag1)
>>> tag2.evaluate(testing)
0.963400866227395
```

NgramTagger 的子类是 UnigramTagger、BigramTagger 和 TrigramTagger。BigramTagger 利用先前的标签作为上下文信息。TrigramTagger 使用先前的两个标签作为上下文信息。

思考下面的代码，这段代码详细说明了 BigramTagger 的实现。

```
>>> import nltk
>>> from nltk.tag import BigramTagger
>>> from nltk.corpus import treebank
>>> training_1= treebank.tagged_sents()[:7000]
>>> bigramtagger=BigramTagger(training_1)
>>> treebank.sents()[0]
['Pierre', 'Vinken', ',', '61', 'years', 'old', ',', 'will', 'join',
'the', 'board', 'as', 'a', 'nonexecutive', 'director', 'Nov.', '29',
'.']
>>> bigramtagger.tag(treebank.sents()[0])
[('Pierre', 'NNP'), ('Vinken', 'NNP'), (',', ','), ('61', 'CD'),
('years', 'NNS'), ('old', 'JJ'), (',', ','), ('will', 'MD'), ('join',
'VB'), ('the', 'DT'), ('board', 'NN'), ('as', 'IN'), ('a', 'DT'),
('nonexecutive', 'JJ'), ('director', 'NN'), ('Nov.', 'NNP'), ('29',
'CD'), ('.', '.')]
>>> testing_1 = treebank.tagged_sents()[2000:]
>>> bigramtagger.evaluate(testing_1)
0.922942709936983
```

查看 BigramTagger 和 TrigramTagger 的另一段代码。

```
>>> import nltk
>>> from nltk.tag import BigramTagger, TrigramTagger
>>> from nltk.corpus import treebank
>>> testing = treebank.tagged_sents()[2000:]
>>> training= treebank.tagged_sents()[:7000]
```

```
>>> bigramtag = BigramTagger(training)
>>> bigramtag.evaluate(testing)
0.9190426339881356
>>> trigramtag = TrigramTagger(training)
>>> trigramtag.evaluate(testing)
0.9101956195989079
```

NgramTagger 也可以用于生成 *n* 大于 3 的标注器。查看 NLTK 中的代码，这段代码开发了 QuadgramTagger。

```
>>> import nltk
>>> from nltk.corpus import treebank
>>> from nltk import NgramTagger
>>> testing = treebank.tagged_sents()[2000:]
>>> training= treebank.tagged_sents()[:7000]
>>> quadgramtag = NgramTagger(4, training)
>>> quadgramtag.evaluate(testing)
0.9429767842847466
```

由于 AffixTagger 使用了前缀或后缀作为上下文信息，因此它也是 ContextTagger。

查看下面的代码，这段代码使用了 AffixTagger。

```
>>> import nltk
>>> from nltk.corpus import treebank
>>> from nltk.tag import AffixTagger
>>> testing = treebank.tagged_sents()[2000:]
>>> training= treebank.tagged_sents()[:7000]
>>> affixtag = AffixTagger(training)
>>> affixtag.evaluate(testing)
0.29043249789601167
```

查看下面的代码，这段代码学习使用 4 个字符的前缀。

```
>>> import nltk
>>> from nltk.tag import AffixTagger
>>> from nltk.corpus import treebank
>>> testing = treebank.tagged_sents()[2000:]
>>> training= treebank.tagged_sents()[:7000]
>>> prefixtag = AffixTagger(training, affix_length=4)
>>> prefixtag.evaluate(testing)
0.21103516226368618
```

思考下面的代码，这段代码学习使用 3 个字符的后缀。

```
>>> import nltk
>>> from nltk.tag import AffixTagger
>>> from nltk.corpus import treebank
>>> testing = treebank.tagged_sents()[2000:]
>>> training= treebank.tagged_sents()[:7000]
>>> suffixtag = AffixTagger(training, affix_length=-3)
>>> suffixtag.evaluate(testing)
0.29043249789601167
```

思考 NLTK 中的以下代码，这段代码在回退链中组合了许多词缀标注器。

```
>>> import nltk
>>> from nltk.tag import AffixTagger
>>> from nltk.corpus import treebank
>>> testing = treebank.tagged_sents()[2000:]
>>> training= treebank.tagged_sents()[:7000]
>>> prefixtagger=AffixTagger(training,affix_length=4)
>>> prefixtagger.evaluate(testing)
0.21103516226368618
>>> prefixtagger3=AffixTagger(training,affix_
length=3,backoff=prefixtagger)
>>> prefixtagger3.evaluate(testing)
0.25906767658107027
>>> suffixtagger3=AffixTagger(training,affix_length=-
3,backoff=prefixtagger3)
>>> suffixtagger3.evaluate(testing)
0.2939630929654946
>>> suffixtagger4=AffixTagger(training,affix_length=-
4,backoff=suffixtagger3)
>>> suffixtagger4.evaluate(testing)
0.3316090892296324
```

T*n*T 的全拼是 Trigrams *n* Tags。T*n*T 是基于统计的标注器，而基于统计的标注器又基于二阶马尔可夫模型。

查看 NLTK 中 T*n*T 的代码。

```
>>> import nltk
>>> from nltk.tag import tnt
>>> from nltk.corpus import treebank
>>> testing = treebank.tagged_sents()[2000:]
>>> training= treebank.tagged_sents()[:7000]
>>> tnt_tagger=tnt.TnT()
>>> tnt_tagger.train(training)
```

```
>>> tnt_tagger.evaluate(testing)
0.9882176652913768
```

T*n*T 计算训练文本的 ConditionalFreqDist 和 internalFreqDist。使用这些实例计算一元组、二元组和三元组。为了选择最好的标签，T*n*T 使用了 *n* 元组模型。

思考下面 DefaultTagger 的代码，在这段代码中，如果显式提供了未知标注器的值，那么 TRAINED 将会设置为 TRUE。

```
>>> import nltk
>>> from nltk.tag import DefaultTagger
>>> from nltk.tag import tnt
>>> from nltk.corpus import treebank
>>> testing = treebank.tagged_sents()[2000:]
>>> training= treebank.tagged_sents()[:7000]
>>> tnt_tagger=tnt.TnT()
>>> unknown=DefaultTagger('NN')
>>> tagger_tnt=tnt.TnT(unk=unknown,Trained=True)
>>> tnt_tagger.train(training)
>>> tnt_tagger.evaluate(testing)
0.988238192006897
```

4.5　使用 POS 标注的语料库开发组块器

组块是执行实体检测的过程。使用组块，在句子中分割和标注多个序列标记。

为了设计组块器，应该定义组块语法。组块语法保存了如何完成组块的规则。

思考以下示例，这个示例通过形成组块规则，进行名词短语组块（Noun Phrase Chunking）。

```
>>> import nltk
>>> sent=[("A","DT"),("wise", "JJ"), ("small", "JJ"),("girl", "NN"),
("of", "IN"), ("village", "N"), ("became", "VBD"), ("leader", "NN")]
>>> sent=[("A","DT"),("wise", "JJ"), ("small", "JJ"),("girl", "NN"),
("of", "IN"), ("village", "NN"), ("became", "VBD"), ("leader", "NN")]
>>> grammar = "NP: {<DT>?<JJ>*<NN><IN>?<NN>*}"
>>> find = nltk.RegexpParser(grammar)
>>> res = find.parse(sent)
>>> print(res)
(S
  (NP A/DT wise/JJ small/JJ girl/NN of/IN village/NN)
  became/VBD
  (NP leader/NN))
>>> res.draw()
```

下面就是生成的解析树。

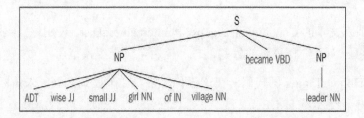

此处，通过可选的 DT、任意数目的 JJ，以及的后面 NN、可选的 IN 和任意数目的 NN，定义名词短语（Noun Phrase）的组块规则。

思考另一个示例，其中使用任意数量的名词创建名词短语组块规则。

```
>>> import nltk
>>> noun1=[("financial","NN"),("year","NN"),("account","NN"),("summary","NN")]
>>> gram="NP:{<NN>+}"
>>> find = nltk.RegexpParser(gram)
>>> print(find.parse(noun1))
(S (NP financial/NN year/NN account/NN summary/NN))
>>> x=find.parse(noun1)
>>> x.draw()
```

输出以解析树的形式在此处给出。

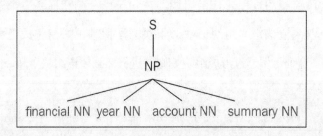

组块是一个过程，在这个过程中，消除了组块的一些部分。要么使用整个组块，要么使用组块中间的部分并将其他部分消除，要么使用组块开头或结尾的部分并将组块剩余的部分移除。

思考 NLTK 中 UnigramChunker 的代码，开发了这段代码，以执行组块和解析。

```
class UnigramChunker(nltk.ChunkParserI):
  def _init_(self,training):
    training_data=[[(x,y) for p,x,y in nltk.chunk.treeconlltags(sent)]
```

```
          for sent in training]
      self.tagger=nltk.UnigramTagger(training_data)
   def parsing(self,sent):
      postags=[pos1 for (word1,pos1) in sent]
      tagged_postags=self.tagger.tag(postags)
      chunk_tags=[chunking for (pos1,chunktag) in tagged_postags]
      conll_tags=[(word,pos1,chunktag) for ((word,pos1),chunktag)
          in zip(sent, chunk_tags)]
      return nltk.chunk.conlltaags2tree(conlltags)
```

思考下面的代码，可以使用这段代码来估计训练后组块器的准确率。

```
import nltk.corpus, nltk.tag

def ubt_conll_chunk_accuracy(train_sents, test_sents):
    chunks_train =conll_tag_chunks(training)
    chunks_test =conll_tag_chunks(testing)

    chunker1 =nltk.tag.UnigramTagger(chunks_train)
    print 'u:', nltk.tag.accuracy(chunker1, chunks_test)

    chunker2 =nltk.tag.BigramTagger(chunks_train, backoff=chunker1)
    print 'ub:', nltk.tag.accuracy(chunker2, chunks_test)

    chunker3 =nltk.tag.TrigramTagger(chunks_train, backoff=chunker2)
    print 'ubt:', nltk.tag.accuracy(chunker3, chunks_test)

    chunker4 =nltk.tag.TrigramTagger(chunks_train, backoff=chunker1)
    print 'ut:', nltk.tag.accuracy(chunker4, chunks_test)

    chunker5 =nltk.tag.BigramTagger(chunks_train, backoff=chunker4)
    print 'utb:', nltk.tag.accuracy(chunker5, chunks_test)

# accuracy test for conll chunking
conll_train =nltk.corpus.conll2000.chunked_sents('train.txt')
conll_test =nltk.corpus.conll2000.chunked_sents('test.txt')
ubt_conll_chunk_accuracy(conll_train, conll_test)

# accuracy test for treebank chunking
treebank_sents =nltk.corpus.treebank_chunk.chunked_sents()
ubt_conll_chunk_accuracy(treebank_sents[:2000], treebank_sents[2000:])
```

4.6   本章小结

本章已经讨论了 POS 标注、不同的 POS 标注器以及进行 POS 标注的方法。读者也学习了涉及 n 元组方法的统计建模，并使用 POS 标签信息开发了组块器。

下一章将讨论树库的构建、CFG 的构建、不同的分析算法等。

第 5 章
解析——分析训练数据

解析（也称为句法分析），是自然语言处理（NLP）中的任务之一。将它定义为判断字符序列（使用自然语言编写的）是否符合使用正规语法定义的规则的过程。这是将单词分解成单词序列或短语序列并为它们提供特定组分类别（名词、动词、介词等）的过程。

本章包括以下主题。

- 构建树库。

- 从树库中提取上下文无关文法（Context-Free Grammar，CFG）的规则。

- 从 CFG 中创建概率上下文无关的文法。

- CYK 图解析算法。

- 厄雷图解析算法。

5.1 解析

解析是 NLP 中涉及的一个步骤。将它定义为确定句子中单个组分的词性类别并分析给定句子是否符合语法规则的过程。术语解析（parsing）是从拉丁单词 pars（叙述法）衍生得到的，意思为词性（part-of-speech）。

思考一个示例——Ram bought a book。虽然这句话语法正确，但是如果我们得到了句子 Book bought a Ram，通过添加语义信息到这样构建的解析树中，那么我们可以得到一个结论，虽然句子在语法上是正确的，但是这句话在语义上不是正确的。因此，生成解析树后，随后也要为解析树添加意义。解析器是接受输入文本并构造解析树或语法树的软件。解析可分为两类：自上而下的解析和自下而上的解析。在自上而下的解析中，从起始符号开始，直到到达单个组分。一些自上而下的解析器包括递归下降解析器（Recursive Descent Parser）、LL 解析器（LL Parser）和厄雷解析器（Earley Parser）。在自下而上的解析中，从单个组分开始，直到到达起始符号。一些自下而上的解析器包括运算符优先分析器（Operator-Precedence Parser）、简单优先级解析器、简单 LR 解析器、LALR 解析器、规范 LR（LR(1)）解析器、GLR 解析器、CYK（或 CKY）解析器、递归上升解析器和移位归约解析器。

在 NLTK 中定义了 nltk.parse.api.ParserI 类。使用这个类，获得给定句子的解析或句法结构。可以使用解析器获得句法结构、语篇结构和形态树。

图解析遵循动态规划方法。在这种方法中，一旦获得了一些结果，就可以将这些结果视为中间结果，重新使用，以获得下一步的结果。这样就不同于自上而下的解析，一次又一次地执行相同的任务。

5.2 构建树库

nltk.corpus.package 由许多 corpus reader 类组成，可以使用这些类获得不同语料库的内容。

树库语料库也可以从 nltk.corpus 处访问。可以使用 fileids() 获得文件标识符。

```
>>> import nltk
>>> import nltk.corpus
>>> print(str(nltk.corpus.treebank).replace('\\\\','/'))
<BracketParseCorpusReader in 'C:/nltk_data/corpora/treebank/combined'>
>>> nltk.corpus.treebank.fileids()
['wsj_0001.mrg', 'wsj_0002.mrg', 'wsj_0003.mrg', 'wsj_0004.
mrg', 'wsj_0005.mrg', 'wsj_0006.mrg', 'wsj_0007.mrg', 'wsj_0008.
mrg', 'wsj_0009.mrg', 'wsj_0010.mrg', 'wsj_0011.mrg', 'wsj_0012.
mrg', 'wsj_0013.mrg', 'wsj_0014.mrg', 'wsj_0015.mrg', 'wsj_0016.
mrg', 'wsj_0017.mrg', 'wsj_0018.mrg', 'wsj_0019.mrg', 'wsj_0020.
mrg', 'wsj_0021.mrg', 'wsj_0022.mrg', 'wsj_0023.mrg', 'wsj_0024.
mrg', 'wsj_0025.mrg', 'wsj_0026.mrg', 'wsj_0027.mrg', 'wsj_0028.mrg',
'wsj_0029.mrg', 'wsj_0030.mrg', 'wsj_0031.mrg', 'wsj_0032.
mrg', 'wsj_0033.mrg', 'wsj_0034.mrg', 'wsj_0035.mrg', 'wsj_0036.
mrg', 'wsj_0037.mrg', 'wsj_0038.mrg', 'wsj_0039.mrg', 'wsj_0040.
mrg', 'wsj_0041.mrg', 'wsj_0042.mrg', 'wsj_0043.mrg', 'wsj_0044.
mrg', 'wsj_0045.mrg', 'wsj_0046.mrg', 'wsj_0047.mrg', 'wsj_0048.
mrg', 'wsj_0049.mrg', 'wsj_0050.mrg', 'wsj_0051.mrg', 'wsj_0052.
mrg', 'wsj_0053.mrg', 'wsj_0054.mrg', 'wsj_0055.mrg', 'wsj_0056.
```

```
mrg', 'wsj_0057.mrg', 'wsj_0058.mrg', 'wsj_0059.mrg', 'wsj_0060.
mrg', 'wsj_0061.mrg', 'wsj_0062.mrg', 'wsj_0063.mrg', 'wsj_0064.
mrg', 'wsj_0065.mrg', 'wsj_0066.mrg', 'wsj_0067.mrg', 'wsj_0068.
mrg', 'wsj_0069.mrg', 'wsj_0070.mrg', 'wsj_0071.mrg', 'wsj_0072.
mrg', 'wsj_0073.mrg', 'wsj_0074.mrg', 'wsj_0075.mrg', 'wsj_0076.
mrg', 'wsj_0077.mrg', 'wsj_0078.mrg', 'wsj_0079.mrg', 'wsj_0080.
mrg', 'wsj_0081.mrg', 'wsj_0082.mrg', 'wsj_0083.mrg', 'wsj_0084.
mrg', 'wsj_0085.mrg', 'wsj_0086.mrg', 'wsj_0087.mrg', 'wsj_0088.
mrg', 'wsj_0089.mrg', 'wsj_0090.mrg', 'wsj_0091.mrg', 'wsj_0092.
mrg', 'wsj_0093.mrg', 'wsj_0094.mrg', 'wsj_0095.mrg', 'wsj_0096.
mrg', 'wsj_0097.mrg', 'wsj_0098.mrg', 'wsj_0099.mrg', 'wsj_0100.
mrg', 'wsj_0101.mrg', 'wsj_0102.mrg', 'wsj_0103.mrg', 'wsj_0104.
mrg', 'wsj_0105.mrg', 'wsj_0106.mrg', 'wsj_0107.mrg', 'wsj_0108.
mrg', 'wsj_0109.mrg', 'wsj_0110.mrg', 'wsj_0111.mrg', 'wsj_0112.
mrg', 'wsj_0113.mrg', 'wsj_0114.mrg', 'wsj_0115.mrg', 'wsj_0116.
mrg', 'wsj_0117.mrg', 'wsj_0118.mrg', 'wsj_0119.mrg', 'wsj_0120.
mrg', 'wsj_0121.mrg', 'wsj_0122.mrg', 'wsj_0123.mrg', 'wsj_0124.
mrg', 'wsj_0125.mrg', 'wsj_0126.mrg', 'wsj_0127.mrg', 'wsj_0128.
mrg', 'wsj_0129.mrg', 'wsj_0130.mrg', 'wsj_0131.mrg', 'wsj_0132.
mrg', 'wsj_0133.mrg', 'wsj_0134.mrg', 'wsj_0135.mrg', 'wsj_0136.
mrg', 'wsj_0137.mrg', 'wsj_0138.mrg', 'wsj_0139.mrg', 'wsj_0140.
mrg', 'wsj_0141.mrg', 'wsj_0142.mrg', 'wsj_0143.mrg', 'wsj_0144.
mrg', 'wsj_0145.mrg', 'wsj_0146.mrg', 'wsj_0147.mrg', 'wsj_0148.
mrg', 'wsj_0149.mrg', 'wsj_0150.mrg', 'wsj_0151.mrg', 'wsj_0152.
mrg', 'wsj_0153.mrg', 'wsj_0154.mrg', 'wsj_0155.mrg', 'wsj_0156.
mrg', 'wsj_0157.mrg', 'wsj_0158.mrg', 'wsj_0159.mrg', 'wsj_0160.
mrg', 'wsj_0161.mrg', 'wsj_0162.mrg', 'wsj_0163.mrg', 'wsj_0164.
mrg', 'wsj_0165.mrg', 'wsj_0166.mrg', 'wsj_0167.mrg', 'wsj_0168.
mrg', 'wsj_0169.mrg', 'wsj_0170.mrg', 'wsj_0171.mrg', 'wsj_0172.
mrg', 'wsj_0173.mrg', 'wsj_0174.mrg', 'wsj_0175.mrg', 'wsj_0176.
mrg', 'wsj_0177.mrg', 'wsj_0178.mrg', 'wsj_0179.mrg', 'wsj_0180.
mrg', 'wsj_0181.mrg', 'wsj_0182.mrg', 'wsj_0183.mrg', 'wsj_0184.
mrg', 'wsj_0185.mrg', 'wsj_0186.mrg', 'wsj_0187.mrg', 'wsj_0188.
mrg', 'wsj_0189.mrg', 'wsj_0190.mrg', 'wsj_0191.mrg', 'wsj_0192.
mrg', 'wsj_0193.mrg', 'wsj_0194.mrg', 'wsj_0195.mrg', 'wsj_0196.mrg',
'wsj_0197.mrg', 'wsj_0198.mrg', 'wsj_0199.mrg']
>>> from nltk.corpus import treebank
>>> print(treebank.words('wsj_0007.mrg'))
['McDermott', 'International', 'Inc.', 'said', '0', ...]
>>> print(treebank.tagged_words('wsj_0007.mrg'))
[('McDermott', 'NNP'), ('International', 'NNP'), ...]
```

查看 NLTK 中访问宾州树库语料库的代码，这段代码使用包含在树库模块中的树库语料库阅读器。

```
>>> import nltk
>>> from nltk.corpus import treebank
>>> print(treebank.parsed_sents('wsj_0007.mrg')[2])
(S
  (NP-SBJ
    (NP (NNP Bailey) (NNP Controls))
    (, ,)
    (VP
      (VBN based)
      (NP (-NONE- *))
      (PP-LOC-CLR
        (IN in)
        (NP (NP (NNP Wickliffe)) (, ,) (NP (NNP Ohio)))))
    (, ,))
  (VP
    (VBZ makes)
    (NP
      (JJ computerized)
      (JJ industrial)
      (NNS controls)
      (NNS systems)))
  (. .))
```

```
>>> import nltk
>>> from nltk.corpus import treebank_chunk
>>> treebank_chunk.chunked_sents()[1]
Tree('S', [Tree('NP', [('Mr.', 'NNP'), ('Vinken', 'NNP')]), ('is',
'VBZ'), Tree('NP', [('chairman', 'NN')]), ('of', 'IN'), Tree('NP',
[('Elsevier', 'NNP'), ('N.V.', 'NNP')]), (',', ','), Tree('NP',
[('the', 'DT'), ('Dutch', 'NNP'), ('publishing', 'VBG'), ('group',
'NN')]), ('.', '.')])
>>> treebank_chunk.chunked_sents()[1].draw()
```

前面的代码获得了以下解析树。

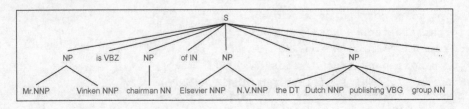

```
>>> import nltk
>>> from nltk.corpus import treebank_chunk
>>> treebank_chunk.chunked_sents()[1].leaves()
[('Mr.', 'NNP'), ('Vinken', 'NNP'), ('is', 'VBZ'), ('chairman',
'NN'), ('of', 'IN'), ('Elsevier', 'NNP'), ('N.V.', 'NNP'), (',', ','),
('the', 'DT'), ('Dutch', 'NNP'), ('publishing', 'VBG'), ('group',
'NN'), ('.', '.')]
>>> treebank_chunk.chunked_sents()[1].pos()
[(('Mr.', 'NNP'), 'NP'), (('Vinken', 'NNP'), 'NP'), (('is', 'VBZ'),
'S'), (('chairman', 'NN'), 'NP'), (('of', 'IN'), 'S'), (('Elsevier',
'NNP'), 'NP'), (('N.V.', 'NNP'), 'NP'), ((',', ','), 'S'), (('the',
'DT'), 'NP'), (('Dutch', 'NNP'), 'NP'), (('publishing', 'VBG'), 'NP'),
(('group', 'NN'), 'NP'), (('.', '.'), 'S')]
>>> treebank_chunk.chunked_sents()[1].productions()
[S -> NP ('is', 'VBZ') NP ('of', 'IN') NP (',', ',') NP ('.', '.'),
NP -> ('Mr.', 'NNP') ('Vinken', 'NNP'), NP -> ('chairman', 'NN'), NP
-> ('Elsevier', 'NNP') ('N.V.', 'NNP'), NP -> ('the', 'DT') ('Dutch',
'NNP') ('publishing', 'VBG') ('group', 'NN')]
```

在 tagged_words()方法中包括了词性注释。

```
>>> nltk.corpus.treebank.tagged_words()
[('Pierre', 'NNP'), ('Vinken', 'NNP'), (',', ','), ...]
```

在宾州树库语料中，使用的标签类型和这些标签的计数如下表所示。

#	16
$	724
"	—
,	4886
-LRB-	120
-NONE-	6592
-RRB-	126
.	384
:	563
``	712
CC	2265
CD	3546

续表

DT	8165
EX	88
FW	4
IN	9857
JJ	5834
JJR	381
JJS	182
LS	13
MD	927
NN	13166
NNP	9410
NNPS	244
NNS	6047
PDT	27
POS	824
PRP	1716
PRP$	766
RB	2822
RBR	136
RBS	35
RP	216
SYM	1
TO	2179
UH	3
VB	2554
VBD	3043
VBG	1460

续表

VBN	2134
VBP	1321
VBZ	2125
WDT	445
WP	241
WP$	14

从下面的代码可以获得标签和频率。

```
>>> import nltk
>>> from nltk.probability import FreqDist
>>> from nltk.corpus import treebank
>>> fd = FreqDist()
>>> fd.items()
dict_items([])
```

前面的代码获得了树库语料库中的标签列表，以及每个标签的频率。

查看 NLTK 中用于访问 Sinica 树库语料库的代码。

```
>>> import nltk
>>> from nltk.corpus import sinica_treebank
>>> print(sinica_treebank.sents())
[['一'], ['友情'], ['嘉珍', '和', '我', '住在', '同一条', '巷子'], ...]
>>> sinica_treebank.parsed_sents()[27]
Tree('S', [Tree('NP', [Tree('NP', [Tree('N·的', [Tree('Nhaa', ['我']),
Tree('DE', ['的'])]), Tree('Ncb', ['脑海'])]), Tree('Ncda', ['中'])]),
Tree('Dd', ['顿时']), Tree('DM', ['一片']), Tree('VH11', ['空白'])])
```

5.3   从树库中提取上下文无关文法的规则

在 1957 年，Noam Chomsky 为自然语言定义了 CFG。CFG 由以下部分组成。

- 一组非终端节点（N）。

- 一组终端节点（T）。

- 起始符号（S）。

- 一组形式产生式规则（*P*）：*A→a*。

CFG 规则有两种类型——短语结构规则和句子结构的规则。

可以将短语结构规则定义为 *A→a*，其中，AÎN 和 *a* 由终端和非终端组成。

在句子层面构建的 CFG，有 4 层结构。

- **声明性结构**：处理陈述句（主语之后跟着谓语）。

- **祈使结构**：处理祈使句、命令或建议（句子使用动词短语开头，没有主语）。

- **是非结构**：处理疑问句。这些问题的答案是 yes（是）或 no（非）。

- **WH 问题结构**：处理疑问句。问题从 Wh 单词（Who、What、How、When、Where、Why 和 Which）开始。

一般 CFG 规则总结如下。

- S→NP VP

- S→VP

- S→Aux NP VP

- S→Wh-NP VP

- S→Wh-NP Aux NP VP

- NP→(Det)(AP)Nom(PP)

- VP→Verb(NP)(NP)(PP)*

- VP→Verb S

- PP→Prep(NP)

- AP→(Adv) Adj (PP)

思考下面的示例，它说明了在 NLTK 中上下文无关文法规则的用法。

```
>>> import nltk
>>> from nltk import Nonterminal, nonterminals, Production, CFG
>>> nonterminal1 = Nonterminal('NP')
>>> nonterminal2 = Nonterminal('VP')
>>> nonterminal3 = Nonterminal('PP')
>>> nonterminal1.symbol()
'NP'
```

```
>>> nonterminal2.symbol()
'VP'
>>> nonterminal3.symbol()
'PP'
>>> nonterminal1==nonterminal2
False
>>> nonterminal2==nonterminal3
False
>>> nonterminal1==nonterminal3
False
>>> S, NP, VP, PP = nonterminals('S, NP, VP, PP')
>>> N, V, P, DT = nonterminals('N, V, P, DT')
>>> production1 = Production(S, [NP, VP])
>>> production2 = Production(NP, [DT, NP])
>>> production3 = Production(VP, [V, NP,NP,PP])
>>> production1.lhs()
S
>>> production1.rhs()
(NP, VP)
>>> production3.lhs()
VP
>>> production3.rhs()
(V, NP, NP, PP)
>>> production3 == Production(VP, [V,NP,NP,PP])
True
>>> production2 == production3
False
```

在 NLTK 中访问 ATIS 语法的示例如下。

```
>>> import nltk
>>> gram1 = nltk.data.load('grammars/large_grammars/atis.cfg')
>>> gram1
<Grammar with 5517 productions>
```

从 ATIS 提取测试句子，如下所示。

```
>>> import nltk
>>> sent = nltk.data.load('grammars/large_grammars/atis_sentences.
txt')
>>> sent = nltk.parse.util.extract_test_sentences(sent)
>>> len(sent)
98
>>> testingsent=sent[25]
```

```
>>> testingsent[1]
11
>>> testingsent[0]
['list', 'those', 'flights', 'that', 'stop', 'over', 'in', 'salt',
'lake', 'city', '.']
>>> sent=testingsent[0]
```

自下而上的解析如下。

```
>>> import nltk
>>> gram1 = nltk.data.load('grammars/large_grammars/atis.cfg')
>>> sent = nltk.data.load('grammars/large_grammars/atis_sentences.
txt')
>>> sent = nltk.parse.util.extract_test_sentences(sent)
>>> testingsent=sent[25]
>>> sent=testingsent[0]
>>> parser1 = nltk.parse.BottomUpChartParser(gram1)
>>> chart1 = parser1.chart_parse(sent)
>>> print((chart1.num_edges()))
13454
>>> print((len(list(chart1.parses(gram1.start())))))
11
```

自下向上的左角解析如下。

```
>>> import nltk
>>> gram1 = nltk.data.load('grammars/large_grammars/atis.cfg')
>>> sent = nltk.data.load('grammars/large_grammars/atis_sentences.
txt')
>>> sent = nltk.parse.util.extract_test_sentences(sent)
>>> testingsent=sent[25]
>>> sent=testingsent[0]
>>> parser2 = nltk.parse.BottomUpLeftCornerChartParser(gram1)
>>> chart2 = parser2.chart_parse(sent)
>>> print((chart2.num_edges()))
8781
>>> print((len(list(chart2.parses(gram1.start())))))
11
```

具有自下而上筛选器的左角解析如下。

```
>>> import nltk
>>> gram1 = nltk.data.load('grammars/large_grammars/atis.cfg')
>>> sent = nltk.data.load('grammars/large_grammars/atis_sentences.
```

```
txt')
>>> sent = nltk.parse.util.extract_test_sentences(sent)
>>> testingsent=sent[25]
>>> sent=testingsent[0]
>>> parser3 = nltk.parse.LeftCornerChartParser(gram1)
>>> chart3 = parser3.chart_parse(sent)
>>> print((chart3.num_edges()))
1280
>>> print((len(list(chart3.parses(gram1.start())))))
11
```

自上而下的解析如下。

```
>>> import nltk
>>> gram1 = nltk.data.load('grammars/large_grammars/atis.cfg')
>>> sent = nltk.data.load('grammars/large_grammars/atis_sentences.
txt')
>>> sent = nltk.parse.util.extract_test_sentences(sent)
>>> testingsent=sent[25]
>>> sent=testingsent[0]
>>>parser4 = nltk.parse.TopDownChartParser(gram1)
>>> chart4 = parser4.chart_parse(sent)
>>> print((chart4.num_edges()))
37763
>>> print((len(list(chart4.parses(gram1.start())))))
11
```

增量式自下而上的解析如下。

```
>>> import nltk
>>> gram1 = nltk.data.load('grammars/large_grammars/atis.cfg')
>>> sent = nltk.data.load('grammars/large_grammars/atis_sentences.
txt')
>>> sent = nltk.parse.util.extract_test_sentences(sent)
>>> testingsent=sent[25]
>>> sent=testingsent[0]
>>> parser5 = nltk.parse.IncrementalBottomUpChartParser(gram1)
>>> chart5 = parser5.chart_parse(sent)
>>> print((chart5.num_edges()))
13454
>>> print((len(list(chart5.parses(gram1.start())))))
11
```

增量式自下而上的左角解析如下。

```
>>> import nltk
>>> gram1 = nltk.data.load('grammars/large_grammars/atis.cfg')
>>> sent = nltk.data.load('grammars/large_grammars/atis_sentences.
txt')
>>> sent = nltk.parse.util.extract_test_sentences(sent)
>>> testingsent=sent[25]
>>> sent=testingsent[0]
>>> parser6 = nltk.parse.IncrementalBottomUpLeftCornerChartParser(gr
am1)
>>> chart6 = parser6.chart_parse(sent)
>>> print((chart6.num_edges()))
8781
>>> print((len(list(chart6.parses(gram1.start())))))
11
```

具有自下而上筛选器的增量式左角解析如下。

```
>>> import nltk
>>> gram1 = nltk.data.load('grammars/large_grammars/atis.cfg')
>>> sent = nltk.data.load('grammars/large_grammars/atis_sentences.
txt')
>>> sent = nltk.parse.util.extract_test_sentences(sent)
>>> testingsent=sent[25]
>>> sent=testingsent[0]
>>> parser7 = nltk.parse.IncrementalLeftCornerChartParser(gram1)
>>> chart7 = parser7.chart_parse(sent)
>>> print((chart7.num_edges()))
1280
>>> print((len(list(chart7.parses(gram1.start())))))
11
```

增量式自上而下的解析如下。

```
>>> import nltk
>>> gram1 = nltk.data.load('grammars/large_grammars/atis.cfg')
>>> sent = nltk.data.load('grammars/large_grammars/atis_sentences.
txt')
>>> sent = nltk.parse.util.extract_test_sentences(sent)
>>> testingsent=sent[25]
>>> sent=testingsent[0]
>>> parser8 = nltk.parse.IncrementalTopDownChartParser(gram1)
>>> chart8 = parser8.chart_parse(sent)
>>> print((chart8.num_edges()))
```

```
37763
>>> print((len(list(chart8.parses(gram1.start())))))
11
```

厄雷解析如下。

```
>>> import nltk
>>> gram1 = nltk.data.load('grammars/large_grammars/atis.cfg')
>>> sent = nltk.data.load('grammars/large_grammars/atis_sentences.
txt')
>>> sent = nltk.parse.util.extract_test_sentences(sent)
>>> testingsent=sent[25]
>>> sent=testingsent[0]
>>> parser9 = nltk.parse.EarleyChartParser(gram1)
>>> chart9 = parser9.chart_parse(sent)
>>> print((chart9.num_edges()))
37763
>>> print((len(list(chart9.parses(gram1.start())))))
11
```

5.4 从 CFG 中创建概率上下文无关的文法

在概率上下文无关文法（Probabilistic Context-Free Grammar，PCFG）中，将概率附加到所有出现在 CFG 中的产生式规则。这些概率之和为 1。这生成了与 CFG 相同的解析结构，但是这也分配概率给每棵解析树。将在构建树的过程中所使用的所有产生式规则的概率相乘，获得解析树的概率。

查看 NLTK 中的以下代码，这段代码详细说明了在 PCFG 中规则的形成。

```
>>> import nltk
>>> from nltk.corpus import treebank
>>> from itertools import islice
>>> from nltk.grammar import PCFG, induce_pcfg, toy_pcfg1, toy_pcfg2
>>> gram2 = PCFG.from string("""
A -> B B [.3] | C B C [.7]
B -> B D [.5] | C [.5]
C -> 'a' [.1] | 'b' [0.9]
D -> 'b' [1.0]
""")
>>> prod1 = gram2.productions()[0]
>>> prod1
A -> B B [0.3]
```

```
>>> prod2 = gram2.productions()[1]
>>> prod2
A -> C B C [0.7]
>>> prod2.lhs()
A
>>> prod2.rhs()
(C, B, C)
>>> print((prod2.prob()))
0.7
>>> gram2.start()
A
>>> gram2.productions()
[A -> B B [0.3], A -> C B C [0.7], B -> B D [0.5], B -> C [0.5], C ->
'a' [0.1], C -> 'b' [0.9], D -> 'b' [1.0]]
```

查看 NLTK 中的代码，这段代码详细说明了概率图解析。

```
>>> import nltk
>>> from nltk.corpus import treebank
>>> from itertools import islice
>>> from nltk.grammar import PCFG, induce_pcfg, toy_pcfg1, toy_pcfg2
>>> tokens = "Jack told Bob to bring my cookie".split()
>>> grammar = toy_pcfg2
>>> print(grammar)
Grammar with 23 productions (start state = S)
    S -> NP VP [1.0]
    VP -> V NP [0.59]
    VP -> V [0.4]
    VP -> VP PP [0.01]
    NP -> Det N [0.41]
    NP -> Name [0.28]
    NP -> NP PP [0.31]
    PP -> P NP [1.0]
    V -> 'saw' [0.21]
    V -> 'ate' [0.51]
    V -> 'ran' [0.28]
    N -> 'boy' [0.11]
    N -> 'cookie' [0.12]
    N -> 'table' [0.13]
    N -> 'telescope' [0.14]
    N -> 'hill' [0.5]
    Name -> 'Jack' [0.52]
    Name -> 'Bob' [0.48]
    P -> 'with' [0.61]
```

```
P -> 'under' [0.39]
Det -> 'the' [0.41]
Det -> 'a' [0.31]
Det -> 'my' [0.28]
```

5.5 CYK 图解析算法

递归下降解析（Recursive Descent Parsing）算法的缺点是，它导致了左递归问题（Left Recursion Problem），并且非常复杂。因此，引进了 CYK 图解析，它采用了动态规划方法（Dynamic Programming Approach）。CYK 图解析算法是最简单的图解析算法之一，它能够在 $O(n^3)$ 时间内构建图。CYK 图解析算法和厄雷算法都是自下而上的图解析算法。但是，当构建了无效解析时，厄雷算法也利用了自上而下的预测。

思考以下 CYK 解析的示例。

```
tok = ["the", "kids", "opened", "the", "box", "on", "the", "floor"]
gram = nltk.parse_cfg("""
S -> NP VP
NP -> Det N | NP PP
VP -> V NP | VP PP
PP -> P NP
Det -> 'the'
N -> 'kids' | 'box' | 'floor'
V -> 'opened' P -> 'on'
 """)
```

思考下面构建初始化表的代码。

```
def init_nfst(tok, gram):
numtokens1 = len(tok)
 # fill w/ dots
nfst = [["." for i in range(numtokens1+1)] !!!!!!! for j in
range(numtokens1+1)]
# fill in diagonal
for i in range(numtokens1):
prod= gram.productions(rhs=tok[i])
nfst[i][i+1] = prod[0].lhs()
return nfst
```

思考下面填写表格的代码。

```
def complete_nfst(nfst, tok, trace=False):
```

```
index1 = {} for prod in gram.productions():
#make lookup reverse
index1[prod.rhs()] = prod.lhs()
numtokens1 = len(tok) for span in range(2, numtokens1+1):
for start in range(numtokens1+1-span):
#go down towards diagonal
end1 = start1 + span for mid in range(start1+1, end1):
nt1, nt2 = nfst[start1][mid1], nfst[mid1][end1]
if (nt1,nt2) in index1:
if trace:
print "[%s] %3s [%s] %3s [%s] ==> [%s] %3s [%s]" % \ (start, nt1,
mid1, nt2, end1, start1, index[(nt1,nt2)], end) nfst[start1][end1] =
index[(nt1,nt2)]
return nfst
```

以下 Python 代码构建显示表格：

```
def display(wfst, tok):
print '\nWFST ' + ' '.join([("%-4d" % i) for i in range(1,
len(wfst))])
for i in range(len(wfst)-1):
print "%d " % i,
for j in range(1, len(wfst)):
print "%-4s" % wfst[i][j],
print
```

从下面的代码中获得结果：

```
tok = ["the", "kids", "opened", "the", "box", "on", "the", "floor"]
res1 = init_wfst(tok, gram)
display(res1, tok)
res2 = complete_wfst(res1,tok)
display(res2, tok)
```

5.6　厄雷图解析算法

在 1970 年，厄雷（Earley）给出了厄雷算法。这个算法类似于自上而下解析。它可以处理左递归，并且不需要 CNF。它按照从左到右的方式填写图。

思考这个示例，这个示例详细说明了如何使用厄雷表解析器进行解析。

```
>>> import nltk
>>> nltk.parse.earleychart.demo(print_times=False, trace=1,sent='I saw
```

```
a dog', numparses=2)
* Sentence:
I saw a dog
['I', 'saw', 'a', 'dog']


|.    I    .   saw   .   a   .   dog   .|
|[---------]         .         .        .| [0:1] 'I'
|.         [---------]         .        .| [1:2] 'saw'
|.         .         [---------]        .| [2:3] 'a'
|.         .         .         [---------]| [3:4] 'dog'
|>         .         .         .         .| [0:0] S  -> * NP VP
|>         .         .         .         .| [0:0] NP -> * NP PP
|>         .         .         .         .| [0:0] NP -> * Det Noun
|>         .         .         .         .| [0:0] NP -> * 'I'
|[---------]         .         .         .| [0:1] NP -> 'I' *
|[--------->         .         .         .| [0:1] S  -> NP * VP
|[--------->         .         .         .| [0:1] NP -> NP * PP
|.         >         .         .         .| [1:1] VP -> * VP PP
|.         >         .         .         .| [1:1] VP -> * Verb NP
|.         >         .         .         .| [1:1] VP -> * Verb
|.         >         .         .         .| [1:1] Verb -> * 'saw'
|.         [---------]         .         .| [1:2] Verb -> 'saw' *
|.         [--------->         .         .| [1:2] VP -> Verb * NP
|.         [---------]         .         .| [1:2] VP -> Verb *
|[-------------------]         .         .| [0:2] S  -> NP VP *
|.         [--------->         .         .| [1:2] VP -> VP * PP
|.         .         >         .         .| [2:2] NP -> * NP PP
|.         .         >         .         .| [2:2] NP -> * Det Noun
|.         .         >         .         .| [2:2] Det -> * 'a'
|.         .         [---------]         .| [2:3] Det -> 'a' *
|.         .         [--------->         .| [2:3] NP -> Det * Noun
|.         .         .         >         .| [3:3] Noun -> * 'dog'
|.         .         .         [---------]| [3:4] Noun -> 'dog' *
|.         .         [-------------------]| [2:4] NP -> Det Noun *
|.         [-----------------------------]| [1:4] VP -> Verb NP *
|.         .         [------------------->| [2:4] NP -> NP * PP
|[=========================================]| [0:4] S  -> NP VP *
|.         [----------------------------->| [1:4] VP -> VP * PP
```

思考详细说明使用 NLTK 中的图解析器（Chart parser）进行解析的示例。

```
>>> import nltk
>>> nltk.parse.chart.demo(2, print_times=False, trace=1,sent='John saw
a dog', numparses=1)
```

```
* Sentence:
John saw a dog
['John', 'saw', 'a', 'dog']

* Strategy: Bottom-up

|.    John  .   saw  .   a   .   dog  .|
|[---------]     .        .         .| [0:1] 'John'
|.        [---------]     .         .| [1:2] 'saw'
|.        .        [---------]      .| [2:3] 'a'
|.        .        .       [---------]| [3:4] 'dog'
|>        .        .        .       .| [0:0] NP -> * 'John'
|[---------]     .        .         .| [0:1] NP -> 'John' *
|>        .        .        .       .| [0:0] S -> * NP VP
|>        .        .        .       .| [0:0] NP -> * NP PP
|[--------->     .        .         .| [0:1] S -> NP * VP
|[--------->     .        .         .| [0:1] NP -> NP * PP
|.        >        .        .       .| [1:1] Verb -> * 'saw'
|.        [---------]     .         .| [1:2] Verb -> 'saw' *
|.        >        .        .       .| [1:1] VP -> * Verb NP
|.        >        .        .       .| [1:1] VP -> * Verb
|.        [--------->     .         .| [1:2] VP -> Verb * NP
|.        [---------]     .         .| [1:2] VP -> Verb *
|.        >        .        .       .| [1:1] VP -> * VP PP
|[-------------------]     .        .| [0:2] S -> NP VP *
|.        [--------->     .         .| [1:2] VP -> VP * PP
|.        .        >        .       .| [2:2] Det -> * 'a'
|.        .        [---------]      .| [2:3] Det -> 'a' *
|.        .        >        .       .| [2:2] NP -> * Det Noun
|.        .        [--------->      .| [2:3] NP -> Det * Noun
|.        .        .        >       .| [3:3] Noun -> * 'dog'
|.        .        .       [---------]| [3:4] Noun -> 'dog' *
|.        .        [-------------------]| [2:4] NP -> Det Noun *
|.        .        >        .       .| [2:2] S -> * NP VP
|.        .        >        .       .| [2:2] NP -> * NP PP
|.        [-------------------------------]| [1:4] VP -> Verb NP *
|.        .        [------------------->| [2:4] S -> NP * VP
|.        .        [------------------->| [2:4] NP -> NP * PP
|[=========================================]| [0:4] S -> NP VP *
|.        [------------------------------->| [1:4] VP -> VP * PP
Nr edges in chart: 33
(S (NP John) (VP (Verb saw) (NP (Det a) (Noun dog))))
```

思考详细说明使用 NLTK 中的单步图解析器（Stepping Chart parser）进行解析的示例。

```
>>> import nltk
>>> nltk.parse.chart.demo(5, print_times=False, trace=1,sent='John saw
a dog', numparses=2)
* Sentence:
John saw a dog
['John', 'saw', 'a', 'dog']

* Strategy: Stepping (top-down vs bottom-up)

*** SWITCH TO TOP DOWN
|[---------]         .         .         .| [0:1] 'John'
|.         [---------]         .         .| [1:2] 'saw'
|.         .         [---------]         .| [2:3] 'a'
|.         .         .         [---------]| [3:4] 'dog'
|>         .         .         .         .| [0:0] S  -> * NP VP
|>         .         .         .         .| [0:0] NP -> * NP PP
|>         .         .         .         .| [0:0] NP -> * Det Noun
|>         .         .         .         .| [0:0] NP -> * 'John'
|[---------]         .         .         .| [0:1] NP -> 'John' *
|[--------->         .         .         .| [0:1] S  -> NP * VP
|[--------->         .         .         .| [0:1] NP -> NP * PP
|.         >         .         .         .| [1:1] VP -> * VP PP
|.         >         .         .         .| [1:1] VP -> * Verb NP
|.         >         .         .         .| [1:1] VP -> * Verb
|.         >         .         .         .| [1:1] Verb -> * 'saw'
|.         [---------]         .         .| [1:2] Verb -> 'saw' *
|.         [--------->         .         .| [1:2] VP -> Verb * NP
|.         [---------]         .         .| [1:2] VP -> Verb *
|[-------------------]         .         .| [0:2] S  -> NP VP *
|.         [--------->         .         .| [1:2] VP -> VP * PP
|.         .         >         .         .| [2:2] NP -> * NP PP
|.         .         >         .         .| [2:2] NP -> * Det Noun
*** SWITCH TO BOTTOM UP
|.         .         >         .         .| [2:2] Det -> * 'a'
|.         .         .         >         .| [3:3] Noun -> * 'dog'
|.         .         [---------]         .| [2:3] Det -> 'a' *
|.         .         .         [---------]| [3:4] Noun -> 'dog' *
|.         .         [--------->         .| [2:3] NP -> Det * Noun
|.         .         [-------------------]| [2:4] NP -> Det Noun *
|.         [-----------------------------]| [1:4] VP -> Verb NP *
```

```
|.        .                [-------------------->| [2:4] NP -> NP * PP
|[=====================================]| [0:4] S -> NP VP *
|.              [---------------------------->| [1:4] VP -> VP * PP
|.        .            >      .         .| [2:2] S -> * NP VP
|.        .            [-------------------->| [2:4] S -> NP * VP
*** SWITCH TO TOP DOWN
|.        .      .        .          >| [4:4] VP -> * VP PP
|.        .      .        .          >| [4:4] VP -> * Verb NP
|.        .      .        .          >| [4:4] VP -> * Verb
*** SWITCH TO BOTTOM UP
*** SWITCH TO TOP DOWN
*** SWITCH TO BOTTOM UP
*** SWITCH TO TOP DOWN
*** SWITCH TO BOTTOM UP
*** SWITCH TO TOP DOWN
*** SWITCH TO BOTTOM UP
Nr edges in chart: 37
```

查看 NLTK 中特征图解析的代码。

```
>>> import nltk
>>>nltk.parse.featurechart.demo(print_times=False,print_
grammar=True,parser=nltk.parse.featurechart.FeatureChartParser,sent='I
saw a dog')

Grammar with 18 productions (start state = S[])
    S[] -> NP[] VP[]
    PP[] -> Prep[] NP[]
    NP[] -> NP[] PP[]
    VP[] -> VP[] PP[]
    VP[] -> Verb[] NP[]
    VP[] -> Verb[]
    NP[] -> Det[pl=?x] Noun[pl=?x]
    NP[] -> 'John'
    NP[] -> 'I'
    Det[] -> 'the'
    Det[] -> 'my'
    Det[-pl] -> 'a'
    Noun[-pl] -> 'dog'
    Noun[-pl] -> 'cookie'
    Verb[] -> 'ate'
    Verb[] -> 'saw'
    Prep[] -> 'with'
    Prep[] -> 'under'
```

```
* FeatureChartParser
Sentence: I saw a dog
|. I .saw. a .dog.|
|[---]   .   .   .| [0:1] 'I'
|.  [---]   .   .| [1:2] 'saw'
|.   .  [---]   .| [2:3] 'a'
|.   .   .  [---]| [3:4] 'dog'
|[---]   .   .   .| [0:1] NP[] -> 'I' *
|[--->   .   .   .| [0:1] S[] -> NP[] * VP[] {}
|[--->   .   .   .| [0:1] NP[] -> NP[] * PP[] {}
|.  [---]   .   .| [1:2] Verb[] -> 'saw' *
|.  [--->   .   .| [1:2] VP[] -> Verb[] * NP[] {}
|.  [---]   .   .| [1:2] VP[] -> Verb[] *
|.  [--->   .   .| [1:2] VP[] -> VP[] * PP[] {}
|[-------]   .   .| [0:2] S[] -> NP[] VP[] *
|.   .  [---]   .| [2:3] Det[-pl] -> 'a' *
|.   .  [--->   .| [2:3] NP[] -> Det[pl=?x] * Noun[pl=?x] {?x: False}
|.   .   .  [---]| [3:4] Noun[-pl] -> 'dog' *
|.   .  [-------]| [2:4] NP[] -> Det[-pl] Noun[-pl] *
|.   .  [------->| [2:4] S[] -> NP[] * VP[] {}
|.   .  [------->| [2:4] NP[] -> NP[] * PP[] {}
|.  [-----------]| [1:4] VP[] -> Verb[] NP[] *
|.  [----------->| [1:4] VP[] -> VP[] * PP[] {}
|[===============]| [0:4] S[] -> NP[] VP[] *
(S[]
  (NP[] I)
  (VP[] (Verb[] saw) (NP[] (Det[-pl] a) (Noun[-pl] dog))))
```

在 NLTK 中，以下代码用于实现厄雷算法。

```
def demo(print_times=True, print_grammar=False,
        print_trees=True, trace=2,
        sent='I saw John with a dog with my cookie', numparses=5):
    """
    A demonstration of the Earley parsers.
    """
    import sys, time
    from nltk.parse.chart import demo_grammar

    # The grammar for ChartParser and SteppingChartParser:
    grammar = demo_grammar()
    if print_grammar:
        print("* Grammar")
```

```
        print(grammar)

    # Tokenize the sample sentence.
    print("* Sentence:")
    print(sent)
    tokens = sent.split()
    print(tokens)
    print()

    # Do the parsing.
    earley = EarleyChartParser(grammar, trace=trace)
    t = time.clock()
    chart = earley.chart_parse(tokens)
    parses = list(chart.parses(grammar.start()))
    t = time.clock()-t

    # Print results.
    if numparses:
        assert len(parses)==numparses, 'Not all parses found'
    if print_trees:
        for tree in parses: print(tree)
    else:
        print("Nr trees:", len(parses))
    if print_times:
        print("Time:", t)

if __name__ == '__main__': demo()
```

5.7　本章小结

　　本章讨论了解析、访问树库语料库，以及上下文无关文法、概率上下文无关文法、CYK 算法和厄雷算法的实现。因此，本章讨论了 NLP 的句法分析阶段。

　　下一章将讨论语义分析，这是 NLP 的另一个阶段。我们将讨论使用不同方法，讨论 NER 的内容，并获得执行消歧任务的方法。

第6章
语义分析——意义重大

在 NLP 中，语义分析或意义生成是其中的一个任务。将它定义为确定字符序列或单词序列的含义的过程。它可用于执行消歧任务。

本章包括以下主题。

- 命名实体识别（Named Entity Recognition，NER）。

- 使用隐马尔可夫模型（HMM）的 NER 系统。

- 使用机器学习工具包训练 NER。

- 使用 POS 标注的 NER。

- 从 Wordnet 中生成同义词集合 ID。

- 使用 Wordnet 消除歧义。

6.1　语义分析

NLP 指的是对自然语言进行计算。在处理自然语言时，所执行的其中一步是语义分析。在分析输入句子的同时，如果建立了句子的句法结构，那么就完成了句子的语义分析。语义解释表示将意义映射到句子上。上下文解释是将逻辑形式映射到知识表示。语义分析的原始或基本单元称为意义（meaning）或意思（sense）。处理意思的其中一个工具是 ELIZA。ELIZA 是在 20 世纪 60 年代由 Joseph Weizenbaum 开发的。它使用替换和模式匹配技术来分析句子，并对给定的输入提供输出。MARGIE 是由 Robert Schank 在 20 世纪 70 年代开发的。它可以使用 11 种原始词根，来表示全部英语动词。MARGIE 可以解释句子的意义，并在原始词根的帮助下表示句子。进一步，它由脚本的概念所取代。从 MARGIE 中，我们开发了脚本应用机制（Script Applier Mechanism，SAM）。SAM 可以翻译不同语言的句子，如英语、汉语、俄语、荷兰语和西班牙语。为了对文本数据进行处理，使用 Python 库或 TextBlob。TextBlob 提供了 API，用于执行 NLP 任务，如词性标注、名词短语的提取、分类、机器翻译和情感分析。

使用语义分析，查询数据库和检索信息。可以使用另一个 Python 库 Gensim，执行文件索引、主题建模和相似性检索。Polyglot 是 NLP 工具，它支持各种多语言应用程序。它为 NER 提供 40 种不同的语言，为 165 种不同的语言提供了标记化，为 196 种不同的语言提供了语言检测，为 136 种不同的语言提供了情感分析，为 16 种不同的语言提供了 POS 标注，为 135 种不同的语言提供了形态分析，为 137 种不同的语言提供了单词嵌入，为 69 种不同的语言提供了音译。MontyLingua 是 NLP 的工具，用于执行英文文本的语义解释。它从英语句子中提取语义信息，如动词、名词、形容词、日期和短语等。

句子可以使用逻辑规范地表示。使用命题符号（如 P、Q 和 R 等），来表示命题逻辑中的基本表达式或句子。使用布尔运算符来表示命题逻辑中复杂的表达式。例如，使用命题逻辑表示句子 *If it is raining, I'll wear a raincoat*。

- P：It is raining.

- Q：I'll wear raincoat.

- P→Q：If it is raining, I'll wear a raincoat.

思考表示 NLTK 中运算符的以下代码。

```
>>> import nltk
>>> nltk.boolean_ops()
negation     -
conjunction      &
disjunction      |
implication      ->
equivalence      <->
```

使用命题符号或命题符号和布尔运算符的组合，形成了合式公式（Well-Formed Formula，WFF）。

查看 NLTK 中的以下代码，这段代码将逻辑表达式归到不同的子类中。

```
>>> import nltk
>>> input_expr = nltk.sem.Expression.from string
>>> input_expr('X | (Y -> Z)')
<OrExpression (X | (Y -> Z))>
```

```
>>> input_expr('-(X & Y)')
<NegatedExpression -(X & Y)>
>>> input_expr('X & Y')
<AndExpression (X & Y)>
>>> input_expr('X <-> -- X')
<IffExpression (X <-> --X)>
```

为了将 True 或 False 值映射到逻辑表达式，在 NLTK 中，使用了 Valuation 函数。

```
>>> import nltk
>>> value = nltk.Valuation([('X', True), ('Y', False), ('Z', True)])
>>> value['Z']
True
>>> domain = set()
>>> v = nltk.Assignment(domain)
>>> u = nltk.Model(domain, value)
>>> print(u.evaluate('(X & Y)', v))
False
>>> print(u.evaluate('-(X & Y)', v))
True
>>> print(u.evaluate('(X & Z)', v))
True
>>> print(u.evaluate('(X | Y)', v))
True
```

下面的代码描述了 NLTK 中涉及常数和谓词的一阶谓词逻辑。

```
>>> import nltk
>>> input_expr = nltk.sem.Expression.from string
>>> expression = input_expr('run(marcus)', type_check=True)
>>> expression.argument
<ConstantExpressionmarcus>
>>> expression.argument.type
e
>>> expression.function
<ConstantExpression run>
>>> expression.function.type
<e,?>
>>> sign = {'run': '<e, t>'}
>>> expression = input_expr('run(marcus)', signature=sign)
>>> expression.function.type
e
```

在 NLTK 中，使用 signature 来映射相关联的类型和非逻辑常数。思考 NLTK 中的以下代码，这段代码生成了查询和检索数据库的数据。

```
>>> import nltk
>>> nltk.data.show_cfg('grammars/book_grammars/sql1.fcfg')
% start S
S[SEM=(?np + WHERE + ?vp)] -> NP[SEM=?np] VP[SEM=?vp]
VP[SEM=(?v + ?pp)] -> IV[SEM=?v] PP[SEM=?pp]
VP[SEM=(?v + ?ap)] -> IV[SEM=?v] AP[SEM=?ap]
VP[SEM=(?v + ?np)] -> TV[SEM=?v] NP[SEM=?np]
VP[SEM=(?vp1 + ?c + ?vp2)] -> VP[SEM=?vp1] Conj[SEM=?c] VP[SEM=?vp2]
NP[SEM=(?det + ?n)] ->Det[SEM=?det] N[SEM=?n]
NP[SEM=(?n + ?pp)] -> N[SEM=?n] PP[SEM=?pp]
NP[SEM=?n] -> N[SEM=?n] | CardN[SEM=?n]
CardN[SEM='1000'] -> '1,000,000'
PP[SEM=(?p + ?np)] -> P[SEM=?p] NP[SEM=?np]
AP[SEM=?pp] -> A[SEM=?a] PP[SEM=?pp]
NP[SEM='Country="greece"'] -> 'Greece'
NP[SEM='Country="china"'] -> 'China'
Det[SEM='SELECT'] -> 'Which' | 'What'
Conj[SEM='AND'] -> 'and'
N[SEM='City FROM city_table'] -> 'cities'
N[SEM='Population'] -> 'populations'
IV[SEM=''] -> 'are'
TV[SEM=''] -> 'have'
A -> 'located'
P[SEM=''] -> 'in'
P[SEM='>'] -> 'above'
>>> from nltk import load_parser
>>> test = load_parser('grammars/book_grammars/sql1.fcfg')
>>> q=" What cities are in Greece"
>>> t = list(test.parse(q.split()))
>>> ans = t[0].label()['SEM']
>>> ans = [s for s in ans if s]
>>> q = ' '.join(ans)
>>> print(q)
SELECT City FROM city_table WHERE Country="greece"
>>> from nltk.sem import chat80
>>> r = chat80.sql_query('corpora/city_database/city.db', q)
>>> for p in r:
print(p[0], end=" ")

athens
```

6.1.1 NER 简介

命名实体识别（NER）是一个过程，在这个过程中，将专有名词或命名实体放在文档中。然后，把这些命名实体分成不同的类别，如人名、地名、组织名等。

IIIT-Hyderabad IJCNLP 2008 定义了 12 个 NER 标签集，这些标签集如下表所示。

SNO.	命名实体标签	含义
1	NEP	人名
2	NED	指定的名称
3	NEO	机构名称
4	NEA	缩写名称
5	NEB	品牌名称
6	NETP	个人头衔
7	NETO	对象标题
8	NEL	地点名称
9	NETI	时间
10	NEN	数量
11	NEM	测量
12	NETE	术语

NET 的其中一个应用是信息提取。在 NLTK 中，可以通过存储元组（实体，关系，实体），执行信息提取的任务，然后可以检索实体值。

思考 NLTK 中的示例，这个示例显示了如何执行信息提取。

```
>>> import nltk
>>> locations=[('Jaipur', 'IN', 'Rajasthan'),('Ajmer', 'IN',
'Rajasthan'),('Udaipur', 'IN', 'Rajasthan'),('Mumbai', 'IN',
'Maharashtra'),('Ahmedabad', 'IN', 'Gujrat')]
>>> q = [x1 for (x1, relation, x2) in locations if x2=='Rajasthan']
>>> print(q)
['Jaipur', 'Ajmer', 'Udaipur']
```

使用 nltk.tag.stanford 模块，这个模块使用斯坦福标注器来执行 NER。从 stanford 网站，下载标注器模型。

查看 NLTK 中的以下示例，在这个示例中，使用斯坦福标注器执行 NER。

```
>>> from nltk.tag import StanfordNERTagger
>>> sentence = StanfordNERTagger('english.all.3class.distsim.crf.ser.
gz')
>>> sentence.tag('John goes to NY'.split())
[('John', 'PERSON'), ('goes', 'O'), ('to', 'O'),('NY', 'LOCATION')]
```

在 NLTK 中，已经训练了分类器来检测命名实体（Named Entity）。可以使用函数 nltk.ne.chunk()将命名实体从文本中识别出来。如果参数 binary 设置为 true，那么可以检测命名实体，并使用 NE 标签对它进行标注；否则，就会使用 PERSON、GPE 和 ORGANIZATION 等标签标注命名实体。

查看下面的代码，这段代码检测命名实体，如果存在命名实体，则使用 NE 标签进行标注。

```
>>> import nltk
>>> sentences1 = nltk.corpus.treebank.tagged_sents()[17]
>>> print(nltk.ne_chunk(sentences1, binary=True))
(S
  The/DT
total/NN
of/IN
  18/CD
deaths/NNS
from/IN
malignant/JJ
mesothelioma/NN
  ,/,
lung/NN
cancer/NN
and/CC
asbestosis/NN
was/VBD
far/RB
higher/JJR
than/IN
  */-NONE
expected/VBN
  *?*/-NONE-
```

```
  ,/,
  the/DT
  researchers/NNS
  said/VBD
    0/-NONE-
    *T*-1/-NONE-
    ./.)
>>> sentences2 = nltk.corpus.treebank.tagged_sents()[7]
>>> print(nltk.ne_chunk(sentences2, binary=True))
(S
  A/DT
  (NE Lorillard/NNP)
  spokewoman/NN
  said/VBD
    ,/,
    ``/``
    This/DT
  is/VBZ
  an/DT
  old/JJ
  story/NN
    ./.)
>>> print(nltk.ne_chunk(sentences2))
(S
  A/DT
  (ORGANIZATION Lorillard/NNP)
  spokewoman/NN
  said/VBD
    ,/,
    ``/``
    This/DT
  is/VBZ
  an/DT
  old/JJ
  story/NN
    ./.)
```

思考 NLTK 中的另一示例，这个示例可以用于检测命名实体。

```
>>> import nltk
>>> from nltk.corpus import conll2002
>>> for documents in conll2002.chunked_sents('ned.train')[25]:
print(documents)
```

```
(PER Vandenbussche/Adj)
('zelf', 'Pron')
('besloot', 'V')
('dat', 'Conj')
('het', 'Art')
('hof', 'N')
('"', 'Punc')
('de', 'Art')
('politieke', 'Adj')
('zeden', 'N')
('uit', 'Prep')
('het', 'Art')
('verleden', 'N')
('"', 'Punc')
('heeft', 'V')
('willen', 'V')
('veroordelen', 'V')
('.', 'Punc')
```

组块器是用于将纯文本划分成在语义上相关的单词序列的程序。为了在 NLTK 中执行 NER，使用默认的组块器。默认组块器是基于分类器的组块器，已经使用 ACE 语料库训练了这个分类器。使用解析或分块的 NLTK 语料库，训练其他组块器。这些 NLTK 组块器所涉及的语言如下所示。

- 荷兰语

- 西班牙语

- 葡萄牙语

- 英语

思考 NLTK 中的另一个示例，这个示例识别了命名实体，并将它们归到不同的命名实体类别。

```
>>> import nltk
>>> sentence = "I went to Greece to meet John";
>>> tok=nltk.word_tokenize(sentence)
>>> pos_tag=nltk.pos_tag(tok)
>>> print(nltk.ne_chunk(pos_tag))
(S
  I/PRP
went/VBD
to/TO
```

```
  (GPE Greece/NNP)
to/TO
meet/VB
  (PERSON John/NNP))
```

6.1.2 使用隐马尔可夫模型的 NER 系统

隐马尔可夫模型（Hidden Markov Model）是其中一种流行的 NER 统计方法。将 HMM 定义为由与明确的概率分布相关联的有限状态集组成的随机有限状态自动机（Stochatic Finite State Automation，SFSA）。状态是不可观测的或者隐藏的。HMM 生成作为输出的最佳状态序列。HMM 基于马尔可夫链的性质。根据马尔可夫链的性质，下一个状态出现的概率依赖于前一个标签。这是最简单的实现方法。HMM 的缺点是，它需要大量的训练，并且不能用于大的相关性。HMM 由以下部分组成。

- 状态集 S，其中 $|S| = N$。此处，N 为状态的总数。
- 启动状态 $S0$。
- 输出字母 O，$|O| = K$。k 是输出字母的总数。
- 转移概率 A。
- 发射概率 B。
- 初始状态概率 π。

HMM 由元组 $\lambda = (A, B, \pi)$ 表示。

将启动概率或初始状态概率定义为在句子中特定标签出现的概率。

将转移概率（$A = a_{ij}$）定义为给定当前特定标签出现的次数，在句子中下一个标签 j 出现的概率。

$A = a_{ij} =$ 从状态 s_i 到 s_j 的转移数目/从状态 s_i 开始的转移数目

将发射概率（$B = b_{j(O)}$）定义为，给定状态 j，输出序列出现的概率。

$B = b_{j(k)} =$ 在状态 j 并且观察到符号 k 的次数/在状态 j 的预期次数

使用 Baum Welch 算法，求 HMM 参数的最大似然和后验众数估计。给定发射或观察的序列，使用前向后向算法求所有隐藏状态变量的后验边缘分布。

在使用 HMM 执行 NER 的过程中，涉及了三个步骤——注释、HMM 训练和 HMM 测试。注释模块将原始文本转换为注释的或可训练的数据。在 HMM 训练中，计算 HMM 参数——起始概率、转移概率和发射概率。在 HMM 测试中，使用 Viterbi 算法，找到最佳的标签序列。

思考使用 NLTK 中的 HMM 进行分块的示例。使用分块，可以获得 NP 和 VP 组块。可以进一步处理 NP 组块，获得正确的名词或命名实体。

```
>>> import nltk
>>> nltk.tag.hmm.demo_pos()

HMM POS tagging demo

Training HMM...
Testing...
Test: the/AT fulton/NP county/NN grand/JJ jury/NN said/VBD friday/
NR an/AT investigation/NN of/IN atlanta's/NP$ recent/JJ primary/NN
election/NN produced/VBD ``/`` no/AT evidence/NN ''/'' that/CS any/DTI
irregularities/NNS took/VBD place/NN ./.

Untagged: the fulton county grand jury said friday an investigation of
atlanta's recent primary election produced `` no evidence '' that any
irregularities took place .

HMM-tagged: the/AT fulton/NP county/NN grand/JJ jury/NN said/
VBD friday/NR an/AT investigation/NN of/IN atlanta's/NP$ recent/
JJ primary/NN election/NN produced/VBD ``/`` no/AT evidence/NN ''/''
that/CS any/DTI irregularities/NNS took/VBD place/NN ./.

Entropy: 18.7331739705

------------------------------------------------------------
Test: the/AT jury/NN further/RBR said/VBD in/IN term-end/NN
presentments/NNS that/CS the/AT city/NN executive/JJ committee/NN ,/,
which/WDT had/HVD over-all/JJ charge/NN of/IN the/AT election/NN ,/,
``/`` deserves/VBZ the/AT praise/NN and/CC thanks/NNS of/IN the/AT
city/NN of/IN atlanta/NP ''/'' for/IN the/AT manner/NN in/IN which/WDT
the/AT election/NN was/BEDZ conducted/VBN ./.

Untagged: the jury further said in term-end presentments that the
city executive committee , which had over-all charge of the election
, `` deserves the praise and thanks of the city of atlanta '' for the
manner in which the election was conducted .

HMM-tagged: the/AT jury/NN further/RBR said/VBD in/IN term-end/AT
```

presentments/NN that/CS the/AT city/NN executive/NN committee/NN ,/,
which/WDT had/HVD over-all/VBN charge/NN of/IN the/AT election/NN ,/,
``/`` deserves/VBZ the/AT praise/NN and/CC thanks/NNS of/IN the/AT
city/NN of/IN atlanta/NP ''/'' for/IN the/AT manner/NN in/IN which/WDT
the/AT election/NN was/BEDZ conducted/VBN ./.

Entropy: 27.0708725519

Test: the/AT september-october/NP term/NN jury/NN had/HVD been/BEN
charged/VBN by/IN fulton/NP superior/JJ court/NN judge/NN durwood/
NP pye/NP to/TO investigate/VB reports/NNS of/IN possible/JJ ``/``
irregularities/NNS ''/'' in/IN the/AT hard-fought/JJ primary/NN which/
WDT was/BEDZ won/VBN by/IN mayor-nominate/NN ivan/NP allen/NP jr./NP
./.

Untagged: the september-october term jury had been charged by fulton
superior court judge durwoodpye to investigate reports of possible ``
irregularities '' in the hard-fought primary which was won by mayornominate
ivanallenjr. .

HMM-tagged: the/AT september-october/JJ term/NN jury/NN had/HVD been/
BEN charged/VBN by/IN fulton/NP superior/JJ court/NN judge/NN durwood/
TO pye/VB to/TO investigate/VB reports/NNS of/IN possible/JJ ``/``
irregularities/NNS ''/'' in/IN the/AT hard-fought/JJ primary/NN which/
WDT was/BEDZ won/VBN by/IN mayor-nominate/NP ivan/NP allen/NP jr./NP
./.

Entropy: 33.8281874237

Test: ``/`` only/RB a/AT relative/JJ handful/NN of/IN such/JJ reports/
NNS was/BEDZ received/VBN ''/'' ,/, the/AT jury/NN said/VBD ,/, ``/``
considering/IN the/AT widespread/JJ interest/NN in/IN the/AT election/
NN ,/, the/AT number/NN of/IN voters/NNS and/CC the/AT size/NN of/IN
this/DT city/NN ''/'' ./.

Untagged: `` only a relative handful of such reports was received '' ,
the jury said , `` considering the widespread interest in the election
, the number of voters and the size of this city '' .

HMM-tagged: ``/`` only/RB a/AT relative/JJ handful/NN of/IN such/JJ
reports/NNS was/BEDZ received/VBN ''/'' ,/, the/AT jury/NN said/VBD
,/, ``/`` considering/IN the/AT widespread/JJ interest/NN in/IN the/AT

election/NN ,/, the/AT number/NN of/IN voters/NNS and/CC the/AT size/
NN of/IN this/DT city/NN ''/'' ./.

Entropy: 11.4378198596

```
------------------------------------------------------------
```

Test: the/AT jury/NN said/VBD it/PPS did/DOD find/VB that/CS many/AP
of/IN georgia's/NP$ registration/NN and/CC election/NN laws/NNS ``/``
are/BER outmoded/JJ or/CC inadequate/JJ and/CC often/RB ambiguous/JJ
''/'' ./.

Untagged: the jury said it did find that many of georgia's
registration and election laws `` are outmoded or inadequate and often
ambiguous '' .

HMM-tagged: the/AT jury/NN said/VBD it/PPS did/DOD find/VB that/CS
many/AP of/IN georgia's/NP$ registration/NN and/CC election/NN laws/
NNS ``/`` are/BER outmoded/VBG or/CC inadequate/JJ and/CC often/RB
ambiguous/VB ''/'' ./.
Entropy: 20.8163623192

```
------------------------------------------------------------
```

Test: it/PPS recommended/VBD that/CS fulton/NP legislators/NNS act/VB
``/`` to/TO have/HV these/DTS laws/NNS studied/VBN and/CC revised/VBN
to/IN the/AT end/NN of/IN modernizing/VBG and/CC improving/VBG them/
PPO ''/'' ./.

Untagged: it recommended that fulton legislators act `` to have these
laws studied and revised to the end of modernizing and improving them
'' .

HMM-tagged: it/PPS recommended/VBD that/CS fulton/NP legislators/
NNS act/VB ``/`` to/TO have/HV these/DTS laws/NNS studied/VBD and/CC
revised/VBD to/IN the/AT end/NN of/IN modernizing/NP and/CC improving/
VBG them/PPO ''/'' ./.

Entropy: 20.3244921203

```
------------------------------------------------------------
```

Test: the/AT grand/JJ jury/NN commented/VBD on/IN a/AT number/NN of/
IN other/AP topics/NNS ,/, among/IN them/PPO the/AT atlanta/NP and/
CC fulton/NP county/NN purchasing/VBG departments/NNS which/WDT it/
PPS said/VBD ``/`` are/BER well/QL operated/VBN and/CC follow/VB

```
generally/RB accepted/VBN practices/NNS which/WDT inure/VB to/IN the/
AT best/JJT interest/NN of/IN both/ABX governments/NNS ''/'' ./.
```

Untagged: the grand jury commented on a number of other topics ,
among them the atlanta and fulton county purchasing departments which
it said `` are well operated and follow generally accepted practices
which inure to the best interest of both governments '' .

HMM-tagged: the/AT grand/JJ jury/NN commented/VBD on/IN a/AT number/
NN of/IN other/AP topics/NNS ,/, among/IN them/PPO the/AT atlanta/
NP and/CC fulton/NP county/NN purchasing/NN departments/NNS which/WDT
it/PPS said/VBD ``/`` are/BER well/RB operated/VBN and/CC follow/VB
generally/RB accepted/VBN practices/NNS which/WDT inure/VBZ to/IN the/
AT best/JJT interest/NN of/IN both/ABX governments/NNS ''/'' ./.

Entropy: 31.3834231469

```
-------------------------------------------------------------
Test: merger/NN proposed/VBN
```

Untagged: merger proposed
HMM-tagged: merger/PPS proposed/VBD

Entropy: 5.6718203946

```
-------------------------------------------------------------
Test: however/WRB ,/, the/AT jury/NN said/VBD it/PPS believes/VBZ
``/`` these/DTS two/CD offices/NNS should/MD be/BE combined/VBN to/TO
achieve/VB greater/JJR efficiency/NN and/CC reduce/VB the/AT cost/NN
of/IN administration/NN ''/'' ./.
```

Untagged: however , the jury said it believes `` these two offices
should be combined to achieve greater efficiency and reduce the cost
of administration '' .

HMM-tagged: however/WRB ,/, the/AT jury/NN said/VBD it/PPS believes/
VBZ ``/`` these/DTS two/CD offices/NNS should/MD be/BE combined/VBN
to/TO achieve/VB greater/JJR efficiency/NN and/CC reduce/VB the/AT
cost/NN of/IN administration/NN ''/'' ./.

Entropy: 8.27545943909

```
-------------------------------------------------------------
Test: the/AT city/NN purchasing/VBG department/NN ,/, the/AT jury/NN
```

```
said/VBD ,/, ``/`` is/BEZ lacking/VBG in/IN experienced/VBN clerical/
JJ personnel/NNS as/CS a/AT result/NN of/IN city/NN personnel/NNS
policies/NNS ''/'' ./.

Untagged: the city purchasing department , the jury said , `` is
lacking in experienced clerical personnel as a result of city
personnel policies '' .

HMM-tagged: the/AT city/NN purchasing/NN department/NN ,/, the/
AT jury/NN said/VBD ,/, ``/`` is/BEZ lacking/VBG in/IN experienced/
AT clerical/JJ personnel/NNS as/CS a/AT result/NN of/IN city/NN
personnel/NNS policies/NNS ''/'' ./.

Entropy: 16.7622537278

------------------------------------------------------------
accuracy over 284 tokens: 92.96
```

将 NER 标注器的结果定义为回应（response），将人类的解释定义为答案（answer key）。因此，提供下列的定义。

- 正确的（Correct）：响应与答案完全一样。

- 错误的（Incorrect）：响应与答案不一样。

- 丢失的（Missing）：答案得到了标注，但是响应未得到标注。

- 虚假的（Spurious）：响应得到了标注，但是答案未得到标注。

可以使用以下参数来判断基于 NER 的系统的性能。

- 精准率（P），它的定义如下。

$$P = 正确的 / (正确的 + 错误的 + 丢失的)$$

- 召回率（R），它的定义如下。

$$R = 正确的 / (正确的 + 错误的 + 虚假的)$$

- F 值，它的定义如下。

$$F 值 = (2 \times PREC \times REC)/(PRE + REC)$$

6.1.3　使用机器学习工具包训练 NER

可以使用以下方法执行 NER。

- 基于规则或者手工的方法。
  - 列表查询方法。
  - 语言的方法。
- 基于机器学习的方法或自动化方法。
  - 隐马尔可夫模型。
  - 最大熵马尔可夫模型。
  - 条件随机场。
  - 支持向量机。
  - 决策树。

实验证明，基于机器学习的方法比基于规则的方法好。此外，如果同时使用基于规则的方法和基于机器学习的方法，那么 NER 的性能将会提高。

6.1.4　使用 POS 标注的 NER

可以使用 POS 标注执行 NER。可以使用的 POS 标签如下所示（它们在 upenn 网站中可以找到）。

标签	描述
CC	并列连词
CD	基数
DT	限定词
EX	存在 there
FW	外来词
IN	介词或从属连词
JJ	形容词
JJR	形容词，比较级
JJS	形容词，最高级
LS	列表项标记
MD	情态动词

标签	描述
NN	名词，单数或不可数
NNS	名词，复数
NNP	专有名词，单数
NNPS	专有名词，复数
PDT	前置限定词
POS	所有格的结尾
PRP	人称代词
PRP $	物主代词
RB	副词
RBR	副词，比较级
RBS	副词，最高级
RP	小品词
SYM	符号
TO	To
UH	感叹词
VB	动词，基本形式
VBD	动词，过去式
VBG	动词，动名词或现在分词
VBN	动词，过去分词
VBP	动词，非第三人称单数，现在时
VBZ	动词，第三人称单数，现在时
WDT	Wh-限定词
WP	Wh-代词
WP $	物主 Wh-代词
WRB	Wh-副词

如果执行 POS 标注，然后使用 POS 信息，就可以确认命名实体。使用 NNP 标签标注的标记就是命名实体。

思考以下 NLTK 示例，在这些示例中，使用 POS 标注执行 NER。

```
>>> import nltk
>>> from nltk import pos_tag, word_tokenize
>>> pos_tag(word_tokenize("John and Smith are going to NY and
Germany"))
[('John', 'NNP'), ('and', 'CC'), ('Smith', 'NNP'), ('are', 'VBP'),
('going', 'VBG'), ('to', 'TO'), ('NY', 'NNP'), ('and', 'CC'),
('Germany', 'NNP')]
```

此处，由于 John、Smith、NY 和 Germany 都使用了 NNP 标签进行了标注，因此这些词就是命名实体。

查看另一个示例，在这个示例中，使用 NLTK 执行了 POS 标注，并且使用 POS 标签信息检测命名实体。

```
>>> import nltk
>>> from nltk.corpus import brown
>>> from nltk.tag import UnigramTagger
>>> tagger = UnigramTagger(brown.tagged_sents(categories='news')
[:700])
>>> sentence = ['John','and','Smith','went','to','NY','and','Germany']
>>> for word, tag in tagger.tag(sentence):
print(word,'->',tag)


John -> NP
and -> CC
Smith -> None
went -> VBD
to -> TO
NY -> None
and -> CC
Germany -> None
```

此处，使用 NP 标签标注 John，因此它可以被识别为命名实体。由于此处的一些标记没有得到过训练，因此使用 None 标签标注。

6.2　从 Wordnet 中生成同义词集 ID

可以将 Wordnet 定义为英语词汇数据库。使用同义词集，可以找到单词间的概念相关性、如上位词、同义词、反义词和下位词。

思考 NLTK 中的下列代码，这段代码生成了同义词集。

```python
def all_synsets(self, pos=None):
    """Iterate over all synsets with a given part of speech tag.
    If no pos is specified, all synsets for all parts of speech
    will be loaded.
    """
    if pos is None:
        pos_tags = self._FILEMAP.keys()
    else:
        pos_tags = [pos]

    cache = self._synset_offset_cache
    from_pos_and_line = self._synset_from_pos_and_line

    # generate all synsets for each part of speech
    for pos_tag in pos_tags:
        # Open the file for reading. Note that we can not re-use
        # the file poitners from self._data_file_map here, because
        # we're defining an iterator, and those file pointers might
        # be moved while we're not looking.
        if pos_tag == ADJ_SAT:
            pos_tag = ADJ
        fileid = 'data.%s' % self._FILEMAP[pos_tag]
        data_file = self.open(fileid)

        try:
            # generate synsets for each line in the POS file
            offset = data_file.tell()
            line = data_file.readline()
            while line:
                if not line[0].isspace():
                    if offset in cache[pos_tag]:
                        # See if the synset is cached
                        synset = cache[pos_tag][offset]
                    else:
```

```
                        # Otherwise, parse the line
                        synset = from_pos_and_line(pos_tag, line)
                        cache[pos_tag][offset] = synset

                    # adjective satellites are in the same file as
                    # adjectives so only yield the synset if it's
                    # actually a satellite
                    if synset._pos == ADJ_SAT:
                        yield synset

                    # for all other POS tags, yield all synsets
                    # (this means that adjectives also include
                    # adjective satellites)
                    else:
                        yield synset
                offset = data_file.tell()
                line = data_file.readline()

        # close the extra file handle we opened
        except:
            data_file.close()
            raise
        else:
            data_file.close()
```

查看 NLTK 中的以下代码，在这段代码中，使用同义词集查找单词。

```
>>> import nltk
>>> from nltk.corpus import wordnet
>>> from nltk.corpus import wordnet as wn
>>> wn.synsets('cat')
[Synset('cat.n.01'), Synset('guy.n.01'), Synset('cat.n.03'),
Synset('kat.n.01'), Synset('cat-o'-nine-tails.n.01'),
Synset('caterpillar.n.02'), Synset('big_cat.n.01'),
Synset('computerized_tomography.n.01'), Synset('cat.v.01'),
Synset('vomit.v.01')]
>>> wn.synsets('cat', pos=wn.VERB)
[Synset('cat.v.01'), Synset('vomit.v.01')]
>>> wn.synset('cat.n.01')
Synset('cat.n.01')
```

此处，cat.n.01 意味着 cat 是名词类，并且 cat 只存在一个意思。

```
>>> print(wn.synset('cat.n.01').definition())
```

```
feline mammal usually having thick soft fur and no ability to roar:
domestic cats; wildcats
>>> len(wn.synset('cat.n.01').examples())
0
>>> wn.synset('cat.n.01').lemmas()
[Lemma('cat.n.01.cat'), Lemma('cat.n.01.true_cat')]
>>> [str(lemma.name()) for lemma in wn.synset('cat.n.01').lemmas()]
['cat', 'true_cat']
>>> wn.lemma('cat.n.01.cat').synset()
Synset('cat.n.01')
```

查看下面的 NLTK 示例，这个示例使用 ISO 639 语言编码，描述了同义词集和开放式多语种 Wordnet。

```
>>> import nltk
>>> from nltk.corpus import wordnet
>>> from nltk.corpus import wordnet as wn
>>> sorted(wn.langs())
['als', 'arb', 'cat', 'cmn', 'dan', 'eng', 'eus', 'fas', 'fin', 'fra',
'fre', 'glg', 'heb', 'ind', 'ita', 'jpn', 'nno', 'nob', 'pol', 'por',
'spa', 'tha', 'zsm']
>>> wn.synset('cat.n.01').lemma_names('ita')
['gatto']
>>> sorted(wn.synset('cat.n.01').lemmas('dan'))
[Lemma('cat.n.01.kat'), Lemma('cat.n.01.mis'), Lemma('cat.n.01.
missekat')]
>>> sorted(wn.synset('cat.n.01').lemmas('por'))
[Lemma('cat.n.01.Gato-doméstico'), Lemma('cat.n.01.Gato_doméstico'),
Lemma('cat.n.01.gato'), Lemma('cat.n.01.gato')]
>>> len(wordnet.all_lemma_names(pos='n', lang='jpn'))
66027
>>> cat = wn.synset('cat.n.01')
>>> cat.hypernyms()
[Synset('feline.n.01')]
>>> cat.hyponyms()
[Synset('domestic_cat.n.01'), Synset('wildcat.n.03')]
>>> cat.member_holonyms()
[]
>>> cat.root_hypernyms()
[Synset('entity.n.01')]
>>> wn.synset('cat.n.01').lowest_common_hypernyms(wn.
synset('dog.n.01'))
[Synset('carnivore.n.01')]
```

6.3 使用 Wordnet 消除歧义

消歧的任务是基于单词的意义或意思，将具有两个或多个拼写相同或发音相同的单词区别开来。

可以使用 Python 技术实现消歧或 WSD 任务如下所示。

- Lesk 算法
    - 原始 Lesk
    - 余弦 Lesk（使用余弦而不是使用原始计数来计算重叠）
    - 简单的 Lesk（具有定义、示例和上义词+下义词）
    - 改编/扩展的 Lesk
    - 增强的 Lesk
- 最大化相似性
    - 信息内容
    - 路径的相似性
- 监督的 WSD
    - 这是有道理的（It Makes Sense，IMS）
    - SVM WSD
- 向量空间模型
    - 主题模型，LDA
    - LSI/LSA
    - NMF
- 基于图的模型
    - Babelfly
    - UKB
- 基线：

- ○ 随机意义

- ○ 最高的词元计数

- ○ 最初的 NLTK 意义

在 NLTK 中，关于 WordNet 的词义相似性涉及以下算法。

- **Resnik 分数**：在比较两个标记时，确定两个标记相似度的分数（最小公共包含）将会返回。

- **Wu-Palmer 相似度**：基于两种单词意义的深度和最小公共包含，定义两个标记之间的相似度。

- **路径距离相似度**：两个标记的相似度是基于 is-a 分类中计算出的最短距离确定的。

- **Leacock Chodorow 相似度**：基于最短路径和词意存在于分类中的深度（最大），返回相似度分数。

- **Lin 相似度**：基于最小公共包含和两个输入同义词集的信息内容，返回相似度分数。

- **Jiang-Conrath 相似度**：基于最小公共包含和两个输入同义词集的内容信息，返回相似度分数。

思考使用 NLTK 说明了路径相似度的以下示例。

```
>>> import nltk
>>> from nltk.corpus import wordnet
>>> from nltk.corpus import wordnet as wn
>>> lion = wn.synset('lion.n.01')
>>> cat = wn.synset('cat.n.01')
>>> lion.path_similarity(cat)
0.25
```

思考使用 NLTK 说明了 Leacock Chodorow 相似度的以下示例。

```
>>> import nltk
>>> from nltk.corpus import wordnet
>>> from nltk.corpus import wordnet as wn
>>> lion = wn.synset('lion.n.01')
>>> cat = wn.synset('cat.n.01')
>>> lion.lch_similarity(cat)
2.2512917986064953
```

思考使用 NLTK 说明了 Wu-Palmer 相似度的以下示例。

```
>>> import nltk
>>> from nltk.corpus import wordnet
>>> from nltk.corpus import wordnet as wn
>>> lion = wn.synset('lion.n.01')
>>> cat = wn.synset('cat.n.01')
>>> lion.wup_similarity(cat)
0.896551724137931
```

思考使用 NLTK 说明了 Resnik 相似度、Lin 相似度和 Jiang-Conrath 相似度的以下示例。

```
>>> import nltk
>>> from nltk.corpus import wordnet
>>> from nltk.corpus import wordnet as wn
>>> from nltk.corpus import wordnet_ic
>>> brown_ic = wordnet_ic.ic('ic-brown.dat')
>>> semcor_ic = wordnet_ic.ic('ic-semcor.dat')
>>> from nltk.corpus import genesis
>>> genesis_ic = wn.ic(genesis, False, 0.0)
>>> lion = wn.synset('lion.n.01')
>>> cat = wn.synset('cat.n.01')
>>> lion.res_similarity(cat, brown_ic)
8.663481537685325
>>> lion.res_similarity(cat, genesis_ic)
7.339696591781995
>>> lion.jcn_similarity(cat, brown_ic)
0.36425897775957294
>>> lion.jcn_similarity(cat, genesis_ic)
0.3057800856788946
>>> lion.lin_similarity(cat, semcor_ic)
0.8560734335071154
```

查看基于 Wu-Palmer 相似度和路径距离相似度并且使用 NLTK 的以下代码。

```
from nltk.corpus import wordnet as wn
def getSenseSimilarity(worda,wordb):

    """

    find similarity betwwn word senses of two words

    """
```

```
wordasynsets = wn.synsets(worda)

wordbsynsets = wn.synsets(wordb)

synsetnamea = [wn.synset(str(syns.name)) for syns in wordasynsets]

  synsetnameb = [wn.synset(str(syns.name)) for syns in wordbsynsets]


for sseta, ssetb in [(sseta,ssetb) for sseta in synsetnamea\

for ssetb in synsetnameb]:

pathsim = sseta.path_similarity(ssetb)

wupsim = sseta.wup_similarity(ssetb)

if pathsim != None:

print "Path Sim Score: ",pathsim," WUP Sim Score: ",wupsim,\

"\t",sseta.definition, "\t", ssetb.definition


if __name__ == "__main__":

#getSenseSimilarity('walk','dog')

getSenseSimilarity('cricket','ball')
```

思考使用 NLTK 并用来执行消歧任务的 Lesk 算法的代码。

```
from nltk.corpus import wordnet


def lesk(context_sentence, ambiguous_word, pos=None, synsets=None):
    """Return a synset for an ambiguous word in a context.

    :param iter context_sentence: The context sentence where the
    ambiguous word occurs, passed as an iterable of words.
    :param str ambiguous_word: The ambiguous word that requires WSD.
    :param str pos: A specified Part-of-Speech (POS).
    :param iter synsets: Possible synsets of the ambiguous word.
```

```
    :return: ``lesk_sense`` The Synset() object with the highest
signature overlaps.

//    This function is an implementation of the original Lesk
algorithm (1986) [1].

    Usage example::

>>> lesk(['I', 'went', 'to', 'the', 'bank', 'to', 'deposit', 'money',
'.'], 'bank', 'n')
        Synset('savings_bank.n.02')


    context = set(context_sentence)
    if synsets is None:
        synsets = wordnet.synsets(ambiguous_word)

    if pos:
        synsets = [ss for ss in synsets if str(ss.pos()) == pos]

    if not synsets:
        return None

    _, sense = max(
        (len(context.intersection(ss.definition().split())), ss) for
ss in synsets
    )

    return sense
```

6.4 本章小结

本章已经讨论了自然语言处理的其中一个阶段——语义分析。另外，本章还讨论了 NER、使用 HMM 的 NER、使用机器学习工具包的 NER、NER 的性能指标、使用 POS 标注的 NER、使用 WordNet 的 WSD 和同义词集的生成。

下一章将使用 NER 和机器学习方法探讨情感分析，也将讨论 NER 系统的评估。

第7章
情感分析——我很高兴

情感分析或情绪生成是在 NLP 中的其中一个任务。将它定义为确定字符序列背后情绪的过程。可以使用它来确定演讲者或个人是否以一种快乐或悲伤的情绪，或以一种中性的表述方式，来表达文本思想。

本章包括以下主题。

- 情感分析。

- 使用 NER 的情感分析。

- 使用机器学习的情感分析。

- NER 系统的评价。

7.1　情感分析

将情感分析定义为对自然语言执行的一项任务。此处，在使用自然语言表达的句子或单词上执行计算，确定它们是否表达了正面、负面或中性的情绪。由于情感分析提供了所表达文本的信息，因此这是一种主观的任务。可以将情感分析定义为分类问题，在这个分类问题中，分类可能具有两种类型——二元分类（正或负），也可能是多元分类（正面、负面或中性）。情感分析也称为文本情感分析。这是确定文本背后所蕴含情感或情绪的文本挖掘方法。当情感分析与主题挖掘相结合时，它称为主题-情感分析。也可以使用词典来执行情感分析。词典可以是特定领域的词典，也可以是通用的词典。词典包含正面表达方式、负面表达方式、中性表达方式和停用词列表。当出现测试句子时，可以在词典中执行简单的查找操作。

一个示例单词列表为——英语单词的情感规范（Affective Norms for English Words，ANEW）。这是在佛罗里达大学发现的英文单词列表。这个英文单词列表由表达了优势度（dominance）、评价值（valence）和唤起度（arousal）的 1034 个单词组成，是由 Bradley 和 Lang 制作的。构建这个单词列表出于学术（而非研究）目的。其他变体有 DANEW（荷兰语 ANEW）和 SPANEW（西班牙语 ANEW）。

AFINN 由 2477 个单词组成（早期有 1468 个单词）。这个单词列表是由 Finn Arup Nielsen 制作的。创建这个单词列表的主要目的是对 Twitter 文本进行情感分析。为每个单词分配范围为−5～+5 的唤起度值。

平衡情感单词列表包括了 277 个英语单词。评价值代码的范围为 1 到 4，其中 1 表示正面，2 表示负面，3 表示焦虑，4 表示中性。

柏林情感单词列表（Berlin Affective Word List，BAWL）由 2200 个德语单词组成。另一个版本的 BAWL 是重加载的柏林情感单词列表（Berlin Affective Word List Reloaded，BAWL-R），这个单词列表包括了额外的唤起度单词。

双语芬兰情感规范（Bilingual Finnish Affective Norms）由 210 英式英语名词和芬兰语名词组成。它还包括了禁忌语。

指南针德罗斯情感单词指南（Compass DeRose Guide to Emotion Words）由 Steve J.DeRose 制作，由英语的情感单词组成。对单词进行了分类，却没有评价值和唤起度。

语言情感词典（Dictionary of Affect in Language，DAL）由 Gynthia、M. Whissell 制作，由用于情感分析的情绪单词组成。因此，也将它称为 Whissell 的语言情感词典（WDAL）。

通用询问器（General Inquirer）包括了许多词典。其中，正面的列表由 1915 个单词组成，负面的列表由 2291 个单词组成。

Hu-Liu 意见词典（Hu-Liu opinion Lexicon，HL）包括了具有 6800 个（正面和负面）单词的列表。

德语的莱比锡情感规范（Leipzig Affective Norms for German，LANG）是由 1000 个德语名词组成的列表，并且基于评价值、具体性（concreteness）和唤起度来完成评估。

劳伦和麦当劳财务情感词典由 Tim Loughran 和 Bill McDonald 创建。这些词典包含了用于财务文件的单词，包含正面单词、负面单词或语气词。

Moors 是与优势度、唤起度和评价值相关的荷兰单词列表。

NRC 情感词典是由 Saif M.Mohammad 通过亚马逊土耳其机器人开发的单词列表。

OpinionFinder 的主观性词典包括了 8221 个（正面或负面）单词构成的列表。

SentiSense 基于 14 个情感类别，包括了 2190 个同义词集和 5496 个单词。

Warringer 由亚马逊土耳其机器人收集到的 13915 个单词组成，这些单词与优势度、唤起度和评价值有关。

labMT 是由 10 000 个单词组成的单词列表。

思考以下使用 NLTK 的示例，这段代码对电影评论进行了情感分析。

```
import nltk
import random
from nltk.corpus import movie_reviews
docs = [(list(movie_reviews.words(fid)), cat)
        for cat in movie_reviews.categories()
        for fid in movie_reviews.fileids(cat)]
random.shuffle(docs)

all_tokens = nltk.FreqDist(x.lower() for x in movie_reviews.words())
token_features = all_tokens.keys()[:2000]
print token_features[:100]
    [',', 'the', '.', 'a', 'and', 'of', 'to', "'", 'is', 'in', 's',
'"', 'it', 'that', '-', ')', '(', 'as', 'with', 'for', 'his', 'this',
'film', 'i', 'he', 'but', 'on', 'are', 't', 'by', 'be', 'one',
'movie', 'an', 'who', 'not', 'you', 'from', 'at', 'was', 'have',
'they', 'has', 'her', 'all', '?', 'there', 'like', 'so', 'out',
'about', 'up', 'more', 'what', 'when', 'which', 'or', 'she', 'their',
':', 'some', 'just', 'can', 'if', 'we', 'him', 'into', 'even', 'only',
'than', 'no', 'good', 'time', 'most', 'its', 'will', 'story', 'would',
'been', 'much', 'character', 'also', 'get', 'other', 'do', 'two',
'well', 'them', 'very', 'characters', ';', 'first', '--', 'after',
'see', '!', 'way', 'because', 'make', 'life']

def doc_features(doc):
    doc_words = set(doc)
    features = {}
    for word in token_features:
        features['contains(%s)' % word] = (word in doc_words)
    return features

print doc_features(movie_reviews.words('pos/cv957_8737.txt')
feature_sets = [(doc_features(d), c) for (d,c) in doc]
train_sets, test_sets = feature_sets[100:], feature_sets[:100]
```

```
classifiers = nltk.NaiveBayesClassifier.train(train_sets)
print nltk.classify.accuracy(classifiers, test_sets)

    0.86

classifier.show_most_informative_features(5)

    Most Informative Features
contains(damon) = True              pos : neg   =      11.2 : 1.0
contains(outstanding) = True        pos : neg   =      10.6 : 1.0
contains(mulan) = True              pos : neg   =       8.8 : 1.0
contains(seagal) = True             neg : pos   =       8.4 : 1.0
contains(wonderfully) = True        pos : neg   =       7.4 : 1.0
```

此处，检查了信息特征是否存在与文档中。

思考语义分析的另一个示例。首先，进行文本的预处理。在此，在给定的文木中，识别了单个句子。然后，在句子中识别标记。进一步，每个标记包括了三个实体，即单词、词元和标签。

查看下面使用 NLTK 进行文本预处理的代码。

```
importnltk

class Splitter(object):
def __init__(self):
self.nltk_splitter = nltk.data.load('tokenizers/punkt/english.pickle')
self.nltk_tokenizer = nltk.tokenize.TreebankWordTokenizer()

def split(self, text):
sentences = self.nltk_splitter.tokenize(text)
tokenized_sentences = [self.nltk_tokenizer.tokenize(sent) for sent in
sentences]
return tokenized_sentences
classPOSTagger(object):
def __init__(self):
pass

def pos_tag(self, sentences):

pos = [nltk.pos_tag(sentence) for sentence in sentences]
pos = [[(word, word, [postag]) for (word, postag) in sentence] for
sentence in pos]
returnpos
```

生成的词元与单词形式相同。标签是 POS 标签。思考下面为每个标记生成三元组（即单词、词元和 POS 标签）的代码。

```
text = """Why are you looking disappointed. We will go to restaurant
for dinner."""
splitter = Splitter()
postagger = POSTagger()
splitted_sentences = splitter.split(text)
print splitted_sentences
[['Why','are','you','looking','disappointed','.'], ['We','will','go','
to','restaurant','for','dinner','.']]


pos_tagged_sentences = postagger.pos_tag(splitted_sentences)

print pos_tagged_sentences
[[('Why','Why',['WP']),('are','are',['VBZ']),('you','you',['PRP']
),('looking','looking',['VB']),('disappointed','disappointed',['
VB']),('.','.',['.'])],[('We','We',['PRP']),('will','will',['VBZ']),('
go','go',['VB']),('to','to',['TO']),('restaurant','restaurant',['NN'])
,('for','for',['IN']),('dinner','dinner',['NN']),('.','.',['.'])]]
```

可以构造由正面表达方式和负面表达方式构成的两种词典。然后，可以使用词典，对预处理后的文本进行标注。

思考使用词典进行标注的以下 NLTK 代码。

```
classDictionaryTagger(object):
def __init__(self, dictionary_paths):
files = [open(path, 'r') for path in dictionary_paths]
dictionaries = [yaml.load(dict_file) for dict_file in files]
map(lambda x: x.close(), files)
self.dictionary = {}
self.max_key_size = 0
forcurr_dict in dictionaries:
for key in curr_dict:
if key in self.dictionary:
self.dictionary[key].extend(curr_dict[key])
else:
self.dictionary[key] = curr_dict[key]
self.max_key_size = max(self.max_key_size, len(key))

def tag(self, postagged_sentences):
return [self.tag_sentence(sentence) for sentence in postagged_
```

```
sentences]

def tag_sentence(self, sentence, tag_with_lemmas=False):
tag_sentence = []
        N = len(sentence)
ifself.max_key_size == 0:
self.max_key_size = N
i = 0
while (i< N):
j = min(i + self.max_key_size, N) #avoid overflow
tagged = False
while (j >i):
expression_form = ' '.join([word[0] for word in sentence[i:j]]).
lower()
expression_lemma = ' '.join([word[1] for word in sentence[i:j]]).
lower()
iftag_with_lemmas:
literal = expression_lemma
else:
literal = expression_form
if literal in self.dictionary:
    is_single_token = j - i == 1
original_position = i
i = j
taggings = [tag for tag in self.dictionary[literal]]
tagged_expression = (expression_form, expression_lemma, taggings)
ifis_single_token: #if the tagged literal is a single token, conserve
its previous taggings:
original_token_tagging = sentence[original_position][2]
tagged_expression[2].extend(original_token_tagging)
tag_sentence.append(tagged_expression)
tagged = True
else:
            j = j - 1
if not tagged:
tag_sentence.append(sentence[i])
i += 1
return tag_sentence
```

此处，在词典的帮助下，在预处理后的文本中，将单词标注为正面或负面。

查看使用 NLTK 计算正面表达方式和负面表达方式数量的以下代码。

```
def value_of(sentiment):
```

```
if sentiment == 'positive': return 1
if sentiment == 'negative': return -1
return 0
def sentiment_score(review):
return sum ([value_of(tag) for sentence in dict_tagged_sentences for
token in sentence for tag in token[2]])
```

使用 NLTK 中的 nltk.sentiment.util 模块和 Hu-Liu 词典，进行情感分析。在词典的帮助下，这个模块统计正面、负面和中性表达方式的数量，然后，基于绝大多数，确定文本的情绪是正面的、负面的还是中性的。未包含在词典中的单词被视为中性的。

使用 NER 的情感分析

NER 是查找命名实体然后将命名实体归为不同命名实体类的过程。可以使用不同的技术，如基于规则的方法（Rule-based approach）、列表查找方法（List look up approach）和统计方法（隐马尔可夫模型、最大熵马尔可夫模型、支持向量机、条件随机场和决策树），实现 NER。

由于命名实体是对情感分析毫无贡献的单词，因此如果在列表中确定了命名实体，那么这些命名实体就会被移除，或从句子中过滤掉。同样，停用词也会被移除。此刻，可以在剩余的单词中执行情感分析。

7.2 使用机器学习的情感分析

使用 NLTK 中的 nltk.sentiment.sentiment_analyzer 模块，基于机器学习技术，执行情感分析。

查看 NLTK 中 nltk.sentiment.sentiment_analyzer 模块的代码。

```
from __future__ import print_function
from collections import defaultdict

from nltk.classify.util import apply_features, accuracy as eval_
accuracy
from nltk.collocations import BigramCollocationFinder
from nltk.metrics import (BigramAssocMeasures, precision as eval_
precision,
    recall as eval_recall, f_measure as eval_f_measure)

from nltk.probability import FreqDist
```

```
from nltk.sentiment.util import save_file, timer
class SentimentAnalyzer(object):
    """
    A tool for Sentiment Analysis which is based on machine learning
techniques.
    """
    def __init__(self, classifier=None):
        self.feat_extractors = defaultdict(list)
        self.classifier = classifier
```

思考下列代码，这段代码返回文本中的所有单词（可重复）。

```
def all_words(self, documents, labeled=None):
    all_words = []
    if labeled is None:
        labeled = documents and isinstance(documents[0], tuple)
    if labeled == True:
        for words, sentiment in documents:
            all_words.extend(words)
    elif labeled == False:
    for words in documents:
        all_words.extend(words)
return all_words
```

思考下列代码，这段代码在文本上应用特征提取函数。

```
def apply_features(self, documents, labeled=None):

        return apply_features(self.extract_features, documents,
labeled)
```

思考下列代码，这段代码返回单词的特征。

```
def unigram_word_feats(self, words, top_n=None, min_freq=0):
        unigram_feats_freqs = FreqDist(word for word in words)
        return [w for w, f in unigram_feats_freqs.most_common(top_n)
                if unigram_feats_freqs[w] > min_freq]
```

下列代码返回双字母组特征。

```
def bigram_collocation_feats(self, documents, top_n=None, min_freq=3,
                                assoc_measure=BigramAssocMeasures. pmi):
        finder = BigramCollocationFinder.from_documents(documents)
        finder.apply_freq_filter(min_freq)
```

```
        return finder.nbest(assoc_measure, top_n)
```

查看下面的代码，可以使用这段代码以及可用的特征集，对给定实例进行分类。

```
def classify(self, instance):
        instance_feats = self.apply_features([instance],
labeled=False)
        return self.classifier.classify(instance_feats[0])
```

查看下面的代码，可以使用这段代码从文本中提取特征。

```
def add_feat_extractor(self, function, **kwargs):
        self.feat_extractors[function].append(kwargs)

def extract_features(self, document):
        all_features = {}
        for extractor in self.feat_extractors:
            for param_set in self.feat_extractors[extractor]:
                feats = extractor(document, **param_set)
            all_features.update(feats)
        return all_features
```

查看下面的代码，可以使用这段代码在训练文件上执行训练。使用 Save_classifier 将输出保存在文件中。

```
def train(self, trainer, training_set, save_classifier=None,
**kwargs):
        print("Training classifier")
        self.classifier = trainer(training_set, **kwargs)
        if save_classifier:
            save_file(self.classifier, save_classifier)

        return self.classifier
```

查看下面的代码，可以使用这段代码和测试数据，对分类器进行测试和性能评估。

```
def evaluate(self, test_set, classifier=None, accuracy=True, f_
measure=True,
                precision=True, recall=True, verbose=False):
        if classifier is None:
            classifier = self.classifier
        print("Evaluating {0} results...".format(type(classifier).__
            name__))
        metrics_results = {}
        if accuracy == True:
```

```
        accuracy_score = eval_accuracy(classifier, test_set)
        metrics_results['Accuracy'] = accuracy_score

    gold_results = defaultdict(set)
    test_results = defaultdict(set)
    labels = set()
    for i, (feats, label) in enumerate(test_set):
        labels.add(label)
        gold_results[label].add(i)
        observed = classifier.classify(feats)
        test_results[observed].add(i)

    for label in labels:
        if precision == True:
            precision_score = eval_precision(gold_results[label],
                test_results[label])
            metrics_results['Precision [{0}]'.format(label)] =
                precision_score
        if recall == True:
            recall_score = eval_recall(gold_results[label],
                test_results[label])
            metrics_results['Recall [{0}]'.format(label)] =
                recall_score
        if f_measure == True:
            f_measure_score = eval_f_measure(gold_results[label],
                test_results[label])
            metrics_results['F-measure [{0}]'.format(label)] = f_
                measure_score

    if verbose == True:
        for result in sorted(metrics_results):
            print('{0}: {1}'.format(result, metrics_
                results[result]))

    return metrics_results
```

人们认为推特（Twitter）是最流行的一种博客服务，其创建的消息称为推文（tweet）。这些推文包括了一些情感为正面、负面或中性的单词。

可以使用机器学习分类器、统计分类器或自动分类器（如朴素贝叶斯分类器、最大熵分类器、支持向量机分类器）等，来执行情感分析。

由于这些机器学习分类器或自动分类器需要训练数据，来学习分类，因此将这些分类器用于执行监督分类。

查看使用 NLTK 进行特征提取的以下代码。

```python
stopWords = []

#If there is occurrence of two or more same character, then replace it
with the character itself.
def replaceTwoOrMore(s):
    pattern = re.compile(r"(.)\1{1,}", re.DOTALL)
    return pattern.sub(r"\1\1", s)
def getStopWordList(stopWordListFileName):
    # This function will read the stopwords from a file and builds a
      list.
    stopWords = []
    stopWords.append('AT_USER')
    stopWords.append('URL')

    fp = open(stopWordListFileName, 'r')
    line = fp.readline()
    while line:
        word = line.strip()
        stopWords.append(word)
        line = fp.readline()
    fp.close()
    return stopWords

def getFeatureVector(tweet):
    featureVector = []
    #Tweets are firstly split into words
    words = tweet.split()
    for w in words:
        #replace two or more with two occurrences
        w = replaceTwoOrMore(w)
        #strip punctuation
        w = w.strip('\'"?,.')
        #Words begin with alphabet is checked.
        val = re.search(r"^[a-zA-Z][a-zA-Z0-9]*$", w)
        #If there is a stop word, then it is ignored.
        if(w in stopWords or val is None):
            continue
        else:
            featureVector.append(w.lower())
```

```
        return featureVector
#end

#Tweets are read one by one and then processed.
fp = open('data/sampleTweets.txt', 'r')
line = fp.readline()

st = open('data/feature_list/stopwords.txt', 'r')
stopWords = getStopWordList('data/feature_list/stopwords.txt')

while line:
    processedTweet = processTweet(line)
    featureVector = getFeatureVector(processedTweet)
    print featureVector
    line = fp.readline()
#end loop
fp.close()

#Tweets are read one by one and then processed.
inpTweets = csv.reader(open('data/sampleTweets.csv', 'rb'),
delimiter=',', quotechar='|')
tweets = []
for row in inpTweets:
    sentiment = row[0]
    tweet = row[1]
    processedTweet = processTweet(tweet)
    featureVector = getFeatureVector(processedTweet, stopWords)
    tweets.append((featureVector, sentiment));

#Features Extraction takes place using following method
def extract_features(tweet):
    tweet_words = set(tweet)
    features = {}
    for word in featureList:
        features['contains(%s)' % word] = (word in tweet_words)
    return features
```

在分类器培训期间，机器学习算法的输入是标签和特征。将输入提供给特征提取器，获得特征。在预测期间，提供了作为分类器模型输出的标签，而分类器模型的输入是使用特征提取器所获得的特征。查看解释了这一过程的示意图：

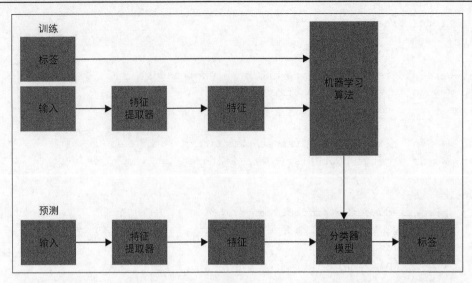

现在，查看下面的代码，使用这段代码和朴素贝叶斯分类器进行情感分析。

```
NaiveBClassifier = nltk.NaiveBayesClassifier.train(training_set)
# Testing the classifiertestTweet = 'I liked this book on Sentiment
Analysis a lot.'
processedTestTweet = processTweet(testTweet)
print NaiveBClassifier.classify(extract_features(getFeatureVector(proc
essedTestTweet)))
testTweet = 'I am so badly hurt'
processedTestTweet = processTweet(testTweet)
print NBClassifier.classify(extract_features(getFeatureVector(process
edTestTweet)))
```

查看使用最大熵进行情感分析的代码。

```
MaxEntClassifier = nltk.classify.maxent.MaxentClassifier.
train(training_set, 'GIS', trace=3, \
                    encoding=None, labels=None, sparse=True, gaussian_
prior_sigma=0, max_iter = 10)
testTweet = 'I liked the book on sentiment analysis a lot'
processedTestTweet = processTweet(testTweet)
print MaxEntClassifier.classify(extract_features(getFeatureVector(proc
essedTestTweet)))
print MaxEntClassifier.show_most_informative_features(10)
```

NER 系统的评价

性能指标或评估有助于说明 NER 系统的性能。将 NER 标记器的输出定义为响应，将人类的解释定义为参考答案。因此，提供了以下定义。

- 正确的（Correct）：响应与参考答案完全一样。

- 错误的（Incorrect）：响应与参考答案不一样。

- 丢失的（Missing）：参考答案得到了标记，而响应未得到标记。

- 虚假的（Spurious）：发现响应得到了标记，而参考答案未得到标记。

使用以下参数判断基于 NER 的系统的性能。

- 精准率（*P*）：*P*=正确的/（正确的+错误的+丢失的）。

- 召回率（*R*）：*R*=正确的/（正确的+错误的+虚假的）。

- *F* 值：*F* 值=（*2PR*）/（*P*+*R*）。

查看使用 HMM 进行 NER 的代码：

```
#******* Function to find all tags in corpus **********

def find_tag_set(tra_lines):
global tag_set

tag_set = [ ]

for line in tra_lines:
tok = line.split()
for t in tok:
wd = t.split("/")
if not wd[1] in tag_set:
tag_set.append(wd[1])

return

#******* Function to find frequency of each tag in tagged corpus
**********

defcnt_tag(tr_ln):
global start_li
global li
global tag_set
global c
global line_cnt
global lines
```

```
lines = tr_ln

start_li = [ ] # list of starting tags

find_tag_set(tr_ln)


line_cnt = 0
for line in lines:
tok = line.split()
x = tok[0].split("/")
if not x[1] in start_li:
start_li.append(x[1])
line_cnt = line_cnt + 1

find_freq_tag()

find_freq_srttag()

return

def find_freq_tag():
global tag_cnt
global tag_set
tag_cnt={}
i = 0
for w in tag_set:
cal_freq_tag(tag_set[i])
i = i + 1
tag_cnt.update({w:freq_tg})
return


defcal_freq_tag(tg):
global freq_tg
global lines
freq_tg = 0

for line in lines:
freq_tg = freq_tg + line.count(tg)

return

#******* Function to find frequency of each starting tag in tagged
corpus **********
```

```
def find_freq_srttag():
global lst
lst = {}            # start probability

i = 0
for w in start_li:
        cc = freq_srt_tag(start_li[i])
prob = cc / line_cnt

lst.update({start_li[i]:prob})
i = i + 1
return
def freq_srt_tag(stg):
global lines
freq_srt_tg = 0

for line in lines:
tok = line.split()
ifstg in tok[0]:
freq_srt_tg = freq_srt_tg + 1

return(freq_srt_tg)

import tkinter as tk
import vit
import random
import cal_start_p
import calle_prob
import trans_mat
import time
import trans
import dict5
from tkinter import *
from tkinter import ttk
from tkinter.filedialog import askopenfilename
from tkinter.messagebox import showerror
import languagedetect1
import languagedetect3
e_dict = dict()
t_dict = dict()

def calculate1(*args):
import listbox1
```

```
def calculate2(*args):
import listbox2
def calculate3(*args):
import listbox3


def dispdlg():
global file_name
root = tk.Tk()
root.withdraw()
file_name = askopenfilename()
return

def tranhmm():
ttk.Style().configure("TButton", padding=6, relief="flat",background="
Pink",foreground="Red")
ttk.Button(mainframe, text="BROWSE", command=find_train_corpus).
grid(column=7, row=5, sticky=W)

# The following code will be used to display or accept the testing
corpus from the user.
def testhmm():
ttk.Button(mainframe, text="Develop a new testing Corpus",
command=calculate3).grid(column=9, row=5, sticky=E)

ttk.Button(mainframe, text="BROWSE", command=find_obs).grid(column=9,
row=7, sticky=E)

#In HMM, We require parameters such as Start Probability, Transition
Probability and Emission Probability. The following code is used to
calculate emission probability matrix

def cal_emit_mat():
global emission_probability
global corpus
global tlines

calle_prob.m_prg(e_dict,corpus,tlines)

emission_probability = e_dict

return

 # to take observations
```

```
def cal_states():
global states
global tlines

cal_start_p.cnt_tag(tlines)

states = cal_start_p.tag_set

return

# to take observations


def find_obs():
global observations
global test_lines
global tra
global w4
global co
global tra
global wo1
global wo2
global testl
global wo3
global te
global definitionText
global definitionScroll
global dt2
global ds2
global dt11
global ds11

wo3=[ ]
woo=[ ]
wo1=[ ]
wo2=[ ]
    co=0
w4=[ ]
if(flag2!=0):
definitionText11.pack_forget()
definitionScroll11.pack_forget()
dt1.pack_forget()
ds1.pack_forget()
dispdlg()
f = open(file_name,"r+",encoding = 'utf-8')
```

```
test_lines = f.readlines()
f.close()
fname="C:/Python32/file_name1"



for x in states:
if not x in start_probability:
start_probability.update({x:0.0})
for line in test_lines:
ob = line.split()
observations = ( ob )



fe=open("C:\Python32\output3_file","w+",encoding = 'utf-8')
fe.write("")
fe.close()
ff=open("C:\Python32\output4_file","w+",encoding = 'utf-8')



ff.write("")
ff.close()
ff7=open("C:\Python32\output5_file","w+",encoding = 'utf-8')
ff7.write("")
ff7.close()
ff8=open("C:\Python32\output6_file","w+",encoding = 'utf-8')
ff8.write("")
ff8.close()
ff81=open("C:\Python32\output7_file","w+",encoding = 'utf-8')
ff81.write("")
ff81.close()
dict5.search_obs_train_corpus(file1,fname,tlines,test_
lines,observations, states, start_probability, transition_probability,
emission_probability)

f20 = open("C:\Python32\output5_file","r+",encoding = 'utf-8')
te = f20.readlines()
tee=f20.read()
f = open(fname,"r+",encoding = 'utf-8')
train_llines = f.readlines()



ds11 = Scrollbar(root)
```

```
dt11 = Text(root, width=10, height=20,fg='black',bg='pink',yscrollcom
mand=ds11.set)
ds11.config(command=dt11.yview)
dt11.insert("1.0",train_llines)
dt11.insert("1.0","\n")
dt11.insert("1.0","\n")
dt11.insert("1.0","******TRAINING SENTENCES******")


    # an example of how to add new text to the text area
dt11.pack(padx=10,pady=150)
ds11.pack(padx=10,pady=150)


ds11.pack(side=LEFT, fill=BOTH)
dt11.pack(side=LEFT, fill=BOTH, expand=True)


ds2 = Scrollbar(root)
dt2 = Text(root, width=10, height=10,fg='black',bg='pink',yscrollcomm
and=ds2.set)
ds2.config(command=dt2.yview)
dt2.insert("1.0",test_lines)
dt2.insert("1.0","\n")
dt2.insert("1.0","\n")
dt2.insert("1.0","*********TESTING SENTENCES*********")



    # an example of how to add new text to the text area
dt2.pack(padx=10,pady=150)
ds2.pack(padx=10,pady=150)


ds2.pack(side=LEFT, fill=BOTH)
dt2.pack(side=LEFT, fill=BOTH, expand=True)


definitionScroll = Scrollbar(root)
definitionText = Text(root, width=10, height=10,fg='black',bg='pink',y
scrollcommand=definitionScroll.set)
definitionScroll.config(command=definitionText.yview)
definitionText.insert("1.0",te)
definitionText.insert("1.0","\n")
definitionText.insert("1.0","\n")
definitionText.insert("1.0","*********OUTPUT*********")



    # an example of how to add new text to the text area
definitionText.pack(padx=10,pady=150)
definitionScroll.pack(padx=10,pady=150)
```

```
definitionScroll.pack(side=LEFT, fill=BOTH)
definitionText.pack(side=LEFT, fill=BOTH, expand=True)

l = tk.Label(root, text="NOTE:*****The Entities which are not tagged
in Output are not Named Entities*****" , fg='black', bg='pink')
l.place(x = 500, y = 650, width=500, height=25)


    #ttk.Button(mainframe, text="View Parameters", command=parame).
        grid(column=11, row=10, sticky=E)
    #definitionText.place(x= 19, y = 200,height=25)

f20.close()

f14 = open("C:\Python32\output2_file","r+",encoding = 'utf-8')
testl = f14.readlines()
for lines in testl:
toke = lines.split()
for t in toke:
w4.append(t)
f14.close()
f12 = open("C:\Python32\output_file","w+",encoding = 'utf-8')
f12.write("")
f12.close()


ttk.Button(mainframe, text="SAVE OUTPUT", command=save_output).
grid(column=11, row=7, sticky=E)
ttk.Button(mainframe, text="NER EVALUATION", command=evaluate).
grid(column=13, row=7, sticky=E)
ttk.Button(mainframe, text="REFRESH", command=ref).grid(column=15,
row=7, sticky=E)

return
def ref():
root.destroy()
import new1
return
```

查看下面的 Python 代码，使用这段代码和 HMM，评估由 NER 生成的输出。

```
def evaluate():
global wDict
global woe
global woe1
```

```
global woe2
woe1=[ ]
woe=[ ]
woe2=[ ]
ws=[ ]
wDict = {}
i=0
    j=0
    k=0
sp=0
f141 = open("C:\Python32\output1_file","r+",encoding = 'utf-8')
tesl = f141.readlines()
for lines in tesl:
toke = lines.split()
for t in toke:
ws.append(t)
if t in wDict: wDict[t] += 1
else: wDict[t] = 1
for line in tlines:
tok = line.split()

for t in tok:
wd = t.split("/")
if(wd[1]!='OTHER'):
if t in wDict: wDict[t] += 1
else: wDict[t] = 1
print ("words in train corpus ",wDict)
for key in wDict:
i=i+1
print("total words in Dictionary are:",i)
for line in train_lines:
toe=line.split()
for t1 in toe:
if '/' not in t1:
sp=sp+1
woe2.append(t1)
print("Spurious words are")
for w in woe2:
print(w)
print("Total spurious words are:",sp)
for l in te:
to=l.split()
for t1 in to:
if '/' in t1:
                #print(t1)
```

```
if t1 in ws or t1 in wDict:
woe.append(t1)
                    j=j+1
if t1 not in wDict:
wdd=t1.split("/")
ifwdd[0] not in woe2:
woe1.append(t1)
                        k=k+1
print("Word found in Dict are:")
for w in woe:
print(w)
print("Word not found in Dict are:")
for w in woe1:
print(w)
print("Total correctly tagged words are:",j)
print("Total incorrectly tagged words are:",k)
pr=(j)/(j+k)
re=(j)/(j+k+sp)
f141.close()
root=Tk()
root.title("NER EVALUATION")
root.geometry("1000x1000")

ds21 = Scrollbar(root)
dt21 = Text(root, width=10, height=10,fg='black',bg='pink',
yscrollcommand=ds21.set)
ds21.config(command=dt21.yview)
dt21.insert("1.0",(2*pr*re)/(pr+re))
dt21.insert("1.0","\n")
dt21.insert("1.0","F-MEASURE=")
dt21.insert("1.0","\n")
dt21.insert("1.0","F-MEASURE=(2*PRECISION*RECALL)/(PRECISION+RECALL)")
dt21.insert("1.0","\n")
dt21.insert("1.0","\n")
dt21.insert("1.0",re)
dt21.insert("1.0","RECALL=")
dt21.insert("1.0","\n")
dt21.insert("1.0","RECALL= CORRECT/(CORRECT +INCORRECT +SPURIOUS)")
dt21.insert("1.0","\n")
dt21.insert("1.0","\n")
dt21.insert("1.0",pr)
dt21.insert("1.0","PRECISION=")
dt21.insert("1.0","\n")
```

```
dt21.insert("1.0","PRECISION= CORRECT/(CORRECT +INCORRECT +MISSING)")
dt21.insert("1.0","\n")
dt21.insert("1.0","\n")
dt21.insert("1.0","Total No. of Missing words are: 0")
dt21.insert("1.0","\n")
dt21.insert("1.0","\n")
dt21.insert("1.0",sp)
dt21.insert("1.0","Total No. of Spurious Words are:")
dt21.insert("1.0","\n")
for w in woe2:
dt21.insert("1.0",w)
dt21.insert("1.0"," ")
dt21.insert("1.0","Total Spurious Words are:")
dt21.insert("1.0","\n")
dt21.insert("1.0","\n")
dt21.insert("1.0",k)
dt21.insert("1.0","Total No. of Incorrectly tagged words are:")
dt21.insert("1.0","\n")
for w in woe1:
dt21.insert("1.0",w)
dt21.insert("1.0"," ")
dt21.insert("1.0","Total Incorrectly tagged words are:")
dt21.insert("1.0","\n")
dt21.insert("1.0","\n")
dt21.insert("1.0",j)
dt21.insert("1.0","Total No. of Correctly tagged words are:")
dt21.insert("1.0","\n")
for w in woe:
dt21.insert("1.0",w)
dt21.insert("1.0"," ")
dt21.insert("1.0","Total Correctly tagged words are:")
dt21.insert("1.0","\n")
dt21.insert("1.0","\n")
dt21.insert("1.0","**************PERFORMANCE EVALUATION OF
NERHMM**************")



    # an example of how to add new text to the text area
dt21.pack(padx=5,pady=5)
ds21.pack(padx=5,pady=5)
ds21.pack(side=LEFT, fill=BOTH)
dt21.pack(side=LEFT, fill=BOTH, expand=True)
```

```
root.mainloop()
return
def save_output():
    #dispdlg()
f = open("C:\Python32\save","w+",encoding = 'utf-8')
f20 = open("C:\Python32\output5_file","r+",encoding = 'utf-8')
te = f20.readlines()
for t in te:
f.write(t)
f.close()
f20.close()


# to calculate start probability matrix

def cal_srt_prob():
global start_probability


start_probability = cal_start_p.lst


return


# to print vitarbi parameter if required

def pr_param():
l1 = tk.Label(root, text="HMM Training is going on.....Don't Click any
Button!!",fg='black',bg='pink')
l1.place(x = 300, y = 150,height=25)


print("states")
print(states)
print(" ")
print(" ")
print("start probability")
print(start_probability)
print(" ")
print(" ")
print("transition probability")
print(transition_probability)
print(" ")
print(" ")
print("emission probability")
print(emission_probability)
l1 = tk.Label(root, text="
```

```
")
l1.place(x = 300, y = 150,height=25)
global flag1
    flag1=0
global flag2
    flag2=0
ttk.Button(mainframe, text="View Parameters", command=parame).
grid(column=7, row=5, sticky=W)
return

def parame():
global flag2
    flag2=flag1+1
global definitionText11
global definitionScroll11
definitionScroll11 = Scrollbar(root)
definitionText11 = Text(root, width=10, height=10,fg='black',bg='pink'
,yscrollcommand=definitionScroll11.set)

    #definitionText.place(x= 19, y = 200,height=25)
definitionScroll11.config(command=definitionText11.yview)

definitionText11.delete("1.0", END) # an example of how to delete
all current text
definitionText11.insert("1.0",emission_probability )
definitionText11.insert("1.0","\n")
definitionText11.insert("1.0","Emission Probability")
definitionText11.insert("1.0","\n")
definitionText11.insert("1.0",transition_probability)
definitionText11.insert("1.0","Transition Probability")
definitionText11.insert("1.0","\n")
definitionText11.insert("1.0",start_probability)
definitionText11.insert("1.0","Start Probability")


    # an example of how to add new text to the text area
definitionText11.pack(padx=10,pady=175)
definitionScroll11.pack(padx=10,pady=175)

definitionScroll11.pack(side=LEFT, fill=BOTH)
definitionText11.pack(side=LEFT, fill=BOTH, expand=True)

return
# to calculate transition probability matrix
```

```
def cat_trans_prob():
global transition_probability
global corpus
global tlines

trans_mat.main_prg(t_dict,corpus,tlines)

transition_probability = t_dict
return

def find_train_corpus():
global train_lines
global tlines
global c
global corpus
global words1
global w1
global train1
global fname
global file1
global ds1
global dt1
global w21
words1=[ ]
    c=0
w1=[ ]
w21=[ ]
f11 = open("C:\Python32\output1_file","w+",encoding='utf-8')
f11.write("")
f11.close()
fr = open("C:\Python32\output_file","w+",encoding='utf-8')
fr.write("")
fr.close()
fgl=open("C:\Python32\ladetect1","w+",encoding = 'utf-8')
fgl.write("")
fgl.close()

fgl=open("C:\Python32\ladetect","w+",encoding = 'utf-8')
fgl.write("")
fgl.close()
dispdlg()
```

```
f = open(file_name,"r+",encoding = 'utf-8')
train_lines = f.readlines()

ds1 = Scrollbar(root)
dt1 = Text(root, width=10, height=10,fg='black',bg='pink',yscrollcomm
and=ds1.set)
ds1.config(command=dt1.yview)
dt1.insert("1.0",train_lines)
dt1.insert("1.0","\n")
dt1.insert("1.0","\n")
dt1.insert("1.0","*********TRAINING SENTENCES*********")


    # an example of how to add new text to the text area
dt1.pack(padx=10,pady=175)
ds1.pack(padx=10,pady=175)

ds1.pack(side=LEFT, fill=BOTH)
dt1.pack(side=LEFT, fill=BOTH, expand=True)
fname="C:/Python32/file_name1"
f = open(file_name,"r+",encoding = 'utf-8')
    file1=file_name
p = open(fname,"w+",encoding = 'utf-8')

corpus = f.read()
for line in train_lines:
tok = line.split()
for t in tok:
n=t.split()

le=len(t)
i=0
            j=0
for n1 in n:
while(j<le):

if(n1[j]!='/'):
i=i+1
                    j=j+1
else:
                    j=j+1
if(i==le):
p.write(t)
```

```
    p.write("/OTHER ")        #Handling Spurious words
    else:
    p.write(t)
    p.write(" ")

    p.write("\n")


    p.close()
    fname="C:/Python32/file_name1"
    f00 = open(fname,"r+",encoding = 'utf-8')
    tlines = f00.readlines()
    for line in tlines:
    tok = line.split()
    for t in tok:
    wd = t.split("/")
    if(wd[1]!='OTHER'):
    if not wd[0] in words1:
    words1.append(wd[0])
    w1.append(wd[1])
    f00.close()

    f157 = open("C:\Python32\input_file","w+",encoding='utf-8')
    f157.write("")
    f157.close()
    f1 = open("C:\Python32\input_file","w+",encoding='utf-8') #input_
    file has list of Named Entities of training file
    for w in words1:
    f1.write(w)
    f1.write("\n")
    f1.close()
    fr=open("C:\Python32\detect","w+",encoding = 'utf-8')
    fr.write("")
    fr.close()


    f.close()
    f.close()


    cal_states()
    cal_emit_mat()
    cal_srt_prob()
```

```
cat_trans_prob()
pr_param()


return

root=Tk()
root.title("NAMED ENTITY RECOGNITION IN NATURAL LANGUAGES USING HIDDEN
MARKOV MODEL")
root.geometry("1000x1000")

mainframe = ttk.Frame(root, padding="20 20 12 12")
mainframe.grid(column=0, row=0, sticky=(N, W, E, S))

b=StringVar()
a=StringVar()

ttk.Style().configure("TButton", padding=6, relief="flat",background="
Pink", foreground="Red")
ttk.Button(mainframe, text="ANNOTATION", command=calculate1).
grid(column=5, row=3, sticky=W)

ttk.Button(mainframe, text="TRAIN HMM", command=tranhmm).
grid(column=7, row=3, sticky=E)

ttk.Button(mainframe, text="TEST HMM", command=testhmm).grid(column=9,
row=3, sticky=E)

ttk.Button(mainframe, text="HELP", command=hmmhelp).grid(column=11,
row=3, sticky=E)


# To call viterbi for particular observations find in find_obs

def call_vitar():
global test_lines
global train_lines
global corpus
global observations
global states
global start_probability
global transition_probability
global emission_probability
```

```
find_train_corpus()
cal_states()
find_obs()
cal_emit_mat()
cal_srt_prob()
cat_trans_prob()

    # print("Vitarbi Parameters are for selected corpus")
    # pr_param()

    # ------------------To add all states not in start probability ---
--------------

for x in states:
if not x in start_probability:
start_probability.update({x:0.0})

for line in test_lines:

ob = line.split()
observations = ( ob )
print(" ")
print(" ")
print(line)
print("*************************")
print(vit.viterbi(observations, states, start_probability, transition_
probability, emission_probability),bg='Pink',fg='Red')
return


root.mainloop()
```

先前的 Python 代码显示了如何使用 HMM 执行 NER，以及如何使用性能指标（精确率、召回率和 F 值）对 NER 系统进行评估。

7.3　本章小结

本章讨论了如何使用 NER 和机器学习技术进行情感分析，还讨论了如何评论基于 NER 的系统。

下一章将讨论信息检索、文本摘要、停用词删除和问答系统等。

第8章
信息检索——访问信息

信息检索是自然语言处理的其中一种应用。将信息检索定义为对用户做出的查询做出响应，检索信息的过程（例如，单词 Ganga 在文档中出现的次数）。

本章包括以下主题。

- 信息检索。

- 停用词删除。

- 利用向量空间模型进行信息检索。

- 向量空间评分以及与查询操作器交互。

- 利用隐含语义索引开发检索系统。

- 文本摘要。

- 询问应答系统。

8.1　信息检索

将信息检索定义为对用户做出的查询进行响应并检索出最合适的信息的过程。在信息检索中，根据元数据或基于上下文的索引，进行搜索。谷歌搜索是信息检索的一个示例，对于每个用户的查询，它基于所使用的信息检索算法，做出响应。信息检索算法中使用了称为倒排索引的索引机制。IR 系统建立了索引倒排列表（index postlist），以执行信息检索任务。

布尔检索是在倒排列表上应用布尔运算获得相关信息的信息检索任务。

信息检索任务的正确性由精准率和召回率来衡量。

假设当用户发出查询时，给定 IR 系统返回 X 文档，而需要返回的实际或目标文档集是 Y。

将召回率 R 定义为系统发现目标文档的百分比（定义为正报样本与正报样本和漏报样本总和的比值）。

$$R = (X \cap Y)/Y$$

将精准率 P 定义为 IR 系统检测到正确文档的百分比。

$$P = (X \cap Y)/X$$

将 F 值定义为精准率和召回率的调和平均值。

$$F 值 = 2 (X \cap Y)/(X + Y)$$

8.1.1　停用词删除

在执行信息检索时，检测和删除文档中的停用词非常重要。

查看下面的代码，这段 NLTK 代码提供了可以在英文文本中检测得到的停用词的集合：

```
>>> import nltk
>>> fromnltk.corpus import stopwords
>>> stopwords.words('english')
['i', 'me', 'my', 'myself', 'we', 'our', 'ours', 'ourselves', 'you',
'your', 'yours', 'yourself', 'yourselves', 'he', 'him', 'his',
'himself', 'she', 'her', 'hers', 'herself', 'it', 'its', 'itself',
'they', 'them', 'their', 'theirs', 'themselves', 'what', 'which',
'who', 'whom', 'this', 'that', 'these', 'those', 'am', 'is', 'are',
'was', 'were', 'be', 'been', 'being', 'have', 'has', 'had', 'having',
'do', 'does', 'did', 'doing', 'a', 'an', 'the', 'and', 'but', 'if',
'or', 'because', 'as', 'until', 'while', 'of', 'at', 'by', 'for',
'with', 'about', 'against', 'between', 'into', 'through', 'during',
'before', 'after', 'above', 'below', 'to', 'from', 'up', 'down', 'in',
'out', 'on', 'off', 'over', 'under', 'again', 'further', 'then',
'once', 'here', 'there', 'when', 'where', 'why', 'how', 'all', 'any',
'both', 'each', 'few', 'more', 'most', 'other', 'some', 'such', 'no',
'nor', 'not', 'only', 'own', 'same', 'so', 'than', 'too', 'very', 's',
't', 'can', 'will', 'just', 'don', 'should', 'now']
```

NLTK 包括停用字语料库，这个语料库由 11 种不同语言的 2400 个停止词组成。

查看使用 NLTK 的以下代码，可以使用这段代码求出文本中非停用词的比例。

```
>>> def not_stopwords(text):
    stopwords = nltk.corpus.stopwords.words('english')
    content = [w for w in text if w.lower() not in stopwords]
    return len(content) / len(text)

>>> not_stopwords(nltk.corpus.reuters.words())
0.7364374824583169
```

查看使用 NLTK 的以下代码，可以使用这段代码在给定文本中删除停用词。此处，在删除停用词之前，首先使用 lower()函数将大写字母（如 A）的停用词转换为小写字母，然后将它们删除。

```
import nltk
from collections import Counter
import string
fromnltk.corpus import stopwords

def get_tokens():
    with open('/home/d/TRY/NLTK/STOP.txt') as stopl:
        tokens = nltk.word_tokenize(stopl.read().lower().
translate(None, string.punctuation))
    return tokens

if __name__ == "__main__":

    tokens = get_tokens()
    print("tokens[:20]=%s") %(tokens[:20])

    count1 = Counter(tokens)
    print("before: len(count1) = %s") %(len(count1))

    filtered1 = [w for w in tokens if not w in stopwords.
words('english')]
    print("filtered1 tokens[:20]=%s") %(filtered1[:20])

    count1 = Counter(filtered1)
    print("after: len(count1) = %s") %(len(count1))

    print("most_common = %s") %(count.most_common(10))

    tagged1 = nltk.pos_tag(filtered1)
    print("tagged1[:20]=%s") %(tagged1[:20])
```

8.1.2 利用向量空间模型进行信息检索

在向量空间模型中，将文档表示为向量。将文档表示为向量的其中一种方法是使用 TF-IDF（Term Frequency-Inverse Document Frequency，词频 - 逆文档频率）。

将词频（term frequency）定义为文档中给定标记的总数除以标记的总数。也将它定义为给定文档中某个术语出现的频率。

词频的计算公式如下。

$$TF(t,d) = 0.5 + (0.5 * f(t,d)) / \max \{f(w,d) : w \in d\}$$

将 IDF 定义为文档频率的倒数。也将它定义为给定术语所在语料库中文档的计数。

在给定语料库中将存在的文档总数除以存在特定标记的文档总数，对所得到的商求对数，计算出 IDF。

IDF(t,d)的公式可以表示为：

$$IDF(t,D) = \log(N/\{d \in D : t \in d\})$$

将两个分数相乘得到 TF-IDF 评分，如下所示。

$$TF\text{-}IDF(t, d, D) = TF(t,d)IDF(t,D)$$

TF-IDF 提供了某个术语出现在文本中的频率的估计值，以及该术语在整个语料库中分布程度的估计值。

为了计算给定文档的 TF-IDF，需要以下步骤。

- 标记化文档。
- 计算向量空间模型。
- 计算每个文档的 TF-IDF。

标记化的过程涉及两个步骤。首先，将文本标记化为句子。然后，将单个句子标记化为单词。在信息检索过程中，可以删除无关紧要的单词，也就是停用词。

查看下面的代码，可以使用这段代码对语料库中的每个文档执行标记化。

```
authen = OAuthHandler(CLIENT_ID, CLIENT_SECRET, CALLBACK)
authen.set_access_token(ACCESS_TOKEN)
ap = API(authen)
```

```
venue = ap.venues(id='4bd47eeb5631c9b69672a230')
stopwords = nltk.corpus.stopwords.words('english')
tokenizer = RegexpTokenizer("[\w']+", flags=re.UNICODE)


def freq(word, tokens):
return tokens.count(word)


#Compute the frequency for each term.
vocabulary = []
docs = {}
all_tips = []
for tip in (venue.tips()):
tokens = tokenizer.tokenize(tip.text)

bitokens = bigrams(tokens)
tritokens = trigrams(tokens)
tokens = [token.lower() for token in tokens if len(token) > 2]
tokens = [token for token in tokens if token not in stopwords]

bitokens = [' '.join(token).lower() for token in bitokens]
bitokens = [token for token in bitokens if token not in stopwords]

tritokens = [' '.join(token).lower() for token in tritokens]
tritokens = [token for token in tritokens if token not in stopwords]

ftokens = []
ftokens.extend(tokens)
ftokens.extend(bitokens)
ftokens.extend(tritokens)
docs[tip.text] = {'freq': {}}

for token in ftokens:
docs[tip.text]['freq'][token] = freq(token, ftokens)

print docs
```

在标记化后，执行的下一个步骤是 tf 向量的归一化。查看用于执行 tf 向量归一化的代码。

```
authen = OAuthHandler(CLIENT_ID, CLIENT_SECRET, CALLBACK)
authen.set_access_token(ACCESS_TOKEN)
ap = API(auth)
```

```
venue = ap.venues(id='4bd47eeb5631c9b69672a230')
stopwords = nltk.corpus.stopwords.words('english')
tokenizer = RegexpTokenizer("[\w']+", flags=re.UNICODE)


def freq(word, tokens):
return tokens.count(word)


def word_count(tokens):
return len(tokens)


def tf(word, tokens):
return (freq(word, tokens) / float(word_count(tokens)))

#Compute the frequency for each term.
vocabulary = []
docs = {}
all_tips = []
for tip in (venue.tips()):
tokens = tokenizer.tokenize(tip.text)

bitokens = bigrams(tokens)
tritokens = trigrams(tokens)
tokens = [token.lower() for token in tokens if len(token) > 2]
tokens = [token for token in tokens if token not in stopwords]

bitokens = [' '.join(token).lower() for token in bitokens]
bitokens = [token for token in bitokens if token not in stopwords]

tritokens = [' '.join(token).lower() for token in tritokens]
tritokens = [token for token in tritokens if token not in stopwords]

ftokens = []
ftokens.extend(tokens)
ftokens.extend(bitokens)
ftokens.extend(tritokens)
docs[tip.text] = {'freq': {}, 'tf': {}}

for token in ftokens:
        #The Computed Frequency
```

```
docs[tip.text]['freq'][token] = freq(token, ftokens)
        # Normalized Frequency
docs[tip.text]['tf'][token] = tf(token, ftokens)


print docs
```

查看计算 TF-IDF 的代码。

```
authen = OAuthHandler(CLIENT_ID, CLIENT_SECRET, CALLBACK)
authen.set_access_token(ACCESS_TOKEN)
ap = API(authen)


venue = ap.venues(id='4bd47eeb5631c9b69672a230')
stopwords = nltk.corpus.stopwords.words('english')
tokenizer = RegexpTokenizer("[\w']+", flags=re.UNICODE)


def freq(word, doc):
return doc.count(word)


def word_count(doc):
return len(doc)

def tf(word, doc):
return (freq(word, doc) / float(word_count(doc)))


def num_docs_containing(word, list_of_docs):
count = 0
for document in list_of_docs:
if freq(word, document) > 0:
count += 1
return 1 + count


def idf(word, list_of_docs):
return math.log(len(list_of_docs) /
float(num_docs_containing(word, list_of_docs)))


#Compute the frequency for each term.
```

```
vocabulary = []
docs = {}
all_tips = []
for tip in (venue.tips()):
tokens = tokenizer.tokenize(tip.text)

bitokens = bigrams(tokens)
tritokens = trigrams(tokens)
tokens = [token.lower() for token in tokens if len(token) > 2]
tokens = [token for token in tokens if token not in stopwords]

bitokens = [' '.join(token).lower() for token in bitokens]
bitokens = [token for token in bitokens if token not in stopwords]

tritokens = [' '.join(token).lower() for token in tritokens]
tritokens = [token for token in tritokens if token not in stopwords]

ftokens = []
ftokens.extend(tokens)
ftokens.extend(bitokens)
ftokens.extend(tritokens)
docs[tip.text] = {'freq': {}, 'tf': {}, 'idf': {}}

for token in ftokens:
        #The frequency computed for each tip
docs[tip.text]['freq'][token] = freq(token, ftokens)
        #The term-frequency (Normalized Frequency)
docs[tip.text]['tf'][token] = tf(token, ftokens)

vocabulary.append(ftokens)

for doc in docs:
for token in docs[doc]['tf']:
        #The Inverse-Document-Frequency
docs[doc]['idf'][token] = idf(token, vocabulary)

print docs
```

计算出 TF 和 IDF 的积，就得到了 TF-IDF。当某个术语高频率地出现在某个低频率的文档中时，就计算出的 TF-IDF 值较大。

查看计算文档中每个术语的 TF-IDF 的代码。

```
authen = OAuthHandler(CLIENT_ID, CLIENT_SECRET, CALLBACK)
authen.set_access_token(ACCESS_TOKEN)
ap = API(authen)



venue = ap.venues(id='4bd47eeb5631c9b69672a230')
stopwords = nltk.corpus.stopwords.words('english')
tokenizer = RegexpTokenizer("[\w']+", flags=re.UNICODE)



def freq(word, doc):
return doc.count(word)



def word_count(doc):
return len(doc)



def tf(word, doc):
return (freq(word, doc) / float(word_count(doc)))

def num_docs_containing(word, list_of_docs):
count = 0
for document in list_of_docs:
if freq(word, document) > 0:
count += 1
return 1 + count



def idf(word, list_of_docs):
return math.log(len(list_of_docs) /
float(num_docs_containing(word, list_of_docs)))

def tf_idf(word, doc, list_of_docs):
return (tf(word, doc) * idf(word, list_of_docs))

#Compute the frequency for each term.
vocabulary = []
docs = {}
all_tips = []
for tip in (venue.tips()):
tokens = tokenizer.tokenize(tip.text)

bitokens = bigrams(tokens)
```

```
tritokens = trigrams(tokens)
tokens = [token.lower() for token in tokens if len(token) > 2]
tokens = [token for token in tokens if token not in stopwords]

bitokens = [' '.join(token).lower() for token in bitokens]
bitokens = [token for token in bitokens if token not in stopwords]

tritokens = [' '.join(token).lower() for token in tritokens]
tritokens = [token for token in tritokens if token not in stopwords]

ftokens = []
ftokens.extend(tokens)
ftokens.extend(bitokens)
ftokens.extend(tritokens)
docs[tip.text] = {'freq': {}, 'tf': {}, 'idf': {},
                    'tf-idf': {}, 'tokens': []}

for token in ftokens:
        #The frequency computed for each tip
docs[tip.text]['freq'][token] = freq(token, ftokens)
        #The term-frequency (Normalized Frequency)
docs[tip.text]['tf'][token] = tf(token, ftokens)
docs[tip.text]['tokens'] = ftokens
vocabulary.append(ftokens)

for doc in docs:
for token in docs[doc]['tf']:
        #The Inverse-Document-Frequency
docs[doc]['idf'][token] = idf(token, vocabulary)
        #The tf-idf
docs[doc]['tf-idf'][token] = tf_idf(token, docs[doc]['tokens'],
vocabulary)

#Now let's find out the most relevant words by tf-idf.
words = {}
for doc in docs:
for token in docs[doc]['tf-idf']:
if token not in words:
words[token] = docs[doc]['tf-idf'][token]
else:
if docs[doc]['tf-idf'][token] > words[token]:
words[token] = docs[doc]['tf-idf'][token]
```

```
for item in sorted(words.items(), key=lambda x: x[1], reverse=True):
print "%f <= %s" % (item[1], item[0])
```

查看将关键字映射到向量维度上的代码。

```
>>> def getVectkeyIndex(self,documentList):
    vocabString=" ".join(documentList)
    vocabList=self.parser.tokenise(vocabString)
    vocabList=self.parser.removeStopWords(vocabList)
    uniquevocabList=util.removeDuplicates(vocabList)
    vectorIndex={}
    offset=0


for word in uniquevocabList:
        vectorIndex[word]=offset
        offsct+-1
return vectorIndex
```

查看将文档字符串映射到向量的代码。

```
>>> def makeVect(self,wordString):
    vector=[0]*len(self.vectorkeywordIndex)
    wordList=self.parser.tokenise(wordString)
    wordList=self.parser.removeStopWords(wordList)
    for word in wordList:
        vector[self.vectorkeywordIndex[word]]+=1;
    return vector
```

8.2 向量空间评分以及与查询操作器交互

使用向量空间模型,将意义表示为词汇项的向量形式。使用线性代数可以比较容易地对向量空间模型进行建模,因此也可以很容易地计算出向量之间的相似度。

使用向量大小表示所使用的表示特定上下文的向量大小。使用基于窗口的方法和基于相关性的方法来建模上下文。在基于窗口的方法中,使用在特定大小的窗口中所出现的单词来确定上下文。在基于相关性的方法中,当与对应目标单词有特定句法关系的单词出现时,就可以确定上下文了。对特征单词或上下文单词进行词干还原和词形还原。使用相似度指标来计算两个向量之间的相似度。

查看下面的相似度指标列表。

指标	定义
欧氏距离	$\dfrac{1}{1+\sqrt{\sum_{i=1}^{n}(u_i-v_i)^2}}$
曼哈顿距离	$\dfrac{1}{1+\sum_{i=1}^{n}\lvert u_i-v_i\rvert}$
切比雪夫距离	$\dfrac{1}{1+\max_i\lvert u_i-v_i\rvert}$
余弦相似度	$\dfrac{\boldsymbol{u}\cdot\boldsymbol{v}}{\lvert\boldsymbol{u}\rvert\lvert\boldsymbol{v}\rvert}$
相关系数	$\dfrac{(\boldsymbol{u}-\mu_u)\cdot(\boldsymbol{v}-\mu_v)}{\lvert\boldsymbol{u}\rvert\lvert\boldsymbol{v}\rvert}$
Dice 距离	$\dfrac{2\sum_{i=0}^{n}\min(u_i,v_i)}{\sum_{i=0}^{n}(u_i+v_i)}$
Jaccard 相似系数	$\dfrac{\boldsymbol{u}\cdot\boldsymbol{v}}{\sum_{i=0}^{n}u_i+v_i}$
Jaccard2 相似系数	$\dfrac{\sum_{i=0}^{n}\min(u_i,v_i)}{\sum_{i=0}^{n}\max(u_i,v_i)}$
Lin 相似度	$\dfrac{\sum_{i=0}^{n}u_i+v_i}{\lvert\boldsymbol{u}\rvert+\lvert\boldsymbol{v}\rvert}$
Tanimoto 系数	$\dfrac{\boldsymbol{u}\cdot\boldsymbol{v}}{\lvert\boldsymbol{u}\rvert+\lvert\boldsymbol{v}\rvert-\boldsymbol{u}\cdot\boldsymbol{v}}$
JS 散度（Jense-Shannon Div）	$1-\dfrac{\frac{1}{2}\left(D\left(\boldsymbol{u}\left\|\dfrac{\boldsymbol{u}+\boldsymbol{v}}{2}\right.\right)+D\left(\boldsymbol{v}\left\|\dfrac{\boldsymbol{u}+\boldsymbol{v}}{2}\right.\right)\right)}{\sqrt{2}}$
偏度 α	$1-\dfrac{D\left(\boldsymbol{u}\|\alpha\boldsymbol{v}+(1-\alpha)\boldsymbol{u}\right)}{\sqrt{2}}$

由于加权方案（Weighting scheme）这个术语提供了给定上下文与目标单词紧密相关的

信息，因此这是另一个非常重要的术语

查看可以考虑使用的加权方案列表。

加权方案	定义
无	$w_{ij} = f_{ij}$
TF-IDF	$w_{ij} = \log_2(f_{ij})\log_2\left(\dfrac{N}{n_j}\right)$
TF-ICF	$w_{ij} = \log_2(f_{ij})\log_2\left(\dfrac{N}{f_j}\right)$
Okapi BM25	$w_{ij} = \dfrac{f_{ij}}{0.5 + 1.5\dfrac{f_j}{j} + f_{ij}}\log_2\left(\dfrac{N - n_j + 0.5}{f_{ij} + 0.5}\right)$
ATC	$w_{ij} = \dfrac{\left(0.5 + 0.5\dfrac{f_{ij}}{\max f}\right)\log_2\left(\dfrac{N}{n_j}\right)}{\sqrt{\sum_{i=1}^{N}\left[\left(0.5 + 0.5\dfrac{f_{ij}}{\max f}\right)\log_2\left(\dfrac{N}{n_j}\right)\right]^2}}$
LTU	$w_{ij} = \dfrac{[\log_2(f_{ij}) + 1.0]\log_2\left(\dfrac{N}{n_j}\right)}{0.8 + 0.2 f_j \dfrac{j}{f_j}}$
MI	$w_{ij} = \log_2\left[\dfrac{P(t_{ij} \mid c_j)}{P(t_{ij})P(c_j)}\right]$
PosMI	$\max(0, \text{MI})$
T-Test	$w_{ij} = \log\dfrac{p(t_{ij} \mid c_j) - P(t_{ij})P(c_j)}{\sqrt{P(t_{ij})P(c_j)}}$
χ^2	参见（Curran，2004，p.83）
Lin98a	$w_{ij} = \dfrac{f_{ij}f}{f_i f_j}$

续表

加权方案	定义
Lin98b	$w_{ij} = -\log_2 \dfrac{n_j}{N}$
Gref94	$w_{ij} = -\dfrac{\log_2 f_{ij} + 1}{\log_2 n_i + 1}$

8.3　利用隐含语义索引开发 IR 系统

在最小训练的帮助下，使用隐含语义索引进行分类。

可以使用隐含语义索引这种技术处理文本。它可以执行以下操作。

- 文本自动分类。

- 概念信息检索。

- 跨语言信息检索。

将隐含语义方法定义为信息检索和索引的方法。这种方法使用称为奇异值分解（Singular Value Decompostion，SVD）的数学方法。这种 SVD 方法用于检测与给定的非结构化文本中所包含的概念有某种关系的模式。

隐含语义索引的一些应用包括以下方面。

- 信息发现。

- 自动化文档分类的文本摘要。

- 关系发现。

- 自动生成个体与组织的链接图。

- 将技术论文和评审的专有权匹配。

- 联机客户支持。

- 确定文档的作者。

- 给图像自动标注关键词。

- 理解软件的源代码。

- 过滤垃圾邮件。

- 信息可视化。

- 作文评分。

- 基于文献的发现。

8.4 文本摘要

文本摘要是从给定的长文本中生成摘要的过程。基于 Luhn 的著作 The Automatic Creation of Literature Abstracts（1958），人们开发了一个朴素的摘要方法——Naivesumm。这种方法使用词频，对包含了最高频单词的句子进行计算和提取。使用这种方法，人们可以通过提取几个具体的句子，得到文本摘要。

查看使用 NLTK 的代码，使用这段代码可以执行文本摘要。

```
from nltk.tokenize import sent_tokenize,word_tokenize
from nltk.corpus import stopwords
from collections import defaultdict
from string import punctuation
from heapq import nlargest

class Summarize_Frequency:
  def __init__(self, cut_min=0.2, cut_max=0.8):
    """
      Initilize the text summarizer.
      Words that have a frequency term lower than cut_min
      or higer than cut_max will be ignored.
    """
    self._cut_min = cut_min
    self._cut_max = cut_max
    self._stopwords = set(stopwords.words('english') +
list(punctuation))

  def _compute_frequencies(self, word_sent):
    """
    Compute the frequency of each of word.
    Input:
     word_sent, a list of sentences already tokenized.
    Output:
     freq, a dictionary where freq[w] is the frequency of w.
```

```
        """
        freq = defaultdict(int)
        for s in word_sent:
          for word in s:
            if word not in self._stopwords:
              freq[word] += 1
        # frequencies normalization and fitering
        m = float(max(freq.values()))
        for w in freq.keys():
          freq[w] = freq[w]/m
          if freq[w] >= self._cut_max or freq[w] <= self._cut_min:
            del freq[w]
        return freq

    def summarize(self, text, n):
        """
list of (n) sentences are returned.
summary of text is returned.
        """
        sents = sent_tokenize(text)
        assert n <= len(sents)
        word_sent = [word_tokenize(s.lower()) for s in sents]
        self._freq = self._compute_frequencies(word_sent)
        ranking = defaultdict(int)
        for i,sent in enumerate(word_sent):
          for w in sent:
            if w in self._freq:
              ranking[i] += self._freq[w]
        sents_idx = self._rank(ranking, n)
        return [sents[j] for j in sents_idx]

    def _rank(self, ranking, n):
        """ return the first n sentences with highest ranking """
        return nlargest(n, ranking, key=ranking.get)
```

前段代码计算了每个单词的词频。由于对于执行信息检索任务没有多大帮助，因此移除了最高频的单词，如限定词。

8.5 问答系统

问答系统指的是，基于知识库汇总存储的规则和某些事实，对用户提出的问题进行回答的智能系统。因此，提供正确回答的问答系统的正确度取决于存储在知识库中的规则和事实。

涉及问答系统的其中一个问题是，在系统中如何表示问题和回答。系统可以检索答案，并使用文本摘要或解析来表示。涉及问答系统的另一个问题是，在知识库中如何表示问题和对应的答案。

为了构建问答系统，人们应用了各种方法，如命名实体识别、信息检索、信息提取等。

问答系统涉及三个阶段。

- 事实提取。
- 问题理解。
- 答案生成。

为了理解特定领域的数据并生成给定查询的响应，系统进行了事实提取。

事实提取可以使用两种方式进行：实体提取和关系提取。实体提取或专有名词提取的过程称为 NER。关系提取过程基于文本语义信息的提取。

问题理解涉及生成给定文本的解析树。

答案的生成涉及对给定查询，获得用户能够理解的最有可能的回答。

查看使用 NLTK 的以下代码，这段代码接受用户查询，处理查询，移除查询中的停用词，然后可以进行信息检索的后期处理。

```
import nltk
from nltk import *
import string
print "Enter your question"
ques=raw_input()
ques=ques.lower()
stopwords=nltk.corpus.stopwords.words('english')
cont=nltk.word_tokenize(question)
analysis_keywords=list( set(cont) -set(stopwords) )
```

8.6 本章小结

本章讨论了信息检索。我们主要了解了停用词的删除。删除停用词，这样就可以较快地执行信息检索和文本摘要。本章还讨论了文本摘要、问答系统和向量空间模型的实现。

下一章将讲述话语分析和回指解析的概念。

第 9 章
话语分析——知识就是信仰

话语分析是另一个自然语言处理的应用程序。将话语分析定义为确定用于执行其他任务（如在本章后面所介绍的回指解析（Anaphora Resolution，AR）、NER 等）的上下文信息。

本章包括以下主题。

- 话语分析。

- 使用定中心理论进行话语分析。

- 回指解析。

9.1 话语分析

在语言学术语中，话语（discourse）一词指的是运用语言。将话语分析定义为执行文本或语言分析的过程，在这个过程中，涉及了文本解释和理解社会互动。话语分析可能涉及处理语素、n 元组、时态、动词体、页面布局等。可以将话语定义为有序句子集。

在大多数情况下，可以基于前面的句子，解释后面句子的意思。

思考两句话 John went to the club on Saturday. He met Sam。这里 He 指的是 John。

话语表达理论（Discourse Representation Theory，DRT）已经发展到了为执行 AR 提供方法。人们已经发展出了话语表达结构（Discoure Representation Structure，DRS），在话语指称对象和话语表达结构的条件的帮助下，提供话语的内涵。话语指称对象指的是在一阶逻辑中使用的变量和在话语中所考虑的事物。话语表达结构的条件指的是在一阶谓词逻辑中使用的原子公式。

人们发展了一阶谓词逻辑（First Order Predicate Logic，FOPL），扩展了命题逻辑的思想。FOPL 涉及了函数、参数和量词的使用。人们使用两种类型的量词（即全称量词与存在量词）表示一般的句子。在 FOPL 中，也使用连接词、常量和变量。例如，在 FOPL 中，Robin is a bird 可以表示为 bird (robin)。

查看话语描述结构的一个例子。

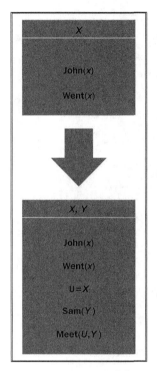

前一示意图表示了下面的句子。

（1）John went to a club.（约翰去了俱乐部。）

（2）John went to a club. He met Sam.（约翰去了俱乐部。他遇到山姆。）

此处，话语中包含了两个句子。话语结构表示可以表示整个文本。要对 DRS 进行计算处理，则需要将 DRS 转换成线性格式。

可用于实现一阶谓词逻辑的 NLTK 模块是 nltk.sem.logic。它的 UML 图如下所示。

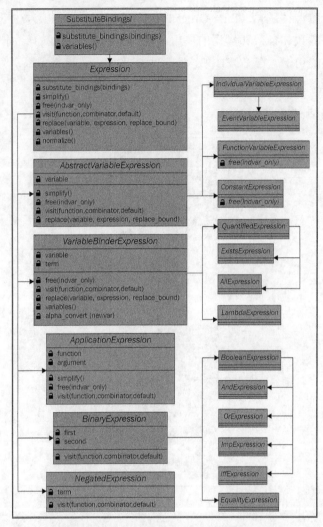

人们使用 nltk.sem.logic 模块定义一阶谓词逻辑表达式。其 UML 图由使用一阶谓词逻辑表达对象所需的各种类及其方法组成。其所包含的方法如下所示。

- substitute_bindings(bindings)：此处，binding 表示的是变量到表达式的映射。它使用特定的值替换表达中的变量。

- Variables()：这由所有需要替换的一组变量组成。它包括常数以及自由变量。

- replace(variable, expression, replace_bound)：这个方法用于使用表达式替换变量实例；replace_bound 用于指定我们是否需要替换绑定的变量。

- Normalize()：这用来重命名自动生成的唯一变量。

- Visit(self,function,combinatory,default)：这用来访问子表达式调用函数，并将结果传递给使用默认值开头的组合子。返回组合的结果。

- free(indvar_only)：这用来返回对象中所有自由变量的集合。如果 indvar_only 设置为 True，则返回单个变量。

- Simplify()：这用来简化表示对象的表达式。

为话语表示理论提供基础的 NLTK 模块是 nltk.sem.drt。这个模块建立在 nltk.sem.logic 之上。其 UML 类图由继承 nltk.sem.logic 模块的类组成。此模块中描述的方法如下所示。

- get_refs（recursive）：这个方法获得了当前话语的指称对象。

- fol()：这个方法用于将 DRS 转化为一阶谓词逻辑。

- draw()：在 Tkinter 图形库的帮助下，这个方法用于绘制 DRS。

查看 nltk.sem.drt 模块的 UML 类图。

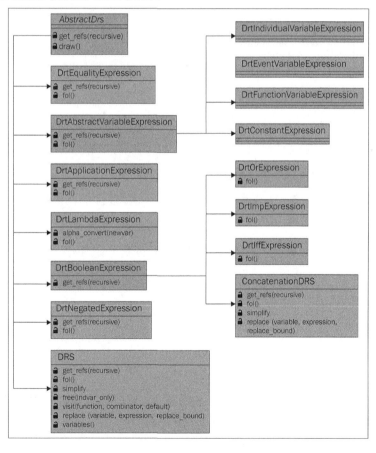

提供了访问 WordNet 3.0 接口的 NLTK 模块是 nltk.corpus.reader.wordnet。

线性格式包括话语指称对象和 DRS 条件，如([*x*], [John(*x*), Went(*x*)])。

查看用于实现 DRS 并且使用 NLTK 的代码。

```
>>> import nltk
>>> expr_read = nltk.sem.DrtExpression.from string
>>> expr1 = expr_read('([x], [John(x), Went(x)])')
>>> print(expr1)
([x],[John(x), Went(x)])
>>> expr1.draw()
>>> print(expr1.fol())
exists x.(John(x) & Went(x))
```

先前的 NLTK 代码画出了如下的图像。

此处，使用 fol()方法，将表达转换为了 FOPL。

查看用于其他表达式的 NLTK 代码。

```
>>> import nltk
>>> expr_read = nltk.sem.DrtExpression.from string
>>> expr2 = expr_read('([x,y], [John(x), Went(x),Sam(y),Meet(x,y)])')
>>> print(expr2)
([x,y],[John(x), Went(x), Sam(y), Meet(x,y)])
>>> expr2.draw()
>>> print(expr2.fol())
exists x y.(John(x) & Went(x) & Sam(y) & Meet(x,y))
```

使用 fol()函数获得了等价于表达式的一阶谓词逻辑。前面的代码画出了以下图像。

可以使用 DRS 连接运算符（+）将两个 DRS 连接起来。查看下面的 NLTK 代码，使用这段代码将两个 DRS 连接起来。

```
>>> import nltk
>>> expr_read = nltk.sem.DrtExpression.from string
>>> expr3 = expr_read('([x], [John(x), eats(x)])+
([y],[Sam(y),eats(y)])')
>>> print(expr3)
(([x],[John(x), eats(x)]) + ([y],[Sam(y), eats(y)]))
>>> print(expr3.simplify())
([x,y],[John(x), eats(x), Sam(y), eats(y)])
```

```
>>> expr3.draw()
```

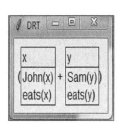

前面的代码画出了以下图像。

在此，使用 simplify() 简化表达式。

查看下面的 NLTK 代码，使用这段代码将一个 DRS 嵌入另一个
DRS 中。

```
>>> import nltk
>>> expr_read = nltk.sem.DrtExpression.from string
>>> expr4 = expr_read('([],[((([x],[student(x)])-
>([y],[book(y),read(x,y)])])])')
>>> print(expr4.fol())
all x.(student(x) -> exists y.(book(y) & read(x,y)))
```

查看将两句话结合起来的另一个例子。此处，使用 PRO 和 resolve_anaphora() 执行 AR。

```
>>> import nltk
>>> expr_read = nltk.sem.DrtExpression.from string
>>> expr5 = expr_read('([x,y],[ram(x),food(y),eats(x,y)])')
>>> expr6 = expr_read('([u,z],[PRO(u),coffee(z),drinks(u,z)])')
>>> expr7=expr5+expr6
>>> print(expr7.simplify())
([u,x,y,z],[ram(x), food(y), eats(x,y), PRO(u), coffee(z),
drinks(u,z)])
>>> print(expr7.simplify().resolve_anaphora())
([u,x,y,z],[ram(x), food(y), eats(x,y), (u = [x,y,z]), coffee(z),
drinks(u,z)])
```

9.1.1 使用定中心理论进行话语分析

使用定中心理论进行话语分析是走向语料库注释的第一步。这还涉及了 AR 的任务。在定中心理论中，将话语分成不同的单元，以便于分析。

定中心理论涉及了以下内容。

- 话语参与者的意图或目的与话语之间的相互作用。

- 参与者的注意点。

- 话语结构。

定中心与参与者的注意点以及局部和全局结构如何影响表达和话语的连贯性相关。

9.1.2 回指解析

将 AR 定义为解析在句子中使用的代词或名词短语，并基于话语知识将代词或名词短语指向特定实体的过程。

例如：

John helped Sara. He was kind.

此处，He 指的是 Jonh（约翰）。

AR 有以下三种类型。

- 代词（Pronominal）：此处，代词指的是指称对象。例如，Sam found the love of his life（山姆找到了他一生的挚爱）。此处，His 指 Sam（山姆）。

- 明确的名词短语（Definite noun phrase）：此处，这种形式的短语<the><noun phrase>可能指出了先行词。例如，The relationship could not last long（关系可能不会持续很长时间）。此处，The relationship 指前一个句子中的 the love。

- 量词/序数词（Quantifier/ordinal）：量词（如 1）和序数词（如第一）也是 AR 的例子。例如，He began a new one（他开始了一段崭新的关系）。此处，one 指 the relationship。

在下指（Cataphora）中，指称对象先于先前词。例如，After his class, Sam will go home.（在他下课后，山姆回家了。）此处，his 指 Sam。

为了将一些扩展集成到 NLTK 架构中，将在现有模块 nltk.sem.logic 和 nltk.sem.drt 的基础上开发新模块。新模块的作用类似于替换 nltk.sem.drt 模块，使用增强类替换所有的类。

可以使用称为 AbstractDRS()的类，直接或间接调用称为 resolve()的方法。然后，这个方法提供了由特定对象的解析副本组成的列表。需要解析的对象必须重写 readings()方法。使用 resolve()方法和用于在操作列表上执行排序的 traverse()函数生成 readings。优先顺序列表包括以下内容。

- 绑定操作。

- 局部存放操作。

- 即时存放操作。

- 全局存放操作。

查看 traverse()函数的流程图。

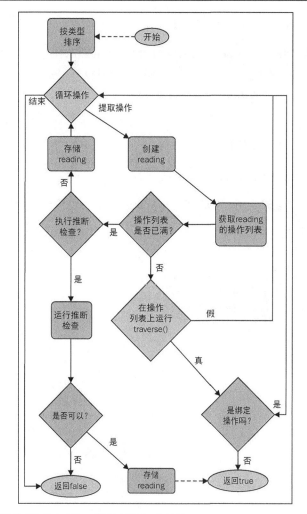

在生成操作的优先顺序之后，发生了以下事件。

- 在 deepcopy()方法的帮助下，从操作中生成 readings。将当前操作作为参数。

- 在运行 readings()方法时，执行了操作列表。

- 只要操作列表不为空，就会执行这些操作。

- 如果没有要执行的操作，那么在最后一个 reading 上会运行容许（admissibility）检查；如果检查通过，则会存储这个 reading。

在 AbstractDRS()中，定义了 resolve()方法，如下所示。

def resolve(self, verbose=False)

PresuppositionDRS 类包括了以下方法。

- find_bindings(drs_list，collect_event_data)：这个方法使用 is_possible_binding 方法，从 DRS 实例列表中找到绑定（binding）。如果将 collect_event_data 设置为 True，则完成了参与信息的采集。

- is_possible_binding(cond)：这个方法用于判断某个条件是否为绑定候选，并确保这是具有匹配触发条件的特征的一元谓词。

- is_presupposition.cond(cond)：这个方法用于在所有条件中识别触发条件。

- presupposition_readings(trail)：这个方法与 PresuppositionDRS 子类中的 readings 方法一样。

查看从 AbstractDRS 继承而来的那些类。

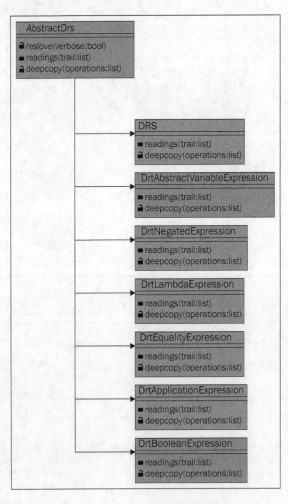

查看继承自 DRTAbstractVariableExpression 的类。

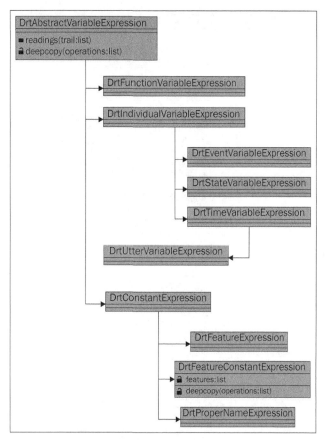

查看继承自 DrtBooleanExpression 的类。

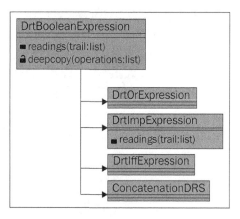

查看继承自 DrtApplicationExpression 的类：

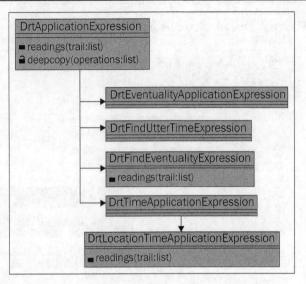

查看继承自 DRS 的类。

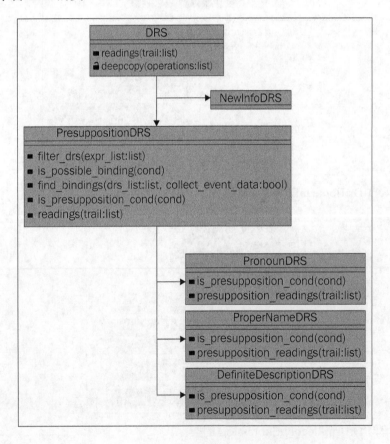

9.2 本章小结

本章已经讨论了话语分析、使用定中心理论进行的话语分析和回指解析。另外，本章还讨论了使用一阶谓词逻辑建立的话语表达结构，以及如何使用 NLTK 和 UML 图来实现一阶谓词逻辑。

下一章将讨论 NLP 工具的评估，还将讨论对误差识别、词汇匹配、句法匹配和浅层语义匹配的各种指标。

第 10 章
NLP 系统的评估——性能分析

对 NLP 系统进行评估后，我们就可以分析给定的 NLP 系统是否能够生成所需的结果，所期望的性能是否能够达到。可以使用预定义的指标自动执行评估，或者通过将 NLP 系统的输出与人类输出做比较，手动执行评估。

本章包括以下主题。

- 对 NLP 系统进行评估的需求。

- NLP 工具（POS 标注器、词干还原器和形态分析器）的评估。

- 使用黄金数据评估解析器。

- IR 系统的评估。

- 错误识别指标。

- 基于词汇匹配的指标。

- 基于语法匹配的指标。

- 使用浅层语义匹配的指标。

10.1 对 NLP 系统进行评估的需求

完成 NLP 系统的评估工作后，我们就可以分析 NLP 系统给出的输出是否与预期的人类输出相似。如果在早期阶段就识别出了在模块中的错误，那么更正 NLP 系统的成本将会降到相当低的程度。

假设要评估一个标注器。可以将标注器的输出与人类的输出作比较来完成评估。很多时候，我们不能找到一个公正的人或专家。此时，可以构建黄金标准测试数据对标注器进行评估。这是一个已得到手动标记的语料库，因此可以认为它是一个标准的语料库，它可以用于对标注器进行评估。如果标注器以标签的形式给出的输出与黄金标准测试数据提供的标签相同，那么我们则认为标注器是正确的。

黄金标准注释语料库的创建是一项重大且昂贵的任务。通过手动标记给定的测试数据来完成这个任务。将以这种方式所选择的标签作为标准标签，用于表示大范围的信息。

10.1.1 NLP 工具（POS 标注器、词干还原器和形态分析器）的评估

可以对 NLP 系统（如 POS 标注器、词干还原器、形态分析器、基于 NER 的系统、机器翻译等）进行评估。思考以下 NLTK 代码，可以使用这段代码训练一元组标注器。在执行句子标记后，完成评估，检查标记器给出的输出是否与黄金标准测试数据给出的标签相同。

```
>>> import nltk
>>>from nltk.corpus import brown
>>> sentences=brown.tagged_sents(categories='news')
>>> sent=brown.sents(categories='news')
>>> unigram_sent=nltk.UnigramTagger(sentences)
>>> unigram_sent.tag(sent[2008])
[('Others', 'NNS'), (',', ','), ('which', 'WDT'), ('are', 'BER'),
('reached', 'VBN'), ('by', 'IN'), ('walking', 'VBG'), ('up', 'RP'),
('a', 'AT'), ('single', 'AP'), ('flight', 'NN'), ('of', 'IN'),
('stairs', 'NNS'), (',', ','), ('have', 'HV'), ('balconies', 'NNS'),
('.', '.')]
>>> unigram_sent.evaluate(sentences)
0.9349006503968017
```

思考下面的 NLTK 代码，在这段代码中，将给定数据划分为 80% 的训练数据和 20% 的测试数据，在不同的数据上对一元组标注器进行训练和测试。

```
>>> import nltk
>>> from nltk.corpus import brown
>>> sentences=brown.tagged_sents(categories='news')
>>> sz=int(len(sentences)*0.8)
>>> sz
3698
>>> training_sents = sentences[:sz]
>>> testing_sents=sentences[sz:]
>>> unigram_tagger=nltk.UnigramTagger(training_sents)
```

```
>>> unigram_tagger.evaluate(testing_sents)
0.8028325063827737
```

思考下面的 NLTK 代码，这段代码演示了 N 元标注器的使用。此处，训练语料库包含了标记数据。此外，在下面的例子中，使用了 n 元标注器的一种特例，即二元标注器。

```
>>> import nltk
>>> from nltk.corpus import brown
>>> sentences=brown.tagged_sents(categories='news')
>>> sz=int(len(sentences)*0.8)
>>> training_sents = sentences[:sz]
>>> testing_sents=sentences[sz:]
>>> bigram_tagger=nltk.UnigramTagger(training_sents)
>>> bigram_tagger=nltk.BigramTagger(training_sents)
>>> bigram_tagger.tag(sentences[2008])
[(('Others', 'NNS'), None), ((',', ','), None), (('which', 'WDT'),
None), (('are', 'BER'), None), (('reached', 'VBN'), None), (('by',
'IN'), None), (('walking', 'VBG'), None), (('up', 'IN'), None), (('a',
'AT'), None), (('single', 'AP'), None), (('flight', 'NN'), None),
(('of', 'IN'), None), (('stairs', 'NNS'), None), ((',', ','), None),
(('have', 'HV'), None), (('balconies', 'NNS'), None), (('.', '.'),
None)]
>>> un_sent=sentences[4203]
>>> bigram_tagger.tag(un_sent)
[(('The', 'AT'), None), (('population', 'NN'), None), (('of', 'IN'),
None), (('the', 'AT'), None), (('Congo', 'NP'), None), (('is', 'BEZ'),
None), (('13.5', 'CD'), None), (('million', 'CD'), None), ((',',
','), None), (('divided', 'VBN'), None), (('into', 'IN'), None),
(('at', 'IN'), None), (('least', 'AP'), None), (('seven', 'CD'),
None), (('major', 'JJ'), None), (('``', '``'), None), (('culture',
'NN'), None), (('clusters', 'NNS'), None), (("''", "''"), None),
(('and', 'CC'), None), (('innumerable', 'JJ'), None), (('tribes',
'NNS'), None), (('speaking', 'VBG'), None), (('400', 'CD'), None),
(('separate', 'JJ'), None), (('dialects', 'NNS'), None), (('.', '.'),
None)]
>>> bigram_tagger.evaluate(testing_sents)
0.09181559805385615
```

可以通过自举不同的方法，来执行标记。在这种方法中，可以使用二元标注器进行标注。如果使用二元标注器没有找到标记，那么可以通过回退方法，使用一元标注器。此外，如果使用一元标注器没有找到标记，那么可以通过回退方法，使用默认标注器。

查看下面的 NLTK 代码，这段代码实现了合并标注器。

```
>>> import nltk
>>> from nltk.corpus import brown
>>> sentences=brown.tagged_sents(categories='news')
>>> sz=int(len(sentences)*0.8)
>>> training_sents = sentences[:sz]
>>> testing_sents=sentences[sz:]
>>> s0=nltk.DefaultTagger('NNP')
>>> s1=nltk.UnigramTagger(training_sents,backoff=s0)
>>> s2=nltk.BigramTagger(training_sents,backoff=s1)
>>> s2.evaluate(testing_sents)
0.8122260224480948
```

语言学家使用以下线索确定词的类别：

- 形态线索，

- 句法线索，

- 语义线索。

形态线索是使用前缀、后缀、中缀和词缀信息来确定单词类别的线索。例如，ment 是后缀，这个后缀与动词结合可以形成一个名词，如 establish + ment = establishment 和 achieve + ment = achievement。

句法线索在确定单词类别时非常有用。例如，假设名词是已知的。现在，可以确定形容词。在一个句子中，形容词通常出现在名词或如 very 的单词之后。

还可以使用语义信息来确定单词的类别。如果单词的意思已知就可以很容易知道它的类别。

查看下面的 NLTK 代码，使用这段代码对组块解析器进行评估。

```
>>> import nltk
>>> chunkparser = nltk.RegexpParser("")
>>> print(nltk.chunk.accuracy(chunkparser, nltk.corpus.conll2000.
chunked_sents('train.txt', chunk_types=('NP',))))
0.44084599507856814
```

查看下面的 NLTK 代码，这段代码对寻找标记（如 CD、JJ 等）的朴素组块解析器进行了评估。

```
>>> import nltk
>>> grammar = r"NP: {<[CDJNP].*>+}"
>>> cp = nltk.RegexpParser(grammar)
```

```
>>> print(nltk.chunk.accuracy(cp, nltk.corpus.conll2000.chunked_
sents('train.txt', chunk_types=('NP',))))
0.8744798726662164
```

使用下面的 NLTK 代码，计算分块数据的条件频率分布。

```
def chunk_tags(train):
    """Generate a following tags list that appears inside chunks"""
    cfreqdist = nltk.ConditionalFreqDist()
    for t in train:
        for word, tag, chunktag in nltk.chunk.tree2conlltags(t):
            if chtag == "O":
                cfreqdist[tag].inc(False)
            else:
                cfreqdist[tag].inc(True)
    return [tag for tag in cfreqdist.conditions() if cfreqdist[tag].
max() == True]
>>> training_sents = nltk.corpus.conll2000.chunked_sents('train.txt',
chunk_types=('NP',))
>>> print chunked_tags(train_sents)
['PRP$', 'WDT', 'JJ', 'WP', 'DT', '#', '$', 'NN', 'FW', 'POS',
'PRP', 'NNS', 'NNP', 'PDT', 'RBS', 'EX', 'WP$', 'CD', 'NNPS', 'JJS',
'JJR']
```

　　查看下面的 NLTK 代码，这段代码执行了组块器的评估。此处，使用了两个实体，即猜测实体和正确实体。猜测实体是由组块解析器返回的实体。正确实体是在测试语料库中定义的那些组块集。

```
>>> import nltk
>>> correct = nltk.chunk.tagstr2tree(
"[ the/DT little/JJ cat/NN ] sat/VBD on/IN [ the/DT mat/NN ]")
>>> print(correct.flatten())
(S the/DT little/JJ cat/NN sat/VBD on/IN the/DT mat/NN)
>>> grammar = r"NP: {<[CDJNP].*>+}"
>>> cp = nltk.RegexpParser(grammar)
>>> grammar = r"NP: {<PRP|DT|POS|JJ|CD|N.*>+}"
>>> chunk_parser = nltk.RegexpParser(grammar)
>>> tagged_tok = [("the", "DT"), ("little", "JJ"), ("cat",
"NN"),("sat", "VBD"), ("on", "IN"), ("the", "DT"), ("mat", "NN")]
>>> chunkscore = nltk.chunk.ChunkScore()
>>> guessed = cp.parse(correct.flatten())
>>> chunkscore.score(correct, guessed)
>>> print(chunkscore)
```

```
ChunkParse score:
    IOB Accuracy: 100.0%
    Precision:    100.0%
    Recall:       100.0%
    F-Measure:    100.0%
```

查看下面的 NLTK 代码，可以使用这段代码来评估一元组块器和二元组块器。

```
>>>chunker_data = [[(t,c) for w,t,c in nltk.chunk.
tree2conlltags(chtree)]
>>>               for chtree in nltk.corpus.conll2000.chunked_
sents('train.txt')]
>>> unigram_chunk = nltk.UnigramTagger(chunker_data)
>>> print nltk.tag.accuracy(unigram_chunk, chunker_data)
0.781378851068
>>> bigram_chunk = nltk.BigramTagger(chunker_data, backoff=unigram_
chunker)
>>> print nltk.tag.accuracy(bigram_chunk, chunker_data)
0.893220987404
```

思考下面的代码，在这段代码中，使用单词的后缀确定词性。它对分类器进行了训练，使它能够提供有用的后缀列表，并使用特征提取器函数，检查给定单词中出现的后缀。

```
>>> from nltk.corpus import brown
>>> suffix_freqdist = nltk.FreqDist()
>>> for wrd in brown.words():
...     wrd = wrd.lower()
...     suffix_freqdist[wrd[-1:]] += 1
...     suffix_fdist[wrd[-2:]] += 1
...     suffix_fdist[wrd[-3:]] += 1
>>> common_suffixes = [suffix for (suffix, count) in suffix_freqdist.
most_common(100)]
>>> print(common_suffixes)
['e', ',', '.', 's', 'd', 't', 'he', 'n', 'a', 'of', 'the',
 'y', 'r', 'to', 'in', 'f', 'o', 'ed', 'nd', 'is', 'on', 'l',
 'g', 'and', 'ng', 'er', 'as', 'ing', 'h', 'at', 'es', 'or',
 're', 'it', '``', 'an', "''", 'm', ';', 'i', 'ly', 'ion', ...]


>>> def pos_feature(wrd):
...     feature = {}
...     for suffix in common_suffixes:
...         feature['endswith({})'.format(suffix)] = wrd.lower().
endswith(suffix)
```

```
...      return feature
>>> tagged_wrds = brown.tagged_wrds(categories='news')
>>> featureset = [(pos_feature(n), g) for (n,g) in tagged_wrds]
>>> size = int(len(featureset) * 0.1)
>>> train_set, test_set = featureset[size:], featureset[:size]
>>> classifier1 = nltk.DecisionTreeClassifier.train(train_set)
>>> nltk.classify.accuracy(classifier1, test_set)
0.62705121829935351


>>> classifier.classify(pos_features('cats'))
'NNS'

>>> print(classifier.pseudocode(depth=4))
if endswith(,) == True: return ','
if endswith(,) == False:
  if endswith(the) == True: return 'AT'
  if endswith(the) == False:
    if endswith(s) == True:
      if endswith(is) == True: return 'BEZ'
      if endswith(is) == False: return 'VBZ'
    if endswith(s) == False:
      if endswith(.) == True: return '.'
      if endswith(.) == False: return 'NN'
```

思考构建正则表达式标注器的下列 NLTK 代码。此处，代码基于匹配的模式分配标签。

```
>>> import nltk
>>> from nltk.corpus import brown
>>> sentences = brown.tagged_sents(categories='news')
>>> sent = brown.sents(categories='news')
>>> pattern = [
(r'.*ing$', 'VBG'),              # for gerunds
(r'.*ed$', 'VBD'),               # for simple past
(r'.*es$', 'VBZ'),               # for 3rd singular present
(r'.*ould$', 'MD'),              # for modals
(r'.*\'s$', 'NN$'),              # for possessive nouns
(r'.*s$', 'NNS'),                # for plural nouns
(r'^-?[0-9]+(.[0-9]+)?$', 'CD'), # for cardinal numbers
 (r'.*', 'NN')                   # for nouns (default)
]
>>> regexpr_tagger = nltk.RegexpTagger(pattern)
>>> regexpr_tagger.tag(sent[3])
[('``', 'NN'), ('Only', 'NN'), ('a', 'NN'), ('relative', 'NN'),
```

```
('handful', 'NN'), ('of', 'NN'), ('such', 'NN'), ('reports', 'NNS'),
('was', 'NNS'), ('received', 'VBD'), ("''", 'NN'), (',', 'NN'),
('the', 'NN'), ('jury', 'NN'), ('said', 'NN'), (',', 'NN'), ('``',
'NN'), ('considering', 'VBG'), ('the', 'NN'), ('widespread', 'NN'),
('interest', 'NN'), ('in', 'NN'), ('the', 'NN'), ('election', 'NN'),
(',', 'NN'), ('the', 'NN'), ('number', 'NN'), ('of', 'NN'), ('voters',
'NNS'), ('and', 'NN'), ('the', 'NN'), ('size', 'NN'), ('of', 'NN'),
('this', 'NNS'), ('city', 'NN'), ("''", 'NN'), ('.', 'NN')]
>>> regexp_tagger.evaluate(sentences)
0.20326391789486245
```

思考构建查找标注器的下列代码。在构建查找标注器时，经常使用的单词列表与它们的标签信息一起保存。由于一些单词不出现在最常出现的单词列表中，因此给它们分配了 None 标签。

```
>>> import nltk
>>> from nltk.corpus import brown
>>> freqd = nltk.FreqDist(brown.words(categories='news'))
>>> cfreqd = nltk.ConditionalFreqDist(brown.tagged_
words(categories='news'))
>>> mostfreq_words = freqd.most_common(100)
>>> likelytags = dict((word, cfreqd[word].max()) for (word, _) in
mostfreq_words)
>>> baselinetagger = nltk.UnigramTagger(model=likelytags)
>>> baselinetagger.evaluate(brown_tagged_sents)
0.45578495136941344
>>> sent = brown.sents(categories='news')[3]
>>> baselinetagger.tag(sent)
[('``', '``'), ('Only', None), ('a', 'AT'), ('relative', None),
('handful', None), ('of', 'IN'), ('such', None), ('reports', None),
('was', 'BEDZ'), ('received', None), ("''", "''"), (',', ','),
('the', 'AT'), ('jury', None), ('said', 'VBD'), (',', ','),
('``', '``'), ('considering', None), ('the', 'AT'), ('widespread',
None),
('interest', None), ('in', 'IN'), ('the', 'AT'), ('election', None),
(',', ','), ('the', 'AT'), ('number', None), ('of', 'IN'),
('voters', None), ('and', 'CC'), ('the', 'AT'), ('size', None),
('of', 'IN'), ('this', 'DT'), ('city', None), ("''", "''"), ('.',
'.')]
>>> baselinetagger = nltk.UnigramTagger(model=likely_tags,
...                                     backoff=nltk.
DefaultTagger('NN'))
def performance(cfreqd, wordlist):
```

```
    lt = dict((word, cfreqd[word].max()) for word in wordlist)
    baseline_tagger = nltk.UnigramTagger(model=lt, backoff=nltk.
        DefaultTagger('NN'))
    return baseline_tagger.evaluate(brown.tagged_
        sents(categories='news'))

def display():
    import pylab
    word_freqs = nltk.FreqDist(brown.words(categories='news')).most_
        common()
    words_by_freq = [w for (w, _) in word_freqs]
    cfd = nltk.ConditionalFreqDist(brown.tagged_
        words(categories='news'))
    sizes = 2 ** pylab.arange(15)
    perfs = [performance(cfd, words_by_freq[:size]) for size in sizes]
    pylab.plot(sizes, perfs, '-bo')
    pylab.title('Lookup Tagger Performance with Varying Model Size')
    pylab.xlabel('Model Size')
    pylab.ylabel('Performance')
    pylab.show()
display()
```

查看 NLTK 中使用 Iancasterstemmer 进行词干还原的代码。可以使用黄金测试数据来完成这样的词干还原器的评估。

```
>>> import nltk
>>> from nltk.stem.lancaster import LancasterStemmer
>>> stri=LancasterStemmer()
>>> stri.stem('achievement')
'achiev'
```

思考用于设计基于分类器的组块器的以下 NLTK 代码。这段代码使用最大熵分类器。

```
class ConseNPChunkTagger(nltk.TaggerI):

    def __init__(self, train_sents):
        train_set = []
        for tagsent in train_sents:
            untagsent = nltk.tag.untag(tagsent)
            history = []
            for i, (word, tag) in enumerate(tagsent):
                featureset = npchunk_features(untagsent, i, history)
                train_set.append( (featureset, tag) )
                history.append(tag)
```

```
        self.classifier = nltk.MaxentClassifier.train(
            train_set, algorithm='megam', trace=0)

    def tag(self, sentence):
        history = []
        for i, word in enumerate(sentence):
            featureset = npchunk_features(sentence, i, history)
            tag = self.classifier.classify(featureset)
            history.append(tag)
        return zip(sentence, history)

class ConseNPChunker(nltk.ChunkParserI):  [4]
    def __init__(self, train_sents):
        tagsent = [[((w,t),c) for (w,t,c) in
                        nltk.chunk.tree2conlltags(sent)]
                    for sent in train_sents]
        self.tagger = ConseNPChunkTagger(tagsent)

    def parse(self, sentence):
        tagsent = self.tagger.tag(sentence)
        conlltags = [(w,t,c) for ((w,t),c) in tagsent]
        return nltk.chunk.conlltags2tree(conlltags)
```

在下面的代码中，使用特征提取器，对组块器进行评估。所得到的组块器类似于一元组块器。

```
>>> def npchunk_features(sentence, i, history):
...     word, pos = sentence[i]
...     return {"pos": pos}
>>> chunker = ConseNPChunker(train_sents)
>>> print(chunker.evaluate(test_sents))
ChunkParse score:
    IOB Accuracy:   92.9%
    Precision:      79.9%
    Recall:         86.7%
    F-Measure:      83.2%
```

在下面的代码中，加入了前一部分词性标签的特征。这涉及了标签之间的相互关系。因此，所得到的组块器类似于二元组块器。

```
>>> def npchunk_features(sentence, i, history):
...     word, pos = sentence[i]
...     if i == 0:
```

```
...            previword, previpos = "<START>", "<START>"
...        else:
...            previword, previpos = sentence[i-1]
...        return {"pos": pos, "previpos": previpos}
>>> chunker = ConseNPChunker(train_sents)
>>> print(chunker.evaluate(test_sents))
ChunkParse score:
    IOB Accuracy: 93.6%
    Precision:    81.9%
    Recall:       87.2%
    F-Measure:    84.5%
```

思考下列组块器代码，在这段代码中，添加了当前单词的特征，以改进组块器的性能。

```
>>> def npchunk_features(sentence, i, history):
...        word, pos = sentence[i]
...        if i == 0:
...            previword, previpos = "<START>", "<START>"
...        else:
...            previword, previpos = sentence[i-1]
...        return {"pos": pos, "word": word, "previpos": previpos}
>>> chunker = ConseNPChunker(train_sents)
>>> print(chunker.evaluate(test_sents))
ChunkParse score:
    IOB Accuracy: 94.5%
    Precision:    84.2%
    Recall:       89.4%
    F-Measure:    86.7%
```

思考下列 NLTK 代码，在这段代码中，为了提高组块器的性能，添加了特征集合，如配对特征、先行断言特征、复杂上下文特征等。

```
>>> def npchunk_features(sentence, i, history):
...        word, pos = sentence[i]
...        if i == 0:
...            previword, previpos = "<START>", "<START>"
...        else:
...            previword, previpos = sentence[i-1]
...        if i == len(sentence)-1:
...            nextword, nextpos = "<END>", "<END>"
...        else:
...            nextword, nextpos = sentence[i+1]
...        return {"pos": pos,
...                "word": word,
```

```
...                 "previpos": previpos,
...                 "nextpos": nextpos,
...                 "previpos+pos": "%s+%s" % (previpos, pos),
...                 "pos+nextpos": "%s+%s" % (pos, nextpos),
...                 "tags-since-dt": tags_since_dt(sentence, i)}
>>> def tags_since_dt(sentence, i):
...     tags = set()
...     for word, pos in sentence[:i]:
...         if pos == 'DT':
...             tags = set()
...         else:
...             tags.add(pos)
...     return '+'.join(sorted(tags))

>>> chunker = ConsecutiveNPChunker(train_sents)
>>> print(chunker.evaluate(test_sents))
ChunkParse score:
    IOB Accuracy:   96.0%
    Precision:      88.6%
    Recall:         91.0%
    F-Measure:      89.8%
```

也可以使用黄金数据对形态分析器进行评估。存储人类预期的输出，形成黄金集合，然后将形态分析器的输出与黄金数据进行比较。

10.1.2   使用黄金数据评估解析器

可以将黄金数据或标准数据与解析器的输出进行匹配，来完成解析器的评估。

首先，使用训练数据，对解析器模型进行训练。使用解析器来解析未知数据或测试数据。

可以使用以下两个指标来评估解析器的性能。

- 带标签的依存关系准确率（Labelled Attachment Score，LAS）。

- 带标签的精确匹配（Labelled Exact Match，LEM）。

在这两种情况下，将解析器的输出与测试数据进行比较。好的解析算法能够得到最高的 LAS 和 LEM 分数。由于这些黄金标准标签由人工分配，因此用来进行解析的训练和测试数据可能由具有黄金标准标签的词性标签组成。可以使用指标（如召回率、精准率和 F 值）来完成解析器的评估。

此处,将精准率定义为解析器生成的正确实体的数量除以解析器生成的实体总数。

将召回率定义为解析器生成的正确实体的数量除以黄金标准解析树中的实体总数。

将 F 值定义为召回率和精准率的调和平均值。

10.2　IR 系统的评估

IR 也是自然语言处理的应用之一。

在执行 IR 系统的评估时,要考虑到以下几个方面。

- 所需资源。

- 文档演示。

- 市场评估或吸引用户。

- 检索速度。

- 在构成的查询中进行协助。

- 能够找到所需文件。

通常通过比较一个系统与另一个系统来进行评估。

也可以基于一组文档、一组查询、所使用的技术等,对 IR 系统进行比较。用于性能评估的指标是精准率、召回率和 F 值。让我们进一步了解这些指标:

- **精准率**:相关检索集合的比例。

精准率 = |相关的集合 ∩ 检索的集合| ÷ |检索的集合| = P(相关的集合|检索的集合)

- **召回率**:检索集合中所包含的集合中所有相关文档的比例。

召回率= |相关的集合 ∩ 检索的集合| ÷ |相关的集合| = P(检索的集合|相关的集合)

- **F 值**:根据精准率和召回率获得 F 值,如下所示:

F 值= (2×精准率×召回率) / (精准率+ 召回率)

10.3　错误识别的指标

错误识别是影响 NLP 系统性能的一个非常重要的方面。搜索任务可能涉及下列术语。

- 真阳性（TP）：将相关文档集合正确识别为相关文档。

- 真阴性（TN）：将不相关文档集合正确识别为不相关文档。

- 假阳性（FP）：这也称为 I 型错误，表示将不相关文档集错误识别为相关文档。

- 假阴性（FN）：这也称为 I 型错误，表示将相关文档集错误识别为不相关文档。

基于前面提到的术语，得到了以下指标。

P (精准率) = TP/(TP+FP)

R (召回率) = TP/(TP+FN)

F 值 = 2PR/(P+R)

10.4 基于词汇匹配的指标

还可以在单词层面或词汇层面进行性能分析。

思考下面的 NLTK 代码，这段代码中接受电影评论，并将其标记为正面或负面。构建特征提取器，以检查给定单词是否存在于文档中。

```
>>> from nltk.corpus import movie_reviews
>>> docs = [(list(movie_reviews.words(fileid)), category)
...          for category in movie_reviews.categories()
...          for fileid in movie_reviews.fileids(category)]
>>> random.shuffle(docs)
all_wrds = nltk.FreqDist(w.lower() for w in movie_reviews.words())
word_features = list(all_wrds)[:2000]

def doc_features(doc):
    doc_words = set(doc)
    features = {}
    for word in word_features:
        features['contains({})'.format(word)] = (word in doc_words)
    return features
>>> print(doc_features(movie_reviews.words('pos/cv957_8737.txt')))
{'contains(waste)': False, 'contains(lot)': False, ...}
featuresets = [(doc_features(d), c) for (d,c) in docs]
train_set, test_set = featuresets[100:], featuresets[:100]
classifier = nltk.NaiveBayesClassifier.train(train_set)
>>> print(nltk.classify.accuracy(classifier, test_set))
```

```
0.81
>>> classifier.show_most_informative_features(5)
Most Informative Features
    contains(outstanding) = True          pos : neg    =     11.1 :1.0
          contains(seagal) = True          neg : pos    =      7.7 :1.0
    contains(wonderfully) = True          pos : neg    =      6.8 :1.0
          contains(damon) = True          pos : neg    =      5.9 :1.0
          contains(wasted) = True          neg : pos    =      5.8 :1.0
```

思考描述 nltk.metrics.distance 的下列 NLTK 代码，这段代码提供了确定给定输出是否与预期输出相同的指标。

```
from __future__ import print_function
from __future__ import division
def _edit_dist_init(len1, len2):
    lev = []
    for i in range(len1):
        lev.append([0] * len2) # initialization of 2D array to zero
    for i in range(len1):
        lev[i][0] = i          # column 0: 0,1,2,3,4,...
    for j in range(len2):
        lev[0][j] = j          # row 0: 0,1,2,3,4,...
    return lev

def _edit_dist_step(lev, i, j, s1, s2, transpositions=False):
    c1 = s1[i - 1]
    c2 = s2[j - 1]

    # skipping a character in s1
    a = lev[i - 1][j] + 1
    # skipping a character in s2
    b = lev[i][j - 1] + 1
    # substitution
    c = lev[i - 1][j - 1] + (c1 != c2)

    # transposition
    d = c + 1 # never picked by default
    if transpositions and i > 1 and j > 1:
        if s1[i - 2] == c2 and s2[j - 2] == c1:
            d = lev[i - 2][j - 2] + 1

    # pick the cheapest
```

```
        lev[i][j] = min(a, b, c, d)


def edit_distance(s1, s2, transpositions=False):

    # set up a 2-D array
    len1 = len(s1)
    len2 = len(s2)
    lev = _edit_dist_init(len1 + 1, len2 + 1)
    # iterate over the array
    for i in range(len1):
        for j in range(len2):
            _edit_dist_step(lev, i + 1, j + 1, s1, s2,
transpositions=transpositions)
    return lev[len1][len2]


def binary_distance(label1, label2):
    """Simple equality test.

    0.0 if the labels are identical, 1.0 if they are different.

>>> from nltk.metrics import binary_distance
>>> binary_distance(1,1)
    0.0

>>> binary_distance(1,3)
    1.0
    """

    return 0.0 if label1 == label2 else 1.0


def jaccard_distance(label1, label2):
    """Distance metric comparing set-similarity.
    """
    return (len(label1.union(label2)) - len(label1.
intersection(label2)))/len(label1.union(label2))

def masi_distance(label1, label2)

    len_intersection = len(label1.intersection(label2))
```

```python
        len_union = len(label1.union(label2))
        len_label1 = len(label1)
        len_label2 = len(label2)
        if len_label1 == len_label2 and len_label1 == len_intersection:
            m = 1
        elif len_intersection == min(len_label1, len_label2):
            m = 0.67
        elif len_intersection > 0:
            m = 0.33
        else:
            m = 0
        return 1 - (len_intersection / len_union) * m


def interval_distance(label1,label2):

    try:
        return pow(label1 - label2, 2)
#        return pow(list(label1)[0]-list(label2)[0],2)
    except:
        print("non-numeric labels not supported with interval
distance")


def presence(label):

    return lambda x, y: 1.0 * ((label in x) == (label in y))


def fractional_presence(label):
    return lambda x, y:\
        abs((((1.0 / len(x)) - (1.0 / len(y)))) * (label in x and label
            in y) \
        or 0.0 * (label not in x and label not in y) \
        or abs((1.0 / len(x))) * (label in x and label not in y) \
        or ((1.0 / len(y))) * (label not in x and label in y)


def custom_distance(file):
    data = {}
    with open(file, 'r') as infile:
        for l in infile:
```

```
                labelA, labelB, dist = l.strip().split("\t")
                labelA = frozenset([labelA])
                labelB = frozenset([labelB])
                data[frozenset([labelA,labelB])] = float(dist)
        return lambda x,y:data[frozenset([x,y])]


def demo():
    edit_distance_examples = [
        ("rain", "shine"), ("abcdef", "acbdef"), ("language",
"lnaguaeg"),
        ("language", "lnaugage"), ("language", "lngauage")]
    for s1, s2 in edit_distance_examples:
        print("Edit distance between '%s' and '%s':" % (s1, s2), edit_
distance(s1, s2))
    for s1, s2 in edit_distance_examples:
        print("Edit distance with transpositions between '%s' and
'%s':" % (s1, s2), edit_distance(s1, s2, transpositions=True))

    s1 = set([1, 2, 3, 4])
    s2 = set([3, 4, 5])
    print("s1:", s1)
    print("s2:", s2)
    print("Binary distance:", binary_distance(s1, s2))
    print("Jaccard distance:", jaccard_distance(s1, s2))
    print("MASI distance:", masi_distance(s1, s2))


if __name__ == '__main__':
    demo()
```

10.5 基于语法匹配的指标

通过执行分块的任务，可以完成句法匹配。在 NLTK 中，提供了称为 nltk.chunk.api 的模块，使用这个模块可以帮助识别组块，并对于给定组块序列，返回解析树。

使用称为 nltk.chunk.named_entity 的模块来识别一串命名实体，同时生成解析结构。思考下列基于句法匹配的 NLTK 代码。

```
>>> import nltk
>>> from nltk.tree import Tree
>>> print(Tree(1,[2,Tree(3,[4]),5]))
(1 2 (3 4) 5)
```

```
>>> ct=Tree('VP',[Tree('V',['gave']),Tree('NP',['her'])])
>>> sent=Tree('S',[Tree('NP',['I']),ct])
>>> print(sent)
(S (NP I) (VP (V gave) (NP her)))
>>> print(sent[1])
(VP (V gave) (NP her))
>>> print(sent[1,1])
(NP her)
>>> t1=Tree.from string("(S(NP I) (VP (V gave) (NP her)))")
>>> sent==t1
True
>>> t1[1][1].set_label('X')
>>> t1[1][1].label()
'X'
>>> print(t1)
(S (NP I) (VP (V gave) (X her)))
>>> t1[0],t1[1,1]=t1[1,1],t1[0]
>>> print(t1)
(S (X her) (VP (V gave) (NP I)))
>>> len(t1)
2
```

10.6　使用浅层语义匹配的指标

使用 WordNet 相似度（WordNet Similarity）执行语义匹配。在这种情况下，计算给定文本与假设之间的相似度。可以使用自然语言工具包计算文本中出现的单词与假设之间的路径距离、Leacock-Chodorow 相似度、Wu-Palmer 相似度、Resnik 相似度、Jiang-Conrath 相似度以及 Lin 相似度。在这些指标中，比较单词词义的相似度，而不是单词的相似度。

在浅层语义分析期间，也执行了 NER 和共指解析（conference resolution）。

思考下列计算 wordnet 相似度的 NLTK 代码。

```
>>> wordnet.N['dog'][0].path_similarity(wordnet.N['cat'][0])
0.20000000000000001
>>> wordnet.V['run'][0].path_similarity(wordnet.V['walk'][0])
0.25
```

10.7　本章小结

本章讨论了 NLP 系统（POS 标注器、词干还原器和形态分析器）的评估。读者了解了基于错误识别、词汇匹配、句法匹配和浅层语义匹配，对 NLP 系统进行评估的各种指标。本章还讨论了如何使用黄金数据对解析器进行评估。可以使用三种指标（即精准率、召回率和 F 值）来进行评估。读者也了解了如何对 IR 系统进行评估。

参考书目

本书参考了以下 Packt 图书中的内容。

- Nitin Hardeniya 所著的《NLTK Essentials》。

- Jacob Perkins 所著的《Python 3 Text Processing with NLTK 3 Cookbook》。

- Deepti Chopra、Nisheeth Joshi、Iti Mathur 所著的《Mastering Natural Language Processing with Python》。